使用 取代 Python Excel VBA

★★★★★ 的 10 堂課

前言

 本書的出發點

Python 是目前最受歡迎的程式語言之一，近年來，在 TIOBE 和 IEEE 等程式設計語言排行榜上長期占據前三的位置。所以，不難推斷，已經有很多朋友選擇使用 Python 語言進行 Excel 腳本程式設計，以提高工作效率，往後這樣的情況也會越來越多，這是我們決定撰寫本書的初衷。

目前微軟並沒有推出官方的 Python 腳本支援，但是市面上與 Excel 有關的各種協力廠商 Python 套件相當豐富，包括 xlrd、xlwt、OpenPyXl、XlsxWriter、win32com、comtypes、xlwings 和 pandas 等。使用這些 Python 套件，特別是最後四個，可以說 VBA 能做的事情，使用 Python 基本上也能做。在資料分析方面，Python 實際上已經遠遠超越 VBA，因為有很多功能不需要自己寫程式，就有大量現成的資料處理函數和模組可以使用，既快速、可靠，又簡便。

 本書內容

本書以 xlwings 套件為主，介紹使用 Python 實現 Excel 腳本開發的各種可能性。本書的內容具有系統性和邏輯性，在講解上遵循從簡單到複雜、循序漸進的原則，並且實例豐富。全書共有 11 章，涵蓋了 Python 基礎入門、Excel 辦公自動化和資料分析程式設計的主要內容。

第 1 章介紹 Python 語言基礎，從最基本的變數開始講解，接下來是運算式、流程控制、函數、模組和專案等。

第 2 章介紹 Python 檔案操作。使用 Python 的 open 函數和 OS 模組，可以實現文字檔和二進位檔案的開啟與儲存等操作，也可以操作目錄、路徑等。對 Excel 檔案的操作，可以利用書中介紹的 Excel 相關之 Python 套件來完成。

第 3、4 章介紹與 Excel 物件模型有關的幾個 Python 套件，包括 OpenPyXl、win32com 和 xlwings 等。這幾個套件提供了與工作簿、工作表、儲存格和圖表等相關的物件。

第 5 章介紹如何使用 Python 繪製 Excel 圖形，包括各種圖形元素的繪製和編輯、幾何變換、遍歷圖形等操作。

第 6 章介紹如何使用 Python 繪製 Excel 圖表。學習完本章後，不僅能設定圖表的類型，還能對複合圖表中的序列、序列中的資料點、組成圖表的線形圖形元素和區域圖形元素等進行屬性設定。

第 7 章介紹 Python 字典在 Excel 中的應用。利用字典的特點，可以對 Excel 資料進行資料提取、移除重複資料、查詢、彙總和排序等操作。

第 8 章介紹正規表示式的編寫規則，以及如何在 Python 中使用正規表示式進行文字查詢與取代等。

第 9 章介紹如何使用 pandas 處理資料。在 VBA 中，對資料進行處理大多需要自己編寫程式來實現，而使用 pandas 可以直接呼叫這些函數。所以，使用 pandas 處理資料比用 VBA 處理要快，而且程式更簡潔。

第 10 章簡單介紹 Matplotlib 提供的資料視覺化功能。使用 xlwings，可以很方便地把用 Matplotlib 繪製的圖形嵌入 Excel 工作表中。

第 11 章介紹 Python 與 Excel VBA 的混合程式設計。使用 xlwings，可以在 Python 中呼叫 VBA 函數，或者在 VBA 程式設計環境中呼叫 Python 程式碼和使用 Python 自訂函數。

 本書為誰而寫

首先，本書是為不懂 VBA 但有 Excel 腳本程式設計需求的朋友編寫的；其次，本書也適合任何對 Excel Python 腳本開發感興趣的朋友閱讀，可以是有程式設計需求的職場辦公人員、資料分析人員、大學生、科研人員和程式設計師等。

為方便讀者學習，本書大部分案例的資料和程式碼均可透過以下網址下載：

http://books.gotop.com.tw/download/ACI036100

 聯繫作者

本書寫作近一年，書稿經過反覆修改，但儘管如此，因筆者水準有限，書中錯誤和不足之處仍在所難免，懇請讀者朋友批評與指正（電子信箱：274279758@qq.com）。

目錄

語言基礎篇
001

2　Python 檔案操作　118

II PART　Excel 物件模型篇
135

3　Excel 物件模型：OpenPyXl　136

4　Excel 物件模型：win32com 和 xlwings　186

III PART

圖形圖表篇
299

5 使用 Python 繪製 Excel 圖形 300

6　使用 Python 繪製 Excel 圖表　347

資料處理篇

395

7 使用 Python 字典處理 Excel 資料

396

10　擴展 Excel 的資料視覺化功能：Matplotlib 525

進階開發篇
541

11 Python 與 Excel VBA 整合應用
542

語言基礎篇

Python 語言是目前最受歡迎的程式語言之一,在各大程式語言排行榜上長期占據前三的位置,成為時下學習程式語言入門的首選。本篇介紹 Python 語言的語法基礎,主要內容包括:

- ✓ 常數與變數
- ✓ 數字
- ✓ 字串
- ✓ 列表
- ✓ 元組
- ✓ 字典
- ✓ 集合
- ✓ 表達式
- ✓ 函數
- ✓ 模組和專案
- ✓ 異常處理
- ✓ 檔案操作

1

Python 語言基礎

本章介紹 Python 語言的語法基礎,從變數、表達式、函數、模組到專案,從簡單到複雜,像堆積木一樣構建我們的 Python 語言知識系統。

1.1 Python 語言及其開發環境

在進入具體的語言學習之前,有必要介紹一下 Python 語言的基本情況和特點、軟體的下載和安裝、軟體開發環境等。當準備工作做好以後,結合幾個簡單且具有代表性的實例,建立起對 Python 的基本概念。

1.1.1 Python 語言及其特點

Python 語言誕生於 1990 年代,是免費的開源軟體,被廣泛應用於系統管理和網路應用程式開發。作為「膠水語言」,Python 被越來越多的主流行業軟體用作腳本語言。由於具有簡潔、易讀和可擴展等特點,它還被廣泛應用於科學計算,特別是機器學習、深度學習、電腦視覺等 AI 領域。

Python 是直譯式語言,可以一邊編譯一邊執行。它的主要特點包括:

- **簡單、高效。**Python 是一門進階語言,相對於 C、C++ 等語言,它隱藏了很多抽象概念和底層技術細節,簡單、易學。使用 Python,雖然效能不如 C 這類程式語言,但可以大大提高開發效率。

- **有大量現成的函式庫(套件)。**Python 有很多內建的函式庫和第三方函式庫,每個函式庫都有特定的功能。利用它們,使用者可以站在前人的肩膀上,將主要精力放在自己的事情上,做到事半功倍。

✅ **可擴展**。可以使用 C 或 C++ 等語言為 Python 開發擴展模組。

✅ **可移植**。Python 支援跨平台，可以在不同的平台上執行。

此外，Python 還支援物件導向程式設計，透過抽象、封裝、重用等提高開發效率。

1.1.2　下載和安裝 Python

在使用 Python 之前，需要先下載和安裝 Python 軟體。瀏覽 Python 官網，在「Downloads」選單中點選「Windows」，開啟 Windows 版本的軟體下載頁面，如圖 1-1 所示。

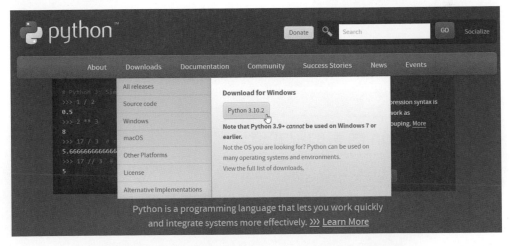

▲ 圖 1-1　從 Python 官網（python.org）下載軟體

從圖 1-1 中可以看到有最新版本和歷史版本的軟體下載連結。根據你使用的作業系統，下載對應版本的 Python 軟體。

雙擊下載的 Python 可執行檔，開啟如圖 1-2 所示的安裝介面。本書使用的是 Python 3.10.2 版本。

▲ 圖 1-2　安裝 Python

勾選「Add Python 3.10.2 to PATH」，點選「Install Now」，按照提示一步一步進行安裝即可。

1.1.3　Python 語言的程式環境

Python 軟體安裝完成以後，在 Windows 左下角的「開始」選單中點選「Python」下的「IDLE」，開啟「IDLE Shell」視窗，如圖 1-3 所示。

```
Python 3.10.2 (tags/v3.10.2:a58ebcc, Jan 17 2022, 14:12:15) [MSC v.1929 64 bit (AMD64)] on win32
Type "help", "copyright", "credits" or "license()" for more information.
>>> a=1
>>> b=2
>>> a+b
3
>>>
```

▲ 圖 1-3　「IDLE Shell」視窗

在該視窗中，第 1 行顯示軟體和系統的訊息，包括 Python 版本、開始執行的時間、系統訊息等。第 2 行提示在提示符號「>>>」後面，輸入 help 等關鍵字可以取得說明、版權等更多訊息。

第 3 行顯示提示符號「>>>」。可以在提示符號後面輸入 Python 敘述，完成後按下 Enter 鍵，又會顯示一個提示符號，可以繼續輸入敘述。這種開發方式被稱為命令列模式，它是逐行輸入和執行的。在本書後面各章節中，凡是 Python 敘述前面有「>>>」提示符號的，就是命令列模式的程式，是在「IDLE Shell」視窗中進行的。參見下面的「範例 1」。

在「IDLE Shell」視窗中，點選「File」選單中的「New File」，開啟如圖 1-4 所示的視窗。在該視窗中連續輸入敘述或函數，儲存為 py 檔。點選「Run」選單中的「Run Module」，可以一次執行多行敘述。這種方式被稱為腳本檔。在本書後面各章節中，為了對腳本檔中的各行敘述進行解釋說明，會為每行敘述加上行號並顯示在敘述前面，行號與敘述之間用 Tab 鍵分隔。所以，如果後續各章節中的程式碼前面有編號，就表示這是依照腳本形式的程式。參見下面的「範例 2」。

▲ 圖 1-4　編寫腳本

IDLE 是 Python 官方提供的開發環境。除了 IDLE，還有一些比較進階的程式環境，如 PyCharm、Anaconda、Visual Studio 等，如果大家有興趣可以找相關的資料來看，這裡不做贅述。本書內容結合 IDLE 進行介紹。

範例 1：命令列模式的程式

本例使用簡單的相加和累加運算，示範命令列模式的程式。在「IDLE Shell」視窗中，在提示符號後面輸入下面的敘述，計算兩個數的和。

```
>>> a=1
>>> b=2
>>> a+b
3
```

在這裡，a 和 b 被稱為變數，它們分別引用物件 1 和 2。a=1 被稱為賦值表達式，使用賦值運算子「=」連接變數和數字物件，表示將數字 1 賦給變數 a。a+b 被稱為算術運算表達式，用算術運算子「+」連接變數 a 和 b，該表達式返回兩個變數相加得到的和。

下面介紹一個連續累加的例子，將 0 ～ 4 的整數進行連續累加。這裡用到一個 for 迴圈，使用 range 函數取得 0 ～ 4 範圍內的整數，for 迴圈在這個範圍內逐個取數字，並累加到變數 s。變數 i 被稱為迭代變數，每循環一次，它就取範圍內的下一個值，取到以後與 s 目前的值相加。s+=i 是相加賦值表達式，表示將 s 與 i 的和賦給 s，其等價於 s=s+i。最後輸出 s 的值，即 0 ～ 4 的累加和。

```
>>> s=0
>>> for i in range(5):     #循環取0～4
        s+=i               #對0～4進行累加
>>> s
10
```

> **注意** for 敘述下面的迴圈內容要縮排 4 個空格。

 範例 2：編寫和執行腳本式文件

在「IDLE Shell」視窗中，點選「File」選單中的「New File」，開啟程式編輯視窗，在其中輸入下面的敘述，進行相加和累加運算。注意，為了對各行敘述進行說明，在每行敘述前面都加上了行號，行號與敘述之間用 Tab 鍵分隔。

該檔案位於 Samples 目錄下的 ch01 子目錄中，檔名為 sam01-0-01.py。

```
1    a=1
2    b=2
3    print(a+b)
4
5    s=0
6    for i in range(5):
7        s+=i
8    print(s)
```

在視窗中，點選選單中的「開啟程式編輯視窗，在其中輸入下面的敘述進行相加和累加運算。

第 1～3 行進行相加運算，計算 1 和 2 的和，使用 print 函數輸出結果。

第 5～8 行使用 for 迴圈對 0～4 的整數進行累加，使用 print 函數輸出累加和。

在 Python IDLE 程式編輯器中，在「Run」選單中點選「Run Module」，則 IDLE 命令列視窗顯示下面的結果：

```
>>> = RESTART: …/Samples/ch01/sam01-0-01.py
3
10
```

這種執行方式將「範例 1」中的逐步輸入和執行變為全部輸入後一次執行，這種檔案被稱為腳本式 py 檔，它相當於巨集，即定義連續的動作序列，一次執行。

 範例 **3**：編寫和執行函數

現在對「範例 2」中的腳本進行改寫，將相加和累加的操作改寫成函數，然後呼叫函數，將要相加的數或累加上限數作為參數傳入，得到最後的結果並輸出。該檔案位於 Samples 目錄下的 ch01 子目錄中，檔名為 sam01-0-02.py。關於什麼是函數，以及實現函數的各種細節，將會在後續章節中進行詳細介紹。在這裡，大家只需要有一個概念，知道有這麼一個實現方法，了解它有什麼好處就可以了。

```
1    def MySum(a,b):
2        return a+b
3
4    def MySum2(c):
5        s=0
6        for i in range(c+1):
7            s+=i
8        return s
9
10   print(MySum(1,2))      #重複呼叫MySum函數
11   print(MySum(3,5))
12   print(MySum(8,12))
13   print(MySum2(4))       #重複呼叫MySum2函數
14   print(MySum2(10))
```

第 1、2 行定義 MySum 函數實現相加運算，它給定形式參數 a 和 b，使用 return 敘述返回 a 和 b 的和。

第 4 ～ 8 行定義 MySum2 函數實現累加運算，它給定形式參數 c，使用 for 迴圈計算 0 到 c 的累加和並返回它。

第 10 ～ 12 行連續呼叫 MySum 函數對兩個數進行相加運算，輸出它們的和。所以，在定義函數以後，需要用到它的功能時可以反覆呼叫，只要將參與運算的數作為參數傳入即可，提高了程式碼的可重用性，使程式碼更簡潔。

第 13、14 行呼叫 MySum2 函數計算 0 ～ 4 和 0 ～ 10 的累加和並輸出。

在 Python IDLE 程式編輯器中，在「Run」選單中點選「Run Module」，則 IDLE 命令列視窗顯示下面的結果：

```
>>> = RESTART: …/Samples/ch01/sam01-0-02.py
3
8
20
10
55
```

1.2 常數和變數

常數和變數是程式語言中最基本的語言元素，類似於英文中的單字、中文中的字、高樓大廈的一磚一瓦。所以，這是城市語言學習的起始點。

回顧一下小時候學習語言，大眼睛裡充滿了對世界的好奇。當看到那些陽光下的樹隨風搖曳時，最初並不知道它們叫樹；樹是前人定義的一個名稱，其背後是那些真實存在的綠色植物，是真實的物件。對應到程式語言，常數或變數就相當於「樹」，常數或變數表示的物件就好比樹對應的「真實物件」。

在定義好常數後，在程式碼執行過程中常數的值不能改變；變數的值則可以改變。

1.2.1 常數

在編寫程式時，有一些字元或數字會經常用到，就可以將它們定義為常數。所謂常數，就是指用一個表示這些字元或數字含義的名稱來代替它們。使用常數能提高程式碼的可讀性，像是用名稱 PI 表示圓周率 3.1415926，意義更清晰，表達更簡潔。在定義了常數的值以後，在程式執行過程中其不能改變。常數包括內部常數和自訂常數。

內部常數是 Python 已經定義好的常數，常見的有 True、False 和 None 等。True 與 False 表示邏輯真和假，是布林型變數的兩個取值。None 表示物件為空，即物件缺失。在程式執行過程中不能改變內部常數的值，例如，下面試圖改變 True 的值為 3，返回一個語法錯誤。

```
>>> True
True
>>> True=3
SyntaxError: can't assign to keyword
```

為了使用方便，一些內建模組或第三方模組中也預定義了常數。比如在常用的 math 模組中，預定義了圓周率 pi 和自然指數 e。在使用 math 模組前，需要先使用 import 敘述匯入它。

```
>>> import math
>>> math.pi
3.141592653589793
>>> math.e
2.718281828459045
```

在 C 語言或 VBA 中，可以使用 const 關鍵字自訂常數。定義好常數後，常數的值在程式執行過程中不能修改，否則將提示語法錯誤。預設時，Python 不支援自訂常數。當需要定義常數時，常常將變數的字母全部大寫來表示常數，比如：

```
>>> SMALL_VALUE=0.000001
>>> SMALL_VALUE
1e-06
```

這樣定義的常數本質上還是變數，因為可以在程式執行時修改它的值：

```
>>> SMALL_VALUE=0.00000001
>>> SMALL_VALUE
1e-08
```

所以將變數名稱全部大寫，這是一個約定。當我們看到或用到它時，就知道這是常數，不要去修改它的值。

實際上，在 math 模組中預定義的 pi 常數和 e 常數也是變數，因為可以修改它們的值：

```
>>> math.pi=3
>>> math.pi
3
```

1.2.2 變數及其名稱

與常數不同，在程式執行過程中，變數與變數所表示的物件之間的這種引用關係是可以改變的，即變數的值是可以改變的。

變數的命名必須遵循一定的規則：

- ✅ 變數名稱可以由字母、數字、底線（_）組成，但不能以數字作為開頭。
- ✅ 變數名稱不能是 Python 關鍵字和內部函數的名稱，但可以包含它們。
- ✅ 變數名稱不能有空格。
- ✅ 變數名稱區分大小寫。

合法的變數名稱如 tree、TallTree、tree_10_years、_tree_0 等，不合法的變數名稱如表 1-1 所示。

表 1-1 不合法的變數名稱範例

變數名稱	非法原因
123tree	首字母為數字
Tall Tree	包含空格
Tree?12#	包含字母、數字和底線以外的字元
for	為 Python 關鍵字

使用下面語法可以查看 Python 的關鍵字列表。

```
>>> import keyword
>>> keyword.kwlist
['False', 'None', 'True', 'and', 'as', 'assert', 'async', 'await',
'break', 'class', 'continue', 'def', 'del', 'elif', 'else', 'except',
'finally', 'for', 'from', 'global', 'if', 'import', 'in', 'is', 'lambda',
'nonlocal', 'not', 'or', 'pass', 'raise', 'return', 'try', 'while',
'with', 'yield']
```

1.2.3 變數的宣告、賦值和刪除

在 Python 中，不需要先宣告變數，或者說變數的宣告和賦值是一步完成的，給變數賦了值，也就建立了該變數。

使用賦值運算子「=」給變數賦值，例如，給變數 a 賦值 1：

```
>>> a=1
```

現在變數 a 的值就是 1：

```
>>> a
1
```

把字串 "hello python" 賦給變數 b：

```
>>> b="hello python"
>>> b
'hello python'
```

在給一個變數賦值之前，不能呼叫它。例如，沒有給變數 c 賦值，呼叫它時發生錯誤，提示名稱「c」沒有被定義。

```
>>> c
Traceback (most recent call last):
  File "<pyshell#205>", line 1, in <module>
    c
NameError: name 'c' is not defined
```

使用 print 函數輸出變數的值，例如：

```
>>> a=1
>>> print(a)
1
>>> b="hello python!"
>>> print(b)
hello python!
```

Python 可以將同一個值賦給多個變數，稱為鏈式賦值。例如，給變數 a 和 b 都賦值 1：

```
>>> a=b=1
```

等價於

```
>>>a=1; b=1
```

注意 可以將多條敘述寫在同一行，它們之間用分號分隔即可。

也可以同時給多個變數賦不同的值，稱為系列解包賦值。例如，給變數 a 和 b 分別賦值 1 和 2：

```
>>> a,b=1,2
>>> a
1
>>> b
2
```

交換 a 和 b 的值，可以直接寫：

```
>>> a,b=b,a
>>> a
2
>>> b
1
```

使用 del 指令刪除變數。刪除以後，再呼叫該變數時就會發生錯誤。

```
>>> del a
>>> a
Traceback (most recent call last):
  File "<pyshell#11>", line 1, in <module>
    a
NameError: name 'a' is not defined
```

1.2.4 深入變數

前面用樹和它對應的真實物件,說明了變數和變數對應的物件之間的關係,這種對應關係在程式語言中被稱為「引用」。對於賦值敘述:

```
>>> a=1
```

1 是物件,賦值敘述建立變數 a 對物件 1 的引用。

在 Python 中,一切皆物件,如數字、字串、列表、字典、類別物件等都是物件。每個物件都在記憶體中占據一定的空間。變數引用物件,儲存物件的位址。物件的儲存位址、資料類型和值被稱為 Python 物件三要素。

儲存位址就像我們的身分證號碼,是物件的唯一身分標識符,使用內建函數 id() 可以取得。例如:

```
>>> id(a)
8791516675136
```

每個物件的值都有自己的資料類型,使用 type() 函數可以查看物件的資料類型。例如:

```
>>> type(a)
<class 'int'>
```

返回值為 <class 'int'>,表示變數 a 的值是整數數字。

變數的值,指的是它引用的物件表示的資料,前面給變數 a 賦值 1,那麼它的值就是 1。

```
>>> a
1
```

使用「==」可以比較物件的值是否相等,使用「is」可以比較物件的位址是否相同。

1.2.5 變數的資料類型

每個物件的值都有自己的資料類型，常見的資料類型有布林型、數字型、字串型、列表、元組等，如表 1-2 所示。

表 1-2 Python 中常見的資料類型

類型名稱	類型字元	說明	範例
布林型	"bool"	值為 True 或 False	>>> a=True;b=False
整數型	"int"	整數，沒有大小限制，可以表示很大的數	>>> a=1;b=10000000
浮點型	"float"	帶小數的數字，可用科學記數法表示	>>> a=1.2;b=1.2e3
字串型	"str"	字元序列，元素不可變	>>> a="A";b="A"
列表	"list"	元素的資料類型可以不同，有序，元素可變、可重複	>>> a=[1,"A",3.14,[]]
元組	"tuple"	跟列表類似，但元素不可變	>>> a=(1,"A",3.14,())
字典	"dict"	無序物件集合，每個元素都為一個鍵值對，可變，鍵唯一	>>> a={1:"A",2:"B"}
集合	"set"	無序可變，元素不能重複	>>> a={1,3.14,"name"}
None	"NoneType"	表示物件為空	>>> a=None

1.3 數字

數字類型包括整數、浮點型和複數等，是最常用的基本資料類型之一。

1.3.1 整數型

整數型沒有小數點，但有正負之分。例如：

```
>>> a=12
>>> a
12
>>> b=-100
>>> b
-100
```

Python 3 中的整數沒有短整數和長整數之分。Python 中的整數值沒有大小限制，可以表示很大的數值，不會溢位。例如：

```
>>> c=99999999999999999999999999
>>> c
99999999999999999999999999
```

為了提高程式碼的可讀性，可以為數字加上底線作為分隔符號。例如：

```
>>> d=123_456_789
>>> d
123456789
```

可以使用十六進位制或八進位制形式表示整數。常用十六進位制整數表示顏色，比如可用 0x0000FF 表示紅色：

```
>>> e=0x0000FF
>>> e
255
```

1.3.2 浮點型數字

浮點型數字帶小數，有十進位制和科學記數法兩種表示形式。比如 31.415 這個浮點數可以表示為：

```
>>> a=31.415
>>> a
31.415
```

或者

```
>>> a=3.1415e1
>>> a
31.415
```

注意，科學記數法返回的數字是浮點型的，即使字母 e 前面是整數也是如此。

```
>>> b=1e2  #100
>>> type(b)
<class 'float'>
```

整數和浮點數混合運算時，計算結果是浮點型的。例如，下面計算一個整數和一個浮點數的和。

```
>>> a=10
>>> b=1.123
>>> c=a+b
>>> type(c)
<class 'float'>
```

1.3.3　複數

Python 支援複數。複數由實部和虛部組成，可以用 a+bj 或者 complex(a,b) 表示。複數的實部 a 和虛部 b 都是浮點型數字。

下面建立幾個複數變數。

```
>>> a=1+2j
>>> a
(1+2j)
>>> type(a)
<class 'complex'>
>>> b=-3j
>>> b
```

```
(-0-3j)
>>> c=complex(2,-1.2)
>>> c
(2-1.2j)
>>> type(c)
<class 'complex'>
```

其中變數 b 表示的複數只有虛部，實部自動設定為 0。

1.3.4 類型轉換

在各數字類型之間、數字類型與字串類型之間可以進行類型轉換，類型轉換函數如表 1-3 所示。

表 **1-3** 類型轉換函數

轉換函數	說明
int(x)	將 x 轉換為整數
float(x)	將 x 轉換為浮點數
complex(real [,imag])	建立一個複數，real 和 imag 為實部與虛部的數字
str(x)	將 x 轉換為字串

以下是一些資料類型轉換的例子。

```
>>> a=10
>>> b=float(a)        #轉換為浮點數
>>> b
10.0
>>> type(b)
<class 'float'>
>>> c=complex(a,-b)    #用變數a和b建立複數
>>> c
(10-10j)
>>> type(c)
<class 'complex'>
```

```
>>> d=str(a)      #轉換為字串
>>> d
'10'
>>> type(d)
<class 'str'>
>>> e=1.678       #將浮點數轉換為整數
>>> f=int(e)
>>> f
1
>>> type(f)
<class 'int'>
```

注意 將浮點型轉換為整數時會失去精度，Python 直接將小數部分去掉，而不是進行四捨五入。

在進行類型轉換以後，在記憶體中生成一個新的物件，而不是對原物件的值進行修改。下面用 id() 函數查看變數 a、b、c 和 d 的記憶體位址。

```
>>> id(a)
8791516675424
>>> id(b)
51490992
>>> id(c)
51490960
>>> id(d)
49152816
```

可見，各變數具有不同的記憶體位址，轉換後生成的是新物件。

1.3.5 Python 的整數快取機制

在命令列模式下，Python 對 [-5,256] 範圍內的整數物件進行快取。這些比較小的整數被使用的頻率比較高，如果不進行快取，則每次使用它們時都要進行分配記憶體和釋放記憶體的操作，會大大降低執行效率，並造成大量記憶體碎片。現在將它們快取在一個小的整數物件池中，能提高 Python 的整體性能。

下列的程式碼給兩個變數都賦值 100，用 is 比較它們的記憶體位址。

```
>>> a=100
>>> b=100
>>> a is b
True
```

可見，它們的位址是相同的。所以，賦值 100 給 a 以後的變數，它們指向同一個物件，而不是重新分配記憶體空間。

下列的程式碼給兩個變數都賦值 500，用 is 比較它們的記憶體位址。

```
>>> a=500
>>> b=500
>>> a is b
False
```

因為 500 超出了 [-5,256] 的範圍，在命令列模式下，Python 不再提供快取，所以 a 和 b 指向兩個不同的物件。

注意 在 PyCharm 中或者儲存為檔案執行時，提供快取的數字範圍更大，為 [-5, 任意正整數]。

1.4 字串

字串是由一個或一個以上字元組成的字元序列，是最常見的資料類型之一。

1.4.1 建立字串

建立字串，用單引號或雙引號將字元序列包圍起來賦值給變數即可。例如：

```
>>> a='Hello'
```

或者

```
>>> a="Hello"
```

如果字串有換行，則用三引號包圍它們（三引號是連續的三個單引號）。例如：

```
>>> a='''Hello
Python'''
>>> a
'Hello\nPython'
```

在返回結果中，\n 為換行符號。

如果字串中包含單引號或雙引號，則可以用不同的引號將整個字串包圍起來進行賦值。例如：

```
>>> a="單引號為'。"
>>> a
"單引號為'。"
>>> b='雙引號為"。'
>>> b
'雙引號為"。'
```

注意 字串建立以後，不能直接修改字串中的字母或子字串。例如：

```
>>> str="abc123"
>>> str[1]="d"
Traceback (most recent call last):
  File "<pyshell#223>", line 1, in <module>
    str[1]="d"
TypeError: 'str' object does not support item assignment
```

可見，試圖修改給定字串中的第 2 個字元時傳回錯誤訊息，表示不能對字串物件進行局部修改。

1.4.2　索引和切片

字串的索引和切片，指的是從字串中提取一個或多個單字元，或者部分連續的字元。在 Python 中使用「[]」對字串進行索引和切片。

下面對字串 'abcdefg' 進行索引，提取它的第 2 個字元和倒數第 2 個字元。

```
>>> a="abcdefg"
>>> a[1]
'b'
>>> a[-2]
'f'
```

注意 從左到右索引時，基數為 0；從右到左索引時，基數為 -1。

切片操作是指從字串中提取一個連續的子字串。在 Python 中字串切片操作的語法格式和說明如表 1-4 所示。

表 1-4　字串的切片操作

語法格式	說明	範例	結果
[:]	提取整個字串	"abcde"[:]	"abcde"
[start:]	提取從 start 位置開始到結尾的字串	"abcde"[2:]	"cde"
[:end]	提取從頭到 end-1 位置的字串	"abcde"[:2]	"ab"
[start:end]	提取從 start 到 end-1 位置的字串	"abcde"[2:4]	"cd"
[start:end:step]	提取從 start 到 end-1 位置的字串，步長為 step	"abcde"[1:4:2]	"bd"
[-n:]	提取倒數 n 個字元	"abcde"[-3:]	"cde"
[-m:-n]	提取倒數第 m 個到倒數第 n+1 個字元	"abcde"[-4:-2]	"bc"
[:-n]	提取從頭到倒數第 n+1 個字元	"abcde"[:-1]	"abcd"
[::-s]	步長為 s，從右向左反向提取	"abcde"[::-1]	"edcba"

在正向操作時，遵循包頭不包尾的原則，基數為 0。例如：

```
>>> "abcdefg"[1:4]
'bcd'
```

索引號 1 對應的字元是 "b"，索引號 4 對應的字元是 "e"，結果為 "bcd"，打頭的 "b" 被包括進來，結尾的 "e" 則沒有被包括進來。

1.4.3 跳脫字元

在 Python 中用一些字元表示特殊的操作，比如用 \n 表示換行，用 \r 表示 Enter 等。這些字元表達的不再是字元本身的意義，它們被稱為「跳脫字元」。Python 中常見的跳脫字元如表 1-5 所示。

表 1-5 Python 中常見的跳脫字元

跳脫字元	說明	跳脫字元	說明
\n	換行	\b	退格
\t	定位符號	\000	空
\\	自身轉義	\v	垂直方向定位符號
\'	單引號	\r	Enter
\"	雙引號	\f	換頁

1.4.1 節在建立字串時，如果字串中包含單引號或雙引號，則使用不同的引號來包圍字串。跳脫字元提供了另一種解決方法，例如：

```
>>> a='單引號為\'。'
>>> a
```

" 單引號為 ' 。"

```
>>> b="雙引號為\"。"
>>> b
```

' 雙引號為 " 。'

如果希望跳脫字元保持它原始字元的含義，則在字串前面加上「r」，指明不轉義。例如：

```
>>> a="Hello \nPython."
>>> a
'Hello \nPython.'
>>> b=r"Hello \nPython."
>>> b
'Hello \\nPython.'
```

在變數 a 引用的字串中 \n 進行了轉義，在變數 b 引用的字串中 \n 指定不轉義。所以在變數 b 返回的字串中，「n」前面有兩個斜槓，兩個斜槓表示的是斜槓本身。

1.4.4　字串的格式化輸出

使用 print 函數輸出字串時，可以指定字串的輸出格式。其基本格式為：

```
print("占位符1 占位符2" % (字串1,字串2))
```

其中，占位符用於表示該位置字串的內容和格式。各占位符位置上字串的內容按先後順序取百分號後面小括號裡面的字串。常見的字串占位符如表 1-6 所示。

表 1-6　常見的字串占位符

格式	說明
%c	格式化字元及其 ASCII 碼
%s	格式化字串
%d	格式化整數
%o	格式化八進位制數
%x	格式化十六進位制數
%X	格式化十六進位制數（大寫）
%f	格式化浮點數，可指定小數點後的精度

格式	說明
%e	用科學記數法格式化浮點數
%E	作用同 %e，用科學記數法格式化浮點數
%g	自動選擇 %f 或 %e
%G	自動選擇 %F 或 %E
%p	用十六進位制數格式化變數的位址

下面結合範例說明字串占位符的使用。

```
>>> print("hello %s" % "python")
hello python
>>> print("%s %s %d" % ("hello","python",2021))
hello python 2021
```

可以指定顯示數字的符號、寬度和精度。下面指定按浮點數輸出圓周率的值，數字寬度為 10 個字元，小數位數為 5 位，顯示正號。

```
>>> print("%+10.5f" % 3.1415927)
  +3.14159
```

結果顯示，小數點算 1 個字元，如果整個數字的寬度不足 10 個字元，則在數字前面用空格補齊。如果顯示負號，則在數字末尾用空格補齊。不足位也可以用 0 補齊，例如：

```
>>> print("%010.5f" % 3.1415927)
0003.14159
```

除了使用占位符對字串進行格式化，還可以使用 format 函數來實現。該函數用大括號 {} 標明被取代的字串，與 % 占位符類似。使用 format 函數進行格式化時更靈活、更方便。

下面是使用 format 函數進行字串格式化輸出的一些例子。當 {} 中為空時，按先後順序用 format 函數參數指定的字串進行取代。

```
>>> print("不指定順序:{} {}".format("hello","python"))
不指定順序:hello python
```

在 {} 中用整數指定占位符位置上顯示什麼字串,該整數表示 format 函數參數指定的字串出現的先後順序,基數為 0。

```
>>> print("指定順序:{1} {0}".format("hello","python"))
指定順序:python hello
```

有重複的情況:

```
>>> print("{0} {1} {0} {1}".format("hello","python"))
hello python hello python
```

顯示為浮點數並指定小數位數:

```
>>> print("保留兩位小數:{:.2f}".format(3.1415))
保留兩位小數:3.14
```

字串顯示為百分比格式,指定小數位數:

```
>>> print("{:.3%}".format(0.12))
12.000%
```

使用參數名稱進行匹配:

```
>>> print("{name},{age}".format(age=30,name="張三"))
張三,30
```

1.4.5　字串的長度和大小寫

Python 提供了一些返回字串長度和轉換字串字母大小寫的函數與方法,如表 1-7 所示。

表 1-7　返回字串長度和轉換字串字母大小寫的函數與方法

函數與方法	說明
len(str)	返回指定字串的長度，即字串中字元的個數
str.upper()	字串中的字母全部大寫
str.lower()	字串中的字母全部小寫
str.capitalize()	首字母大寫，其餘字母小寫
str.swapcase()	交換字母大小寫

下面是一些進行示範的例子。

```
>>> len("hello python")     #長度
12
>>> "aBC".upper()          #全部大寫
'ABC'
>>> "aBC".lower()          #全部小寫
'abc'
>>> "abC".capitalize()     #首字母大寫
'Abc'
>>> "AbCd".swapcase()      #交換字母大小寫
'aBcD'
```

使用 input 函數從控制台互動輸入和讀取字串：

id=input(" 請輸入編號：")

按確認鍵以後提示等待輸入。在後面輸入編號，將內容賦給 id 變數。

請輸入編號：id123

按確認鍵，在提示符號後面輸入 id，按確認鍵後顯示 id 的值。

```
>>> id
'id123'
```

1.4.6 字串的分割、連接和刪除

使用字串的 split 方法，可以用指定字元作為分隔符，對給定字串進行分割。例如，下面用逗號作為分隔符，對字串 "a,b,c" 進行分割，結果以列表的形式給出（1.5 節將介紹列表）。

```
>>> "a,b,c".split(",")
['a', 'b', 'c']
```

預設時，split 方法以空格作為分隔符進行分割。例如：

```
>>> "a b c".split()
['a', 'b', 'c']
```

連接字串可以使用 +（加號）、*、空格和 join 方法等幾種方法。下面使用「+」連接兩個字串。

```
>>> a="hello "
>>> b="python"
>>> a+b
'hello python'
```

使用「*」可以重複輸出指定字串。例如：

```
>>> a="python "
>>> a*3
'python python python '
```

使用 print 函數，其參數用空格分隔幾個字串，空格能起到連接的作用。例如：

```
>>> print("hello " "python")
hello python
```

使用字串的 join 方法，用指定字元或字串分隔多個字串。例如，下面用逗號
分隔給定字串的各個字元。

```
>>> a=","
>>> b="abc"
>>> a.join(b)
'a,b,c'
```

或者用列表給出變數 b 引用的字串，用變數 a 引用的字串分隔列表各元素。
例如：

```
>>> a=","
>>> b=["hello","abc","python"]
>>> a.join(b)
'hello,abc,python'
```

使用字串的 strip 方法可以去除字串首尾指定的字串，使用 lstrip 方法和
rstrip 方法可以去除字串左側和右側指定的字串。

下面去除給定字串首尾的空格。

```
>>> " ab cd ".strip(" ")
'ab cd'
```

注意 中間的空格沒有去除。也可以不指定參數，直接去除首尾全部空格。

```
>>> " ab cd   ".strip()
'ab cd'
```

下面使用 lstrip 方法和 rstrip 方法去除字串左側和右側的空格。

```
>
>> " ab cd   ".lstrip(" ")
'ab cd   '
>>> " ab cd   ".rstrip()
' ab cd'
```

使用 del 指令刪除整個字串。例如：

```
>>> a="12345hello"
>>> del a
```

1.4.7 字串的尋找和取代

使用字串的 find 方法和 rfind 方法，可以返回一個字串在另一個字串中首次和最後出現的位置。

下列的程式碼返回字母 a 在字串 "abca" 中首次和最後出現的位置。注意位置的基數為 0。

```
>>> "abca".find("a")
0
>>> "abca".rfind('a')
3
```

使用字串的 count 方法可以返回指定字串在另一個字串中出現的次數。例如，返回字母 a 在字串 "abca" 中出現的次數。

```
>>> "abca".count("a")
2
```

使用字串的 startswith 方法判斷字串是否以指定字串開頭，如果是，則返回 True，否則返回 False。例如：

```
>>> "abcab".startswith("abc")
True
```

使用字串的 endswith 方法判斷字串是否以指定字串結尾，如果是，則返回 True，否則返回 False。例如：

```
>>> "abcab".endswith("ab")
True
```

使用字串的 replace 方法，用指定字串取代給定字串中的某個子字串。該方法的語法格式為：

```
str.replace(str1,str2,num)
```

其中，str 為指定的字串，參數 str1 為指定字串中被取代的子字串，參數 str2 為用作取代的字串，參數 num 指定取代不能超過的次數。

下面將給定字串中的字母 a 取代為 w，取代次數不能超過 5 次。

```
>>> "abcababcababcab".replace("a","w",5)
'wbcwbwbcwbwbcab '
```

1.4.8　字串的比較

在 Python 中，使用比較運算子、成員運算子以及與字串相關的函數和方法進行字串比較。

下面用「==」或「!=」比較兩個字串物件的值是否相等或不相等。

```
>>> a="abc"
>>> b="abc123"
>>> a==b        #值相等時返回True
False
>>> a≠b        #值不相等時返回True
True
```

使用 is 比較兩個字串物件的記憶體位址是否相同。

```
>>> a is b      #記憶體位址相同時返回True
False
```

使用成員運算子 in 或 not in 計算指定字串是否包含或不包含在另一個字串中，如果成立，則返回 True，否則返回 False。

```
>>> a in b      #"abc"是否包含在"abc123"中
```

```
True
>>> "d" not in b       #"d"是否不包含在"abc123"中
True
```

Python 提供的用於字串比較的函數和方法如表 1-8 所示，可以用它們判斷字串中元素的類型和大小寫等情況。

💻 **表 1-8** 用於字串比較的函數和方法

函數和方法	說明
str.isalnum()	字串中是否全是字母和數字
str.isalpha()	字串中是否至少有一個字母且全是字母
str.isdigit()	字串中是否全是數字
str.isnumeric()	字串中是否全為阿拉伯數字
str.islower()	字串中是否全是小寫字母
str.isupper()	字串中是否全是大寫字母
str.isspace()	字串中是否只包含空格：是，則返回 True；否，則返回 False
max()	最大的字母
min()	最小的字母

下面舉例說明。

將給定字串中的字母 a 取代為 w，取代次數不能超過 5 次。

```
>>> "Abc123".isalnum()      #字串中是否全是字母和數字
True
>>> "Abc123".isalpha()      #是否全是字母
False
>>> "123123".isdigit()      #是否全是數字
True
>>> "123.123".isnumeric()   #是否全是數字
False
>>> "abc".islower()         #字母是否全是小寫的
True
```

```
>>> max("Abc")              #最大的字母
'c'
>>> "Abc123".isalnum()      #字串中是否全是字母和數字
```

下面將給定字串中的字母 a 取代為 w，取代次數不能超過 5 次。

1.4.9　字串快取機制

與整數快取機制類似，Python 為常用的字串也提供了快取機制。透過給常用的字串提供快取，可以避免頻繁地分配記憶體和釋放記憶體，避免記憶體中出現更多的記憶體碎片，從而提高 Python 的整體性能。

在命令列模式下，Python 為只包含底線、數字和字母的字串提供快取。在第一次建立滿足要求的字串物件時建立快取，以後需要值相同的字串時，可以直接從快取池中取用，不用重新建立物件。

下面建立變數 a 和 b，它們都引用值為 "abc" 的字串，然後比較它們的值和位址。

```
>>> a="abc"
>>> b="abc"
>>> a==b
True
>>> a is b
True
```

按道理講，變數 a 和 b 引用的是不同的物件，物件具有不同的位址，表達式 a is b 的返回值應該為 False。但是因為 Python 提供了字串快取機制，並且字串 "abc" 滿足字串中只包含底線、數字和字母的要求，表達式 a is b 的返回值為 True。即變數 a 和 b 引用的是同一個字串物件，它在第一次建立後被放在快取池中。

下面建立的變數 a 和 b 都引用值為 "abc 123" 的字串，因為字串中包含空格，不滿足要求，所以不能為該字串提供快取。因此，表達式 a is b 的返回值為 False，即變數 a 和 b 引用的是不同的字串物件。

```
>>> a="abc 123"
>>> b="abc 123"
>>> a is b
False
```

1.5 列表

列表（又稱「清單」或「串列」）是可修改的序列，可以存放任何類型的資料，用「[]」表示。列表中的元素用逗號分隔，每個元素按照先後順序有索引號，索引號的基數為 0。在列表建立以後，可以進行索引、切片、增刪改查、排序等各種操作。

1.5.1 建立列表

建立列表有多種方法。

 1 使用「[]」建立列表

使用中括號「[]」直接建立列表。下面建立一個沒有元素的列表。

```
>>> a=[]
```

建立一個元素為一組資料的列表：

```
>>> a=[1,2,3,4,5]
>>> a
[1, 2, 3, 4, 5]
```

建立一個元素為一組字串的列表：

```
>>> a=["excel","python","world"]
>>> a
```

```
['excel', 'python', 'world']
```

列表元素的資料類型可以不同。例如：

```
>>> a=[1,5, "b",False]
>>> a
[1, 5, 'b', False]
```

列表的元素也可以是列表。例如：

```
>>> a=[[1],[2],3,"four"]
>>> a
[[1], [2], 3, 'four']
```

 ## 2 使用 list 函數建立列表

使用 list 函數能將任何可迭代的資料轉換成列表。可迭代的封包括字串、區間、元組、字典、集合等。

當 list 函數不帶參數時將建立一個空的列表，例如：

```
>>> a=list()
>>> a
[]
```

（1）把字串轉換為列表

當 list 函數的參數為字串時，將該字串轉換為元素，由字串中各字元組成的列表。

```
>>> a=list("hello")
>>> a
['h', 'e', 'l', 'l', 'o']
```

（2）把區間物件轉換為列表

使用 range 函數建立一個區間物件，該物件在指定的範圍內連續取值。range 函數可有 1 個、2 個或 3 個參數。當有 3 個參數時指定區間的起點、終點和步長，比如從 2 開始，每隔兩個數取一次數，取到 10 為止。當有 2 個參數時指定起點和終點，步長取 1。當有 1 個參數時指定終點，起點取 0，步長取 1。

下面是 range 函數只有 1 個參數的情況。

```
>>> rg1=range(8)
>>> rg1
range(0, 8)
```

生成的區間物件從 0 開始，以 1 為間隔連續取 8 個值，即 0～7。所以，從表面上看，雖然 range(0, 8) 定義的區間終點為 8，但實際上不包括 8，這習慣上稱為「包頭不包尾」。使用中括號和索引號可以取得區間物件的值。例如，下列的程式碼取得區間第 1 個值和最後 1 個值。

```
>>> rg1[0];rg1[7]
0
7
```

下面是 range 函數有 3 個參數的情況，在 0～9 範圍內每隔兩個數取一次數。

```
>>> rg2=range(0,10,2)
>>> rg2
range(0, 10, 2)
```

透過索引取得區間前兩個數：

```
>>> rg2[0];rg2[1]
0
2
```

可見，相鄰兩個數之間的間隔為 2。

將區間物件作為 list 函數的參數可以建立列表。例如：

```
>>> a=list(rg1)
>>> a
[0, 1, 2, 3, 4, 5, 6, 7]
>>> b=list(rg2)
>>> b
[0, 2, 4, 6, 8]
```

（3）把元組、字典和集合轉換為列表

使用 list 函數也可以把元組、字典和集合等可迭代物件轉換為列表。關於元組、字典和集合，將在接下來的各節中陸續介紹，這裡先看操作效果。

將元組轉換為列表：

```
>>> a=(1,"abc",True)
>>> list(a)
[1, 'abc', True]
```

將字典轉換為列表：

```
>>> a={"張三":89,"李四":92}
>>> list(a)
['張三', '李四']
```

將集合轉換為列表：

```
>>> a={1,"abc",123,"hi"}
>>> list(a)
[1, 123, 'hi', 'abc']
```

 3 使用 split 方法建立列表

對於字串，使用其 split 方法可以按指定的分隔符進行分割，分割的結果以列表的形式返回。

下面給定一個字串，使用 split 方法，用預設的空格分隔符進行分割，返回一個列表。

```
>>> a="Where are you from"
>>> a.split()
['Where', 'are', 'you', 'from']
```

 4 深入列表

列表中的每個元素都引用一個物件，每個物件都有自己的記憶體儲存位址、資料類型和值。各元素儲存對應物件的位址。

下面建立一個列表，用 id 函數取得列表中各元素引用的物件的位址。

```
>>> a=[1,2,3]
>>> id(a[0])
8791520672832
>>> id(a[1])
8791520672864
>>> id(a[2])
8791520672896
```

可見，各元素引用的物件的位址各不相同，它們是不同的物件。

1.5.2 加入列表元素

在列表建立以後，可以使用多種方法在列表中加入元素。

 1 使用 append 方法

使用列表物件的 append 方法在列表尾部加入新的元素。該方法的執行速度比較快。下面建立一個列表，然後用 append 方法加入一個元素。

```
>>> a=[1,2,3,4]
>>> a.append(5)
>>> a
[1, 2, 3, 4, 5]
```

❷ 使用 extend 方法

與 append 方法一樣，使用 extend 方法也是在列表尾部加入新的元素。與 append 方法不同的是，它在列表末尾一次性追加另一個序列的多個值，所以它更適合列表的拼接。

```
>>> a=[1,2,3,4]
>>> a.extend([5,6])
>>> a
[1, 2, 3, 4, 5, 6]
```

extend 方法的參數還可以是字串、區間、元組、字典和集合等可迭代物件。例如：

```
>>> a=[1,2]
>>> a.extend("abc")        #追加字串
>>> a
[1, 2, 'a', 'b', 'c']
>>> a.extend((3,4))        #追加元組
>>> a
[1, 2, 'a', 'b', 'c', 3, 4]
>>> a.extend(range(5,7))   #追加區間
>>> a
[1, 2, 'a', 'b', 'c', 3, 4, 5, 6]
```

 ❸ 使用 insert 方法

使用列表物件的 insert 方法，可以在指定位置插入指定元素。該方法有兩個參數，其中第 1 個參數指定插入的位置，指定一個索引號，即在它對應的物件前面插入新的物件，索引號的基數為 0；第 2 個參數指定插入的物件。

下面建立一個有 4 個元素的列表，使用列表物件的 insert 方法在第 4 個元素前面插入新物件 5。

```
>>> a=[1,2,3,4]
>>> a.insert(3,5)
>>> a
[1, 2, 3, 5, 4]
```

 4 使用運算子

使用 +（加號）可以將兩個列表連接起來，組成一個新的列表。例如：

```
>>> [1, 2, 3]+[4, 5, 6]
[1, 2, 3, 4, 5, 6]
```

使用乘法擴展，可以將原有列表重複多次，生成新的列表。下面建立一個有 2 個元素的列表，將它擴展 3 倍，生成新的列表 b。

```
>>> a=[1,"a"]
>>> b=a*3
>>> b
[1, 'a', 1, 'a', 1, 'a']
```

1.5.3 索引和切片

在建立列表並在列表中加入元素後，如果希望取得列表中某個或某部分元素，並對它們進行後續操作，就要用到索引和切片。索引一般是指訪問列表中的某個元素，切片則是指連續訪問列表中的部分元素。

使用「[]」進行列表索引操作，中括號中為要索引的元素在列表中的索引號。從左到右索引時，索引號的基數為 0；從右到左索引時，索引號的基數為 -1。

下面建立一個列表 ls。

```
>>> ls=["a","b","c"]
```

透過索引取得列表中的第 3 個元素：

```
>>> ls[2]
'c'
```

取得列表中倒數第 2 個元素：

```
>>> ls[-2]
'b'
```

使用 index 方法可以取得指定元素在列表中首次出現的位置。語法格式為：

```
index(value.[start, [end]])
```

其中，value 為指定的元素，start 和 end 指定搜尋的範圍。

下面建立一個列表 a。

```
>>> a=[1,2,3,4,2,5,6]
```

取得元素 2 在列表中第一次出現的位置，注意位置索引號的基數為 0：

```
>>> a.index(2)
1
```

從第 3 個元素開始到最後一個元素，在這個範圍內取得元素 2 第一次出現的位置：

```
>>> a.index(2,2)
4
```

切片操作從指定的列表中連續取得多個元素。常見的列表切片操作如表 1-9 所示。切片操作完整的定義是 [start:end:step]，取值範圍的起點、終點和步長之間用冒號分隔。這三個參數都可以省略，並注意「包頭不包尾」原則。

從左往右切片時，位置索引號的基數為 0。當省略 start 參數時，起點為列表的第 1 個元素；當省略 end 參數時，終點為列表的最後一個元素；當省略 step 參數時，步長為 1。

從右往左切片時，位置索引號的基數為 -1。各參數的值都為負，數字的大小為從右邊往左邊數數的大小。比如最後一個元素的索引號為 -1，倒數第 2 個為 -2，依此類推。

表 1-9 列表的切片操作

語法格式	說明	範例	結果
[:]	提取整個列表	[1,2,3,4,5] [:]	[1,2,3,4,5]
[start:]	提取從 start 位置開始到結尾的元素組成列表	[1,2,3,4,5] [2:]	[3,4,5]
[:end]	提取從頭到 end-1 位置的元素組成列表	[1,2,3,4,5] [:2]	[1,2]
[start:end]	提取從 start 到 end-1 位置的元素組成列表	[1,2,3,4,5] [2:4]	[3,4]
[start:end:step]	提取從 start 到 end-1 位置的元素組成列表，步長為 step	[1,2,3,4,5] [1:4:2]	[2,4]
[-n:]	提取倒數 n 個元素組成列表	[1,2,3,4,5] [-3:]	[3,4,5]
[-m:-n]	提取倒數第 m 個到倒數第 n 個元素組成列表	[1,2,3,4,5] [-4:-2]	[2,3]
[::-s]	步長為 s，從右向左反向提取組成列表	[1,2,3,4,5] [::-1]	[5,4,3,2,1]

1.5.4 刪除列表元素

在 Python 中，可以使用多種方法刪除列表元素。

使用列表物件的 pop 方法可以刪除指定位置的元素，如果沒有指定位置，則刪除列表末尾的元素。

下面建立一個列表，用其 pop 方法刪除最後一個元素。

```
>>> a=[1,2,3,4,5,6]
>>> a.pop()
>>> a
[1, 2, 3, 4, 5]
```

繼續刪除列表中的第 3 個元素。注意，位置索引號的基數為 0。

```
>>> a.pop(2)
>>> a
[1, 2, 4, 5]
```

使用 del 指令刪除指定位置的元素。下面刪除列表中的第 4 個元素。

```
>>> a=[1,2,3,4,5,6]
>>> del a[3]
>>> a
[1, 2, 3, 5, 6]
```

pop 方法和 del 指令都是使用索引刪除列表元素的，使用 remove 方法可以直接刪除列表中首次出現的指定元素。下面從列表中直接刪除第 1 次出現的元素 3。

```
>>> a=[1,2,3,4,5,6]
>>> a.remove(3)
>>> a
[1, 2, 4, 5, 6]
```

如果指定的元素在列表中不存在，則返回錯誤訊息。

```
>>> a.remove(10)
Traceback (most recent call last):
  File "<pyshell#106>", line 1, in <module>
    a.remove(10)
ValueError: list.remove(x): x not in list
```

1.5.5　列表的排序

使用列表物件的 sort 方法可以對列表中的元素進行排序。預設從小到大排序，不必設定方法參數。下面建立一個列表，使用 sort 方法將列表元素從小到大進行排序。

```
>>> ls=[4,2,1,3]
>>> ls.sort()
>>> ls
[1,2,3,4]
```

設定 sort 方法的 reverse 參數的值為 True，對列表中的元素按照從大到小的順序進行排列。

```
>>> ls.sort(reverse=True)    #降冪排列
>>> ls
[4,3,2,1]
```

還可以使用 Python 的內建函數 sorted 進行排序。該函數不對原列表進行修改，而是返回一個新的列表。設定該函數的 reverse 參數的值為 True，將列表元素進行降冪排列。

```
>>> ls=[4,2,1,3]
>>> a=sorted(ls)
>>> a
[1,2,3,4]
>>> a=sorted(ls, reverse=True)
>>> a
[4,3,2,1]
```

1.5.6　操作函數

使用 len 函數取得列表的長度。例如：

```
>>> a=[1,2,3,4,5,6]
>>> len(a)
6
```

使用列表物件的 count 方法，指定元素在列表中出現的次數。下面建立一個列表，計算元素 2 在列表中出現的次數。

```
>>> a=[1,2,3,2,4,5,2,6]
>>> a.count(2)
3
```

使用成員運算子 in 或 not in 判斷列表中是否包含或不包含指定元素，如果是則返回 True，否則返回 False。下面判斷給定列表中是否包含元素 1，是否不包含元素 4。

```
>>> 1 in [1, 2, 3]
True
>>> 4 not in [1, 2, 3]
True
```

在使用 print 函數對列表資料進行格式化輸出時，使用索引取得列表的元素。下面建立一個列表，然後使用 print 函數進行格式化輸出。

```
>>> student = ["張三","95"]
>>> print("姓名：{0[0]}, 數學成績：{0[1]}".format(student))
姓名：張三, 數學成績：95
```

1.5.7 二維列表

透過巢狀列表可以建立二維或多維列表。二維列表有兩層中括號，即列表的元素也是列表。下面建立一個二維列表。

```
>>> a=[[1,2,3],[4,5,6],[7,8,9]]
>>> a
[[1, 2, 3], [4, 5, 6], [7, 8, 9]]
```

對二維列表進行索引和切片時，要指定行維和列維兩個方向上的索引號或取值範圍。注意，基數為 0。

下面取得二維列表中第 2 列第 3 行元素的值。

```
>>> a[1][2]
6
```

對於二維列表的切片，首先要明白 a[1] 和 a[1:2] 之間的區別。a[1] 取得的是二維列表 a 中的第 2 個元素，是一個一維列表。例如：

```
>>> a[1]
[4, 5, 6]
```

a[1:2] 取得的則是一個二維列表，即：

```
>>> a[1:2]
[[4, 5, 6]]
```

然後，就比較好理解下面的結果了：

```
>>> a[1][0]
4
>>> a[1:2][0]
[4, 5, 6]
```

以及

```
>>> a[1][0:1]
[4]
>>> a[1:2][0:1]
[[4, 5, 6]]
```

請反覆比較和理解它們之間的差別。

1.6 元組

元組和列表很像，只是它在定義好以後，不能修改裡面的資料。元組用小括號「()」表示。在建立元組以後，可以對它進行索引、切片和各種運算。這部分內容和列表的基本一樣。

1.6.1 元組的建立和刪除

使用 ()、tuple 函數和 zip 函數等建立元組。下面使用「()」建立元組，元組的元素可以是不同類型的資料。

```
>>> t=("a",0,{},False)
>>> t
('a', 0, {}, False)
```

小括號可以省略，即：

```
>>> t="a",0,{},False
>>> t
('a', 0, {}, False)
```

如果元組只有一個元素，則必須在末尾加逗號。例如：

```
>>> t=(1,)
>>> t
(1,)
>>> type(t)
<class 'tuple'>
```

如果不加逗號，Python 會把它作為整數處理。

```
>>> t=(1)
>>> t
1
>>> type(t)
<class 'int'>
```

使用 tuple 函數，可以將其他可迭代物件轉換為元組。其他可迭代物件包括字串、區間、列表、字典、集合等。其他可迭代物件作為 tuple 函數的參數給出。

```
>>> tuple()    #不帶參數
()
```

```
>>> tuple("abcde")              #轉換字串
('a', 'b', 'c', 'd', 'e')
>>> tuple(range(5))             #轉換區間
(0, 1, 2, 3, 4)
>>> tuple([1,2,3,4,5])          #轉換列表
(1, 2, 3, 4, 5)
>>> tuple({1:"楊斌",2:"范進"})   #轉換字典
(1, 2)
>>> tuple({1,2,3,4,5})          #轉換集合
(1, 2, 3, 4, 5)
```

使用 zip 函數，可以將多個列表對應位置的元素組合成元組，並返回 zip 物件。

```
>>> a=[1,2,3]
>>> b=[4,5,6]
>>> c=zip(a,b)
>>> c
<zip object at 0x0000000002F61848>
```

使用 list 函數，可以將 zip 物件轉換為列表。

```
>>> d=list(c)
>>> d
[(1, 4), (2, 5), (3, 6)]
```

可見，列表的元素為元組，它們由變數 a 和 b 對應位置的元素組合而成。

不能修改或刪除元組中的元素，但是可以使用 del 指令刪除整個元組。

```
>>> t=(1,2,3)
>>> del t
```

1.6.2 索引和切片

元組的索引和切片操作跟列表的相同，可以參閱 1.5.3 節的內容。與列表不同的是，透過索引和切片將元組中的單個或多個元素提取出來以後，不能修改它們的值。

下面建立一個元組，透過索引提取第 1 個元素和最後 1 個元素的資料。這裡用到正向提取和反向提取，在正向提取時基數為 0，在反向提取時從右向左計數，基數為 -1；比如，倒數第 2 個元素的索引號就是 -2。

```
>>> t=(1,2,3)
>>> t[0]
1
>>> t[-1]
3
```

也可以使用元組物件的 index 方法，返回指定元素在元組中第 1 次出現的位置，位置索引號的基數為 0。下列的程式碼返回元素 3 在元組中第 1 次出現的位置。

```
>>> t=(1,2,3,4,5,3,6)
>>> t.index(3)
2
```

該方法還可以有第 2 個參數和第 3 個參數，指定取值範圍的起點和終點。當省略終點時，終點取最後 1 個元素。下列的程式碼，返回在元組第 4 個元素到末尾這個範圍內元素 3 第 1 次出現的位置。

```
>>> t.index(3, 3)
5
```

切片操作規則也跟列表的相同，有正向和反向之分，請參閱 1.5.3 節的內容。

```
>>> t=(1,2,3,4,5,6)
>>> t[1:5:2]      #第2個到第5個元素，每隔兩個數取一次數
(2, 4)
>>> t[1:5]        #取第2個到第5個元素
(2, 3, 4, 5)
>>> t[1:]         #取第2個到最後1個元素
(2, 3, 4, 5, 6)
>>> t[:5]         #取第1個到第5個元素
(1, 2, 3, 4, 5)
```

```
>>> t[:]          #取全部元素
(1, 2, 3, 4, 5, 6)
>>> t[-5:-2]      #取倒數第5個到倒數第2個元素
(2, 3, 4)
>>> t[-5:]        #取倒數第5個到倒數第1個元素
(2, 3, 4, 5, 6)
```

注意 無法修改和刪除元組中元素的值。例如，下列的程式碼試圖將元組 t 中的第 2 個元素的值改為 3 時，給出錯誤訊息。

```
>>> t=(1,2,3,4,5,6)
>>>t[1]=3
Traceback (most recent call last):
  File "<pyshell#152>", line 1, in <module>
    t[1]=3
TypeError: 'tuple' object does not support item assignment
```

1.6.3 基本運算和操作

使用運算子對指定元組進行操作。下面使用 +（加號）連接兩個元組。

```
>>> (1, 2, 3)+(4, 5, 6)
(1, 2, 3, 4, 5, 6)
```

使用 *（乘號）重複擴展給定元組。

```
>>> ("Hi")*3
('Hi', 'Hi', 'Hi')
```

使用 in 或 not in 判斷元組中是否包含或不包含指定元素，如果是則返回 True，否則返回 False。

```
>>> 1 in (1, 2, 3)
True
>>> 3 not in (1, 2, 3)
True
```

使用 len 函數計算元組的長度，即元組中元素的個數。

```
>>> t=(1,2,3,4,5,6)
>>> len(t)
6
```

使用 max 函數和 min 函數返回元組中最大的元素和最小的元素。

```
>>> max(t)
6
>>> min(t)
1
```

1.7 字典

我們都用過字典。在查字典時可以從第 1 頁開始，一頁一頁地往下找，直到找到為止。這樣做明顯效率低下，特別是當字的位置比較後面的時候。所以在查字典時不應這樣做，而是根據目錄直接跳到對應的頁碼，查詢關於字的解釋。在字典中要查的每個字都是唯一的，每個字都有對應的解釋說明。

Python 中有字典資料類型。字典中的每個元素都由一個鍵值對組成，其中鍵相當於真實字典中的字，在整個字典中是唯一存在，不會有重複；值相當於字的解釋說明。鍵與值之間用冒號分隔，鍵值對之間用逗號分隔。整個字典用 {}（大括號）包圍。

1.7.1 字典的建立

使用「{}」可以直接建立字典。在 {} 內加入各鍵值對，鍵值對之間用逗號分隔，鍵與值之間用冒號分隔。注意，在整個字典中，鍵必須是唯一的。

下面使用「{}」建立字典。

```
>>> dt={}        #空字典
>>> dt
{}
>>> dt={"grade":5, "class":2, "id": "s195201", "name": "LinXi"}
>>> dt
{'grade': 5, 'class': 2, 'id': 's195201', 'name': 'LinXi'}
```

使用 dict 函數建立字典。該函數的參數可以以 key=value 的形式連續傳入鍵和值，也可以將其他可迭代物件轉換為字典，或者使用 zip 函數生成 zip 物件，然後將 zip 物件轉換為字典。

下面以 key=value 的形式輸入鍵和值，並生成字典。

```
>>> dt=dict(grade=5, clas=2, id="s195201", name="LinXi")
>>> dt
{'grade': 5, 'clas': 2, 'id': 's195201', 'name': 'LinXi'}
```

下面使用 dict 函數將其他可迭代物件轉換為字典，其他可迭代物件包括列表、元組、集合等。

```
>>> dt=dict([("grade",5), ("clas",2), ("id","s195201"), ("name", "LinXi")])
>>> dt=dict((("grade",5), ("clas",2), ("id","s195201"), ("name", "LinXi")))
>>> dt=dict([["grade",5], ["clas",2], ["id","s195201"], ["name", "LinXi"]])
>>> dt=dict((["grade",5], ["clas",2], ["id","s195201"], ["name", "LinXi"]))
>>> dt=dict({("grade",5), ("clas",2), ("id","s195201"), ("name", "LinXi")})
```

這幾種轉換得到的結果均為：

```
>>> dt
{'grade': 5, 'clas': 2, 'id': 's195201', 'name': 'LinXi'}
```

使用 zip 函數可以利用兩個指定的列表取得 zip 物件，再使用 dict 函數將該 zip 物件轉換為字典。適合於分別得到鍵和值序列，然後組裝成字典的情況。

```
>>> k=["grade", "clas", "id", "name"]
>>> v=[5, 2, "s195201", "LinXi"]
```

```
>>> p=zip(k,v)
>>> dt=dict(p)
>>> dt
{'grade': 5, 'clas': 2, ' id': 's195201', 'name': 'LinXi'}
```

使用 fromkeys 方法可以建立值為空的字典。例如：

```
>>> dt=dict.fromkeys(["grade", "clas", "id", "name"])
>>> dt
{'grade': None, 'clas': None, ' id': None, 'name': None}
```

1.7.2 索引

在建立字典以後，在字典名稱後面跟 [] （中括號），在中括號內輸入鍵的名稱，可以取得該鍵對應的值。下面建立一個字典，透過索引取得名稱為 name 的鍵對應的值。

```
>>> dt={"grade":5, "class":2, "id": "s195201", "name": "LinXi"}
>>> dt["name"]
'LinXi'
```

使用字典物件的 get 方法，也可以獲得相同的結果。

```
>>> dt.get("name")
'LinXi'
```

使用字典物件的 keys 方法取得所有鍵，使用 values 方法取得所有值。

```
>>> dt.keys()
dict_keys(['grade', 'class', 'id', 'name'])
>>> dt.values()
dict_values([5, 2, 's195201', 'LinXi'])
```

使用字典物件的 items 方法取得所有鍵值對。

```
>>> dt.items()
```

dict_items([('grade', 5), ('class', 2), ('id', 's195201'), ('name', 'LinXi')])

使用 in 或 not in 運算子判斷字典中是否包含或不包含指定的鍵，如果是則返回 True，否則返回 False。

```
>>> "name" in dt
True
>>> "math" not in dt
True
```

字典的長度即字典中鍵值對的個數。使用 len 函數取得指定字典的長度。

```
>>> len(dt)
4
```

1.7.3 字典元素的增刪改

在建立字典以後，可以透過索引的方式，直接加入鍵值對或修改指定鍵對應的值。下面建立一個字典 dt 記錄學生資料。

```
>>> dt={"grade":5, "class":2, "id": "s195201", "name": "LinXi"}
```

加入表示學生分數的鍵值對：

```
>>> dt["score"]=90
>>> dt
{'grade': 5, 'class': 2, 'id': 's195201', 'name': 'LinXi', 'score': 90}
```

修改學生姓名：

```
>>> dt["name"]="MuFeng"
{'grade': 5, 'class': 2, 'id': 's195201', 'name': 'MuFeng', 'score': 90}
```

也可以使用字典物件的 update 方法加入或修改鍵值對。

```
>>> dt={"grade":5, "class":2, "id": "s195201", "name": "LinXi"}
>>> dt.update({"score":90})      #加入鍵值對
```

```
>>> dt
{'grade': 5, 'class': 2, 'id': 's195201', 'name': 'LinXi', 'score': 90}
>>> dt.update({"class":3})       #修改鍵對應的值
>>> dt
{'grade': 5, 'class': 3, 'id': 's195201', 'name': 'LinXi', 'score': 90}
```

使用 del 指令刪除字典中的鍵值對。

```
>>> dt={"grade":5, "class":2, "id": "s195201", "name": "LinXi"}
>>> del dt["grade"]
>>> dt
{'class': 2, 'id': 's195201', 'name': 'LinXi'}
```

將指定的鍵作為函數參數,使用字典物件的 pop 方法刪除指定鍵值對。該方法返回指定鍵對應的值。

```
>>> dt={"grade":5, "class":2, "id": "s195201", "name": "LinXi"}
>>> dt2=dt.pop("grade")
>>> dt2
5
>>> dt
{'class': 2, 'id': 's195201', 'name': 'LinXi'}
```

使用字典物件的 clear 方法,清空字典中的所有鍵值對。

```
>>> dt={"grade":5, "class":2, "id": "s195201", "name": "LinXi"}
>>> dt.clear()
>>> dt
{}
```

1.7.4 字典資料的格式化輸出

當使用 print 函數輸出字典資料時,可以使用 format 函數指定輸出格式。下面建立一個字典。

```
>>> student = {"name":"張三","sex":"男"}
```

用「{}」占位，在括號內可以從 0 開始加入數字，也可以不加入數字。字典資料作為 format 函數的參數給出。

```
>>> print("姓名：{0}，性別：{1}".format(student["name"],student["sex"]))
姓名：張三，性別：男
```

用「{}」占位，在括號內指定參數名稱，format 函數的參數使用對應的參數名稱並指定字典資料。

```
>>> print("姓名：{name}，性別：{sex}".\
          format(name=student["name"],sex=student["sex"]))
姓名：張三，性別：男
```

用「{}」占位，在括號內輸入鍵的名稱，format 函數的參數被指定為字典名稱。注意，在字典名稱前面加上兩個「*」。

```
>>> print("姓名：{name}，性別：{sex}".format(**student))
姓名：張三，性別：男
```

用「{}」占位，在括號內加入字典的索引形式，但是字典名稱用 0 代替。format 函數的參數被指定為字典名稱。

```
>>> print("{0[name]}:{0[sex]}".format(student))
張三:男
```

1.8 集合

集合是只有鍵的字典，元素不能重複。集合也用 {}（大括號）表示。集合中的元素是沒有先後次序的，不能索引。可以在集合中加入元素，或者從集合中刪除元素，但不能修改元素的值。對於多個集合，可以計算它們的交集、併集和差集等。

1.8.1 集合的建立

使用 {}（大括號）可以直接建立集合，元素可以有不同的資料類型。下面建立一個集合。

```
>>> st={1, "a"}
>>> st
{1, 'a'}
```

注意　集合中的元素可以無序，但是必須唯一，也就是不能重複。

使用 set 函數也可以建立集合，或者把其他可迭代物件轉換為集合。其他可迭代物件包括字串、區間、列表、元組、字典等。

```
>>> set({1,"a"})          #直接建立
{1, 'a'}
>>> set("abcd")           #轉換字串
{'b', 'c', 'd', 'a'}
>>> set(range(5))         #轉換區間
{0, 1, 2, 3, 4}
>>> set([1,"a"])          #轉換列表
{1, 'a'}
>>> set((1,"a"))          #轉換元組
{1, 'a'}
>>> set({1:"a",2:"b"})    #轉換字典
{1, 2}
```

如果可迭代物件中存在重複資料，則最後生成的集合中只保留一個。利用集合的這個特點，可以對給定資料進行去除重複資料的操作。例如：

```
>>> st=set([1,"a",1,"a"])
>>> st
{1, 'a'}
```

集合中元素的個數被稱為集合的長度。使用 len 函數計算集合的長度。

```
>>> st={1,2}
>>> len(st)
2
```

或者

```
>>> len({1,2})
2
```

1.8.2 集合元素的加入和刪除

使用集合物件的 add 方法在集合中加入元素。下面建立一個集合 st 並在該集合中加入元素 4。

```
>>> st={1, "a"}
>>> st.add(4)
>>> st
{1, 4, 'a'}
```

使用集合物件的 remove 方法從指定集合中刪除元素。下列的程式碼從集合 st 中刪除元素 4。

```
>>> st.remove(4)
>>> st
{1, 'a'}
```

使用集合物件的 clear 方法將集合中的所有元素清空。

```
>>> st.clear()
>>> st
set()
```

1.8.3 集合的運算

集合的運算包括集合的交集運算、聯集運算、差集運算、對稱交集運算等。

 1 交集運算和聯集運算

對於圖 1-5 中所示的 A 和 B 兩個圓形區域，把它們看作是兩個集合，它們的交集是中間深顏色的重疊部分，即 C 區域，它們的聯集是所有陰影區域。

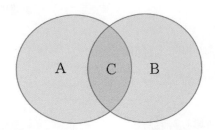

▲ 圖 1-5 集合的交集運算和聯集運算

在 Python 中，可以使用「&」運算子或集合物件的 intersection 方法求給定的兩個集合的交集。

```
>>> {1,2,3} & {1,2,5}
{1, 2}
>>> {1,2,3}.intersection({1,2,5})
{1, 2}
```

可見，給定的兩個集合的交集，即這兩個集合共有的元素組成的新集合。

使用「|」運算子或集合物件的 union 方法求給定的兩個集合的聯集。

```
>>> {1,2,3} | {1,2,5}
{1, 2, 3, 5}
>>> {1,2,3}.union({1,2,5})
{1, 2, 3, 5}
```

可見，給定的兩個集合的併集，即這兩個集合的所有元素放在一起，並去掉重複元素後得到的新集合。

2 差集運算

如圖 1-6 所示，用 A 和 B 兩個圓形區域表示兩個集合，則它們之間的差集 A-B 就是 A 減去 A 和 B 的交集，對應於圖中 A 區域的深色部分。

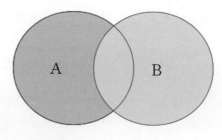

▲ 圖 1-6 集合的差運算

便用 -（減號）或集合物件的 difference 方法，求給定的兩個集合的差集。

```
>>> {1,2,3} - {1,2,5}
{3}
>>> {1,2,3}.difference({1,2,5})
{3}
>>> {1,2,5} - {1,2,3}
{5}
>>> {1,2,5}.difference({1,2,3})
{5}
```

可見，給定的兩個集合的差集，即它們各自減去二者的併集後得到的新集合。

 3 對稱差集運算

如圖 1-7 所示，用 A 和 B 兩個圓形區域表示兩個集合，它們的對稱差集為它們的併集減去它們的交集得到的新集合，對應於圖中的陰影部分。

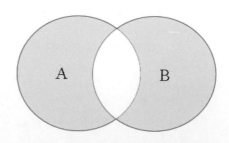

▲ 圖 1-7 集合的對稱差集運算

使用「^」運算子或集合物件的 symmetric_difference 方法計算給定集合的對稱差集。

```
>>> {1,2,3} ^ {1,2,5}
{3, 5}
>>> {1,2,3}.symmetric_difference({1,2,5})
{3, 5}
```

集合 {1,2,3} 和 {1,2,5} 的併集為 {1,2,3,5}，交集為 {1,2}，對稱差集等於給定集合的併集減去交集，所以為 {3,5}。

 4 子集、真子集、超集和真超集

如圖 1-8 所示，用 A 和 B 兩個圓形區域表示給定的兩個集合，如果 A 與 B 重疊或者 A 被 B 包含，則稱 A 表示的集合是 B 表示的集合的子集，B 表示的集合是 A 表示的集合的超集。如果排除大小相同並重疊的情況，即 A 完全被 B 包含，則稱 A 表示的集合是 B 表示的集合的真子集，B 表示的集合是 A 表示的集合的真超集。

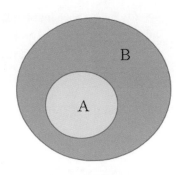

▲ 圖 1-8 子集和超集

使用「<=」運算子或集合物件的 issubset 方法進行子集運算。對於集合 A 和集合 B，如果 A<=B，或者 A.issubset(B) 的返回值為 True，則集合 A 是集合 B 的子集。

```
>>> {1,2,3} ≤ {1,2,5}
False
>>> {1,2,3} ≤ {1,2,3}
True
>>> {1,2,5}.issubset({1,2,5})
True
>>> {1,2}.issubset({1,2,5})
True
```

對於集合 A 和集合 B，如果 A<B，則集合 A 是集合 B 的真子集。

```
>>> {1,2} < {1,2,5}
True
```

對於集合 A 和集合 B，如果 A>=B，或者 A.issuperset(B) 的返回值為 True，
則集合 A 是集合 B 的超集。

```
>>> {1,2,5} ≥ {1,2,5}
True
>>> {1,2,5} > {1,2}
True
>>> {1,2,5}.issuperset({1,2,5})
True
>>> {1,2,5}.issuperset({1,2})
True
```

對於集合 A 和集合 B，如果 A>B，則集合 A 是集合 B 的真超集。

```
>>> {1,2,5} > {1,2}
True
```

1.9 處理日期和時間

Python 提供了 time 模組用於取得日期和時間，以及對日期和時間進行格式
化。時間間隔以秒為單位。

1.9.1 取得日期和時間

取得目前日期和時間，首先匯入 time 模組，使用該模組的 time 函數可以取
得目前時間戳。所謂的時間戳，是指從 1970 年 1 月 1 日午夜到目前所經歷的
秒數。

```
>>> import time
>>> time.time()
1615864704.2677903
```

使用 time 模組的 localtime 函數取得目前日期和時間。

```
>>> t= time.localtime(time.time())
>>> t
time.struct_time(tm_year=2021, tm_mon=3, tm_mday=16, tm_hour=11,
tm_min=18, tm_sec=3, tm_wday=1, tm_yday=75, tm_isdst=0)
```

返回的結果，用所謂的時間元組的結構欄位來表示。該結構中各欄位的含義如表 1-10 所示。

表 1-10 時間元組的結構欄位

序號	屬性	說明	值
0	tm_year	4 位數的年分	2021
1	tm_mon	月分	1 ～ 12
2	tm_mday	日期	1 ～ 31
3	tm_hour	小時	0 ～ 23
4	tm_min	分鐘	0 ～ 59
5	tm_sec	秒	0 ～ 61（60 或 61 是閏秒）
6	tm_wday	星期幾	0 ～ 6（0 是星期一）
7	tm_yday	一年的第幾天	1 ～ 366
8	tm_isdst	夏令時 -1, 0, 1, -1	

使用 time 模組的 asctime 函數取得格式化的日期和時間。

```
>>> tm=time.asctime( time.localtime(time.time()) )
>>> tm
'Tue Mar 16 11:17:32 2021'
```

1.9.2 格式化日期和時間

使用 time 模組的 strftime 方法格式化日期，該方法的語法格式為：

```
>>> time.strftime(format[, t])
```

下面把目前日期和時間格式化成「2021-03-16 10:25:51」形式。

```
>>> print(time.strftime("%Y-%m-%d %H:%M:%S", time.localtime()))
2021-03-16 11:21:41
```

下面把目前日期和時間格式化成「Tue Mar 16 22:24:24 2021」形式。

```
>>> print(time.strftime("%a %b %d %H:%M:%S %Y", time.localtime()))
Tue Mar 16 11:22:56 2021
```

Python 中日期和時間的格式化符號，如表 1-11 所示。

表 1-11 Python 中日期和時間的格式化符號

格式化符號	說明
%y	2 位數的年分（00 ～ 99）
%Y	4 位數的年分（0000 ～ 9999）
%m	月分（01 ～ 12）
%d	月內的某一天（0 ～ 31）
%H	24 小時制的小時數（0 ～ 23）
%I	12 小時制的小時數（01 ～ 12）
%M	分鐘數（00 ～ 59）
%S	秒數（00 ～ 59）
%a	本機簡寫的星期名稱
%A	本機完整的星期名稱
%b	本機簡寫的月分名稱
%B	本機完整的月分名稱

格式化符號	說明
%c	本機相應的日期表示和時間表示
%j	年內的某一天（001～366）
%p	本機 A.M. 或 P.M. 的等價符
%U	一年中的星期數（00～53），星期天為一個星期的開始
%w	星期幾（0～6），星期天為一個星期的開始
%W	一年中的星期數（00～53），星期一為一個星期的開始
%x	本機相應的日期
%X	本機相應的時間
%Z	目前時區的名稱
%%	% 號本身

1.10 表達式

前面詳細介紹了變數，變數是程式語言中最基本的語言元素。使用運算子連接一個或多個變數就構成了表達式，例如給變數賦值，a=1 是賦值表達式；求子集的運算，{1,2,3} <= {1,2,5} 是比較運算表達式。如果變數是單字，表達式就是詞組和短句。根據運算子的不同，可以有不同類型的表達式。

1.10.1 算術運算子

算術運算子連接一個或兩個變數，構成算術運算表達式。常見的算術運算子有 +、-、*、/ 等，如表 1-12 所示，並於表中列出各算術運算子的應用範例。

📺 **表 1-12** 算術運算子

運算子	說明	範例
+	兩個物件相加	>>> a=3;b=2 >>> a+b #5

運算子	說明	範例
-	負數或兩個物件相減	>>> -a #-3 >>> a-b #1
*	兩個數相乘或字串等重複擴展	>>> a*b #6
/	兩個數相除	>>> a/b #1.5

//	整除，向下取整。當結果為正時返回相除結果的整數部分，當結果為負時返回該負數截尾後負 1 的結果。當變數中至少有一個變數的值為浮點數時，返回浮點數的結果	>>> a//b #1
		>>> -3//2 #-2
		>>> 3.0//2 #1.0

%	取餘數，得到相除後的餘數	>>> a%b #1
**	指數運算	>>> a**b #9

「+」用於字串、列表等時發揮連接的作用。例如：

```
>>> a="hello ";b="python"
>>> a+b
'hello python'
>>> a=[1,2,3];b=["a","b","c"]
>>> a+b
[1, 2, 3, 'a', 'b', 'c']
```

「*」乘號用於字串、列表等時發揮重複擴展的作用。例如：

```
>>> a="hello "
>>> a*3
'hello hello hello '
>>> a=[1,2,3]
>>> a*2
[1, 2, 3, 1, 2, 3]
```

1.10.2 關係運算子

關係運算子連接兩個變數，構成關係運算表達式。當關係運算表達式成立時，返回 True，否則返回 False。常見的關係運算子如表 1-13 所示。表中還列出了各關係運算子的應用範例。

表 1-13 關係運算子

運算子	說明	範例
==	相等	>>> a=3;b=2 >>>a==b #False
<>	不相等	>>> a<>b #True
!=	不相等	>>> a<>b #True
<	小於	>>> a<b #False
>	大於	>>> a>b #True
<=	小於或等於	>>> a<=b #False
>=	大於或等於	>>> a>=b #True

注意 在對兩個以上的變數進行關係運算時，可以用一個表達式進行描述。例如：

```
>>> a=3;b=2;c=5;d=9
>>> b<a<c<d
True
>>> a=3;b=3;c=3
>>> a==b==c==3
True
```

也可以對字串、列表等進行關係運算，此時對參與運算的變數的值逐字元或逐元素進行比較，取第 1 次不同時的比較結果。

```
>>> a="bca";b="uvw"
>>> a<b
True
>>> a=[1,2,3];b=[4,5,6]
>>> a<b
True
```

1.10.3 邏輯運算子

邏輯運算子連接一個或兩個變數，構成邏輯運算表達式。常見的邏輯運算子如表 1-14 所示。其中還列出了說明和應用範例。

表 1-14 邏輯運算子

運算子	說明	範例
not	非運算。True 取反為 False，False 取反為 True	>>> a=True >>> not a #False
and	與運算。當左、右運算元都為 True 時，結果為 True，否則為 False	>>> a=True;b=False >>> a and b #False
or	或運算。左、右運算元只要有一個為 True，結果就為 True。只有當兩個運算元都為 False 時，結果才為 False	>>> a=True;b=False >>> a or b #True

1.10.4 賦值 / 成員 / 身分運算子

在前面各節介紹變數、字串、列表等內容時，多次用到了賦值運算子和成員運算子。常見的賦值運算子如表 1-15 所示，並列出說明和應用範例。

表 1-15 賦值運算子

運算子	說明	範例
=	賦值運算	>>> a=1
+=	相加賦值運算	>>> a=1;a+=1 #2，等價於 a=a+1
-=	相減賦值運算	>>> a=5;a-=1 #4，等價於 a=a-1
*=	相乘賦值運算	>>> a=3;a*=2 #6，等價於 a=a*2
/=	相除賦值運算	>>> a=6;a/=2 #3，等價於 a=a/2
%=	取模賦值運算	>>> a=7;a%=4 #3，等價於 a=a%4
**=	求冪賦值運算	>>> a=3;a**=2 #9，等價於 a=a**2
//=	整除賦值運算	>>> a=5;a//=2 #2，等價於 a=a//2

成員運算子用於判斷所提供的值是否在或不在指定的序列中，如果是則返回 True，否則返回 False。常見的成員運算子有 in 和 not in，如表 1-16 所示，並列出說明和應用範例。

表 1-16 成員運算子

運算子	說明	範例
in	如果所提供的值在指定的序列中，則返回 True，否則返回	False>>> a=[1,2,3] >>> 1 in a #True
not in	如果所提供的值不在指定的序列中，則返回 True，否則返回 False	>>> a=[1,2,3] >>> 5 not in a #True

身分運算子用於比較物件的位址，判斷兩個變數是否引用同一個物件或不同的物件。如果是則返回 True，否則返回 False。常見的身分運算子有 is 和 is not，如表 1-17 所示，並列出說明和應用範例。

表 1-17 身分運算子

運算子	說明	範例
is	如果兩個變數引用同一個物件，則返回 True，否則返回 False	>>> a=10;b=20 >>> a is b #False
is not	如果兩個變數引用不同的物件，則返回 True，否則返回 False	>>> a=10;b=a >>> a is not b #False

1.10.5 運算子的優先度

前面介紹了算術運算子、關係運算子、邏輯運算子等各種運算子，如果一個表達式中有多種運算子，那麼先算哪個後算哪個就要遵循一定的規則。這個規則就是先算優先度高的，後算優先度低的，如果各運算子的優先度相同，則按照從左到右的順序計算。比如四則運算 1+2*3-4/2，將加減法和乘除法放在一起進行計算，因為乘除法的優先度比加減法的優先度高，所以要先算乘除法，後算加減法（這是我們很熟悉的計算規則）。表 1-18 中列出了各種主要的運算子，及它們在表達式中的計算優先度。

🎈 **表 1-18** 運算子的優先度

運算子	說明	優先級
( )	小括號	18
x[i]	索引運算	17
x.attribute	屬性和方法訪問	16
**	指數運算	15
~	按位取反	14
+（正號）、-（負號）	正負號	13
*, /, //, %	乘除	12
+, -	加減	11
>>, <<	移位	10
&	按位與	9
^	按位異或	8
|	按位或	7
==, !=, >, >=, <, <=	關係運算	6
is, is not	身分運算	5
in, not in	成員運算	4
not	邏輯非	3
and	邏輯與	2
or	邏輯或	1

以下舉幾個例子來說明運算子優先度的應用。

對於下面四則運算的算術運算表達式，先算乘除法，後算加減法。

```
>>> 1+2*3-4/2
5.0
```

因為除法運算返回的結果是浮點型的，所以最後得到的結果也是浮點型的。如果希望先算 1+2，將它們的和再乘以 3，則可以用小括號改變加法運算的優先度。如果有好幾層小括號，則先算裡面的。例如：

```
>>> ((1+2)*3-4)/2
2.5
```

下面的表達式中有關係運算和邏輯運算，先進行關係運算，再進行邏輯運算。

```
>>> 3>2 and 7<5
False
```

在表達式中，關係運算表達式 3>2 返回 True，關係運算表達式 7<5 返回 False，最後計算邏輯運算表達式 True and False，返回 False。

1.11 流程控制

變數是程式語言中最基本的語言元素，表達式用運算子連接變數，構成一個更長的程式碼片段或者說一條敘述，此時我們已經具備寫一行敘述的能力。在學完流程控制以後，我們將具備寫一個程式碼區塊，即多行敘述的能力。多行敘述透過流程控制敘述連接變數和表達式，形成一個完整的邏輯結構，是一個局部的整體。常見的流程控制結構有判斷結構、迴圈結構等。

1.11.1 判斷結構

判斷結構測試一個條件表達式，然後根據測試結果執行不同的操作。Python 支援多種不同形式的判斷結構。判斷結構用 if 敘述進行邏輯判斷。

 1 單行判斷結構

單行判斷結構具有下面的形式：

```
if 判斷條件:執行敘述…
```

其中，判斷條件常常是一個關係運算表達式或邏輯運算表達式，當條件滿足時執行冒號後面的敘述。

在下面的兩行程式碼中，第 1 行用 input 函數實現一個輸入提示，提示輸入一個數字；第 2 行實現一個單行判斷結構，判斷輸入的數字是否等於 1，如果是，則輸出字串 " 輸入的值是 1"。該檔案位於 Samples 目錄下的 ch01 子目錄中，檔名為 sam01-01.py。

```
1    a=input("請輸入一個數字：")
2    if (int(a)==1): print("輸入的值是1")
```

在 Python IDLE 程式編輯器中，在「Run」選單中點選「Run Module」，則 IDLE 命令列視窗提示「請輸入一個數字：」，輸入 1，按確認鍵，顯示下面的結果：

```
>>> = RESTART: …\Samples\ch01\sam01-01.py
請輸入一個數字：1
輸入的值是1
```

 2 二分支判斷結構

二分支判斷結構具有下面的形式：

```
if 判斷條件:
    執行敘述…
else:
    執行敘述…
```

當判斷條件滿足時執行第 1 個冒號後面的敘述，當不滿足時執行第 2 個冒號後面的敘述。

下列的程式碼實現了一個二分支判斷結構。該檔案位於 Samples 目錄下的 ch01 子目錄中，檔名為 sam01-02.py。

```
1    passed=int(input("請輸入一個數字："))
```

```
2    if (passed>0):
3        print("成功。")
4    else:
5        print("失敗。")
```

第 1 行用 input 函數實現一個輸入提示，提示輸入一個數字；第 2 ～ 5 行為二分支判斷結構，判斷輸入的數字是否大於 0，如果是，則輸出字串 " 成功。"，否則輸出字串 " 失敗。"。

在 Python IDLE 程式編輯器中，在「Run」選單中點選「Run Module」，則 IDLE 命令列視窗提示「請輸入一個數字：」，輸入 5，按確認鍵，顯示下面的結果：

```
>>> = RESTART: …\Samples\ch01\sam01-02.py
請輸入一個數字：5
成功。
```

3 多分支判斷結構

多分支判斷結構具有下面的形式：

```
if 判斷條件1:
    執行敘述1…
elif 判斷條件2:
    執行敘述2…
elif 判斷條件3:
    執行敘述3…
…
else:
    執行敘述n…
```

多分支判斷結構提供多重條件判斷，當第 1 個條件不滿足時測試第 2 個條件，當第 2 個條件不滿足時測試第 3 個條件，依此類推。當前條件滿足時執行相應的敘述，最後都不滿足時執行相應的敘述。

下列的程式碼用一個多分支判斷結構，判斷給定的成績屬於哪個等級。該檔案位於 Samples 目錄下的 ch01 子目錄中，檔名為 sam01-03.py。

```
1    sc= int(input("請輸入一個數字："))
2    if(sc ≥ 90):
3        print("優秀")
4    elif(sc ≥ 80):
5        print("良好")
6    elif(sc ≥ 70):
7        print("中等")
8    elif(sc ≥ 60):
9        print("及格")
10   else:
11       print("不及格")
```

第 1 行用 input 函數實現一個輸入提示，提示輸入一個數字；第 2 ～ 11 行為多分支判斷結構，判斷輸入的成績屬於哪個等級。

在 Python IDLE 程式編輯器中，在「Run」選單中點選「Run Module」，則 IDLE 命令列視窗提示「請輸入一個數字：」，輸入 88，按確認鍵，顯示下面的結果：

```
>>> = RESTART: …\Samples\ch01\sam01-03.py
請輸入一個數字：88
良好
```

 4 多重判斷結構

多重判斷結構具有類似於下面的形式，如果分支條件滿足，則進行次一級的條件判斷和處理。

```
if 表達式1:
    敘述
    if 表達式2:
        敘述
    elif 表達式3:
        敘述
```

```
    else
        敘述
elif 表達式4:
    敘述
else:
    敘述
```

現在將前面對成績分等級的範例進行改寫，如下列的程式碼所示。該檔案位於 Samples 目錄下的 ch01 子目錄中，檔名為 sam01-04.py。

```
1    sc= int(input("請輸入一個數字："))
2    if sc ≥ 60:
3        if sc ≥ 90:
4            print("優秀")
5        elif sc ≥ 80:
6            print("良好")
7        elif sc ≥ 70:
8            print("中等")
9        elif sc ≥ 60:
10           print("及格")
11   else:
12       print("不及格")
```

第 1 行用 input 函數實現一個輸入提示，提示輸入一個數字；第 2 ～ 12 行為有兩層式的判斷結構，判斷輸入的成績屬於哪個等級。外面第 1 層判斷給出的成績是否大於或等於 60 分，如果條件滿足，則用一個多分支判斷結構細分及格及以上的成績等級，這是第 2 層判斷結構。最後都不滿足時表示成績不及格。

在 Python IDLE 程式編輯器中，於「Run」選單中點選「Run Module」，則 IDLE 命令列視窗提示「請輸入一個數字：」，輸入 88，按確認鍵，顯示下面的結果：

```
>>> = RESTART: …\Samples\ch01\sam01-04.py
請輸入一個數字：88
良好
```

下面再舉一個判斷閏年的例子。該檔案位於 Samples 目錄下的 ch01 子目錄中，檔名為 sam01-05.py。閏年可分為世紀閏年和普通閏年。世紀閏年可以被 400 整除，普通閏年能被 4 整除，不能被 100 整除。

```
1    y=2020
2    if y%400==0:    #判斷是否是世紀閏年
3        yn=True
4    elif y%4==0:    #判斷是否是普通閏年
5        if y%100>0:
6            yn=True
7        else:
8            yn=False
9    else:
10       yn=False
11   if yn:
12       print("{0}年是閏年。".format(y))
13   else:
14       print("{0}年不是閏年。".format(y))
```

第 1 行指定用來判斷的年分 2020；第 2 ～ 10 行為有兩層的判斷結構，判斷指定年分是不是閏年。首先判斷年分是不是世紀閏年，即能不能被 400 整除；如果不能，則進一步判斷是不是普通閏年。判斷普通閏年用到兩層判斷，先判斷年分是否能被 4 整除，如果能，則進一步判斷是否不能被 100 整除。最後判斷的結果儲存在布林型變數 yn 中。第 11 ～ 14 行輸出結果，如果 yn 的值為 True，則輸出年分是閏年；否則輸出年分不是閏年。

在 Python IDLE 程式編輯器中，在「Run」選單中點選「Run Module」，則 IDLE 命令列視窗顯示下面的結果：

```
>>> = RESTART: …\Samples\ch01\sam01-05.py
2020年是閏年。
```

 5 三元操作符

簡單的二分支判斷結構，可以用類似於下面的三元操作表達式代替。

```
b if 判斷條件 else a
```

如果判斷條件滿足，則結果為 b，否則結果為 a。

下面用三元操作表達式判斷給定的數是否大於或等於 10。該檔案位於 Samples 目錄下的 ch01 子目錄中，檔名為 sam01-06.py。

```
1    a= int(input("請輸入一個數字："))
2    print("≥10" if a≥10 else "<10")
```

第 1 行用 input 函數實現一個輸入提示，提示輸入一個數字；第 2 行用三元操作表達式判斷輸入的數是否大於或等於 10，如果是，則輸出字串 ">=10"，否則輸出字串 "<10"。

在 Python IDLE 程式編輯器中，在「Run」選單中點選「Run Module」，則 IDLE 命令列視窗提示「請輸入一個數字：」，輸入 15，按確認鍵，顯示下面的結果：

```
>>> = RESTART: …\Samples\ch01\sam01-06.py
請輸入一個數字：15
≥10
```

下面用三元操作表達式求給定的三個數中的最小值。該檔案位於 Samples 目錄下的 ch01 子目錄中，檔名為 sam01-07.py。

```
1    x,y,z = 10,30,20
2    small = (x if x < y else y)
3    small = (z if small > z else small)
4    print(small)
```

第 1 行給定三個數 10、30 和 20，分別賦給變數 x、y 和 z；第 2 行用三元操作表達式比較 x 和 y 的大小，將二者的較小值賦給變數 small；第 3 行用三元操作表達式比較 small 和 z 的大小，將二者的較小值賦給變數 small；第 4 行輸出 small 的值。

在 Python IDLE 程式編輯器中，在「Run」選單中點選「Run Module」，
則 IDLE 命令列視窗顯示下面的結果：

```
>>> = RESTART: …\Samples\ch01\sam01-07.py
10
```

1.11.2　迴圈結構：for 迴圈

迴圈結構允許重複執行一行或數行程式碼。

 1 for 迴圈

使用 for 迴圈可以遍歷指定的可迭代物件，即針對可迭代物件中的每個元素執
行相同的操作。for 迴圈的語法結構為：

```
for 迭代變數 in 可迭代物件
    執行敘述…
```

可迭代物件包括字串、區間、列表、元組、字典、迭代器物件等。

下面對字串應用 for 迴圈，逐個輸出字串中的每個字元。

```
>>> for c in "Python":
        print("目前字母:", c)
```

輸出結果為：

```
目前字母：P
目前字母：y
目前字母：t
目前字母：h
目前字母：o
目前字母：n
```

下面對區間應用 for 迴圈，逐個輸出區間中的每個數字。

```
>>> for i in range(6):
        print("目前數字：", i)
```

輸出結果為：

```
目前數字： 0
目前數字： 1
目前數字： 2
目前數字： 3
目前數字： 4
目前數字： 5
```

下面對列表應用 for 迴圈，逐個輸出列表中每個城市的名稱。

```
>>> ads=["台北","台中","高雄]
>>> for ad in ads:
        print("目前地點：",ad)
```

輸出結果為：

```
目前地點： 台北
目前地點： 台中
目前地點： 高雄
```

對於列表，也可以使用區間，結合列表索引來輸出列表中的元素。下面透過索引輸出列表中各城市的名稱。

```
>>> ads=['台北','台中','高雄']
>>> for index in range(len(ads)):
        print("目前地點：",ads[index])
```

輸出結果為：

```
目前地點： 台北
目前地點： 台中
目前地點： 高雄
```

下面對元組應用 for 迴圈，逐個輸出元組中每個元素的資料。

```
>>> for x in (1,2,3):
        print(x)
```

輸出結果為：

```
1
2
3
```

下面對字典應用 for 迴圈，逐個輸出字典中各項的鍵、值和鍵值對。

```
>>> dt={"grade":5, "class":2, "id": "s195201", "name": "LinXi"}
>>> for x in dt:      #逐個輸出鍵
        print(x)
```

輸出結果為：

```
grade
class
id
name

>>> for x in dt.keys():      #逐個輸出鍵
        print(x)
```

輸出結果為：

```
grade
class
id
name

>>> for x in dt.values():      #逐個輸出值
        print(x)
```

輸出結果為：

```
5
2
s195201
LinXi

>>> for x in dt.items():      #逐個輸出鍵值對
        print(x)
```

輸出結果為：

```
('grade', 5)
('class', 2)
('id', 's195201')
('name', 'LinXi')
```

下面使用 for 迴圈對 1～10 的整數進行累加。該檔案位於 Samples 目錄下的 ch01 子目錄中，檔名為 sam01-08.py。

```
1    sum=0
2    num=0
3    for num in range(11):
4        sum+=num
5    print(sum)
```

第 1 行給 sum 賦初值 0，該變數記錄累加和；第 2 行給 num 賦初值，該變數為 for 迴圈的迭代變數，逐個取區間 1～10 中的數；第 3、4 行使用一個 for 迴圈對 1～10 各數進行累加；第 5 行輸出累加和。

在 Python IDLE 程式編輯器中，在「Run」選單中點選「Run Module」，則 IDLE 命令列視窗顯示下面的結果。

```
>>> = RESTART: …\Samples\ch01\sam01-08.py
55
```

2 for…else 用法

for 迴圈還提供了一種 for…else 用法，else 中的敘述在迴圈正常執行完成時執行。下面判斷一個整數是不是質數。判斷一個整數是否是質數的演算法是，用 2 到這個整數的區間內的每個數作為除數去除該整數，如果該整數能被至少一個數整除，那麼它就不是質數，否則是質數。該檔案位於 Samples 目錄下的 ch01 子目錄中，檔名為 sam01-09.py。

```
1    n= int(input("請輸入一個數字："))
2    for i in range(2,n):
3        if n%i==0:
4            print(str(n)+"不是質數")
5            break
6    else:
7        print(str(n)+"是質數")
```

第 1 行使用 input 函數輸入一個整數；第 2 ～ 7 行使用一個 for…else 結構判斷給定的整數是不是質數。只要出現 n 能被 2 至 n 中的某個數整除的情況就中斷迴圈，輸出它不是質數；如果遍歷完後沒有出現這種情況，則輸出它是質數。

在 Python IDLE 程式編輯器中，在「Run」選單中點選「Run Module」，則 IDLE 命令列視窗提示「請輸入一個數字：」，輸入 5，按確認鍵，顯示下面的結果：

```
>>> = RESTART: …\Samples\ch01\sam01-09.py
請輸入一個數字：5
5是質數
```

再次執行，輸入 9，按確認鍵，顯示下面的結果：

```
>>> = RESTART: …\Samples\ch01\sam01-09.py
請輸入一個數字：9
9不是質數
```

3 for 巢狀迴圈

下面用兩層的 for 迴圈生成九九乘法表。該檔案位於 Samples 目錄下的 ch01 子目錄中,檔名為 sam01-10.py。

```
1    for i in range(1,10):
2        s=""
3        for j in range(1,i+1):
4            s+=str.format("{0}*{1}={2}\t",i,j,i*j)
5        print(s)
```

第 1 行用 for 迴圈的迭代變數 i 在 1～9 中逐個取值,給出各乘式的第 1 個因子;第 2 行對變數 s 初始化為空字串,該變數記錄一行乘式;第 3 行用內層 for 迴圈的迭代變數在 1～i 之間逐個取值,作為各乘式的第 2 個因子,因為在 1～i 之間取值,最後得到的乘法表是一個下三角的形狀;第 4 行用字串物件的 format 函數格式化組裝乘式,各乘式之間用定位符號間隔;第 5 行輸出目前行的所有乘式。最後,九九乘法表的所有乘式就是這樣一行一行產生的。

在 Python IDLE 程式編輯器中,在「Run」選單中點選「Run Module」,則 IDLE 命令列視窗顯示下面的結果:

```
>>> = RESTART: …\Samples\ch01\sam01-10.py
1*1=1
2*1=2  2*2=4
3*1=3  3*2=6   3*3=9
4*1=4  4*2=8   4*3=12  4*4=16
5*1=5  5*2=10  5*3=15  5*4=20  5*5=25
6*1=6  6*2=12  6*3=18  6*4=24  6*5=30  6*6=36
7*1=7  7*2=14  7*3=21  7*4=28  7*5=35  7*6=42  7*7=49
8*1=8  8*2=16  8*3=24  8*4=32  8*5=40  8*6=48  8*7=56  8*8=64
9*1=9  9*2=18  9*3=27  9*4=36  9*5=45  9*6=54  9*7=63  9*8=72  9*9=81
```

1.11.3 迴圈結構：while 迴圈

for 迴圈遍歷指定的可迭代物件，該物件的長度即物件中元素的個數是確定的，所以循環次數是確定的。還有一種情況，就是一直循環，直到滿足指定的條件為止，此時循環次數是不確定的，事先未知。這種循環用 while 迴圈來實現。while 迴圈可有多種形式，如下。

 1 簡單的 while 迴圈

單行 while 迴圈的形式為：

```
while 判斷條件：
    執行敘述…
```

其中，判斷條件為一個關係運算表達式或邏輯運算表達式，當滿足條件時執行冒號後面的敘述。

下面用簡單的 while 迴圈求 1 ～ 10 的累加和。該檔案位於 Samples 目錄下的 ch01 子目錄中，檔名為 sam01-11.py。

```
1   sum=0
2   num=0
3   while num≤10:        #循環累加
4       sum+=num
5       num+=1
6   print(sum)
```

第 1 行給 sum 賦初值 0，該變數記錄累加和；第 2 行給 num 賦初值，該變數為 while 迴圈的迭代變數，逐個取區間 1 ～ 10 中的數；第 3 ～ 5 行用一個 while 迴圈對 1 ～ 10 各數進行累加；第 4 行進行累加計算；第 5 行對迭代變數的值加 1，取下一個值；第 6 行輸出累加和。

在 Python IDLE 程式編輯器中，在「Run」選單中點選「Run Module」，則 IDLE 命令列視窗顯示下面的結果：

```
>>> = RESTART: …\Samples\ch01\sam01-11.py
55
```

 2 有分支的 while 迴圈

有分支的 while 迴圈結構中有 else 關鍵字，形式為：

```
while 判斷條件:
    執行敘述…
else:
    執行敘述…
```

當判斷條件滿足時，執行第 1 個冒號後面的敘述；當不滿足時執行第 2 個冒號後面的敘述。

下面改寫對 1 ～ 10 累加求和的例子。當迭代變數的取值大於 10 時給出提示。當然，在實際開發時沒必要這麼做，這裡是為了示範迴圈結構。該檔案位於 Samples 目錄下的 ch01 子目錄中，檔名為 sam01-12.py。

```
1   sum=0
2   n=0
3   while(n ≤ 10):
4       sum+=n
5       n+=1
6   else:
7       print("數字超出0～10的範圍，計算終止。")
8   print(sum)
```

第 1 ～ 5 行實現累加求和；第 6、7 行在 n 的值大於 10 時給出提示；第 8 行輸出累加和。

在 Python IDLE 程式編輯器中，在「Run」選單中點選「Run Module」，則 IDLE 命令列視窗顯示下面的結果：

```
>>> = RESTART: …\Samples\ch01\sam01-12.py
數字超出0～10的範圍，計算終止。
55
```

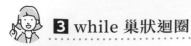 **3** while 巢狀迴圈

下面用巢狀的 while 迴圈生成九九乘法表。該檔案位於 Samples 目錄下的 ch01 子目錄中，檔名為 sam01-13.py。

```
1    i=0
2    while i<9:                                        #外層迴圈
3        j=0
4        i+=1
5        s=""
6        while j<i:                                    #內層迴圈
7            j+=1
8            s+=str.format("{0}*{1}={2}\t",i,j,i*j)    #每行求和等式
9        print(s)
```

第 1 行給變數 i 賦初值 0，變數 i 是外層迴圈的迭代變數；第 2 ～ 8 行生成九九乘法表，在外層迴圈中，迭代變數 i 的值每迭代一次加 1，直到等於 9，每次迭代都用內層迴圈生成乘法表中的一行；第 6 ～ 8 行為內層迴圈，判斷條件為迭代變數 j 的值小於 i，對 j 累加，生成目前行的乘式；第 9 行輸出乘法表。

在 Python IDLE 程式編輯器中，在「Run」選單中點選「Run Module」，則 IDLE 命令列視窗顯示下面的結果：

```
>>> = RESTART: …/Samples/ch01/sam01-13.py
1*1=1
2*1=2  2*2=4
3*1=3  3*2=6   3*3=9
4*1=4  4*2=8   4*3=12  4*4=16
5*1=5  5*2=10  5*3=15  5*4=20  5*5=25
6*1=6  6*2=12  6*3=18  6*4=24  6*5=30  6*6=36
7*1=7  7*2=14  7*3=21  7*4=28  7*5=35  7*6=42  7*7=49
8*1=8  8*2=16  8*3=24  8*4=32  8*5=40  8*6=48  8*7=56  8*8=64
9*1=9  9*2=18  9*3=27  9*4=36  9*5=45  9*6=54  9*7=63  9*8=72  9*9=81
```

while 迴圈還可以和 for 迴圈搭配，下面將內層 while 迴圈改寫成 for 迴圈生成九九乘法表。該檔案位於 Samples 目錄下的 ch01 子目錄中，檔名為 sam01-14.py。

```
1    i=0
2    while i<9:
3        j=0
4        i+=1
5        s=""
6        for j in range(1,i+1):
7            s+=str.format("{0}*{1}={2}\t",i,j,i*j)
8        print(s)
```

請大家自行解讀程式碼，這裡不再贅述。

 4 避免死迴圈

前面講過，for 迴圈的循環次數是確定的，它的循環次數就是所用可迭代物件的長度。while 迴圈的循環次數則不確定，如果判斷條件一直滿足，則可以一直循環下去，即進入「死迴圈」的狀態。此時，可以使用 break 敘述跳出迴圈。在命令列視窗中出現這種情況，可以按「Ctrl+C」鍵終止迴圈。

1.11.4 其他結構

本節介紹其他幾個指令敘述，包括 break、continue 和 pass 敘述等。

 1 break 敘述

break 敘述用在 while 迴圈或 for 迴圈中，在必要時用於終止和跳出迴圈。

下面用 for 迴圈對給定的資料區間進行累加求和，要求累加和的大小不能超過 100；否則，使用 break 敘述終止和跳出迴圈。這支程式位於 Samples 目錄下的 ch01 子目錄中，檔名為 sam01-15.py。

```
1    sum=0
2    num=0
3    for num in range(100):
4        old_sum=sum
5        sum+=num
6        if sum>100:break      #當累加和大於100時跳出迴圈
7    print(num-1)
8    print(old_sum)
```

第 6 行加了一個單行判斷結構,當累加和大於 100 時使用 break 敘述跳出迴圈。第 7、8 行分別輸出最後小於 100 的累加和及其對應的數字。

在 Python IDLE 程式編輯器中,在「Run」選單中點選「Run Module」,則 IDLE 命令列視窗顯示下面的結果:

```
>>> = RESTART: …\Samples\ch01\sam01-15.py
13
91
```

也可以在 while 迴圈中使用 break 敘述跳出迴圈。使用 while 迴圈改寫上面的程式。該檔案位於 Samples 目錄下的 ch01 子目錄中,檔名為 sam01-16.py。

```
1    sum=0
2    n=0
3    while(n≤100):
4        old_sum=sum
5        sum+=n
6        if sum>100:break      #當累加和大於100時跳出迴圈
7        n+=1
8    print(n-1)
9    print(old_sum)
```

執行該程式,輸出相同的計算結果。

2 continue 敘述

continue 敘述與 break 敘述的作用類似，都是用在迴圈中，用於跳出迴圈。不同的是，break 敘述是跳出整個迴圈，continue 敘述則是跳出本輪迴圈。

下面的 for 迴圈輸出 0 ～ 4 區間內的整數，但是不輸出 3。該檔案位於 Samples 目錄下的 ch01 子目錄中，檔名為 sam01-17.py。

```
1   for i in range(5):
2       if i==3:continue
3   print(i)
```

第 2 行用了一個單行判斷結構，當迭代變數取值為 3 時使用 continue 敘述跳出本輪迴圈。

在 Python IDLE 程式編輯器中，在「Run」選單中點選「Run Module」，則 IDLE 命令列視窗顯示下面的結果：

```
>>> = RESTART: …/Samples/ch01/sam01-17.py
0
1
2
4
```

可見，整數 3 沒有輸出。

 3 pass 敘述

pass 敘述是占位敘述，它不做任何事情，只用於保持程式結構的完整性。在判斷結構中，當判斷條件滿足時，如果什麼也不執行，則會出錯。例如，在檔案或命令列中執行下面的敘述會出錯：

```
if a>1:    #什麼也不做
```

此時將 pass 敘述放在冒號後面，雖然還是什麼也不做，但保證了語法上的完整性，就不會出錯了。即：

```
if a>1:pass      #什麼也不做
```

另外，在自訂函數時，如果定義一個空函數，也會出錯。此時在函數體中放一個 pass 敘述，就不會出錯了。

1.12 函數

前面已經介紹了變數、表達式和流程控制，其中變數是最基本的語言元素，表達式是短句或一行敘述，流程控制則用多行敘述描述一個完整的邏輯。現在更進一步，介紹函數。函數實現一個相對完整的功能，這個功能被寫成函數後，可以被反覆呼叫，從而減少程式碼量，提高開發效率。

函數可以分為內部函數、標準模組函數、自訂函數和第三方函式庫等。

1.12.1 內部函數

內部函數（或稱為內建函數）是 Python 內部內建的函數。在介紹前面各節內容時，已經介紹了很多內部函數。總體來說，內部函數分為資料類型轉換函數、資料操作函數、資料輸入 / 輸出函數、檔案操作函數和數學計算函數等。

資料類型轉換函數包括 bool、int、float、complex、str、list、tuple、dict 等，在介紹變數的資料類型時都已經介紹過，這裡不再贅述。

資料操作函數包括 type、format、range、slice、len 等，除 slice 外都介紹過。slice 函數定義一個切片物件，指定切片方式。將這個切片物件作為參數傳遞給一個可迭代物件，實現該可迭代物件的切片。

下面建立一個列表，建立第 1 個切片物件取前六個元素，建立第 2 個切片物件在 2～8 範圍內隔一個數取一個數，然後分別用這兩個切片物件對列表進行切片。

```
>>> a=list(range(10))
>>> a
[0, 1, 2, 3, 4, 5, 6, 7, 8, 9]
>>> slice1=slice(6)         #取前六個元素
>>> a[slice1]
[0, 1, 2, 3, 4, 5]
>>> slice2=slice(2,9,2)     #在2~8範圍內隔一個數取一個數
>>> a[slice2]
[2, 4, 6, 8]
```

資料輸入 / 輸出函數包括 input 和 print 函數等,前面介紹過。檔案操作函數如 file 和 open,用於開啟檔案。

數學計算函數如表 1-19 所示。

表 1-19 數學計算函數

函數	說明	函數	說明
abs	求絕對值	round	四捨五入至指定位數
eval	計算給定的表達式	sum	求和
max	求最大值	sorted	排序
min	求最小值	filter	過濾
pow	冪運算		

下面舉幾個例子來說明數學計算函數的使用。

```
>>> abs(-3)                #求絕對值
3
>>> pow(3,2)               #求3的平方
9
>>> round(2.78)            #對2.78進行四捨五入
3
>>> a=list(range(-5,5))    #建立一個列表
>>> a
[-5, -4, -3, -2, -1, 0, 1, 2, 3, 4]
```

```
>>> max(a)        #求列表元素的最大值
4
>>> min(a)        #求列表元素的最小值
-5
>>> sum(a)        #求列表元素的和
-5
>>> sorted(a,reverse=True)      #對列表元素逆序排列
[4, 3, 2, 1, 0, -1, -2, -3, -4, -5]
>>> def filtertest(a):          #定義一個函數，過濾規則為列表中的元素值大於0
      return a>0
>>> b=filter(filtertest,a)      #用函數定義的規則對列表a進行過濾
>>> list(b)       #以列表顯示過濾結果
[1, 2, 3, 4]
```

1.12.2 標準模組函數

Python 內建很多標準模組，在每個標準模組中都有很多封裝好的函數，用於提供一定的功能。以下主要介紹 math 模組、cmath 模組和 random 模組，它們分別提供了數學計算、複數運算和隨機數生成的功能。

 1 math 模組的數學函數

math 模組提供了大量數學函數，包括一般數學操作函數、三角函數、對數指數函數、雙曲函數、數論函數和角度弧度轉換函數等。

在使用 math 模組的數學函數之前，需要先匯入 math 模組，即：

```
>>> import math
```

使用 dir 函數，可以列出 math 模組提供的全部數學函數。

```
>>> dir(math)
['__doc__', '__loader__', '__name__', '__package__', '__spec__', 'acos',
'acosh', 'asin', 'asinh', 'atan', 'atan2', 'atanh', 'ceil', 'copysign',
'cos', 'cosh', 'degrees', 'e', 'erf', 'erfc', 'exp', 'expm1', 'fabs',
'factorial', 'floor', 'fmod', 'frexp', 'fsum', 'gamma', 'gcd', 'hypot',
```

```
'inf', 'isclose', 'isfinite', 'isinf', 'isnan', 'ldexp', 'lgamma',
'log', 'log10', 'log1p', 'log2', 'modf', 'nan', 'pi', 'pow', 'radians',
'remainder', 'sin', 'sinh', 'sqrt', 'tan', 'tanh', 'tau', 'trunc']
```

math 模組的部分數學函數說明，如表 1-20 所示

表 1-20 math 模組的數學函數

函數	說明	函數	說明
math.ceil(x)	返回大於或等於 x 的最小整數	math.sqrt(x)	返回 x 的平方根
math.fabs(x)	返回 x 的絕對值	math.sin(x)	返回 x 的正弦值
math.floor(x)	返回小於或等於 x 的最大整數	math.cos(x)	返回 x 的餘弦值
math.fsum(iter)	返回可迭代物件的元素的和	math.tan(x)	返回 x 的正切值
math.gcd(*ints)	返回給定的整數參數的最大公約數	math.atan(x)	返回 x 的反正切值
math.isfinite(x)	如果 x 不是無窮大或缺失值，則返回 True，否則返回 False	math.asin(x)	返回 x 的反正弦值
math.isinf(x)	如果 x 是無窮大，則返回 True，否則返回 False	math.acos(x)	返回 x 的反餘弦值
math.isnan(x)	如果 x 是 NaN，則返回 True，否則返回 False	math.sinh(x)	返回 x 的雙曲正弦值
math.isqrt(n)	返回 n 的整數平方根（平方根向下取整）	math.cosh(x)	返回 x 的雙曲餘弦值
math.lcm(*ints)	返回給定的整數參數的最小公倍數	math.tanh(x)	返回 x 的雙曲正切值
math.trunc(x)	返回 x 的截尾整數	math.asinh(x)	返回 x 的反雙曲正弦值
math.exp(x)	返回 e 的 x 次冪	math.acosh(x)	返回 x 的反雙曲餘弦值
math.log(x[,base])	返回 x 的自然對數	math.atanh(x)	返回 x 的反雙曲正切值

函數	說明	函數	說明
math.log2(x)	返回 x 以 2 為底的對數	math.dist(p,q)	返回 p 和 q 兩點之間的距離
math.log10(x)	返回 x 以 10 為底的對數	math.degrees(x)	將 x 從弧度轉換為角度
math.pow(x,y)	返回 x 的 y 次冪	math.radians(x)	將 x 從角度轉換為弧度

 ## 2 cmath 模組的複數運算函數

使用 cmath 模組提供的函數進行複數運算。匯入 cmath 模組，用 dir 函數列出該模組的所有函數。

```
>>> import cmath
>>> dir(cmath)
['__doc__', '__loader__', '__name__', '__package__', '__spec__', 'acos',
'acosh', 'asin', 'asinh', 'atan', 'atanh', 'cos', 'cosh', 'e', 'exp',
'inf', 'infj', 'isclose', 'isfinite', 'isinf', 'isnan', 'log', 'log10',
'nan', 'nanj', 'phase', 'pi', 'polar', 'rect', 'sin', 'sinh', 'sqrt',
'tan', 'tanh', 'tau']
```

大部分複數運算函數的含義與實數運算函數相同，只是參數是複數。

 ## 3 random 模組的隨機數生成函數

random 模組提供了各種隨機數生成函數。在使用 random 模組前，需要匯入該模組，即：

```
>>> import random as rd
```

使用 random 函數生成 0 ～ 1 之間的隨機數。

```
>>> rd01 = rd.random()
>>> print(rd01)
0.8929443975828429
```

使用 randrange 函數從指定序列中隨機選取一個數,該函數可以指定序列起點、終點和步長。下面指定序列為 10 ～ 50,步長為 2,然後從這個序列中隨機選取一個數。

```
>>> print(rd.randrange(10,50,2))
26
```

使用迴圈,可以連續生成隨機數。下面連續生成 10 個取自該序列的隨機數,並組成一個列表。

```
>>> lst=[]
>>> for i in range(10):
        lst.append(rd.randrange(10,50,2))
>>> lst
[14, 12, 46, 36, 40, 34, 18, 46, 22, 30]
```

使用 uniform 函數可以生成指定範圍內滿足均勻分布的隨機數。下面生成 10 個 1 ～ 2 之間的滿足均勻分布的隨機數,組成一個列表。

```
>>> lst=[]
>>> for i in range(10):
        a=rd.uniform(1,2)
        lst.append(float("%0.3f"%a))
>>> lst
[1.59, 1.974, 1.589, 1.918, 1.904, 1.666, 1.418, 1.024, 1.429, 1.643]
```

使用 choice 函數可以從指定的可迭代物件中隨機選取一個數。下面建立一個列表,然後使用 choice 函數從中隨機選取一個數。

```
>>> lst = [1,2,5,6,7,8,9,10]
>>> print(rd.choice(lst))
9
```

使用 shuffle 函數可以將可迭代物件中的資料進行置亂,即隨機排序。

```
>>> rd.shuffle(lst)
```

```
>>> lst
[2, 7, 5, 1, 8, 6, 10, 9]
```

使用 sample 函數，可以從指定序列中隨機選取指定大小的樣本。下面從列表 lst 中隨機選取 6 個陣列成新的樣本。

```
>>> samp=rd.sample(lst, 6)
>>> samp
[6, 1, 5, 2, 8, 7]
```

1.12.3 自訂函數

除了使用 Python 提供的內部函數、內部模組的函數以及第三方模組的函數，還可以自訂函數來實現一定的功能。

 1 函數定義和呼叫

自訂函數的語法格式為：

```
def functionname(parameters):
    "函數說明文件"
    函數體
    return [表達式]
```

其中，def 和 return 是關鍵字，functionname 為函數名，parameters 為參數列表。注意小括號後面有一個冒號。冒號下面第 1 行加上注釋，說明函數的功能，可以使用 help 函數進行查看。函數體各敘述用程式碼定義函數的功能。def 關鍵字打頭，return 敘述結尾，有表達式時返回函數的返回值，沒有表達式時返回 None。

在函數定義好以後，可以在模組中的其他位置進行呼叫，在呼叫時指定函數名和參數，如果有返回值，則指定引用返回值的變數。

函數可以沒有參數，也可以沒有返回值。下面定義一個函數，用一連串的星號作為輸出內容的分隔行。在定義該函數後進行三種運算，並在輸出結果時，呼叫該函數繪製星號分隔行來分隔各種運算結果。該檔案位於 Samples 目錄下的 ch01 子目錄中,檔名為 sam01-18.py。

```
1    def starline():
2        "星號分隔行"
3        print("*"*40)
4        return
5
6    a=1;b=2
7    print("a={},b={}".format(1,2))
8    print("a+b={}".format(a+b))
9    starline()
10   print("a={},b={}".format(1,2))
11   print("a-b={}".format(a-b))
12   starline()
13   print("a={},b={}".format(1,2))
14   print("a*b={}".format(a*b))
15   help(starline)
```

第 1 ~ 4 行定義 starline 函數,繪製星號分隔行。第 6 ~ 8 行對兩個數做加法運算,並輸出運算結果。第 9 行呼叫 starline 函數繪製分隔行。第 10、11 行對兩個數做減法運算,並輸出運算結果。第 12 行呼叫 starline 函數繪製分隔行。第 13、14 行對兩個數做乘法運算,並輸出運算結果。第 15 行用 help 函數輸出 starline 函數的功能說明。

在 Python IDLE 程式編輯器中,在「Run」選單中點選「Run Module」,則 IDLE 命令列視窗顯示下面的結果:

```
>>> = RESTART: …/Samples/ch01/sam01-18.py
a=1,b=2
a+b=3
****************************************
a=1,b=2
a-b=-1
****************************************
a=1,b=2
a*b=2
```

```
Help on function starline in module __main__:
starline()
    星號分隔行
```

可見，在函數定義好以後，可以進行重複呼叫，以提高開發效率。

上面定義的 starline 函數沒有參數，也沒有返回值。下面定義一個 mysum 函數，對給定的兩個數求和。所以，該函數有兩個輸入參數和一個返回值。該檔案位於 Samples 目錄下的 ch01 子目錄中，檔名為 sam01-19.py。

```
1    def mysum(a,b):
2        "求兩個數的和"
3        return a+b
4
5    print("3+6={}".format(mysum(3,6)))
6    print("12+9={}".format(mysum(12,9)))
```

第 1 ～ 3 行定義 mysum 函數求和，參數 a 和 b 表示給定的兩個數。第 3 行用 return 敘述返回它們的和。第 5 行呼叫 mysum 函數，計算並輸出 3 和 6 的和。第 6 行呼叫 mysum 函數，計算並輸出 12 和 9 的和。在定義函數時指定的參數 a 和 b 稱為形參，即形式參數；在呼叫函數時指定的與形參 a 和 b 對應的數如 3 和 6 稱為實參，即真實參數。形參和實參的個數要相同。

在 Python IDLE 程式編輯器中，在「Run」選單中點選「Run Module」，則 IDLE 命令列視窗顯示下面的結果：

```
>>> = RESTART: …/Samples/ch01/sam01-19.py
3+6=9
12+9=21
```

 ❷ 有多個返回值的情況

在前面兩個例子中，函數沒有返回值或者只有一個返回值。下面介紹函數有多個返回值的情況。

下面定義一個函數，指定兩個參數值，返回它們的和與差。該檔案位於
Samples 目錄下的 ch01 子目錄中，檔名為 sam01-20.py。

```python
1    def mycomp(a,b):
2        c=a+b
3        d=a-b
4        return c,d
5
6    c,d=mycomp(2,3)
7    print("2+3={}".format(c))
8    print("2-3={}".format(d))
```

第 1 ～ 4 行定義 mycomp 函數，計算給定的兩個值的和與差。第 4 行用
return 敘述返回結果，在表示和與差的變數之間用逗號分隔。第 6 行呼叫
mycomp 函數，計算 2 和 3 的和與差，賦值給變數 c 和 d。第 7、8 行輸出和
與差。

在 Python IDLE 程式編輯器中，在「Run」選單中點選「Run Module」，
則 IDLE 命令列視窗顯示下面的結果：

```
>>> = RESTART: …/Samples/ch01/sam01-20.py
2+3=5
2-3=-1
```

當函數有多個返回值時，也可以將這些返回值加入到列表中，用 return 敘述
返回該列表（以下改寫上例示範）。該檔案位於 Samples 目錄下的 ch01 子目
錄中，檔名為 sam01-21.py。

```python
1    def mycomp(a,b):
2        data=[]
3        data.append(a+b)
4        data.append(a-b)
5        return data
6
7    data=mycomp(2,3)
8    print(data)
```

第 1 ～ 5 行定義 mycomp 函數，計算給定的兩個值的和與差，並把它們加入到一個列表中。第 5 行用 return 敘述返回列表。第 7 行呼叫 mycomp 函數，計算 2 和 3 的和與差，賦值給變數 data。第 8 行輸出元素為和與差的列表。

在 Python IDLE 程式編輯器中，在「Run」選單中點選「Run Module」，則 IDLE 命令列視窗顯示下面的結果：

```
>>> = RESTART: …/Samples/ch01/sam01-21.py
[5, -1]
```

 3 預設參數

在定義函數時，對函數參數使用賦值敘述可以指定該參數的預設值。下面定義 defaultpara 函數，該函數有兩個參數，即 id 和 score，並指定 score 參數的預設值為 80。該檔案位於 Samples 目錄下的 ch01 子目錄中，檔名為 sam01-22.py。

```
1   def defaultpara(id, score=80):
2       print("ID: ",id)
3       print("Score: ",score)
4       return
5
6   defaultpara("No001")
```

第 1 ～ 4 行定義 defaultpara 函數，指定 score 參數的預設值為 80，然後輸出兩個參數的值，沒有返回值。第 6 行呼叫 defaultpara 函數，只指定 id 參數的值為 "No001"。

在 Python IDLE 程式編輯器中，在「Run」選單中點選「Run Module」，則 IDLE 命令列視窗顯示下面的結果：

```
>>> = RESTART: …/Samples/ch01/sam01-22.py
ID:  No001
Score:  80
```

可見，在沒有傳入 score 參數的值時，取了預設值 80。

4 可變參數

所謂可變參數，是指參數的個數是不確定的，可以是 0 個、1 個甚至任意多個。包含可變參數的函數的定義如下：

```
def functionname([args,] *args_tuple ):
    函數體
    return [表達式]
```

其中，[args,] 定義必選參數，*args_tuple 定義可變參數。*args_tuple 是作為一個元組傳遞進來的。

下面定義一個函數進行求和運算，該運算的第 1 個資料是確定的，後面的資料不確定，資料個數和資料大小都不確定。該檔案位於 Samples 目錄下的 ch01 子目錄中，檔名為 sam01-23.py。

```
1   def mysum(arg1,*vartuple):
2       sum=arg1
3       for var in vartuple:
4           sum+=var
5       return sum
6
7   a=mysum(10,10,20,30)
8   print(a)
```

第 1 ～ 5 行定義 mysum 函數，arg1 為必選參數，*vartuple 為可變參數，用一個 for 迴圈對確定參數傳遞的資料和 vartuple 元組中的資料累加求和。第 7 行呼叫 mysum 函數，指定參數資料，返回各資料的和。第 8 行輸出和。

在 Python IDLE 程式編輯器中，在「Run」選單中點選「Run Module」，則 IDLE 命令列視窗顯示下面的結果：

```
>>> = RESTART: …/Samples/ch01/sam01-23.py
70
```

5 參數為字典

如果參數帶兩個星號，則表示該參數為字典。傳遞字典參數的函數語法格式為：

```
def functionname([args,] **args_dict):
    "函數_文件字串"
    函數體
    return [表達式]
```

其中，[args,] 定義必選參數，**args_dict 定義字典參數。注意有兩個星號，在呼叫函數時指定兩個實參，對應於字典的鍵和值。

下面定義一個函數，參數為字典，功能是輸出字典資料。該檔案位於 Samples 目錄下的 ch01 子目錄中，檔名為 sam01-24.py。

```
1    def paradict(**vdict):
2        print (vdict)
3
4    paradict(id="No001",score=80)
```

第 1、2 行定義函數，參數為字典。第 4 行呼叫該函數，注意實參的輸入方式。

在 Python IDLE 程式編輯器中，在「Run」選單中點選「Run Module」，則 IDLE 命令列視窗顯示下面的結果：

```
>>> = RESTART: …/Samples/ch01/sam01-24.py
{'id': 'No001', 'score': 80}
```

 6 傳值還是傳址

在 Python 中，萬物皆物件。物件三要素包括物件的記憶體儲存位址、物件的資料類型和物件的值。在函數中物件作為參數傳遞時，需要搞清楚函數傳遞的是物件的位址還是物件的值。傳址和傳值的主要區別在於，如果在函數體中對參數的值進行了修改，在呼叫該函數前後，若是按傳址方式傳遞的，則該參數的值會改變；若是按傳值方式傳遞的，則該參數的值不變。

所以，在 Python 中，對於不可變類型，包括字串、元組和數字，作為函數參數時是按傳值方式傳遞的；此時傳遞的是物件的值，修改的是一個複製的物件，不影響物件本身。對於可變類型，包括列表和字典，作為函數參數時是按傳址方式傳遞的；此時傳遞的是物件本身，修改它後在函數外部也會受影響。

下面舉例進行說明。對於不可變類型，下面的函數傳遞一個字串，查看在呼叫該函數前後參數的值有沒有變化。該檔案位於 Samples 目錄下的 ch01 子目錄中，檔名為 sam01-25.py。

```
1   def TP(a):
2       a= "python"
3
4   b= "hello"
5   TP(b)
6   print(b)
```

第 1、2 行定義函數，修改參數的值為 "python"。第 4～6 行給變數 b 賦初值 "hello"，將變數 b 作為參數呼叫函數，修改參數的值，然後輸出變數 b 的值。

在 Python IDLE 程式編輯器中，在「Run」選單中點選「Run Module」，則 IDLE 命令列視窗顯示下面的結果：

```
>>> = RESTART: …/Samples/ch01/sam01-25.py
hello
```

可見，在呼叫函數前後變數的值不變，參數按傳值方式傳遞。

對於可變類型，下面的函數傳遞一個列表，在函數體中給列表加入一個列表元素。

```
1   def TP(lst):
2       lst.append([6,7,8,9])
3       return
4
```

```
5    lst = [1,2,3,4,5]
6    print(lst)
7    TP(lst)
8    print(lst)
```

第 1 ～ 3 行定義函數，給傳入的列表加入一個列表元素。第 5、6 行建立一個列表，輸出它。第 7、8 行將列表作為參數呼叫函數，然後輸出列表。比較在呼叫函數前後列表是否有變化。

在 Python IDLE 程式編輯器中，在「Run」選單中點選「Run Module」，則 IDLE 命令列視窗顯示下面的結果：

```
>>> = RESTART: …/Samples/ch01/sam01-26.py
[1, 2, 3, 4, 5]
[1, 2, 3, 4, 5, [6, 7, 8, 9]]
```

可見，在呼叫函數前後列表發生了變化，參數按傳址方式傳遞。

1.12.4　變數的作用範圍

根據變數的作用範圍，變數可分為局部變數和全域變數。局部變數是指定義在函數內部的變數，只在對應的函數內部有效。全域變數是指在函數外部建立的變數，或者是使用 global 關鍵字宣告的變數。全域變數可以在整個程式範圍內訪問。

下面定義一個函數 f1，函數中變數 v 為局部變數，它的作用範圍就在函數 f1 內部。該檔案位於 Samples 目錄下的 ch01 子目錄中，檔名為 sam01-27. py。

```
1    v=10
2    print(v)
3
4    def f1():
5        v=20
```

```
6
7    f1()
8    print(v)
```

第 1 行給變數 v 賦值 10。第 2 行輸出 v 的值。第 4、5 行定義函數 f1，給局部變數 v 賦值 20。第 7 行呼叫 f1 函數。第 8 行輸出變數 v 的值。

在 Python IDLE 程式編輯器中，在「Run」選單中點選「Run Module」，則 IDLE 命令列視窗顯示下面的結果：

```
>>> = RESTART: …/Samples/ch01/sam01-27.py
10
10
```

可見，在呼叫 f1 函數前後變數 v 的值沒有改變，即在 f1 函數中設置的變數 v 的值只在該函數內部有效。

下面在 f1 函數中使用 global 關鍵字將變數 v 宣告為全域變數，修改它的值，然後查看它的作用範圍。該檔案位於 Samples 目錄下的 ch01 子目錄中，檔名為 sam01-28.py。

```
1    v=10
2    print(v)
3
4    def f1():
5        global v
6        v=20
7
8    def f2():
9        print(v)
10
11   f1()
12   print(v)
13   f2()
```

第 4 ～ 6 行定義函數 f1，用 global 關鍵字將變數 v 宣告為全域變數，修改 v 的值為 20。第 8、9 行定義函數 f2，輸出變數 v 的值。第 11 行呼叫函數 f1。第 12 行輸出變數 v 的值。第 13 行呼叫函數 f2，輸出變數 v 的值。

在 Python IDLE 程式編輯器中，在「Run」選單中點選「Run Module」，則 IDLE 命令列視窗顯示下面的結果：

```
>>> = RESTART: …/Samples/ch01/sam01-28.py
10
20
20
```

可見，由於 f1 函數中變數 v 被宣告為全域變數，因此在呼叫 f1 函數前後 v 的值發生了改變。而且在其他函數中也可以使用全域變數。

1.12.5 匿名函數

顧名思義，匿名函數就是指沒有顯式命名的函數。它用更簡潔的方式定義函數。在 Python 中使用 lambda 關鍵字建立匿名函數，語法格式為：

```
fn=lambda [arg1 [,arg2, …, argn]]: 表達式
```

其中，lambda 為關鍵字，在它後面宣告參數，然後在冒號後面書寫函數表達式。fn 可作為函數的名稱使用，呼叫格式為：

```
v=fn(arg1 [,arg2, …, argn])
```

下面在命令列中定義一個對兩個數求積的匿名函數。

```
>>> rt=lambda a,b: a*b
```

該函數有兩個參數，即 a 和 b，函數表達式為 a*b。

呼叫該函數,計算並輸出給定的兩個數的積:

```
>>> print(rt(2,5))
10
```

1.13 模組

模組是一種副檔名為 py 的 Python 檔案,其中可包含變數、敘述和函數等。模組包括 Python 內建模組、第三方模組和自訂模組。

1.13.1 內建模組和第三方模組

前面在講解標準模組函數時介紹了 math 模組、cmath 模組和 random 模組。它們都是 Python 內建模組,在安裝 Python 軟體時就一起有了,不需要另外安裝。

除了 Python 內建模組,Python 還有很多需事先安裝的第三方模組,如有名的 NumPy、pandas 和 Matplotlib 等。使用第三方模組,我們可以輕鬆地站在前人肩膀上,大幅提高工作效率。

1.13.2 自訂模組

除了 Python 內建的模組和第三方模組,我們還可以自己建立模組,即自訂模組。本節以檔案方式提供的範例檔都是自訂模組檔。自訂模組可在 Python IDLE 程式編輯器中輸入和編輯。

在 Python 命令列視窗中點選「File」選單中的「New File」,開啟檔案腳本視窗,如圖 1-9 所示。在該視窗中輸入變數、敘述、函數和類別,以完成工作任務。

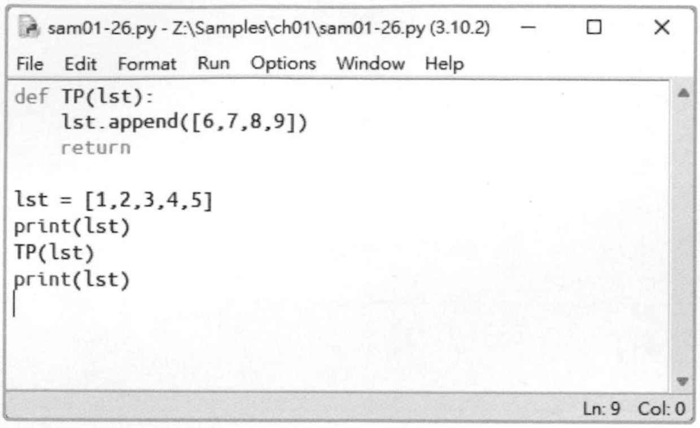

▲ 圖 1-9 程式編輯器

自訂模組根據其程式碼構成,可以分為腳本式自訂模組、函數式自訂模組和類別模組。

在腳本式自訂模組中沒有定義函數,也沒有定義類別,只有由變數和敘述組成的動作序列。前面在介紹流程控制時使用的範例檔都是腳本式自訂模組檔。

在函數式自訂模組中定義有函數,在其他模組中匯入這種類型的模組,可以使用其中的函數。本節中與函數有關的範例檔,都是函數式自訂模組檔。

類別模組是一種特殊的模組,它按照物件導向的觀念組織程式碼。按照物件導向的設計理念,透過開發程式解決問題時,首先將與問題相關的主體抽取出來,稱為物件,然後用程式碼描述這些物件,這些程式碼的集合稱為類別。類別就像印鈔票的模板,可以源源不斷地建立類別的實例,這些實例也稱為物件,它們是現實世界中的物件基於類程式碼的抽象或簡化。所以,物件導向程式設計,就是用這些簡化後的物件來模擬現實世界中的物件,以及模擬它們之間的關係和互動操作的。

在 Python 中使用 class 關鍵字定義類別,基本語法格式為:

```
class ClassName:
    statements
```

其中,ClassName 為類別名稱,statements 為定義類別的敘述。

類別是用程式碼來描述現實世界中的物件的，物件靜態的特徵，如貓的品種、顏色、年齡等用類別的屬性描述；物件的行為即動態的特徵，如貓的跑、跳、吃東西等用類別的方法來描述。類別的方法用函數進行定義。

下面建立一個 student 類別，定義它的 ID 屬性和 run 方法。該檔案位於 Samples 目錄下的 ch01 子目錄中，檔名為 sam0129.py。

```
1   class student:
2       ID="No001"                  #ID屬性
3
4       def __init__(self,id2):     #建構子
5           self.ID=id2
6
7       def run(self):              #run方法
8           print("跑起來")
9           return
10
11  st=student("No010")             #用建構子建立類別實例
12  print(st.ID)
13  st.run()
```

第 1 ～ 9 行定義一個 student 類別，它有一個 ID 屬性，其中第 4、5 行定義一個建構子，使用它可以建立類別實例，第 7 ～ 9 行定義 run 方法。第 11 ～ 13 行建立類別實例，輸出類別實例的 ID 屬性值，呼叫它的 run 方法。

在 Python IDLE 程式編輯器中，在「Run」選單中點選「Run Module」，則 IDLE 命令列視窗顯示下面的結果：

```
>>> = RESTART: …\Samples\ch01\sam0129.py
No010
跑起來
```

1.14 專案

較大的專案常常由多個模組組成，這些模組有負責計算的，有負責繪圖的，有負責圖形使用者介面的等等，多模組協同合作，完成比較複雜的工作任務。在一個模組中使用其他模組的函數或類別，需要先匯入該模組。

1.14.1 匯入內建模組和第三方模組

使用內建模組中的函數和類別，需要先用 import 敘述匯入該模組，語法格式如下：

```
import module1[, module2[, … moduleN]]
```

在呼叫模組中的函數時，這樣引用：

```
模組名.函數名
```

如果只引入模組中的某個函數，則使用 from…import 敘述。

下面在一個模組中匯入 math 模組，呼叫它的 sin 函數、cos 函數和常數 pi 計算給定 30 度角的正弦值和餘弦值。該檔案位於 Samples 目錄下的 ch01 子目錄中，檔名為 sam01-30.py。

```
1    import math
2    from math import cos
3    angle=math.pi/6
4    a=math.sin(angle)
5    b=cos(angle)
6    print(a)
7    print(b)
```

第 1 行匯入 math 模組。第 2 行從 math 模組中匯入 cos 函數。第 3 行用常數 pi 計算 30 度角。第 4 行用 math.sin() 函數計算 30 度角的正弦值。第 5 行直接用 cos 函數計算 30 度角的餘弦值。第 6、7 行分別輸出正弦值和餘弦值。

在 Python IDLE 程式編輯器中,在「Run」選單中點選「Run Module」, 則 IDLE 命令列視窗顯示下面的結果:

```
>>> = RESTART: …\Samples\ch01\sam01-30.py
0.49999999999999994
0.8660254037844387
```

1.14.2 匯入自訂模組

對於自訂模組而言,因為模組檔案儲存的位置不確定,直接使用 import 匯入可能會發生錯誤。一般情況下,使用 import 匯入模組後,Python 會按照以下順序尋找指定的模組。

- ✅ 目前目錄,即該模組所在的目錄。
- ✅ PYTHONPATH(環境變數)指定的目錄。
- ✅ Python 預設的安裝目錄,即 Python 可執行檔所在的目錄。

所以,只要自訂模組檔被儲存在這三種目錄下,就能被 Python 找到。其中用得最多的是第一種目錄,是將匯入和被匯入的模組放在同一個目錄下。

在介紹類別模組時建立了 sam0129.py,其包含一個 student 類別。下面在相同目錄下新增一個模組,它匯入 sam0129 模組,並使用其中的 student 類別進行開發。該檔案位於 Samples 目錄下的 ch01 子目錄中,檔名為 sam01-31.py。

```
1    from sam0129 import student
2
3    st=student("No128")
4    print(st.ID)
5    st.run()
```

第 1 行從 sam0129 模組中匯入 student 類別。第 3 ～ 5 行建立類別實例,輸出類別實例的 ID 屬性值,呼叫它的 run 方法。

在 Python IDLE 程式編輯器中，在「Run」選單中點選「Run Module」，
則 IDLE 命令列視窗顯示下面的結果：

```
>>> = RESTART: …/Samples/ch01/sam01-31.py
No010
跑起來
No128
跑起來
```

前面兩個結果是 sam0129 模組中輸出的。

這樣，自訂模組可以透過匯入其他模組來擴展自身的功能，或者說協同合作，
一起把事情做好。

1.15 異常處理

在程式編寫完成以後，難免會出現這樣或那樣的錯誤，如果不能捕獲這些錯誤
並進行處理，程式執行過程就會中斷。本節介紹在 Python 中進行異常處理的
方法。

1.15.1 常見的異常

在 Python 中常見的異常如表 1-21 所示。對於不同類型的錯誤，Python 給
它們指定了名稱。在開發過程中如果出現錯誤，則可以捕獲該錯誤，判斷是否
是指定類型的錯誤並進行相應的處理。

表 1-21 Python 中常見的異常

異常	說明
ArithmeticError	算術運算引發的錯誤
FloatingPointError	浮點數計算錯誤
OverflowError	因為計算結果過大導致的溢位錯誤

異常	說明
ZeroDivisionError	除數為 0 引發的錯誤
AttributeError	屬性引用或賦值失敗導致的錯誤
BufferError	無法執行與緩衝區相關的操作引發的錯誤
ImportError	匯入模組 / 物件失敗導致的錯誤
ModuleNotFoundError	沒有找到模組，或者在 sys.modules 中找到 None 導致的錯誤
IndexError	序列中沒有此索引導致的錯誤
KeyError	映射中沒有這個鍵導致的錯誤
MemoryError	記憶體溢位錯誤
NameError	物件未宣告或未初始化導致的錯誤
UnboundLocalError	存取未初始化的本機變數導致的錯誤
OSError	作業系統錯誤
FileExistsError	建立已存在的檔案或目錄導致的錯誤
FileNotFoundError	使用不存在的檔案或目錄導致的錯誤
InterruptedError	系統呼叫被輸入訊號中斷導致的錯誤
IsADirectoryError	在目錄上請求檔案操作導致的錯誤
NotADirectoryError	在不是目錄的物件上請求目錄操作導致的錯誤
TimeoutError	系統函數在系統級別超時導致的錯誤
RuntimeError	執行時錯誤
SyntaxError	語法錯誤
SystemError	直譯器發現內部錯誤
TypeError	物件類型錯誤

1.15.2 異常捕獲｜單分支的情況

在 Python 中使用 try…except…else…finally… 這樣的結構捕獲異常，根據需要可以使用簡單的單分支形式，也可以使用多分支、帶 else 和帶 finally 等形式。

首先介紹單分支的情況。單分支捕獲異常的語法格式為：

```
try:
    <敘述>
except:
    print("異常說明")
```

或者

```
try:
    <敘述>
except <異常名>:
    print("異常說明")
```

第 1 種形式捕獲所有錯誤，第 2 種形式捕獲指定錯誤。其中，try 部分正常執行指定敘述，except 部分捕獲錯誤並進行相關的顯示和處理。一般儘量避免使用第 1 種形式，或者在多分支情況下處理未知錯誤。

在下列的程式碼中，try 部分試圖使用一個沒有宣告和賦值的變數，使用 except 捕獲 NameError 類型的錯誤並輸出。

```
>>> try:
        f
    except NameError as e:
        print(e)
```

因為使用了沒有宣告的變數，所以捕獲到「名稱 f 未定義」的錯誤，即輸出為：

```
name 'f' is not defined
```

1.15.3 異常捕獲｜多分支的情況

如果捕獲到的錯誤可能屬於幾種類型，則使用多分支的形式進行處理。在多分支情況下，語法格式可以為：

```
try:
    <敘述>
except (<異常名1>, <異常名2>, …):
    print('異常說明')
```

下面這段程式碼執行除法運算，如果出現錯誤，則會捕獲到除數為 0 的錯誤和變數未定義的錯誤，在 except 敘述中用元組指定這兩個錯誤的名稱，然後輸出捕獲到的錯誤結果。

```
>>> b=0
>>> try:
        3/b
    except (ZeroDivisionError,NameError) as e:
        print(e)
```

輸出捕獲到的錯誤是「除數為 0」，即：

```
division by zero
```

多分支的情況也可以寫成下面的形式，按照先後順序進行判斷。

```
try:
    <敘述>
except <異常名1>:
    print("異常說明1")
except <異常名2>:
    print("異常說明2")
except <異常名3>:
    print("異常說明3")
```

改寫上面的範例程式碼，如下所示。

```
>>> try:
        3/0
    except ZeroDivisionError as e:
        print(e)
```

```
    except NameError as e:
        print(e)
```

將得到相同的輸出結果：

```
division by zero
```

1.15.4 異常捕獲│ try…except…else…

在單分支和多分支的情況下捕獲錯誤並進行處理，如果沒有捕獲到錯誤怎麼處理呢？這就要用到本節介紹的 try…except…else…結構，如下所示。其中，else 部分在沒有發現異常時進行處理。

```
try:
        <敘述>
except <異常名1>:
        print("異常說明1")
except <異常名2>:
        print("異常說明2")
else:
        <敘述>
```

下列的程式碼計算 3/2，沒有捕獲到錯誤時輸出一些等號。

```
>>> b=2
>>> try:
            3/b
        except (ZeroDivisionError,NameError) as e:
            print(e)
        else:
            print("==========")
```

計算結果為 1.5，沒有出錯，輸出一些等號。

```
1.5
==========
```

1.15.5 異常捕獲│ try...finally...

在 try...finally…結構中，無論是否發生異常都會執行 finally 部分的敘述。
其語法格式如下：

```
try:
    <敘述>
finally:
    <敘述>
```

在下面的範例程式碼中，計算 3/0，因為除數為 0，所以 except 部分會捕獲
到除數為 0 的錯誤，輸出錯誤訊息。但是即使出錯，也會執行 finally 部分的
敘述進行處理。

```
>>> try:
        3/0
    except ZeroDivisionError as e:
        print(e)
    finally:
        print("執行finally")
```

輸出下面的結果，第 1 行是除數為 0 的錯誤訊息，第 2 行是 finally 部分的輸
出結果。

```
division by zero
執行finally
```

2 Python 檔案操作

檔案操作是 Python 語言的基本內容之一。本章介紹使用 Python 的 open 函數、struct 模組和 OS 模組等對檔案、目錄、路徑等進行操作。本章主要介紹對文字檔和二進制檔案的讀 / 寫操作。對於 Excel 檔，使用 OpenPyXl、win32com、xlwings 提供的 Excel 物件進行讀 / 寫和儲存操作，使用 pandas 提供的相關方法也可以實現讀 / 寫操作（請參見第 3、4、9 章的內容）。

2.1 使用 Python 的 open 函數操作檔案

使用 Python 的 open 函數可以對文字檔和二進制檔案進行唯讀、只寫、讀 / 寫和追加等操作。

2.1.1 open 函數

Python 的 open 函數根據指定模式開啟檔案，並返回 file 物件。該函數的語法格式為：

```
open(file, mode='r', buffering=-1, encoding=None, errors=None, \
     newline=None, closefd=True, opener=None)
```

其中，各參數的含義如下。

- ✓ **file**：必需參數，指定檔案路徑和名稱。
- ✓ **mode**：可選參數，指定檔案開啟模式，包括讀、寫、追加等各種模式。
- ✓ **buffering**：可選參數，設定緩衝（不影響結果）。

✅ **encoding**：可選參數，設定編碼方式，一般使用 UTF-8。

✅ **errors**：可選參數，指定當編碼和解碼錯誤時怎麼處理，適用於文字模式。

✅ **newline**：可選參數，指定在文字模式下控制一列結束的字元。

✅ **closefd**：可選參數，指定傳入的 file 參數類型。

✅ **opener**：可選參數，設定自訂檔案開啟方式，預設時為 None。

注意 使用 open 函數開啟檔案操作完畢後，務必要關閉檔案物件。關閉檔案物件使用 close 函數。

使用 open 函數開啟檔案後會返回一個 file 物件，利用該物件的方法可以進行檔案內容的讀取、寫入、截取和關閉檔案等一系列操作，如表 2-1 所示。

表 2-1 file 物件的方法

方法	說明
close()	關閉檔案
flush()	重新整理檔案的內部快取，把內部快取中的資料直接寫入檔案
fileno()	返回檔案描述符，整數
isatty()	當檔案連接到某個終端裝置時返回 True，否則返回 Falsenext() 返回檔案的下一列
read([size])	從檔案中讀取指定數目的位元組，如果不指定大小或者指定為負數，則讀取所有文字
readline([size])	讀取列，包括換行符號，以列表的形式返回
readlines([sizeint])	讀取所有列。如果設定 sizeint 參數，則讀取指定長度的位元組，並且這些位元組按列分割
seek(offset[, whence])	設定檔案目前位置。offset 參數指定檔案相對於某個位置偏移的位元組數，whence 參數指定相對於哪個位置：0- 從檔案頭開始，1- 從檔案目前位置開始，2- 從檔案尾開始
tell()	返回檔案目前位置
truncate([size])	截取指定數目的位元組，size 參數指定數目 write(str) 將字串寫入檔案，返回值為寫入字串的長度
writelines(sequence)	在檔案中寫入字串列表，列表中每個元素占一列

2.1.2 建立文字檔並寫入資料

當使用 open 函數開啟檔案時，如果指定 mode 參數的值為表 2-2 中的值，若檔案不存在，則會建立新檔案。

表 2-2 寫入文字檔時 mode 參數的設定

模式	說明
W	開啟一個檔案只用於寫入。如果該檔案已存在，則在開啟檔案時原有內容會被刪除；如果該檔案不存在，則會建立新檔案
w+	開啟一個檔案用於讀 / 寫。如果該檔案已存在，則開啟檔案，並從頭開始編輯，即原有內容會被刪除；如果該檔案不存在，則會建立新檔案

例如，下面建立一個文字檔 filetest.txt，放在 D 槽下。

```
>>> f= open("D:\\filetest.txt","w")
```

open 函數返回一個 file 物件，使用該物件的 write 方法將資料寫入檔案。

```
>>> f.write("Hello Python!")
13
```

返回值 13 表示檔案中位元組的長度。

現在開啟 D 槽下的 filetest.txt，會發現什麼內容也沒有。使用 file 物件的 close 方法關閉檔案物件。

```
>>> f.close()
```

現在開啟該檔案，發現剛剛寫入的字串 "Hello Python!" 顯示出來了，如圖 2-1 所示。

▲ 圖 2-1 建立文字檔並寫入資料

使用 open 函數開啟 D 槽下已經存在的 filetest.txt，模式為「w」，然後使用 file 物件的 write 方法寫入一個新的字串，最後關閉檔案物件。

```
>>> f= open("D:\\filetest.txt","w")
>>> f.write("This is a test.")
>>> f.close()
```

開啟檔案，顯示效果如圖 2-2 所示。

▲ 圖 2-2　開啟檔案重新寫入資料

這說明在「w」模式下，當開啟已經存在的檔案並重新寫入資料時，檔案中原來的資料會被刪除。

下面使用 with 敘述開啟文字檔後寫入資料。使用這種方法的好處是執行完後會主動關閉檔案，不需要使用 file 物件的 close 方法進行關閉。

```
>>> with open ("D:\\filetest.txt","w") as f:
        f.write ("Hello Python!")
```

開啟檔案，發現檔案原來的內容被刪除，重新寫入了 "Hello Python!"。

使用 file 物件的 writelines 方法，可以用列表結合換行符號，一次寫入多筆資料。

```
>>> f= open("D:\\filetest.txt","w")
>>> f.writelines(["Hello Python!\n","Hello Excel!"])
>>> f.close()
```

開啟檔案，發現列表中的兩個元素資料已經分兩筆寫入。

下面開啟文字檔後使用迴圈連續寫入資料。其中,「\r」表示 Enter,「\n」表示換行。

```
>>> f= open("D:\\filetest.txt","w")
>>> for i in range(10):
        f.write("Hello Python!\r\n")
>>> f.cl ose()
```

開啟檔案,發現已經連續寫入了 10 筆 "Hello Python!"。

2.1.3 讀取文字檔資料

當使用 open 函數開啟檔案時,如果指定 mode 參數的值為表 2-3 中的值,則讀取檔案的內容。

表 2-3 讀取文字檔時 mode 參數的設定

模式	說明
r	以唯讀方式開啟檔案,為預設模式
r+	開啟一個檔案用於讀 / 寫

2.1.2 節最後使用一個 for 迴圈在 D 槽下的 filetest.txt 檔案中寫入了 10 筆資料。下面使用 open 函數開啟該檔案,將 mode 參數的值設定為「r」,唯讀。然後使用 file 物件的 read 方法讀取檔案的內容。

```
>>> f= open("D:\\filetest.txt","r")
>>> f.read()
'Hello Python!\n\nHello Python!\n\nHello Python!\n\nHello Python!\n\nHello
Python!\n\nHello Python!\n\nHello Python!\n\nHello Python!\n\nHello Python!
\n\n Hello Python!\n\n'
```

下面使用 file 物件的 write 方法將資料寫入檔案。

```
>>> f.write("This is a test.")
        Traceback (most recent call last):
```

```
        File "<pyshell#32>", line 1, in <module>
            f.write("This is a test.")
        io.UnsupportedOperation: not writable
>>> f.close()
```

可見，因為開啟檔案時設定 mode 參數為「r」，唯讀，所以試圖將資料寫入檔案時發生錯誤。

下面使用 file 物件的 readline 方法逐列讀取資料。

```
>>> f= open("D:\\filetest.txt","r")
```

讀取第 1 筆資料：

```
>>> f.readline()
'Hello Python!\n'
```

讀取第 2 筆資料，是一個空列：

```
>>> f.readline()
'\n'
```

讀取第 3 筆資料的前五個字元：

```
>>> f.readline(5)
'Hello'
>>> f.close()
```

下面使用 file 物件的 readlines 方法讀取所有資料。

```
>>> f= open("D:\\filetest.txt","r")
>>> f.readlines()
['Hello Python!\n', '\n', 'Hello Python!\n', '\n', 'Hello Python!\n',
'\n', 'Hello Python!\n', '\n', 'Hello Python!\n', '\n', 'Hello Python!\n',
'\n', 'Hello Python!\n', '\n', 'Hello Python!\n', '\n', 'Hello Python!\n',
'\n', 'Hello Python!\n', '\n']
>>> f.close()
```

2.1.4 在文字檔案中追加資料

當使用 open 函數開啟已經存在的檔案時，如果指定 mode 參數的值為表 2-4 中的值，則可以在原有內容後面追加資料，即原來的資料保留，繼續追加資料。

表 2-4 在文字檔案中追加資料時 mode 參數的設定

模式	說明
a	開啟一個檔案用於追加。如果該檔案已存在，則新的內容將會被寫入到已有內容之後；如果該檔案不存在，則會建立新檔案
a+	開啟一個檔案用於讀 / 寫。如果該檔案已存在，則新的內容將會被寫入到已有內容之後；如果該檔案不存在，則會建立新檔案

下面開啟 D 槽下的 filetest.txt，設定 mode 參數的值為「a」。

```
>>> f= open("D:\\filetest.txt","a")
```

加入新列：

```
>>> f.write("This is a test.")
>>> f.close()
```

開啟該文字檔，可以看到在原有內容的後面加入了新資料，原有內容仍然保留。

2.1.5 讀 / 寫二進制檔案資料

本章前面各節介紹了使用 Python 的 open 函數實現文字檔資料讀 / 寫的方法，使用該函數還可以進行二進制檔案資料的讀 / 寫。很多圖形、圖像和影片檔案都採用二進位制格式讀 / 寫資料。

在實現時只需要修改 mode 參數的值即可。表 2-5 中列出了讀 / 寫二進制檔案時 mode 參數的設定，可見，這些參數與文字檔設置的基本相同，只是多了一個「b」。「b」是 binary，即二進位制的意思。

📋 **表 2-5** 讀 / 寫二進制檔案時 mode 參數的設定

模式	說明
rb	以二進位制格式開啟一個檔案用於唯讀
rb	+ 以二進位制格式開啟一個檔案用於讀 / 寫
wb	以二進位制格式開啟一個檔案只用於寫入。如果該檔案已存在,則原有內容會被刪除;如果該檔案不存在,則會建立新檔案
wb+	以二進位制格式開啟一個檔案用於讀 / 寫。如果該檔案已存在,則原有內容會被刪除;如果該檔案不存在,則會建立新檔案
ab	以二進位制格式開啟一個檔案用於追加。如果該檔案已存在,則新的內容將會被寫入到已有內容之後;如果該檔案不存在,則會建立新檔案進行寫入
ab+	以二進位制格式開啟一個檔案用於追加。如果該檔案已存在,則檔案指標將會被放在檔案的末尾;如果該檔案不存在,則會建立新檔案用於讀 / 寫

二進制檔案是以位元組為單位儲存的,所以使用 file 物件的 write 方法寫入資料時,需要先將資料從字串轉換為位元組流,使用 bytes 函數進行轉換,指定編碼方式。從二進制檔案讀取資料時,則需要使用 decode 方法對 read 方法讀出的資料進行解碼,同樣要指定編碼方式。

下面假設要儲存一個直線段圖形的資料,包括直線段的起點座標 (10,10) 和終點座標 (100,200),儲存為 D 槽下的二進制檔案 bftest.cad,cad 為自訂的副檔名。

```
>>> #mode參數的值為「wb」
>>> f= open("D:\\bftest.cad","wb")
>>> #用字串表示座標資料,轉換為位元組流,寫入檔案
>>> #注意資料之間用空格進行了分隔
>>> f.write(bytes(("10 "+"10 "+"100 "+"200"),"utf-8"))
>>> f.close()
```

現在可以在 D 槽下找到剛剛建立的二進制檔案 bftest.cad。

在開啟該檔案時,需要能取得到先前儲存的直線段起點和終點的座標資料,以便重新繪圖。此時使用 open 函數開啟檔案時,將 mode 參數的值設定為

「rb」，以二進位制格式讀取。然後使用 file 物件的 read 方法讀取資料，該資料不能直接用，還需要使用 decode 方法以先前儲存時指定的編碼方式解碼得到字串。最後使用 split 方法，從該字串中取得直線段起點和終點的座標資料字串，並使用 int 函數將其轉換為整數數字。

```
>>> f= open("D:\\bftest.cad","rb")
>>> ln=f.read().decode("utf-8")      #讀取資料，解碼
>>> f.close()
>>> dt=ln.split(" ")                 #用空格分隔字串，得到座標資料字串
>>> x1=int(dt[0])                    #將資料字串轉換為整數數字
>>> x1
10
>>> y1=int(dt[1])
>>> y1
10
```

在得到座標資料後，就可以使用繪圖函數把直線段重新繪製出來了。這就是圖形儲存和開啟的完整過程，實際上是圖形控制點資料的儲存和開啟處理。

2.1.6 使用 struct 模組讀取二進制檔案

2.1.5 節使用 Python 的 open 函數實現了二進制檔案的讀／寫，在使用該方法儲存不同類型的資料時，需要先將它們轉換為字串，再按照一定的編碼方式將字串轉換為位元組流進行寫入；當從檔案中將資料讀取出來時則反過來，需要先將讀取出來的資料按同樣的編碼方式解碼成字串，然後從字串中取得資料。這個過程相對比較煩瑣，Python 的 struct 模組對該過程進行了簡化，可以比較方便地處理不同類型資料的讀／寫。

下面使用 struct 模組，處理與 2.1.5 節相同的直線段資料的二進制檔案寫入和讀取。在使用 struct 模組前，需要先用 import 指令匯入它。

```
>>> from struct import *
```

當使用 file 物件的 write 方法寫入資料時，使用 struct 模組的 pack 函數將座標資料轉換為字串，然後寫入該字串。該函數的語法格式為：

```
pack(fmt, v1, v2, …)
```

其中，fmt 參數指定資料類型，如整數數字用「i」表示，浮點型數字用「f」表示。按照先後次序，每個資料都要指定資料類型。

```
>>> #開啟二進制檔案，mode參數的值為「wb」
>>> f=open("d:\\bftest2.cad", "wb")
>>> 寫入資料，4個座標值都是整數數字
>>> f.write(pack("iiii",10,10,100,200))
>>> f.close()
```

現在直線段的座標資料被儲存到 D 槽下的二進制檔案 bftest2.cad 中了。

在讀取資料時，需要使用 struct 模組的 unpack 函數進行解封包，解封包得到的資料以元組方式返回。

```
>>> #開啟二進制檔案，mode參數的值為「rb」
>>> f=open("d:\\bftest2.cad", "rb")
>>> #使用unpack函數解封包資料，以元組形式返回
>>> (a,b,c,d)=unpack("iiii",f.read())
>>> print(a,b,c,d)
10 10 100 200
>>> type(a)      #a變數的資料類型
<class 'int'>
```

與 2.1.5 節對比，可見，使用 struct 模組讀 / 寫二進制檔案比直接使用 file 物件的方法讀 / 寫要方便得多。

2.2 使用 OS 模組操作檔案

2.1 節使用 open 函數實現了文字檔和二進制檔案的建立與資料讀 / 寫，本節介紹 OS 模組的使用。使用 OS 模組可以實現類似的檔案操作，而且它還封裝了一些操作目錄、路徑和系統的方法，使用很方便。

2.2.1 檔案操作

使用 OS 模組的 open 函數可以建立檔案並進行資料的寫入、讀取和追加等操作。該函數的語法格式為：

```
os.open(file, flags[, mode])
```

其中，file 參數是需要建立或開啟的檔案的名稱；flags 參數的值指定對開啟的檔案進行哪些操作，其取值參見表 2-6，如果同時設定多個值，則用符號「|」隔開；mode 是可選參數，指定檔案的權限操作，預設值為 777。

表 2-6　flags 參數的取值

參數取值	說明
os.O_CREAT	建立一個新檔案並開啟
os.O_RDONLY	以唯讀的方式開啟已有檔案
os.O_WRONLY	以只寫的方式開啟已有檔案
os.O_RDWR	以讀 / 寫的方式開啟已有檔案
os.O_APPEND	以追加的方式開啟已有檔案
os.O_TEXT	以文字模式開啟檔案
os.O_BINARY	以二進位制模式開啟檔案
os.O_SEQUENTIAL	快取最佳化，但不限制從磁碟中按序列存取
os.O_RANDOM	快取最佳化，但不限制從磁碟中隨機存取
os.O_TEMPORARY	與 O_CREAT 一起建立暫存檔
os.O_NONBLOCK	開啟時不阻塞
os.O_TRUNC	開啟一個檔案並截斷它的長度為 0（必須有寫權限）
os.O_EXCL	如果指定的檔案存在，則返回錯誤
os.O_SHLOCK	自動取得共享鎖
os.O_EXLOCK	自動取得獨立鎖
os.O_DIRECT	消除或減少快取效果
os.O_FSYNC	同步寫入

參數取值	說明
os.O_NOFOLLOW	不追蹤軟連結

使用 OS 模組的 write 函數對檔案寫入資料，資料用字串表示，並使用 encode 函數以指定的編碼方式進行編碼。最後使用 close 函數關閉檔案。

建立新的文字檔 ostest.txt，儲存在 D 槽下，用 UTF-8 編碼方式寫入字串，然後關閉檔案。

```
>>> #建立新的文字檔
>>> f=os.open("D:\\ostest.txt", os.O_RDWR|os.O_CREAT|os.O_TEXT)
>>> #用UTF-8編碼方式寫入字串
>>> os.write(f,"Hello Python!".encode("utf-8"))
>>> #關閉檔案
>>> os.close(f)
```

使用 OS 模組的 read 函數從檔案中讀取資料，並使用 decode 函數以與寫入時相同的編碼方式對讀出的資料進行解碼。read 函數的語法格式為：

```
os.read(f, n)
```

其中，f 參數表示開啟的檔案物件，n 參數表示從檔案中讀取 n 個位元組的內容，如果 n 大於檔案中內容的長度，則返回檔案中的所有內容。當多次讀取時，如果檔案中的內容已經讀完了，則返回空字串。

下面以唯讀方式開啟剛剛建立的 D 槽下的 ostest.txt，讀取檔案中的資料並用 UTF-8 編碼方式進行解碼輸出，然後關閉檔案。

```
>>> #以唯讀方式開啟檔案
>>> f=os.open("D:\\ostest.txt", os.O_RDONLY)
>>> #讀取檔案中的資料並用UTF-8編碼方式解碼
>>> ct=os.read(f, 18).decode("utf-8")
>>> print(ct)          #輸出資料
Hello Python!
>>> os.close(f)        #關閉檔案
```

129

使用 remove 函數可以刪除指定的檔案，其語法格式為：

```
os.remove(file)
```

其中，file 參數為檔案路徑和名稱。

使用 rename 函數更改檔案名稱，其語法格式為：

```
os.rename(file1, file2)
```

其中，file1 參數為來源檔案的路徑和名稱，file2 參數為改名後的檔案路徑和名稱。

將 D 槽下的 ostest.txt 改名為 ostest2.txt。

```
>>> os.rename("D:\\ostest.txt","D:\\ostest2.txt")
```

使用 access 函數取得檔案的讀 / 寫等權限。下面判斷 D 槽下的 ostest2.txt 是否有寫、讀和執行的權限。當返回值為 True 時表示有相應的權限，當返回值為 False 時表示沒有相應的權限。

```
>>> os.access("D:\\ostest2.txt",os.W_OK)      #寫的權限
True
>>> os.access("D:\\ostest2.txt",os.R_OK)      #讀的權限
True
>>> os.access("D:\\ostest2.txt",os.X_OK)      #執行的權限
True
```

2.2.2 目錄操作

使用 listdir 函數返回指定目錄下的所有檔案和子目錄，包括隱藏檔和目錄，以列表形式返回。下面列出 C 槽下的所有檔案和子目錄。

```
>>> os.listdir("C:")
['DLLs', 'Doc', 'include', 'Lib', 'libs', 'LICENSE.txt', 'NEWS.txt',
'python.exe', 'python3.dll', 'python37.dll', 'pythonw.exe', 'pywin32-
```

```
wininst. log', 'Removepywin32.exe', 'sam0129.py', 'Scripts', 'tcl', 'test.
py', 'test. xlsx', 'test2.py', 'Tools', 'vcruntime140.dll', 'xlwings32-
0.16.4.dll', 'xlwings64-0.16.4.dll', '__pycache__']
```

使用 mkdir 函數建立一個新目錄。下面在 D 槽下建立一個 ostest 目錄。

```
>>> os.mkdir("D:\\ostest")
```

使用 getcwd 函數取得目前工作目錄。

```
>>> os.getcwd()
'D:\\'
```

使用 chdir 函數改變目前工作目錄。

```
>>> os.chdir("D:\\ostest\\")
>>> os.getcwd()
'D:\\ostest'
```

現在目前工作目錄已由原來的 D 槽根目錄變為 D 槽下的 ostest 目錄。

使用 rmdir 函數刪除一個空目錄，如果該目錄中有檔案，則需要先把所有檔案刪除。下面刪除先前建立的 D 槽下的 ostest 目錄。

```
>>> os.rmdir("D:\\ostest")
```

2.2.3 路徑操作

OS 模組中有一個 path 子模組，提供了大量函數用於處理路徑相關操作。

假設已經在 D 槽下建立了 ostest 目錄，在該目錄下加入了文字檔 ostest.txt。下面對路徑「D:\\ostest\\ostest.txt」進行一些判斷。

使用 isdir 函數判斷指定路徑是否為目錄，如果是，則返回 True，否則返回 False。

```
>>> os.path.isdir("D:\\ostest\\ostest.txt")
False
```

使用 isfile 函數判斷指定路徑是否為檔案，如果是，則返回 True，否則返回 False。

```
>>> os.path.isfile("D:\\ostest\\ostest.txt")
True
```

使用 exists 函數判斷檔案或目錄是否存在，如果存在，則返回 True，否則返回 False。

```
>>> os.path.exists("D:\\ostest\\ostest.txt")
True
```

使用 basename 函數返回檔名。

```
>>> os.path.basename("D:\\ostest\\ostest.txt")
'ostest.txt'
```

使用 dirname 函數返回路徑。

```
>>> os.path.dirname("D:\\ostest\\ostest.txt")
'D:\\ostest'
```

使用 abspath 函數返回絕對目錄。

```
>>> os.path.abspath("D:\\ostest\\ostest.txt")
'D:\\ostest\\ostest.txt'
```

使用 getsize 函數取得檔案大小。

```
>>> os.path.getsize("D:\\ostest\\ostest.txt")
13
```

如果路徑是目錄，則返回值為 0。

```
>>> os.path.getsize("D:\\ostest\\")
0
```

2.2.4 系統操作

使用 OS 模組提供的函數，還可取得系統相關訊息，如環境變數、作業系統等。

使用 name 函數取得目前使用的作業系統，「nt」表示 Windows 系統，「posix」表示 Linux 或 UNIX 系統。

```
>>> os.name
'nt'
```

使用 environ 函數返迴環境變數，例如：

```
>>> os.environ
environ({'ALLUSERSPROFILE': 'C:\\ProgramData', 'APPDATA': 'C:\\Users\\
Administrator\\AppData\\Roaming', …})
```

使用 sep 函數返回作業系統採用的路徑分隔符。在 Windows 系統下為「\」，在 Linux 系統下為「/」。

```
>>> os.sep
'\\'
```

使用 linesep 函數返回作業系統採用的斷行符號，在 Windows 系統下為「\r\n」，在 Linux 系統下為「\n」，Mac 系統使用「r」。

```
>>> os.linesep
'\r\n'
```

MEMO

Excel 物件模型篇

Excel 腳本開發的兩個核心內容，一個是腳本程式語言，另一個是物件模型。程式語言如 VBA 或 Python提供敘事和交流的平台；物件模型則用一系列物件描述 Excel。利用物件提供的屬性和方法等成員，透過程式操作 Excel。Python 提供了一系列與 Excel 有關的套件，本篇選擇了幾個有代表性的、比較新且功能強大的套件進行介紹，主要包括：

- ✅ OpenPyXl
- ✅ win32com
- ✅ xlwings 常數與變數

3

Excel 物件模型：OpenPyXl

使用 Python 的 OpenPyXl，可以在電腦沒有安裝 Excel 軟體的情況下，透過 Python 來操作活頁簿、工作表等 Excel 物件，實現對 Excel 的控制和互動。本章介紹 OpenPyXl 的使用。

3.1 OpenPyXl 概述

本節比較與 Excel 相關的一些 Python 套件，介紹 OpenPyXl 的安裝、Excel 物件模型和使用 OpenPyXl 的一般過程。

3.1.1 Excel 相關 Python 套件的比較

目前常用的與 Excel 相關的第三方 Python 套件如表 3-1 所示。這些套件各自其特色，有的小巧、快速、靈活，有的功能完整堪與 VBA 媲美；有的不依賴 Excel，有的必須依賴 Excel；有的工作效率一般，有的工作效率很高。

表 3-1 與 Excel 相關的第三方 Python 套件

Python 套件	說明
xlrd	支援讀取 .xls 和 .xlsx 檔
xlwt	支援寫 .xls 檔
OpenPyXl	支援 .xlsx/.xlsm/.xltx/.xltm 檔的讀 / 寫，支援 Excel 物件模型，不依賴 Excel
XlsxWriter	支援 .xlsx 檔的寫入，支援 VBA
win32com	封裝了 VBA 使用的所有 Excel 物件

Python 套件	說明
comtypes	封裝了 VBA 使用的所有 Excel 物件
xlwings	重新封裝了 win32com，支援與 VBA 整合開發，與各種資料類型進行類型轉換
pandas	支援 .xls、.xlsx 檔的讀 / 寫，提供進行資料處理的各種函數，處理簡潔速度快

在表 3-1 所示的 Python 套件中，本書選擇了 OpenPyXl、win32com、xlwings、pandas 這四個有代表性的套件進行介紹。其中，OpenPyXl 最大的特點是可以不依賴 Excel 軟體來操作 Excel 檔，也就是說，就算電腦沒有安裝 Excel 也可以正常使用。

win32com 封裝了 Excel、Word 等軟體的所有物件，所以 VBA 能做的，使用它基本上也能做到，功能強大的 xlwings 和 pyxll 等實際上都是對 win32com 的二次封裝。

xlwings 號稱給 Excel 插上翅膀，它重新封裝了 win32com，並且進行了很多改進和擴展，是目前呼聲最高的 Excel Python 套件之一。

pandas 不支援 Excel 物件模型，但是它在資料處理方面有獨到之處，處理效率比其他套件要高得多。所以，常常用 pandas 做資料處理，用 OpenPyXl 或 xlwings 進行與 Excel 物件有關的操作，如資料的讀 / 寫、Excel 儲存格格式設定等。

3.1.2 OpenPyXl 及其安裝

OpenPyXl 可以被看作是 VBA 所使用的 Excel 物件模型的輕量版。它同樣提供了活頁簿、工作表、儲存格和圖表等物件，但是功能沒有那麼全面，很多功能有局限性，比如用 OpenPyXl 開啟一些已經設定格式的 Excel 檔時會遺失格式。但是 OpenPyXl 有一個很重要的優點，就是它可以不依賴 Excel，即電腦沒有安裝 Excel 的情況下，也可以完成 Excel 檔的開啟、編輯和儲存等操作。正是因為這一點，本書單獨安排一章來介紹 OpenPyXl 的功能。

在使用 OpenPyXl 之前，需要先進行安裝。首先，點選 Windows 開始選單中的「命令提示字元」，開啟命令提示字元視窗，在提示符號後面輸入：

```
pip install openpyxl
```

按確認鍵即可進行安裝。在安裝成功後，顯示類似於「Finished processing dependencies for openpyxl」的提示。

3.1.3　Excel 物件模型

Excel 腳本開發的主要內容包括腳本語言和 Excel 物件模型兩部分。腳本語言，它提供一個敘事和交流的平台。物件模型則提供與應用程式圖形使用者介面相關的物件，這些物件提供屬性、方法等介面，透過它們，可以用腳本語言進行物件導向的程式開發，從而實現透過程式化控制應用程式。

Excel 圖形使用者介面中的對話框或介面元素被抽象為 Excel 物件。在 OpenPyXl 中，Excel 活頁簿被抽象為 Workbook 物件，工作表被抽象為 Worksheet 物件，儲存格被抽象為 Cell 物件。這三個物件稱為 OpenPyXl 的三大物件，此外，還有表示圖表的 Chart 物件等。所有 Excel 物件組合在一起，構成了 Excel 物件模型。

OpenPyXl 的三大物件有著簡單的包含關係：活頁簿物件包含工作表物件，工作表物件包含儲存格物件。所以，使用 OpenPyXl 時，Workbook 物件、Worksheet 物件和 Cell 物件，有著對應的層級引用關係。

3.1.4　使用 OpenPyXl 的一般過程

使用 OpenPyXl 之前，首先要匯入 OpenPyXl，也可以直接匯入套件中需要用到的模組。下面是一段描述 OpenPyXl 使用過程的程式碼。

```
>>> from openpyxl import Workbook
>>> wb = Workbook()
>>> ws = wb.create_sheet()
```

```
>>> ws["A1"] = 0
>>> ws.append([1, 2, 3])
>>> wb.save(r"d:\test.xlsx")
```

程式碼說明如下：

- ✅ 從 OpenPyXl 中匯入 Workbook 模組。

- ✅ 使用 Workbook 方法建立一個新的活頁簿，其中包含一個名為 Sheet 的工作表。

- ✅ 使用活頁簿物件的 create_sheet 方法建立一個新的工作表。該工作表自動成為目前活動工作表。

- ✅ 在 A1 儲存格加入資料 0，使用工作表物件的 append 方法加入一列資料。使用列表，可以在 Excel 中快速加入一列資料。

- ✅ 使用活頁簿物件的 save 方法儲存資料。

3.2 活頁簿物件

活頁簿物件是工作表物件的父物件，是對現實世界中資料夾的抽象和模擬。一個活頁簿中可以有一個或多個工作表。使用活頁簿物件的屬性和方法，可以對活頁簿進行設定和操作。

3.2.1 建立、儲存和關閉活頁簿

在使用 OpenPyXl 進行工作之前，需要先匯入它，即：

```
>>> import openpyxl as pyxl
```

然後使用 Workbook 方法建立新的活頁簿。

```
>>> wb = pyxl.Workbook()
```

也可以直接從 OpenPyXl 中匯入 Workbook 模組，即：

```
>>> from openpyxl import Workbook
>>> wb = Workbook()
```

在新建立的活頁簿中，會自動包含一個名為 Sheet 的工作表。

下面將活頁簿的資料儲存到目前工作目錄下的 test.xlsx 檔案中。

```
>>> wb.save("test.xlsx")
```

注意 當使用 OpenPyXl 所進行的所有操作，只有在儲存檔案，開啟之後才能看到結果。

使用下列的程式碼，可以取得目前工作目錄及其路徑。

```
>>> import os
>>> path=os.getcwd()
>>> path
"C:\\Users\\Administrator\\AppData\\Local\\Programs\\Python\\Python37"
```

也可以指定一個完整的路徑：

```
>>> wb.save(r"D:\test.xlsx")
```

設定活頁簿物件的 template 屬性的值為 True，可以將目前活頁簿儲存為範本，範本檔的副檔名為 xltx。

```
>>> wb.template = True
>>> wb.save("temp.xltx")
```

使用活頁簿物件的 close 方法關閉活頁簿。

```
>>> wb.close()
```

3.2.2 開啟已有的活頁簿

使用 load_workbook 函數可以開啟已經存在的活頁簿。首先從 OpenPyXl 中匯入該函數。

```
from openpyxl import load_workbook
```

該函數的語法格式為：

```
wb=openpyxl.load_workbook(filename,read_only,keep_vba,guess_types,\
                          data_only,keep_links)
```

其中：

- **Filename**：string 類型，表示要開啟的檔案之路徑和檔名。
- **read_only**：布林型，表示唯讀。對於超大型檔案，設定為唯讀可以節省記憶體。
- **keep_vba**：布林型，用於帶 VBA 巨集的檔案，其值為 True 時保留 VBA 程式碼。
- **guess_types**：布林型，指定從工作表中讀取資料時，是否做類型判斷。
- **data_only**：布林型，指定在包含公式的儲存格中是否顯示最近計算結果。
- **keep_links**：布林型，指定是否保留外部連結。

該函數返回一個活頁簿物件。

下面從 OpenPyXl 中匯入 load_workbook 函數，然後使用該函數開啟目前工作目錄下的 test.xlsx。

```
>>> from openpyxl import load_workbook
>>> wb = load_workbook("test.xlsx")
```

3.3 工作表物件

工作表物件是儲存格物件的父物件，是對現實辦公場景中工作表單據的抽象和模擬。使用工作表物件提供的屬性和方法，可以透過程式控制和操作工作表。

3.3.1 建立和刪除工作表

使用活頁簿物件的 create_sheet 方法建立新的工作表，該方法的語法格式為：

```
ws=wb.create_sheet(title=None, index=None)
```

其中，title 參數為字串，表示新工作表的名稱；index 參數為整數，表示新工作表插入的位置。這兩個參數都是可選項。該方法返回一個工作表物件，該工作表自動成為目前活動工作表。

下面使用無參的 create_sheet 方法建立一個新的工作表。將該工作表放在目前所有工作表的後面，該工作表的名稱為 Sheet 後面跟一個數字，如 Sheet1。如果繼續新增，則工作表名稱後面的數字連續累加。

```
>>> ws0 = wb.create_sheet()
```

也可以指定 title 參數的值，建立指定名稱的工作表。下面建立一個名為 MySheet 的新工作表。

```
>>> ws1 = wb.create_sheet("MySheet")
```

預設時，建立的新工作表是放在最後面的，但是設定 index 參數的值，可以指定新工作表插入的位置。下面設定 index 參數的值為 0，表示把新工作表放在最前面。

```
>>> ws2 = wb.create_sheet("MySheet", 0)
```

當 index 參數的值為負數時,表示從後向前編號。比如下面將 index 參數的值設定為 -1,表示在倒數第二的位置插入新工作表。

```
>>> ws3 = wb.create_sheet("MySheet", -1)
```

在建立活頁簿時會自動新增一個名為 Sheet 的工作表。最後新增的工作表自動成為活動工作表。使用活頁簿物件的 active 屬性可以取得活動工作表。

```
>>> wb = Workbook()
>>> ws = wb.active
>>> ws.title
'Sheet'
```

使用活頁簿物件的 remove 方法刪除指定的工作表。下面從活頁簿中刪除 ws1 工作表。

```
>>> wb.remove(ws1)
```

也可以使用 del 指令刪除工作表:

```
>>> del wb[ws1.title]
```

3.3.2　管理工作表

在建立工作表以後,需要進行管理。一般用集合管理工作表,新建立的工作表物件 worksheet 會被自動加入到集合 worksheets 中。透過索引或遍歷,可以把需要操作的物件從集合中提取出來,也可以把物件從集合中刪除。

使用 workbook 物件的 create_sheet 方法,建立新的 worksheet 物件,並加入到集合 worksheets 中。按照加入的順序,每個物件都自動獲得一個索引號。索引號的基數為 0。

```
>>> wb.create_sheet()
```

使用 workbook 物件的 worksheets 屬性取得集合 worksheets。利用索引號，可以訪問取得對應的 worksheet 物件，以備進一步操作。

```
>>> sheets=wb.worksheets
>>> sheets[0].title
'Sheet'
>>> sheets[1].title
'MySheet'
```

這段程式碼取得目前活頁簿中的前兩個工作表，輸出它們的標題。

上面的 sheets 變數是一個包含所有 worksheet 物件的集合，使用 len 函數可以取得集合中 worksheet 物件的個數。

```
>>> sheets
[<Worksheet "Sheet">, <Worksheet "Sheet1">]
>>> len(sheets)
2
```

使用 workbook 物件的 remove 方法，可以把指定物件從集合中刪除。

```
>>> wb.remove(ws)
```

查看集合中物件的個數：

```
>>> sheets=wb.worksheets
>>> len(sheets)
1
```

如果不知道要處理的物件的索引號，或者要對集合中的所有物件進行處理，則可以使用 for 迴圈。

```
>>> for sheet in wb:
        print(sheet.title)
```

這裡輸出集合中所有工作表物件的名稱。

3.3.3 引用工作表

對工作表的引用，是指將需要處理的工作表從集合中找出來，以備後面操作。在取得集合物件以後，可以使用工作表的索引號或名稱來引用工作表。

```
>>> sheets=wb.worksheets
```

使用索引號引用工作表：

```
>>> ws=sheets[0]
>>> ws.title
'Sheet'
```

使用名稱引用工作表：

```
>>> ws2 = wb["Sheet"]
```

使用活頁簿物件的 get_sheet_by_name 方法，也可以引用工作表。

```
>>> ws3 = wb.get_sheet_by_name("Sheet")
```

如果不知道工作表的名稱，只知道工作表的索引號，則可以先用活頁簿物件的 sheetnames 屬性取得活頁簿中所有工作表的名稱，根據索引號得到對應工作表的名稱，然後使用該名稱引用工作表。

```
>>> names = wb.sheetnames
>>> ws4 = wb[names[0]]
```

3.3.4 複製、移動工作表

使用活頁簿物件的 copy_worksheet 方法複製工作表。

```
>>> from openpyxl import Workbook
>>> wb = Workbook()
>>> ws=wb.active
>>> copy_sheet1=wb.copy_worksheet(ws)
```

```
>>> copy_sheet2=wb.copy_worksheet(ws)
>>> wb.save("test.xlsx")
```

開啟 test.xlsx，效果如圖 3-1 所示。

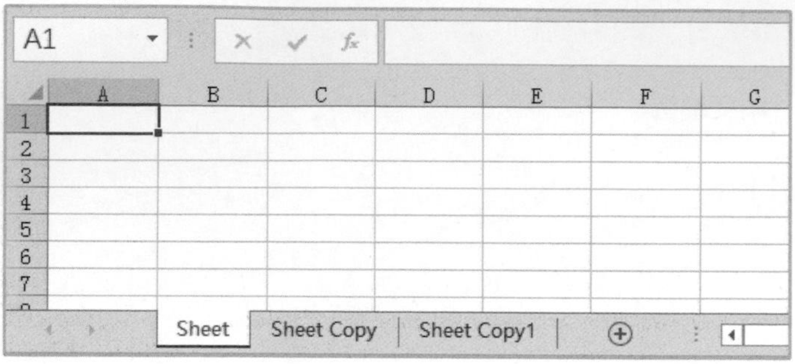

▲ 圖 3-1　複製工作表

可見，複製來源工作表後得到的新工作表，被依次放在所有工作表的後面，新工作表的名稱為來源工作表的名稱後面加上「Copy」，再按新工作表的順序加上累加的數字。

修改工作表的名稱：

```
>>> copy_sheet1.title="NewSheet"
```

注意 使用 copy_worksheet 方法，只能將來源工作表複製到本活頁簿，不能複製到其他活頁簿。

移動工作表，即剪下工作表，在將來源工作表複製到新位置後，刪除來源工作表。使用活頁簿物件的 move_sheet 方法移動工作表。

```
>>> wb.move_sheet(ws, offset=1)
```

該方法有兩個參數，其中 ws 參數為要移動的工作表，offset 參數表示移動的位置。當 offset 參數的值大於 0 時，表示來源工作表向右側移動指定個數的位置；當其值小於 0 時，表示向左側移動。

3.3.5 列 / 欄操作

工作表中列 / 欄的操作包括列和欄的新增、插入、刪除以及引用和遍歷等。

 **1** 新增列

使用工作表物件的 append 方法在目前工作表的底部加入一列資料。該方法的語法格式為：

```
ws.append(iterable)
```

其中，iterable 參數為可迭代物件，它必須是 list、tuple、dict、range、generator 類型中的一種。如果是 list，則將 list 中的元素按先後順序逐個加入到該行的儲存格中。如果是 dict，則按照相應的鍵加入相應的值。

下面在 ws 工作表物件的底部加入兩筆列表資料。

```
>>> ws.append([10, 8, 21])
>>> ws.append(["唐雲", 39, 65])
```

加入兩筆字典資料：

```
>>> ws.append({"A":"李廣", "B":90, "C":87})
>>> ws.append({1: "孫琦", 2:83, 3:79})
```

加入列表和字典行資料後的效果如圖 3-2 所示。

| A1 | | | ▾ | ⋮ | ✕ ✓ fx | 10 |

	A	B	C	D	E	F
1	10	8	21			
2	唐雲	39	65			
3	李廣	90	87			
4	孫琦	83	79			
5						
6						
7						
8						

Sheet

▲ 圖 3-2 加入列表和字典行資料

147

使用迴圈連續加入列資料：

```
>>> for row in range(1, 10):
        ws.append(range(10,20))
```

 2 取得列 / 欄或多列 / 多欄

取得列和欄，即引用列和欄。使用列號引用列，使用欄對應的字母引用欄。下面取得第 10 列和第 3 欄。

```
>>> row10 = ws[10]
>>> colC = ws["C"]
```

多列和多欄的引用語法如下：

```
>>> rows1 = ws[5:10]
>>> rows2 = ws[1 3 6]
>>> cols1 = ws["C:D"]
>>> cols2 = ws["A C D"]
```

 3 遍歷列 / 欄

使用 for 迴圈，可以遍歷單列 / 單欄或多列 / 多欄，取得工作表中的資料。下面使用 for 迴圈遍歷第 1 列和第 1 欄，並輸出其中各儲存格中的資料。

```
>>> for cell in ws["1"]:      #遍歷第1列的每個儲存格
        print(cell.value)
>>> for cell in ws["A"]:      #遍歷第1欄的每個儲存格
        print(cell.value)
```

下面使用巢狀的 for 迴圈遍歷第 1 ～ 3 列和第 1 ～ 3 欄，並輸出其中各儲存格中的資料。

```
>>> for row in ws["1:3"]:     #遍歷第1～3列
        for cell in row:      #遍歷各列的儲存格
            print(cell.value)
```

```
>>> for column in ws["A:C"]:        #遍歷第1~3欄
        for cell in column:          #遍歷各欄的儲存格
            print(cell.value)
```

 4 遍歷區域資料

對於指定的區域，也可以使用 for 迴圈，透過遍歷取得區域內各儲存格中的資料。下面使用巢狀的 for 迴圈遍歷 A1:C3 區域，輸出各儲存格中的資料。

```
>>> for row in ws["A1:C3"]:        #遍歷區域內的列
        for cell in row:            #遍歷區域內各欄的儲存格
            print(cell.value)
```

下列的程式碼，將指定區域內的資料儲存到列表 data 中，並輸出資料。

```
>>> data = []
>>> for row in ws["A1:C3"]:
        rv = []
        for cell in row:
            rv.append(cell.value)
            data.append(rv)
>>> print(data)
```

利用工作表物件提供的如下屬性，可以取得包含工作表中所有資料的最小區域。

✅ **min_row**：該最小區域的最小列號。

✅ **min_column**：該最小區域的最小欄號。

✅ **max_row**：該最小區域的最大列號。

✅ **max_column**：該最小區域的最大欄號。

例如，對於圖 3-3 中所示的 Sheet 工作表，包含所有資料的最小區域範圍為 min_row=3, max_row=9, min_column=3, max_column=7。

```
>>> wb=load_workbook("test.xlsx")
>>> ws=wb.active
>>> [ws.min_row,ws.max_row,ws.min_column,ws.max_column]
[3, 9, 3, 7]
```

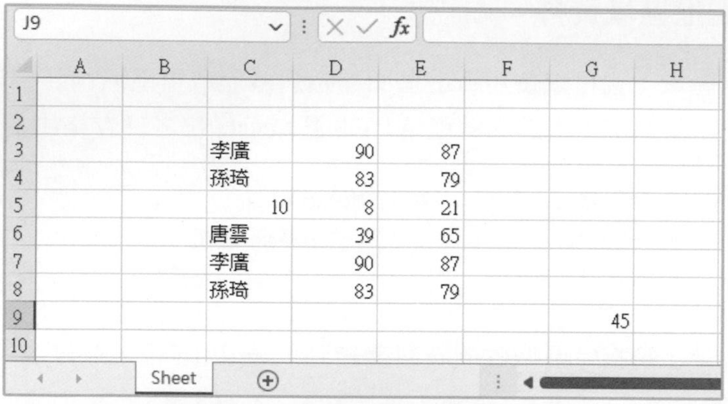

▲ 圖 3-3 取得工作表中區域的邊界

使用工作表物件的 iter_rows 和 iter_cols 方法，也可以遍歷指定區域內的列和欄。這兩個方法的參數都是 min_row、max_row、min_column 和 max_column，它們的預設值都是 1。所以，不給它們賦值時，其值取 1。

下面使用工作表物件的 iter_rows 方法遍歷指定區域內的列。

```
>>> for row in ws.iter_rows(min_row=3, max_col=4, max_row=5):
        line = [cell.value for cell in row]
        print (line)
```

輸出結果為：

```
[None, None, '李廣', 90]
[None, None, '孫琦', 83]
[None, None, 10, 8]
```

因為沒有給 min_col 參數賦值，它取預設值 1，前兩欄的值為空。

使用工作表物件的 iter_cols 方法遍歷指定區域內的欄。

```
>>> for col in ws.iter_cols(min_row=3, max_col=4, max_row=5):
        line = [cell.value for cell in col]
        print (line)
```

輸出結果為：

```
[None, None, None]
[None, None, None]
['李廣', '孫琦', 10]
[90, 83, 8]
```

 5 遍歷所有列或欄

遍歷工作表中的所有欄，使用工作表物件的 rows 屬性。

```
>>> for row in ws.rows:
        line = [cell.value for cell in row]
        print (line)
```

輸出結果為：

```
[None, None, None, None, None, None, None]
[None, None, None, None, None, None, None]
[None, None, '李廣', 90, 87, None, None]
[None, None, '孫琦', 83, 79, None, None]
[None, None, 10, 8, 21, None, None]
[None, None, '唐雲', 39, 65, None, None]
[None, None, '李廣', 90, 87, None, None]
[None, None, '孫琦', 83, 79, None, None]
[None, None, None, None, None, None, None]
[None, None, None, None, None, None, 78]
```

可見，這裡取的區域，左上角儲存格為 A1。

遍歷工作表中的所有欄，使用工作表物件的 columns 屬性。

```
>>> for column in ws.columns:
        line = [cell.value for cell in column]
        print (line)
```

輸出結果為：

```
[None, None, None, None, None, None, None, None, None, None]
[None, None, None, None, None, None, None, None, None, None]
[None, None, '李廣', '孫琦', 10, '唐雲', '李廣', '孫琦', None, None]
[None, None, 90, 83, 8, 39, 90, 83, None, None]
[None, None, 87, 79, 21, 65, 87, 79, None, None]
[None, None, None, None, None, None, None, None, None, None]
[None, None, None, None, None, None, None, None, None, 78]
```

使用工作表物件的 values 屬性返回各列的資料。

```
>>> for row in ws.values:
        print(row)
```

以列表的形式輸出每列的資料：

```
>>> for row in ws.values:
        print(list(row))
```

 6 插入和刪除列 / 欄

使用工作表物件的 insert_rows 方法插入一列或多列。

```
>>> ws.insert_rows(5)
```

如圖 3-4 所示，在第 5 列上面插入一個空列。

▲ 圖 3-4　插入行

使用下列的程式碼，在第 5 列上面插入 3 個空列。

```
>>> ws.insert_rows(5,3)
```

使用工作表物件的 insert_cols 方法，可以進行插入欄的操作。下列的程式碼在第 4 欄左側插入一欄。

```
>>> ws.insert_cols(4)
```

在第 4 欄左側插入 3 欄：

```
>>> ws.insert_cols(4,3)
```

使用 delete_rows 方法刪除列，使用 delete_cols 方法刪除欄。下列的程式碼在 ws 工作表物件中刪除第 5 列和第 4 欄。

```
>>> ws.delete_rows(5)
>>> ws.delete_cols(4)
```

下列的程式碼從第 5 列開始，連續刪除 3 列（包括第 5 列）；從第 4 欄開始，連續刪除 3 欄（包括第 4 欄）。

```
>>> ws.delete_rows(5,3)
>>> ws.delete_cols(4,3)
```

7 改變列高和欄寬

工作表物件的 row_dimensions 和 column_dimensions 屬性分別表示列維與欄維，用索引號指定某列或某欄。例如 ws.row_dimensions[2] 表示第 2 列，ws.column_dimensions["C"] 表示 C 欄。使用它們的 height 屬性和 width 屬性，可以分別設定或取得列高和欄寬。

下列的程式碼將 ws 工作表物件中第 2 列的高度設定為 20。

```
>>> ws.row_dimensions[2].height = 20
```

將 C 欄的寬度設定為 35：

```
>>> ws.column_dimensions["C"].width = 35
```

效果如圖 3-5 所示。

C2									
	A	B	C		D	E	F	G	H
1									
2									
3			李廣		90	87			
4			孫琦		83	79			
5									
6				10	8	21			
7			唐雲		39	65			
8			李廣		90	87			
9			孫琦		83	79			
10									
11								78	
12									
13									
14									

▲ 圖 3-5 改變列高和欄寬

3.3.6 工作表物件的其他屬性和方法

本節介紹工作表物件的其他成員們。

154

```
>>> ws.title                    #工作表的名稱
'Sheet'
>>> ws.sheet_state              #可見狀態
'visible'
>>> ws.dimensions               #表格中含有資料的部分的大小
'A2:G10'
>>> ws.sheet_properties         #工作表相關屬性包括tabColor、tagname等
<openpyxl.worksheet.properties.WorksheetProperties object>
Parameters:
codeName=None, enableFormatConditionsCalculation=None, filterMode=None,
published=None, syncHorizontal=None, syncRef=None, syncVertical=None,
transitionEvaluation=None, transitionEntry=None,
tabColor=<openpyxl.styles.colors.Color object>
Parameters:
rgb='00FFFFFF', indexed=None, auto=None, theme=None, tint=0.0, type='rgb',
outlinePr=<openpyxl.worksheet.properties.Outline object>
Parameters:
applyStyles=None, summaryBelow=True, summaryRight=True,
showOutlineSymbols=None, pageSetUpPr=
<openpyxl.worksheet.properties.PageSetupProperties object>
Parameters:
autoPageBreaks=None, fitToPage=None
>>> ws.sheet_properties.tabColor='FF0000'    #設定頁籤標籤處的背景色
>>> ws.active_cell              #活動儲存格
'C9'
>>> ws.selected_cell            #選取的儲存格
'C9'
```

3.4 儲存格物件

對儲存格物件是工作表物件的子物件，使用儲存格物件的屬性和方法可以對儲存格進行設定與修改。

3.4.1 儲存格的引用和賦值

對儲存格的引用，是指在工作表中找到要進行操作的儲存格。實現儲存格的引用有多種方式。

第 1 種方式是使用中括號，用儲存格的欄列座標進行引用。

```
>>> ws["A1"]=123
>>> ws["B2"]="你好"
>>> cl=ws["A1"]
```

第 2 種方式是使用工作表物件的 cell 方法返回一個 Cell 物件，然後利用該物件的屬性和方法進行操作。

```
>>> cl = ws.cell(row=4, column=2, value=10)
```

這裡 cell 方法返回一個新的 Cell 物件 cl，其列號為 4，欄號為 2，值為 10。

第 3 種方式是匯入 cell 模組，然後使用其中的 Cell 方法返回一個 Cell 物件。

```
>>> from openpyxl.cell import cell
>>> cl=cell.Cell(worksheet=ws, row=4, column=2, value=10)
```

Cell 物件的主要屬性和方法如下：

```
>>> cl=ws["C3"]
>>> cl.row                               #儲存格的列號
3
>>> cl.column                            #儲存格的欄號
3
>>> cl.value                             #儲存格中的值
'李廣'
>>> cl.coordinate                        #儲存格的座標
'C3'
>>> cl.data_type                         #儲存格中值的資料類型
's'
>>> cl.hyperlink.ref="https:\\www.google.com"   #儲存格的連結
```

```
>>> cl.hyperlink
<openpyxl.worksheet.hyperlink.Hyperlink object>
Parameters:
ref='https:\\www.google.com', location=None, tooltip=None, display=None,
id=None
>>> h=cl.offset(row=1, column=2)      #偏移一定位置(下1列右2欄)後的儲存格
>>> h.value
79
```

3.4.2 引用儲存格區域

給定區域左上角和右下角儲存格的座標，使用座標引用儲存格區域。

```
>>> cr=ws["A1:C4"]
>>> cr=ws["A1":"C4"]
>>> cr
((<Cell 'Sheet'.A1>, <Cell 'Sheet'.B1>, <Cell 'Sheet'.C1>), (<Cell 'Sheet'.A2>,
<Cell 'Sheet'.B2>, <Cell 'Sheet'.C2>), (<Cell 'Sheet'.A3>, <Cell 'Sheet'.B3>,
<Cell 'Sheet'.C3>), (<Cell 'Sheet'.A4>, <Cell 'Sheet'.B4>, <Cell 'Sheet'.C4>))
```

所以，採用座標引用方式返回的是一個二維元組。使用下面的引用方式可以取得元組中元素的值。

```
>>> cr[2][2].value
'李廣'
```

關於對列和欄的引用，請參見 3.3.5 節的內容。

另外，可以使用 CellRange 物件表示儲存格區域。

```
>>> from openpyxl.worksheet import cell_range as cr
>>> cr0=cr.CellRange(min_row=2,max_row=5,min_col=3,max_col=6)
```

CellRange 物件的主要屬性和方法如下：

```
>>> cr0.bottom      #區域底部一列各儲存格的座標
[(5, 3), (5, 4), (5, 5), (5, 6)]
```

```
>>> cr0.top                    #區域頂部一列各儲存格的座標
[(2, 3), (2, 4), (2, 5), (2, 6)]
>>> cr0.left                   #區域左側一欄各儲存格的座標
[(2, 3), (3, 3), (4, 3), (5, 3)]
>>> cr0.right                  #區域右側一欄各儲存格的座標
[(2, 6), (3, 6), (4, 6), (5, 6)]
>>> cr0.min_row                #區域最小列號
2
>>> cr0.min_col                #區域最小欄號
3
>>> cr0.max_row                #區域最大列號
5
>>> cr0.max_col                #區域最大欄號
6
>>> cr0.size                   #區域大小
{'columns': 4, 'rows': 4}
>>> cr0.bounds                 #區域左上角和右下角儲存格的座標
(3, 2, 6, 5)
>>> cr0.coord                  #區域左上角和右下角儲存格的座標
'C2:F5'
>>> for cell in cr0.rows:      #區域各列儲存格的座標
        cell
[(2, 3), (2, 4), (2, 5), (2, 6)]
[(3, 3), (3, 4), (3, 5), (3, 6)]
[(4, 3), (4, 4), (4, 5), (4, 6)]
[(5, 3), (5, 4), (5, 5), (5, 6)]

>>> for cell in cr0.cols:      #區域各欄儲存格的座標
        cell
[(2, 3), (3, 3), (4, 3), (5, 3)]
[(2, 4), (3, 4), (4, 4), (5, 4)]
[(2, 5), (3, 5), (4, 5), (5, 5)]
[(2, 6), (3, 6), (4, 6), (5, 6)]

>>> for cell in cr0.cells:     #區域內各儲存格的座標
        cell
```

```
(2, 3)
(2, 4)
(2, 5)
(2, 6)
(3, 3)
(3, 4)
(3, 5)
(3, 6)
(4, 3)
(4, 4)
(4, 5)
(4, 6)
(5, 3)
(5, 4)
(5, 5)
(5, 6)
```

3.4.3　操作儲存格區域

使用工作表物件的 move_range 方法移動指定區域。該方法的第 1 個參數表示要移動的區域；rows 參數定義上下方向的移動幅度，當值大於 0 時表示向下移動，當值小於 0 時表示向上移動；cols 參數定義左右方向的移動幅度，當值大於 0 時表示向右移動，當值小於 0 時表示向左移動。

下列的程式碼將 D4:F10 區域向上移動一列，向右移動兩欄。

```
>>> ws.move_range("D4:F10", rows=-1, cols=2)
```

使用巢狀的 for 迴圈遍歷區域內的儲存格：

```
>>> for row in ws["C3:D5"]:
        for cell in row:
            print(cell.value)
```

使用工作表物件的 merge_cells 方法可以合併儲存格，使用 unmerge_cells 方法解除合併。下列的程式碼合併 C3:E4 區域。

```
>>> ws.merge_cells("C3:E4")
>>> wb.save("test.xlsx")
```

合併後的效果如圖 3-6 所示。可見，在合併儲存格時，除左上角儲存格外，所有儲存格都將從工作表中刪除，其中的內容也被刪除。

▲ 圖 3-6　合併儲存格

下面使用 unmerge_cells 方法解除合併。

```
>>> ws.unmerge_cells("C3:E4")
>>> wb.save("test.xlsx")
```

在解除合併以後，原來被刪除的儲存格得以復原，但是其中的資料無法復原。

當使用 merge_cells 和 unmerge_cells 方法時，也可以用參數指定區域的座標。例如：

```
>>> ws.merge_cells(start_row=3, start_column=3, end_row=4, end_column=5)
>>> ws.unmerge_cells(start_row=3, start_column=3, end_row=4, end_column=5)
```

注意 對於沒有合併過的儲存格，在呼叫 unmerge_cells 方法時會發生錯誤。

3.4.4　設定儲存格樣式

OpenPyXl 使用 6 個類別模組來設定儲存格的樣式。

- ✅ **numbers**：數字。

- ✅ **Font**：字型。

- ✅ **Alignment**：對齊。

- ✅ **PatternFill**：填滿。

- ✅ **Border**：邊框。

- ✅ **Protection**：保護。

在使用它們之前，必須先從 openpyxl.styles 中匯入它們。

```
>>> from openpyxl.styles import numbers,Font, Alignment
>>> from openpyxl.styles import PatternFill, Border, Side, Protection
```

下面以使用 Font 類別設定儲存格和區域的字型為例，介紹樣式的設定。

假設設定字型樣式為加粗。首先匯入 Font 類別模組，然後建立一個定義字型加粗的 Font 物件 font。

```
>>> from openpyxl.styles import Font
>>> font = Font(bold=True)
```

設定單個儲存格的字型，將上面建立的 font 物件賦給 Cell 物件 cl 的 font 屬性：

```
>>> cl=ws["C3"]
>>> cl.font=font
```

遍歷區域內的儲存格，設定區域的字型：

```
>>> for row in ws["A1:C3"]:
        for cell in row:
            cell.font = font
```

設定第 1 列的字型：

```
>>> row = ws.row_dimensions[1]
>>> row.font = font
```

設定第 1 欄的字型：

```
>>> column = ws.column_dimensions["A"]
>>> column.font = font
```

 1 設定字型

建立字型 Font 物件，可以定義字型的名稱、大小、是否加粗、是否斜體等屬性。主要參數及其說明如下：

- **name**：字型名稱。

- **size**：字型大小。

- **color**：字型顏色。

- **bold**：字型是否加粗。

- **italic**：字型是否斜體。

- **underline**：底線設定，值為 "none"、"single" 或 "double"。

- **strike**：字型是否加上刪除線。

- **strikethrough**：字型是否加上刪除線。

- **vertalign**：上標、下標設定，值為 "superscript"、"subscript" 或 "baseline"。

下面建立一個 Font 物件 font，用於定義 C3 儲存格的字型。

```
>>> font = Font(name="Arial", size=12, bold=True, italic=True, underline=
"single", strike=False, color="FF0000")
>>> ws.cell(row=3, column=3).font=font
>>> wb.save("test.xlsx")
```

C3 儲存格字型設置的效果如圖 3-7 所示。

▲ 圖 3-7 設定字型

❷ 設定顏色

在 OpenPyXl 中設定顏色有三種方式,分別是設定 RGB 顏色、設定索引著色和設定主題顏色。上面在設定字型時,給 color 參數設定了一個十六進位制的 RGB 值,可以是

```
>>> font = Font(color="00FF0000")
```

這裡 RGB 值一共有 8 位,定義 4 個顏色分量,即透明度、紅色分量、綠色分量和藍色分量;也可以是

```
>>> font = Font(color="FF0000")
```

不定義透明度,只有 R、G、B 三個分量。

還可以使用 colors 模組中的 Color 類別建立一個 Color 物件,然後利用它設定顏色。

```
>>> from openpyxl.styles.colors import Color
```

設定 RGB 顏色,使用 rgb 參數。

```
>>> c = Color(rgb="00FF00")        #RGB顏色
>>> font = Font(color=c)
```

所謂索引著色，首先要有一張顏色尋找表，表中預定義了一些顏色，如圖 3-8 所示。每種顏色都有一個唯一的索引號。在進行顏色設定時，指定索引號就可以設定對應的顏色。

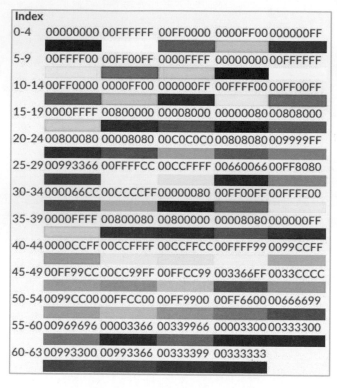

▲ 圖 3-8　索引著色的顏色尋找表

設定索引著色，使用 indexed 參數。

```
>>> c = Color(indexed=32)        #索引著色
>>> font = Font(color=c)
```

OpenPyXl 預定義了一些主題顏色，可以呼叫這些主題顏色進行著色。每個主題顏色都有編號。設定主題顏色，使用 theme 參數。

```
>>> c = Color(theme=6, tint=0.5)      #主題顏色
>>> font = Font(color=c)
```

 3 樣式－設定背景填滿

給儲存格設定背景填滿，有漸層色填滿和圖案填滿兩種方式，分別使用 GradientFill 類別和 PatternFill 類別進行設定。

（1）漸層色填滿

使用 GradientFill 類別建立 GradientFill 物件，利用該物件實現儲存格的漸層色填滿。建立該物件的 GradientFill 建構子的格式為：

```
openpyxl.styles.fills.GradientFill(type="linear", degree=0, left=0,
right= 0, top=0,bottom=0, stop=())
```

有兩種漸層色填滿類型，即線性漸層和路徑漸層，type 參數的值分別為 "linear" 和 "path"。

- **線性漸層**：顏色從儲存格一側向另一側漸層，預設時從左至右漸層。設定 degree 參數，可以改變角度。給 stop 參數設定一個顏色列表，各顏色的位置從儲存格一側向另一側等間隔排列。顏色與顏色之間的顏色透過線性插值得到。

- **路徑漸層**：顏色從儲存格四條邊向內線性漸層，四個方向填滿的寬度分別用 left、right、bottom 和 top 參數確定。它們在 0～1 之間取值，表示寬度或高度的百分比。

下面對 B2、E2 儲存格和第 4 列進行線性漸層填滿，對 G2 儲存格進行路徑漸層填滿。

```
>>> from openpyxl.styles import GradientFill
>>> ws["B2"].fill=GradientFill(type="linear", degree=0, left=0, right=0,
top=0, bottom=0, stop=["FF0000","0000FF"])
>>> ws["E2"].fill=GradientFill(type="linear", degree=45, left=0, right=0,
```

```
top=0, bottom=0, stop=["FF0000","0000FF"])
>>> ws["G2"].fill = GradientFill(type="path", left=0.2, right=0.8,
top=0.3, bottom=0.7, stop=["FF0000","0000FF"])
>>> ws.row_dimensions[4].fill=GradientFill(type="linear", degree=0,
left=0, right=0, top=0, bottom=0, stop=["FF0000","00FF00"])
>>> wb.save("test.xlsx")
```

漸層色填滿的效果如圖 3-9 所示。

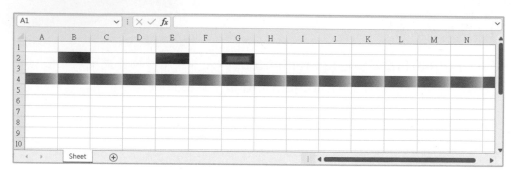

▲ 圖 3-9 　漸層色填滿

（2）圖案填滿

使用 PatternFill 類別建立 PatternFill 物件，利用該物件實現儲存格的圖案
填滿。建立該物件的 PatternFill 建構子的格式為：

```
openpyxl.styles.fills.PatternFill(patternType=None,fgColor=<openpyxl.
styles.colors.Color object>
Parameters: rgb="00000000", indexed=None, auto=None, theme=None, tint=0.0,
type="rgb", bgColor=<openpyxl.styles.colors.Color object>
Parameters: rgb="00000000", indexed=None, auto=None, theme=None, tint=0.0,
type="rgb", fill_type=None, start_color=None, end_color=None)
```

其中：

- patternType、fill_type：圖案填滿類型，其值必須是 "darkDown"、
  "gray0625"、"mediumGray"、"darkHorizontal"、"lightVertical"、

"darkGrid"、"lightGray"、"darkTrellis"、"darkVertical"、"lightGrid"、"solid"、"lightDown"、"lightUp"、"darkUp"、"darkGray"、"lightTrellis"、"lightHorizontal"、"gray125"、None 中的一個。

✓ **fgColor、start_color**：前景色，fgColor 的值必須為 Color 物件。

✓ **bgColor、end_color**：背景色，bgColor 的值必須為 Color 物件。

當設定 fill_type 的值為 None 時，不填滿。

```
>>> from openpyxl.styles import PatternFill
>>> ws["B2"].fill=PatternFill(fill_type=None, start_color="FFFF00", end_color="000000")
```

當設定 fill_type 的值為 solid 時，進行單色填滿。

```
>>> ws["C2"].fill = PatternFill(fill_type="solid", start_color="00FF00")
```

當設定 fill_type 的值為其他值時，進行圖案填滿。

```
>>> ws["E2"].fill=PatternFill(fill_type="lightGrid", start_color="FFFF00", end_color="000000")
```

指定第 2 欄的背景色：

```
>>> fill = PatternFill(fill_type="lightTrellis", fgColor=Color(rgb="00FF00"), bgColor=Color(rgb="0000FF"))
>>> ws.column_dimensions["B"].fill = fill
```

指定第 4 列的背景色：

```
>>> fill = PatternFill(fill_type="lightGray", fgColor=Color(rgb="FFFF00"), bgColor=Color(rgb="0000FF"))
>>> ws.row_dimensions[4].fill = fill
```

圖案填滿的效果如圖 3-10 所示。

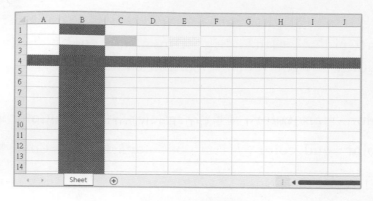

▲ 圖 3-10　圖案填滿

　4 設定邊框

使用 Border 類別建立 Border 物件，利用該物件實現儲存格的邊框設定。建立該物件的 Border 函數的格式為：

```
openpyxl.styles.borders.Border(left=<openpyxl.styles.borders.Side object>
Parameters: style=None, color=None, right=<openpyxl.styles.borders.Side
object> Parameters: style=None, color=None, top=<openpyxl.styles.borders.
Side object> Parameters: style=None, color=None, bottom= <openpyxl.styles.
borders.Side object>
Parameters: style=None, color=None, diagonal=<openpyxl.styles.borders.Side
object>
Parameters: style=None, color=None, diagonal_direction=None,
vertical=None, horizontal =None, diagonalUp=False, diagonalDown=False,
outline=True, start= None, end=None)
```

其中：

- **left、right、top、bottom、diagonal**：定義左、右、上、下和對角的邊框，為 Side 物件。

- **diagonalDown、diagonalUp**：布林型，定義對角線的方向。從左上角到右下角，或者從左下角到右上角。

Side 物件，顧名思義，表示邊線，即線形圖形元素。它的主要屬性有線型和顏色。建立該物件的 Side 建構子的格式為：

```
openpyxl.styles.borders.Side(style=None, color=None, border_style=None)
```

其中：

- **style**：邊線的風格，其值為 "hair"、"dashed"、"mediumDashDot"、"mediumDashDotDot"、"slantDashDot"、"double"、"thick"、"mediumDashed"、"thin"、"medium"、"dashDotDot"、"dashDot"、"dotted" 中的一個。
- **color**：顏色。
- **border_style**：style 的別名。

所以，儲存格的邊框可以被看作是多條直線段的組合。

使用 Border 類別設定邊框，首先要匯入 Border 類別和 Side 類別。下列的程式碼在 D4 儲存格加上了紅色邊框，其中上、下面框為雙線，左、右邊框為單細線。

```
>>> from openpyxl.styles import Border, Side
>>> ws.cell(row=4, column=4).border = Border(left=Side(border_style="thin",
color="FF0000"), right=Side(border_style="thin", color="FF0000"), top=Side
(border_style="double", color="FF0000"), bottom=Side(border_style="double",
color="FF0000"))
```

邊框設定效果如圖 3-11 所示。

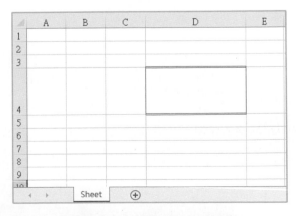

▲ 圖 3-11　設定儲存格的邊框

5 設定數字格式

使用 numbers 類別和儲存格物件的 number_format 屬性可以設定數字格式。在使用 numbers 類別前，需要先匯入它。

```
>>> from openpyxl.styles import numbers
```

設定數字格式有兩種方式，一是使用 OpenPyXl 內建的格式常數：

```
>>> ws["D2"].number_format=numbers.FORMAT_GENERAL
```

二是直接使用表示數字格式的字串：

```
>>> ws["D6"].number_format="yy-mm-dd"
>>> ws["D8"].number_format="d-mmm-yy"
```

使用科學記數法表示數字：

```
>>> ws["D4"].number_format = '0.00E+00'
```

在各儲存格中輸入一些數字或日期，顯示效果如圖 3-12 所示。

	A	B	C	D	E	F
1						
2				1234567		
3						
4				1.23E+06		
5						
6				22-07-04		
7						
8				4-Jul-22		
9						
10						

▲ 圖 3-12　設定數字格式

在 OpenPyXl 中可用的格式常數和字串如下：

✅ FORMAT_GENERAL="General"

✅ FORMAT_TEXT="@"

- ✅ FORMAT_NUMBER="0"

- ✅ FORMAT_NUMBER_00="0.00"

- ✅ FORMAT_NUMBER_COMMA_SEPARATED1="#,##0.00"

- ✅ FORMAT_NUMBER_COMMA_SEPARATED2="#,##0.00_-"

- ✅ FORMAT_PERCENTAGE="0%"

- ✅ FORMAT_PERCENTAGE_00="0.00%"

- ✅ FORMAT_DATE_YYYYMMDD2="yyyy-mm-dd"

- ✅ FORMAT_DATE_YYMMDD="yy-mm-dd"

- ✅ FORMAT_DATE_DDMMYY="dd/mm/yy"

- ✅ FORMAT_DATE_DMYSLASH="d/m/y"

- ✅ FORMAT_DATE_DMYMINUS="d-m-y"

- ✅ FORMAT_DATE_DMMINUS="d-m"

- ✅ FORMAT_DATE_MYMINUS="m-y"

- ✅ FORMAT_DATE_XLSX14="mm-dd-yy"

- ✅ FORMAT_DATE_XLSX15="d-mmm-yy"

- ✅ FORMAT_DATE_XLSX16="d-mmm"

- ✅ FORMAT_DATE_XLSX17="mmm-yy"

- ✅ FORMAT_DATE_XLSX22="m/d/yy h:mm"

- ✅ FORMAT_DATE_DATETIME="yyyy-mm-dd h:mm:ss"

- ✅ FORMAT_DATE_TIME1="h:mm AM/PM"

- ✅ FORMAT_DATE_TIME2="h:mm:ss AM/PM"

- ✅ FORMAT_DATE_TIME3="h:mm"

- ✅ FORMAT_DATE_TIME4="h:mm:ss"

- ✅ FORMAT_DATE_TIME5="mm:ss"

171

- ⊘ FORMAT_DATE_TIME6="h:mm:ss"

- ⊘ FORMAT_DATE_TIME7="i:s.S"

- ⊘ FORMAT_DATE_TIME8="h:mm:ss@"

- ⊘ FORMAT_DATE_TIMEDELTA="[hh]:mm:ss"

- ⊘ FORMAT_DATE_YYMMDDSLASH="yy/mm/dd@"

- ⊘ FORMAT_CURRENCY_USD_SIMPLE="\"$\"#,##0.00_-"

- ⊘ FORMAT_CURRENCY_USD="$#,##0_-"

- ⊘ FORMAT_CURRENCY_EUR_SIMPLE="[$EUR]#,##0.00_-"

 6 設定對齊方式

使用 Alignment 類別的建構子建立 Alignment 物件，利用該物件設定儲存格中資料的對齊方式。建立該物件的 Alignment 建構子的格式為：

```
openpyxl.styles.alignment.Alignment(horizontal=None, vertical=None,
textRotation=0, wrapText=None, shrinkToFit=None, indent=0, relativeIndent=0,
justifyLastLine=None, readingOrder=0, text_rotation=None, wrap_text=None,
shrink_to_fit=None, mergeCell=None)
```

其中：

- ⊘ **horizontal**：水平對齊，其值必須是 "general"、"center"、"justify"、"distributed"、"fill"、"right"、"centerContinuous"、"left" 中的一個。

- ⊘ **vertical**：垂直對齊，其值必須是 "bottom"、"distributed"、"justify"、"center"、"top" 中的一個。

- ⊘ **textRotation**：文字旋轉角度，以度為單位。其值為下面各值中的一個。

```
0, 1, 2, 3, 4, 5, 6, 7, 8, 9, 10, 11, 12, 13, 14, 15, 16, 17, 18, 19, 20, 21,
22, 23, 24, 25, 26, 27, 28, 29, 30, 31, 32, 33, 34, 35, 36, 37, 38, 39, 40,
41, 42, 43, 44, 45, 46, 47, 48, 49, 50, 51, 52, 53, 54, 55, 56, 57, 58, 59,
60, 61, 62, 63, 64, 65, 66, 67, 68, 69, 70, 71, 72, 73, 74, 75, 76, 77, 78,
```

```
79, 80, 81, 82, 83, 84, 85, 86, 87, 88, 89, 90, 91, 92, 93, 94, 95, 96, 97,
98, 99, 100, 101, 102, 103, 104, 105, 106, 107, 108, 109, 110, 111, 112,
113, 114, 115, 116, 117, 118, 119, 120, 121, 122, 123, 124, 125, 126, 127,
128, 129, 130, 131, 132, 133, 134, 135, 136, 137, 138, 139, 140, 141, 142,
143, 144, 145, 146, 147, 148, 149, 150, 151, 152, 153, 154, 155, 156, 157,
158, 159, 160, 161, 162, 163, 164, 165, 166, 167, 168, 169, 170, 171, 172,
173, 174, 175, 176, 177, 178, 179, 180
```

- **wrapText**：是否允許換行，布林型。

- **shrinkToFit**：收縮使儲存格裝得下。

- **indent**：縮排，浮點型。

- **relativeIndent**：相對縮排，浮點型。

- **justifyLastLine**：調整最後一行，布林型。

- **readingOrder**：閱讀順序，浮點型。

- **text_rotation**：textRotation 的別名，用於屬性名稱不合法、與 Python 保留字混淆或使名稱更具描述性時。

- **wrap_text**：wrapText 的別名。

- **shrink_to_fit**：shrinkToFit 的別名。

- **mergeCell**：合併儲存格。

在進行設定之前，需要先匯入 Alignment 類別。

```
>>> from openpyxl.styles import Alignment
```

下面設定三種對齊方式，並套用於 C2、C4 和 C6 儲存格。

```
>>> align1=Alignment(horizontal="center", vertical="top")
>>> align2=Alignment(horizontal="right", vertical="bottom",text_rotation=30,
wrap_text=True, shrink_to_fit=True, indent=0)
>>> align3=Alignment(horizontal="center", vertical="center",wrap_text=True,
indent=3)
```

```
>>> #C2儲存格採用第1種對齊方式
>>> ws["C2"].alignment=align1
>>> ws["C2"].value="Python123"
>>> #C4儲存格採用第2種對齊方式
>>> ws["C4"].alignment=align2
>>> ws["C4"].value="Python123"
>>> #C6儲存格採用第3種對齊方式
>>> ws["C6"].alignment=align3
>>> ws["C6"].value="Python123"
>>> wb.save("test.xlsx")
```

對齊方式設定效果如圖 3-13 所示。

	A	B	C	D
1				
2			Python123	
3				
4	P y t h o n 1 2 3			
5				
6			Python 123	
7				

▲ 圖 3-13　設定對齊方式

7 設定保護

使用 Protection 類別可以為儲存格的內容設定保護。保護方式有兩種，一是鎖定；二是隱藏。它們分別對應於建構子中的 locked 和 hidden 參數。

在進行保護設定之前，需要先匯入 Protection 類別。

```
>>> from openpyxl.styles import Protection
```

下列的程式碼鎖定 C3 儲存格。鎖定以後，內容不能修改。

```
>>> ws["C3"].protection = Protection(locked=True, hidden=False)
```

3.4.5 插入圖片

使用 Image 類別的建構子可以建立 Image 物件，即圖片物件。下面從 OpenPyXl 中匯入 Image 類別，利用它的建構子和 D 槽下的 pic.jpg 圖檔建立 Image 物件 img，使用工作表物件 sht 的 add_image 方法將它加入到 A1 儲存格中。將活頁簿儲存到指定檔案中。

```
>>> from openpyxl.drawing.image import Image
>>> from openpyxl import Workbook
>>> wb=Workbook()
>>> sht=wb.active
>>> img_file=r"D:\pic.jpg"
>>> img=Image(img_file)          #利用圖片建立Image物件
>>> sht.add_image(img,"A1")      #將Image物件加入到A1儲存格中
>>> wb.save(r"D:\image.xlsx")
```

開啟所儲存的 Excel 檔，將圖片插入 A1 儲存格的效果如圖 3-14 中左側所示。圖片大小沒有變化。

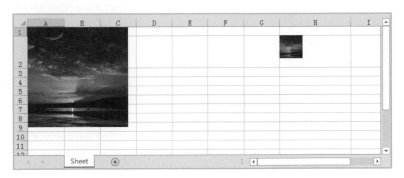

▲ 圖 3-14　在工作表中插入圖片

使用 Image 物件的 width 和 height 屬性可以修改圖片的寬度和高度。現在關閉 Excel 視窗，使用下列的程式碼調整儲存格大小和圖片大小，並將圖片加入到 H2 儲存格中。儲存活頁簿。

```
>>> #改變H欄的寬度和第2列的高度
>>> sht.column_dimensions["H"].width=18.0
```

```
>>> sht.row_dimensions[2].height=48.0
>>> #改變圖片的寬度和高度
>>> img2=Image(img_file)
>>> img2.width=46.0
>>> img2.height=46.0
>>> sht.add_image(img2,"H2")        #將圖片加入到H2儲存格中
>>> wb.save(r"D:\image.xlsx")
```

開啟所儲存的 Excel 檔，調整儲存格大小和圖片大小後的圖片插入效果如圖 3-14 中右側所示。

3.4.6 插入公式

在使用 OpenPyXl 進行程式開發時，可以在工作表的儲存格中插入公式。下面在 C1 儲存格中輸入數字 10，在 C2 儲存格中輸入數字 20，在 C3 儲存格中輸入字串 "=SUM(C1:C2)"，計算 C1 和 C2 儲存格中數字的和，顯示在 C3 儲存格中，再儲存活頁簿。

```
>>> from openpyxl import Workbook
>>> wb=Workbook()
>>> sht=wb.active
>>> sht["C1"]=10
>>> sht["C2"]=20
>>> sht["C3"]="=SUM(C1:C2)"        #插入公式，求和
>>> wb.save(r"D:\test.xlsx")
```

開啟所儲存的 Excel 檔，顯示效果如圖 3-15 所示。C3 儲存格中顯示了 C1 和 C2 儲存格中數字的和 30。

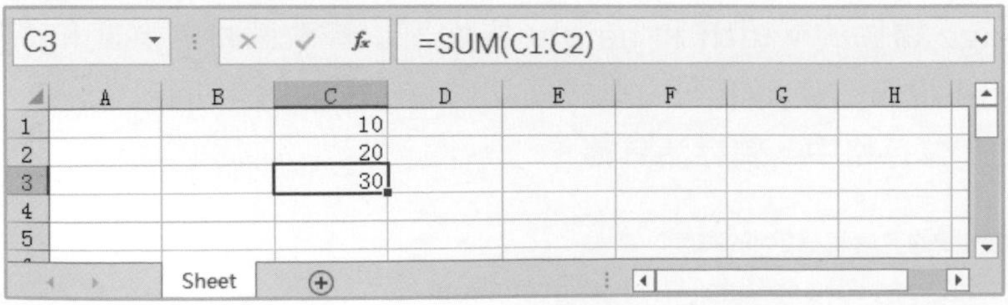

▲ 圖 3-15　在工作表中插入公式

3.5 綜合應用

本節介紹幾個比較實用的綜合實例，透過實戰來加強對 OpenPyXl 的學習和理解。

3.5.1 批次建立和刪除工作表

使用 OpenPyXl 可以批次建立和刪除工作表。使用 for 迴圈，利用活頁簿物件的 create_sheet 方法批次建立工作表。本範例的程式存放在 Samples\ch03\ 範例 1-1 下，檔名為 sam03-101.py。

```
1    from openpyxl import Workbook
2    import os
3    root = os.getcwd()          #取得目前工作目錄
4    wb = Workbook()
5    sht=wb.active
6    for i in range(1,11):       #建立10個工作表
7        wb.create_sheet()
8    wb.save(root+"\\test.xlsx")
```

第 1 行從 OpenPyXl 中匯入 Workbook 類別。

第 2 行匯入 os 套件。

第 3 行取得這支程式所在的目錄，即目前工作目錄。

第 4 行使用 Workbook 方法建立一個新的活頁簿。

第 5 行取得活頁簿中的活動工作表。

第 6、7 行使用 for 迴圈批次建立 10 個工作表。建立工作表使用的是活頁簿物件的 create_sheet 方法。

在 Python IDLE 程式編輯器中，在「Run」選單中點選「Run Module」，批次建立 10 個工作表，如圖 3-16 所示。

▲ 圖 3-16 批次建立工作表

使用 for 迴圈，利用活頁簿物件的 remove 方法批次刪除指定活頁簿中的工作表。該活頁簿的存放路徑為 Samples\ch03\ 範例 1-2\test.xlsx，其中共有 11 個工作表，如圖 3-16 所示。本範例的程式存放在相同目錄下，檔名為 sam03-102.py。

```
1    from openpyxl import load_workbook
2    import os
3    root = os.getcwd()
4    wb = load_workbook(root+"\\test.xlsx")      #開啟檔案
5    for i in range(10,0,-1):                    #批次刪除工作表
6        wb.remove(wb.worksheets[i])
7    wb.save(root+"\\test.xlsx")
```

第 1 行從 OpenPyXl 中匯入 load_workbook 函數。

第 2、3 行匯入 os 套件，取得目前工作目錄。

第 4 行使用 load_workbook 函數開啟目前工作目錄下的 test.xlsx，返回活頁簿物件。

第 5、6 行使用 for 迴圈批次刪除 10 個工作表。注意 range 函數的參數，範圍的起始位置和終止位置是從 10 到 0 的，從大到小，步長為 -1，遞減。這樣處理是為了在連續刪除時，保持剩下的工作表在 worksheets 集合中的索引號不變。如果從 0 到 10，即從小到大迭代，那麼當前面的工作表被刪除以後，後面的工作表的索引號會自動減 1，發生變化，最後導致出錯。

第 7 行儲存刪除工作表後的活頁簿。

在 Python IDLE 程式編輯器中，在「Run」選單中點選「Run Module」，從後往前批次刪除 10 個工作表。

3.5.2 按列分割工作表

現有各部門工作人員資料如圖 3-17 中處理前的工作表所示。現在要根據第 1 欄的值對工作表進行分割，將每個部門的人員資料歸總到一起組成一個新表，工作表的名稱為該部門的名稱。分割的方式是遍歷工作表的每一列，如果以部門名稱命名的工作表不存在，則建立該名稱的新表，加上表頭，把該列資料複製到第 2 列；如果已經存在，則將該列資料追加到這個工作表中。

處理前

處理後

▲ 圖 3-17　按部門分割工作表

使用 OpenPyXl 實現分割的程式碼如下所示。資料檔的存放路徑為 Samples\ch03\ 範例 2\ 各部門員工 .xlsx。本範例的程式被儲存在相同目錄下，檔名為 sam03-103.py。

```
1   from openpyxl import load_workbook
2   import os
3   root=os.getcwd()      #取得目前工作目錄，即這支程式所在的目錄
```

```
4    wb=load_workbook(root+"\\各部門員工.xlsx")          #開啟資料檔
5    #取得「彙總」工作表
6    sht=wb["彙總"]
7    irow=sht.max_row                                      #取得資料列數
8    strs=[]     #建立列表，用於儲存新工作表的名稱
9    for i in range(2,irow+1):                             #遍歷每列資料
10       strt=sht.cell(row=i,column=1).value              #取得該列所屬部門名稱
11       if(strt not in strs):
12           #如果是新部門，則將名稱加入到strs列表中
13           strs.append(strt)
14           sht1=wb.create_sheet(strt)                   #建立工作表
15           for j in range(1,sht.max_column):            #為新工作表加上表頭
16               sht1.cell(row=1,column=j).value=\
17                   sht.cell(row=1,column=j).value
18               sht1.cell(row=2,column=j).value=\        #將資料複製到新工作表的第2列
19                   sht.cell(row=i,column=j).value
20       else:
21           #如果是已經存在的部門名稱，則直接追加資料列
22           r=wb[strt].max_row+1                         #追加的位置
23           for j in range(1,sht.max_column):            #追加資料列
24               sht1.cell(row=r,column=j).value=\
25                   sht.cell(row=i,column=j).value
26
27   #刪除新生成的工作表的第1欄
28   for i in range(len(wb.worksheets)):
29       sht1=wb.worksheets[i]
30       if(sht1.title≠"彙總"):
31           sht1.delete_cols(1)
32
33   wb.save(root+"\\各部門員工.xlsx")
```

第 1 行從 OpenPyXl 中匯入 load_workbook 函數。

第 2、3 行匯入 os 套件，取得目前工作目錄。

第 4 行使用 load_workbook 函數開啟目前工作目錄下的資料檔，返回活頁簿物件。

第 6、7 行取得「彙總」工作表，以及其中資料區域的列數。

第 8 行建立一個新的列表 strs，用於記錄已經存在的部門工作表的名稱。

第 9 ～ 25 行使用 for 迴圈實現工作表的分割。第 9 行遍歷「彙總」工作表中各資料列。

第 10 行取得資料列第 1 個儲存格中的部門名稱。

第 11 ～ 19 行判斷目前部門名稱在 strs 列表中是否存在，如果不存在，則把它加入到 strs 列表中，並建立一個以該名稱命名的工作表。第 15 ～ 19 行使用 for 迴圈複製「彙總」工作表的表頭到新表中，複製「彙總」工作表中目前資料到新表的第 2 列。

第 20 ～ 25 行，如果目前部門名稱在 strs 列表中已經存在，則把「彙總」工作表中目前資料複製追加到同名工作表中。

第 28 ～ 31 行刪除新生成的工作表的第 1 欄，即「部門」欄。

第 33 行儲存修改後的活頁簿。

在 Python IDLE 程式編輯器中，在「Run」選單中點選「Run Module」，根據「部門」欄的值對工作表進行分割。分割效果如圖 3-17 中處理後的各工作表所示。

3.5.3 將多個工作表分別儲存為活頁簿

現有各部門工作人員資料如圖 3-18 中處理前的工作表所示。不同部門工作人員的資料被單獨放在一個工作表中，現在要將不同工作表中的資料單獨儲存為活頁簿。

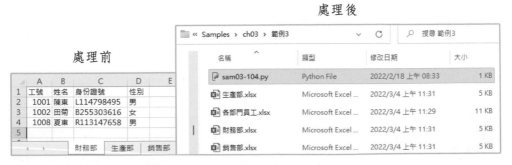

▲ 圖 3-18 將多個工作表分別儲存為活頁簿

使用 OpenPyXl 來實現將多個工作表分別儲存為活頁簿，程式碼如下所示。
資料檔的存放路徑為 Samples\ch03\ 範例 3\ 各部門員工 .xlsx。本範例的程
式存放在相同目錄下，檔名為 sam03-104.py。

```python
1    from openpyxl import load_workbook
2    from openpyxl import Workbook
3    import os
4    root = os.getcwd()
5    wb = load_workbook(root+"\\各部門員工.xlsx")        #開啟資料檔
6    for sht in wb.worksheets:                          #遍歷每個工作表，分別儲存
7        row_min=sht.min_row
8        row_max=sht.max_row
9        col_min=sht.min_column
10       col_max=sht.max_column
11       wb1=Workbook()                                 #建立活頁簿
12       sht1=wb1.active
13       for i in range(row_min,row_max+1):             #將資料複製到新活頁簿中
14           for j in range(col_min,col_max+1):
15               sht1.cell(row=i,column=j).value=\
16                   sht.cell(row=i,column=j).value
17       wb1.save(root+"\\"+sht.title+".xlsx")          #儲存新活頁簿
18       wb1.close()
```

第 1、2 行從 OpenPyXl 中匯入 load_workbook 函數和 Workbook 類別。

第 3、4 行匯入 os 套件，取得目前工作目錄。

第 5 行使用 load_workbook 函數開啟目前工作目錄下的資料檔，返回活頁
簿物件。

第 6 ～ 16 行實現將各工作表資料單獨儲存為一個檔案。第 6 行遍歷活頁簿中
各工作表。

第 7 ～ 10 行取得資料區域的範圍，即行和列的最小值與最大值。

第 11、12 行建立一個新活頁簿，取得其中的工作表。

第 13 ～ 16 行使用巢狀的 for 迴圈，將目前工作表中的資料複製到新活頁簿
的工作表中。

第 17 行將新活頁簿的資料儲存到檔案中，檔名為原始活頁簿中目前工作表的名稱。

第 18 行關閉新活頁簿。

在 Python IDLE 程式編輯器中，在「Run」選單中點選「Run Module」，儲存各工作表中的資料。處理效果如圖 3-18 中處理後的各活頁簿所示。

3.5.4 將多個工作表合併為一個工作表

3.5.2 節介紹了將一個工作表根據某個列的值分割為多個工作表，這裡反過來，介紹將多個工作表中的資料合併到一個工作表中。

現有各部門工作人員資料如圖 3-19 中處理前的工作表所示。不同部門工作人員的資料被單獨放在一個工作表中，現在要將不同工作表中的資料合併到「彙總」工作表中，並加上「部門」列，列的值為資料來源工作表的名稱。

▲ 圖 3-19　將多個工作表合併為一個工作表

使用 OpenPyXl 來實現將多個工作表合併為一個工作表，程式碼如下所示。
資料檔的存放路徑為 Samples\ch03\ 範例 4\ 各部門員工 .xlsx。本範例的程
式存放在相同目錄下，檔名為 sam03-105.py。

```
1   from openpyxl import load_workbook
2   from openpyxl import Workbook
3   import os
4   root = os.getcwd()
5   wb = load_workbook(root+"\\各部門員工.xlsx")      #開啟資料檔
6   sht=wb["彙總"]
7   sht.cell(row=1,column=1).value="部門"
8   sht1=wb.worksheets[1]
9   min_col=sht1.min_column
10  max_col=sht1.max_column
11  for i in range(min_col,max_col+1):               #複製表頭
12      sht.cell(row=1,column=i+1).value=sht1.\
13                      cell(row=1,column=i).value
14  #遍歷除「彙總」工作表以外的每個工作表
15  for sht2 in wb.worksheets:
16      if sht2.title≠ "彙總":
17      #「彙總」工作表資料區域下面第1個空列
18          max_row0=sht.max_row+1
19          #部門工作表的資料範圍
20          min_col=sht2.min_column
21          max_col=sht2.max_column
22          min_row=sht2.min_row+1
23          max_row=sht2.max_row
24
25          #複製資料
26          n=0
27          for i in range(min_row,max_row+1):
28              n+=1
29              for j in range(min_col,max_col+1):
30                  sht.cell(row=max_row0+n-1,column=j+1).value=\
31                              sht2.cell(row=i,column=j).value
32
33          #在第1欄加上部門名稱
34          rows0=max_row-min_row+1
```

```
35          max_row1=max_row0+rows0-1
36          for i in range(max_row0,max_row1+1):
37              sht.cell(row=i,column=1).value=sht2.title
38
39  wb.save(root+"\\各部門員工.xlsx")
```

第 1、2 行從 OpenPyXl 中匯入 load_workbook 函數和 Workbook 類別。

第 3、4 行匯入 os 套件，取得目前工作目錄。

第 5 行使用 load_workbook 函數開啟目前工作目錄下的資料檔，返回活頁簿物件。

第 7 ～ 13 行將第 1 個工作表的表頭複製到「彙總」工作表第 1 列從 B1 開始的位置，並在 A1 的位置輸入「部門」。

第 15 ～ 37 行將各部門工作表中的資料複製到「彙總」工作表中。第 15 行遍歷每個工作表，並在第 1 列加上對應的部門名稱。

第 15 ～ 31 行將各部門工作表中的資料複製到「彙總」工作表中。第 20 ～ 23 行取得部門工作表中資料區域的範圍，即列和欄的最小值與最大值。第 26 ～ 31 行使用 for 迴圈，將部門工作表各儲存格中的資料，複製到「彙總」工作表對應的儲存格中。變數 n 幫助計算新資料在「彙總」工作表中插入的列號。

第 33 ～ 37 行在「彙總」工作表的第 1 列加上部門名稱。變數 rows0 和 max_row1，記錄該次追加資料在「彙總」工作表中的起始列和終止列。第 36、37 行使用 for 迴圈將目前工作表的名稱作為「部門」列的值進行加入。

第 39 行儲存修改後的活頁簿。

在 Python IDLE 程式編輯器中，在「Run」選單中點選「Run Module」，將各工作表中的資料合併到「彙總」工作表中，並加上「部門」列。處理效果如圖 3-19 中處理後的「彙總」工作表所示。

Excel 物件模型：
win32com 和 xlwings

第 3 章介紹了 OpenPyXl，它的最大特色就是可以不依賴 Excel；在電腦不安裝 Excel 的情況下，也可以處理 Excel 資料和檔案。但是相對於 VBA 所使用的物件模型，OpenPyXl 提供的功能比較有限；也就是說，VBA 能做的很多事情用 OpenPyXl 做不了。所以本章介紹另外兩個很重要的套件：win32com 和 xlwings。它們依賴 Excel，但是功能要強大得多，因為 win32com 只能用於 Windows 平台，xlwings 除了能用於 Windows 平台，還能用於 Mac 平台。

4.1　win32com 和 xlwings 概述

本節介紹 win32com 和 xlwings 的基本情況及其安裝。深入了解它們，對於 Excel Python 程式開發，以及後續章節的學習，甚至對於 Word、PowerPoint 等其他軟體的 Python 腳本開發，都是至關重要的。

4.1.1　win32com 及其安裝

顧名思義，win32com 與 COM 元件技術有關。它實際上是將 Windows 系統下幾個重要的軟體如 Excel、Word、PowerPoint 等所使用的物件封裝為 COM 元件，供 Python 程式呼叫。所以，從這個角度來講，在 Python 中匯入 win32com 後所使用的物件模型和 VBA 所使用的，實際上是同一個模型。也就是說，VBA 能做的，使用 win32com 基本上也能做，而且兩者使用的方法也基本相同。如果你已經很熟悉 VBA，那麼在很短的時間內就可以上手 win32com。

本書介紹的主要重點放在 xlwings，但是它和同樣齊名的 PyXll 外掛程式都是在 win32com 的基礎上進行二次封裝得到的，所以本章也會一併介紹win32com。

安裝 win32com，進入 Github 的 Pywin32 頁面，選擇適合自己系統的版本下載，如圖 4-1 所示。比如 pywin32-303.win-amd64-py3.10.exe，表示該安裝程式對應的 Python 版本是 3.10，系統版本是 64 位元的。

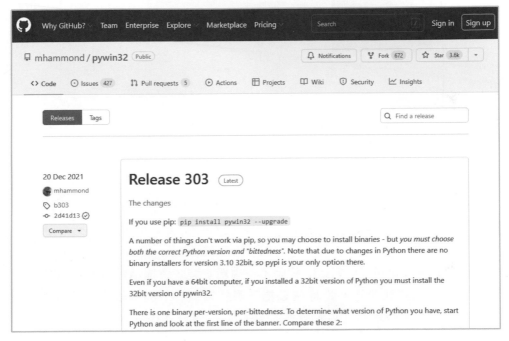

▲ 圖 4-1　下載 PyWin32 安裝檔
(https://github.com/mhammond/pywin32/releases)

下載可執行檔以後，雙擊它的圖示，開啟安裝介面，按照提示一步步安裝就可以了。需要注意的是，如果電腦上安裝有多個開發環境（如 IDLE、PyCharm、Anaconda 等），請選擇 PyWin32 要安裝的目錄進行安裝，如圖4-2 所示。

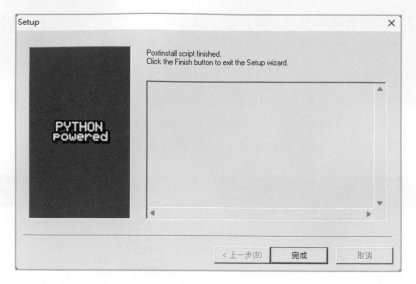

▲ 圖 4-2　安裝 PyWin32

安裝完成後，就可以使用 Python IDLE 寫程式了。

另外，有的電腦，也可以在命令提示字元視窗中輸入下面的指令進行安裝。

```
python -m pip install pypiwin32
```

有時候將已經安裝的 PyWin32 移除了，重新安裝時會提示類似於「PyWin32 無法移除」的錯誤警告，此時在 C 槽下尋找類似於下面的檔案，將其刪除或更改名稱，其中版本號（例如以下的例子為 3.7 版）根據具體情況而異。

```
pywin32-221-py3.7.egg-info
```

然後重新安裝即可。

4.1.2　xlwings 及其安裝

win32com 的功能很強大，xlwings 在它的基礎上進行了二次封裝，並且進行了功能擴展。它不僅僅實現了對 Excel 物件模型的封裝，還提供了與 NumPy 陣列、pandas 的 Series 和 DataFrame 等資料類型進行轉換的工具。使用它還可以與 VBA 整合開發,你可以在 VBA 中呼叫 Python 程式碼,也能在 Python 程式中呼叫 VBA 函數。

xlwings 是我們主要要介紹的套件,後面的圖形圖表、字典應用和正規表示式應用等章節,都是結合 xlwings 進行介紹的,所以本章介紹的內容非常重要。

在使用 xlwings 之前,需要先安裝它。在 Windows 系統下安裝 xlwings,使用下面的安裝指令。

```
pip install xlwings
```

因為 xlwings 實際上封裝了 win32com,所以需要安裝 PyWin32,請參見 4.1.1 節的內容。

4.2 Excel 物件

本節介紹 win32com 和 xlwings 使用的 Excel 物件模型。前面講了,它們是對 VBA 所使用的 Excel 物件的 COM 元件的封裝,所以在本質上,這兩個套件使用的物件模型和 VBA 使用的是一樣的。

4.2.1 Excel 物件及其層次結構

win32com 和 xlwings 使用的 Excel 物件模型如圖 4-3 所示。模型包含四大物件,即 Application 物件、Workbook 物件、Worksheet 物件和 Range 物件,分別表示 Excel 應用本身、活頁簿、工作表和儲存格(區域)。Workbooks 是一個集合,包含目前 Excel 應用中所有的活頁簿物件,Worksheets 集合則包含目前活頁簿中所有的工作表物件。

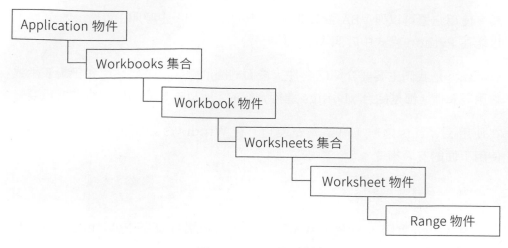

▲ 圖 4-3　Excel 物件模型

4.2.2　使用 win32com 建立 Excel 物件

使用 win32com 之前必須先匯入。首先，在 Python Shell 視窗中匯入 win32com。

```
>>> import win32com.client as win32
```

建立一個 Excel 應用 app，設定其 Visible 屬性的值為 True，使應用視窗可見：

```
>>> app=win32.gencache.EnsureDispatch("excel.application")
>>> app.Visible=True
```

使用 Workbooks 物件的 Add 方法，建立一個活頁簿物件 bk：

```
>>> bk=app.Workbooks.Add()
```

使用 Worksheets 物件的 Add 方法，建立一個工作表物件 sht：

```
>>> sht=bk.Worksheets.Add()
```

設定工作表中 A1 儲存格的值為 10：

```
>>> sht.Range("A1").Value=10
```

4.2.3 使用 xlwings 建立 Excel 物件

使用 xlwings 之前必須先匯入。首先，在 Python Shell 視窗中匯入 xlwings。

```
>>> import xlwings as xw
```

建立一個 Excel 應用 app：

```
>>> app=xw.App()
```

使用 books 物件的 add 方法，建立一個活頁簿物件 bk：

```
>>> bk=xw.books.add()
```

使用 sheets 物件的 add 方法，建立一個工作表物件 sht：

```
>>> sht=bk.sheets.add()
```

設定工作表中 A1 儲存格的值為 10：

```
>>> sht.range("A1").value=10
```

4.2.4 xlwings 的兩種開發方式

xlwings 將 win32com 的一些常用功能進行了二次封裝，可以使用和 win32com 不一樣的語法，而對於不太常用的功能，則使用 API 方式進行呼叫。實際上，使用 API 方式幾乎可以完成所有的程式。所以 xlwings 提供了兩種開發方式，其中一種是 xlwings 方式，也就是使用封裝後的語法進行開發；另一種就是 xlwings API 方式。舉例來說，要選擇工作表中的 A1 儲存格，可以使用這兩種方式進行程式開發。

【xlwings】

```
>>> sht=bk.sheets(1)
>>> sht.range("A1").select()
```

【xlwings API】

```
>>> sht=bk.sheets(1)
>>> sht.api.Range("A1").Select()
```

注意 在 Python 中，變數、屬性和方法的名稱是區分大小寫的。在 xlwings 方式下，range 屬性和 select 方法都是小寫的，是重新封裝後的寫法。在 xlwings API 方式下，在 sht 物件後引用 api，後面就可以使用 VBA 中的引用方式，Range 屬性和 Select 方法的首字母都是大寫的。所以使用 API 方式可以應用大多數 VBA 的程式碼，熟悉 VBA 的讀者很快就能上手。當然，使用 xlwings 方式會有一些編碼、效率方面的好處，有一些擴展的功能。

4.3 儲存格物件

儲存格物件是工作表物件的子物件，使用儲存格物件的屬性和方法可以對儲存格進行設定和修改。

【win32com】

首先匯入 win32com，建立一個 Excel 應用 app，設定其 Visible 屬性的值為 True，使應用視窗可見。

```
>>> import win32com.client as win32
>>> app=win32.gencache.EnsureDispatch("excel.application")
>>> app.Visible=True
```

注意 此時視窗工作區顯示為一個灰色的面板，加入一個活頁簿物件 bk。

```
>>> bk=app.Workbooks.Add()
```

新增的活頁簿名為「活頁簿 1」，包含一個名為「Sheet1」的工作表。取得該工作表，賦給變數 sht。

```
>>> sht=bk.Worksheets(1)
```

預設時，新加入的工作表即為活動工作表，所以也可以進行如下引用。

```
>>> sht=bk.ActiveSheet
>>> sht.Name
'Sheet1'
```

【xlwings】

首先匯入 xlwings。

```
>>> import xlwings as xw
```

然後使用 Book 方法建立一個活頁簿物件 bk。

```
>>> bk=xw.Book()
```

新增的活頁簿中會自動新增一個名為「Sheet1」的工作表。取得該工作表，賦給變數 sht。

```
>>> sht=bk.sheets(1)
```

預設時，新增的工作表即為活動工作表，所以也可以進行如下引用。

```
>>> sht= bk.sheets.active
>>> sht.name
'Sheet1'
```

4.3.1　引用儲存格

引用儲存格，即找到儲存格。這是進行後續操作的前提。下面分引用單個儲存格、引用多個儲存格、引用活動儲存格、使用名稱引用儲存格和使用變數引用儲存格，五種情況進行介紹。

1 引用單個儲存格

使用工作表物件的 Range(range, api.Range) 和 Cells(cells, api.Cells) 屬性可以引用單個儲存格。當使用 xlwings 方式時，還可以使用中括號進行引用。下面引用和選擇 sht 工作表物件中的 A1 儲存格。

【win32com】

```
>>> sht.Range("A1").Select()
>>> sht.Cells(1, "A").Select()
>>> sht.Cells(1,1).Select()
```

【xlwings】

```
>>> sht.range("A1").select()
>>> sht.range(1,1).select()
>>> sht["A1"].select()
>>> sht.cells(1,1).select()
>>> sht.cells(1,"A").select()
```

【xlwings API】

```
>>> sht.api.Range("A1").Select()
>>> sht.api.Cells(1, "A").Select()
>>> sht.api.Cells(1,1).Select()
```

 2 引用多個儲存格

使用工作表物件的 Range(range, api.Range) 屬性可以引用多個儲存格，在引用時，將各儲存格座標組成的字串作為參數即可。當使用 xlwings 方式時，還可以使用中括號進行引用。下面引用和選擇 sht 工作表物件中的 B2、C5 和 D7 儲存格。

【win32com】

```
>>> sht.Range("B2, C5, D7").Select()
```

【xlwings】

```
>>> st.range("B2, C5, D7").select()
>>> sht["B2, C5, D7"].select()
```

【xlwings API】

```
>>> sht.api.Range("B2, C5, D7").Select()
```

效果如圖 4-4 所示。

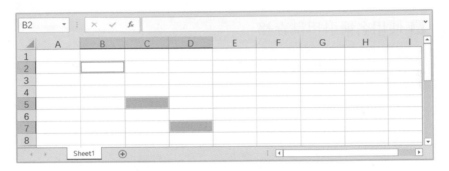

▲ 圖 4-4 引用和選擇多個儲存格

 ❸ 引用活動儲存格

在使用 win32com 時，使用 Application 物件的 ActiveCell 可以引用目前
活動活頁簿中活動工作表內的活動儲存格。下面給 sht 工作表物件中的 C3 儲
存格加入值 3.0，然後選擇它，使用 Application 物件的 ActiveCell 取得當
前儲存格的值。

```
>>> sht.Range("C3").Value=3.0
>>> sht.Range("C3").Select()
>>> app.ActiveCell.Value
3.0
```

如果使用 xlwings 來實現，則首先要取得所有 Application 物件的 key 值，
使用 xlwings 的 apps 屬性，透過索引取得目前 Application 物件。然後給
C3 儲存格賦值 3.0，選擇它，使用 API 方式取得 ActiveCell 屬性的值。選擇

一個儲存格，它即成為活動儲存格。

```
>>> pid=xw.apps.keys()
>>> app=xw.apps[pid[0]]
>>> sht["C3"].value=3.0
>>> sht["C3"].select()
>>> a=app.api.ActiveCell.Value
>>> a
3.0
```

 4 使用名稱引用儲存格

如果儲存格有名稱，則可以用儲存格的名稱進行引用。下面首先將 C3 儲存格的名稱設定為 test，然後使用該名稱引用此儲存格。

【win32com】

```
>>> cl=sht.Range("C3")
>>> cl.Name="test"
>>> sht.Range("test").Select()
```

【xlwings】

```
>>> cl=sht.cells(3,3)
>>> cl.name="test"
>>> sht.range("test").select()
```

【xlwings API】

```
>>> cl=sht.api.Range("C3")
>>> cl.Name="test"
>>> sht.api.Range("test").Select()
```

 5 使用變數引用儲存格

在開發過程中，常常需要動態設定儲存格的座標，這就要用到變數。使用儲存格物件的 Range 屬性引用儲存格時，可以將列號或欄號的數字部分轉換成字串，然後組合成一個完整的座標字串進行引用。當使用 Cells 屬性時，如果有必要則也進行相應的處理，轉換資料類型即可。下面使用變數引用 C3 儲存格。

【win32com】

```
>>> i=3
>>> sht.Range("C"+ str(i)).Value
>>> sht.Cells(i,i).Value
```

【xlwings】

```
>>> i=3
>>> sht.range("C"+ str(i)).value
>>> sht.cells(i,i).value
```

【xlwings API】

```
>>> i=3
>>> sht.api.Range("C"+ str(i)).Value
>>> sht.api.Cells(i,i).Value
```

4.3.2 引用整列和整欄

 1 引用整列

要引用整列，在 win32com 和 xlwings API 方式下，可以使用工作表物件的 Rows 屬性和 Range 屬性來實現。Rows 屬性有一個參數，指定要引用列的列號。當使用 Range 屬性時，可以將「列號 : 列號」形式的字串作為參數進行引用；或者引用該列上的任意一個儲存格後，使用其 EntireRow 屬性取得整列。在 xlwings 方式下，還可以使用中括號進行引用。下面引用和選擇第 1 列。

【win32com】

```
>>> sht.Rows(1).Select()
>>> sht.Range("1:1").Select()
>>> sht.Range("A1").EntireRow.Select()
```

【xlwings】

```
>>> sht.range("1:1").select()
>>> sht["1:1"].select()
```

【xlwings API】

```
>>> sht.api.Rows(1).Select()
>>> sht.api.Range("1:1").Select()
>>> sht.api.Range("A1").EntireRow.Select()
```

 2 引用多列

當引用多列時，引用方法和引用單列的方法類似，只是需要指定起始列和終止列的列號，中間用冒號隔開。當使用 EntireRow 屬性時，指定在連續多列上跨所有行的任意區域即可。下面引用和選擇 sht 工作表物件的第 1 ～ 5 列。

【win32com】

```
>>> sht.Rows("1:5").Select()
>>> sht.Range("1:5").Select()
>>> sht.Range("A1:C5").EntireRow.Select()
```

【xlwings】

```
>>> sht.range("1:5").select()
>>> sht["1:5"].select()
>>> sht[0:5,:].select()
```

【xlwings API】

```
>>> sht.api.Rows("1:5").Select()
>>> sht.api.Range("1:5").Select()
>>> sht.api.Range("A1:C5").EntireRow.Select()
```

注意在 xlwings 方式下 sht[0:5,:] 的引用方法，中括號中的第 2 個冒號是切片的用法，表示逗號前面指定的連續多列的所有列。

3 引用整欄

要引用整欄,在 win32com 和 xlwings API 方式下,可以使用工作表物件的
Columns 屬性和 Range 屬性來實現。Columns 屬性有一個參數,指定要
引用欄的欄號,可以用數字或字母表示。當使用 Range 屬性時,可以將「欄
號:欄號」形式的字串作為參數進行引用;或者引用該欄上的任意一個儲存格
後,使用其 EntireColumn 屬性取得整欄。下面引用和選擇第 1 欄。

【win32com】

```
>>> sht.Columns(1).Select()
>>> sht.Columns("A").Select()
>>> sht.Range("A:A").Select()
>>> sht.Range("A1").EntireColumn.Select()
```

【xlwings】

```
>>> sht.range("A:A").select()
```

【xlwings API】

```
>>> sht.api.Columns(1).Select()
>>> sht.api.Columns("A").Select()
>>> sht.api.Range("A:A").Select()
>>> sht.api.Range("A1").EntireColumn.Select()
```

4 引用多欄

當引用多欄時,引用方法和引用單欄的方法類似,只是需要指定起始欄和終止
欄的欄號,中間用冒號隔開。當使用 EntireColumn 屬性時,指定在連續多
欄上跨所有欄的任意區域即可。下面引用和選擇 sht 工作表物件的 B、C 欄:

【win32com】

```
>>> sht.Columns("B:C").Select()
>>> sht.Range("B:C").Select()
>>> sht.Range("B1:C2").EntireColumn.Select()
```

【xlwings】

```
>>> sht.range("B:C").select()
>>> sht[:,1:3].select()
```

【xlwings API】

```
>>> sht.api.Columns("B:C").Select()
>>> sht.api.Range("B:C").Select()
>>> sht.api.Range("B1:C2").EntireColumn.Select()
```

4.3.3 引用區域

區域，指的是連續引用列和欄方向上的 m×n 個儲存格得到的矩形區域。儲存格可被看作是大小為 1×1 的特殊區域。區域的構造有多種方法，以下，依引用一般區域、引用用活動儲存格構造的區域、引用偏移構造的區域、使用名稱引用區域和引用區域內的儲存格等五種情況進行介紹。

 1 引用一般區域

引用一般區域，需要指定區域左上角和右下角儲存格的座標，二者之間用冒號隔開組成字串，作為工作表物件的 Range（range）屬性的唯一參數，或者各自作為字串，作為 Range（range）屬性的兩個參數。在指定區域左上角和右下角儲存格的座標時，也可以使用工作表物件的 Range（range）屬性或 Cells（cells）屬性來取得區域。下面引用和選擇 A3:C8 區域。

【win32com】

```
>>> sht.Range("A3:C8").Select()
>>> sht.Range("A3","C8").Select()
>>> sht.Range(sht.Range("A3"), sht.Range("C8")).Select()
>>> sht.Range(sht.Cells(3,1),sht.Cells(8,3)).Select()
```

【xlwings】

```
>>> sht.range("A3:C8").select()
>>> sht.range("A3","C8").select()
```

```
>>> sht.range(sht.range("A3"),sht.range("C8")).select()
>>> sht.range(sht.cells(3,1),sht.cells(8,3)).select()
>>> sht.range((3,1),(8,3)).select()
```

【xlwings API】

```
>>> sht.api.Range("A3:C8").Select()
>>> sht.api.Range("A3","C8").Select()
>>> sht.api.Range(sht.api.Range("A3"), sht.api.Range("C8")).Select()
>>> sht.api.Range(sht.api.Cells(3,1),sht.api.Cells(8,3)).Select()
```

效果如圖 4-5 所示。

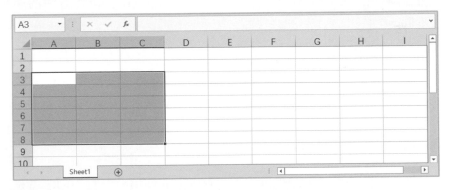

▲ 圖 4-5　選擇一個區域

 2 引用用活動儲存格構造的區域

當區域起點或終點為活動儲存格時，使用活動儲存格的引用進行取代即可。下面指定要引用區域的左上角儲存格為 A3，右下角儲存格為活動儲存格，選擇它。

【win32com】

```
>>> sht.Range("A3", app.ActiveCell).Select()
```

【xlwings API】

```
>>> sht.api.Range("A3", app.api.ActiveCell).Select()
```

3 引用偏移構造的區域

透過對已有區域進行整體偏移，可以得到一個新的區域。使用區域物件的 offset（Offset）方法進行偏移。該方法在 xlwings 方式與 win32com 和 xlwings API 方式下，在使用上有所不同。

當使用 xlwings 方式時，offset 方法可以對給定的區域進行整體平移；而當使用 win32com 和 xlwings API 方式時，Offset 方法只能對區域的左上角儲存格進行平移。所以，對於後者，分別對區域的左上角和右下角儲存格進行平移後，重新組合成一個區域進行選擇。

另外，在 xlwings 方式和另外兩種方式下，offset（Offset）方法的參數含義有所不同。

在 xlwings 方式下，只給一個參數時，表示上下方向的偏移，當值大於 0 時表示向下偏移，當值小於 0 時表示向上偏移。當給兩個參數時，如果第 1 個參數的值為 0，則表示左右方向的偏移，當第 2 個參數的值大於 0 時表示向右偏移，當其值小於 0 時表示向左偏移。如果兩個參數的值都不為 0，則表示上下和左右兩個方向都有偏移。

在 win32com 和 xlwings API 方式下，對參數的使用有一點不同，就是基數為 1，即上面 xlwings 方式描述中值為 0 的地方應值為 1。

【win32com】

```
>>> sht.Range(sht.Range("A3").Offset(2),sht.Range("C8").Offset(2)).
Select()    #A4:C9
>>> sht.Range(sht.Range("A3").Offset(1,2),sht.Range("C8").Offset(1,2)).
Select()    #B3:D8
>>> sht.Range(sht.Range("A3").Offset(2,2),sht.Range("C8").Offset(2,2)).
Select()    #B4:D9
```

【xlwings】

```
>>> sht.range("A3:C8").offset(1).select()    #A4:C9
>>> sht.range("A3:C8").offset(0,1).select()   #B3:D8
>>> sht.range("A3:C8").offset(1,1).select()   #B4:D9
```

【xlwings API】

```
>>> sht.api.Range(sht.api.Range("A3").Offset(2),sht.api.Range("C8").
Offset(2)).Select()        #A4:C9
>>> sht.api.Range(sht.api.Range("A3").Offset(1,2),sht.api.Range("C8").
Offset(1,2)).Select()      #B3:D8
>>> sht.api.Range(sht.api.Range("A3").Offset(2,2),sht.api.Range("C8").
Offset(2,2)).Select()       #B4:D9
```

 4 使用名稱引用區域

如果區域有名稱，則可以使用名稱引用區域。下面給 A3:C8 區域命名為 MyData，然後使用該名稱引用區域。

【win32com】

```
>>> cl = sht.Range("A3:C8")
>>> cl.Name = "MyData"
>>> sht.Range("MyData").Select()
```

【xlwings】

```
>>> cl = sht.range("A3:C8")
>>> cl.name = "MyData"
>>> sht.range("MyData").select()
```

【xlwings API】

```
>>> cl = sht.api.Range("A3:C8")
>>> cl.Name = "MyData"
>>> sht.api.Range("MyData").Select()
```

 5 引用區域內的儲存格

引用區域內的儲存格，有座標索引、線性索引和切片等三種方法。

座標索引

儲存格在區域內的座標是相對座標，是相對於區域左上角儲存格計算得到的。
與前面區域偏移的計算方法相同。需要注意的是，使用 xlwings 方式與使用
win32com 和 xlwings API 方式偏移的基數不同，前者的基數為 0，後者的
基數為 1。

【win32com】

```
>>> rng=sht.Range("B2:D5")
>>> rng(1,1).Select()      #以區域左上角儲存格為起點進行偏移，注意基數為1
```

【xlwings】

```
>>> rng=sht.range('B2:D5')
>>> rng[0,0].select()      #B2，注意基數為0
```

【xlwings API】

```
>>> rng=sht.api.Range("B2:D5")
>>> rng(1,1).Select()
```

線性索引

索引參數只有一個，其值是對區域內的儲存格，按照先列後欄的順序進行編號
得到的。

注意 當使用 xlwings 方式時，編號是從 0 開始的，如下面的格式所示。

```
0  1  2
3  4  5
```

當使用 API 方式時，編號是從 1 開始的，如下面的格式所示。

```
1  2  3
4  5  6
```

對於給定的區域 B2:D5，下面使用線性索引引用 D2 儲存格。

【win32com】

```
>>> rng=sht.Range("B2:D5")
>>> rng(3).Select()
```

【xlwings】

```
>>> rng=sht.range('B2:D5')
>>> rng[2].select()
```

【xlwings API】

```
>>> rng=sht.api.Range("B2:D5")
>>> rng(3).Select()
```

切片索引

當使用 xlwings 方式時，透過切片可以從區域內取出部分連續資料。

```
>>> rng=sht.range('B2:D5')
>>> rng[1:3,1:3].select()      #切片C3:D4
>>> rng[:,2].select()          #切片D2:D5
```

4.3.4 引用所有儲存格 / 特殊區域 / 區域的集合

本節介紹所有儲存格的引用、多個區域的引用、目前區域和已用區域的引用，以及區域的並和交的引用等內容。

 1 引用所有儲存格

要引用工作表中的所有儲存格，當使用 xlwings 方式時，可以使用工作表物件的 cells 屬性；當使用 win32com 和 xlwings API 方式時，還可以透過引用所有列或所有欄來實現。

【win32com】

```
>>> sht.Cells.Select()
>>> sht.Range(sht.Cells(1,1),sht.Cells(sht.Cells.Rows.Count,sht.Cells.
Columns.Count)).Select()
```

引用所有列：

```
>>> sht.Rows.Select()
```

引用所有欄：

```
>>> sht.Columns.Select()
```

【xlwings】

```
>>> sht.cells.select()
```

【xlwings API】

```
>>> sht.api.Cells.Select()
>>> sht.api.Range(sht.api.Cells(1,1),sht.api.Cells(sht.api.Cells.Rows.Count,
                  sht.api.Cells.Columns.Count)).Select()
```

引用所有列：

```
>>> sht.api.Rows.Select()
```

引用所有欄：

```
>>> sht.api.Columns.Select()
```

 ❷ 引用特殊區域

這裡介紹的特殊區域包括多個區域、指定儲存格的目前區域和指定工作表的已用區域等。

（1）一次引用多個區域

當使用工作表物件的 Range（range）屬性一次引用多個區域時，多個區域之間用逗號分隔，區域用區域左上角儲存格和右下角儲存格的座標表示，座標之間用冒號分隔。下面一次引用和選擇 sht 工作表物件中的 A2、B3:C8、E2:F5 三個區域。

【win32com】

```
>>> sht.Range("A2, B3:C8, E2:F5").Select()
```

【xlwings】

```
>>> sht["A2, B3:C8, E2:F5"].select()
>>> sht.range("A2, B3:C8, E2:F5").select()
```

【xlwings API】

```
>>> sht.api.Range("A2, B3:C8, E2:F5").Select()
```

效果如圖 4-6 所示。

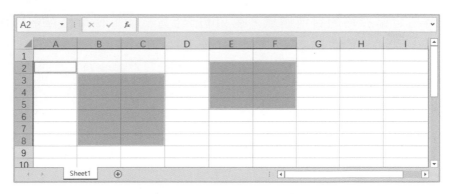

▲ 圖 4-6　一次引用多個區域

（2）引用指定儲存格的目前區域

這裡介紹對儲存格目前區域的引用。那麼，什麼是儲存格的目前區域？比如圖 4-7 中陰影部分表示的是 C3 儲存格的目前區域。所以，從該儲存格向上下、左右四個方向擴展，直到包含資料的矩形區域，第一次被空格組成的矩形環包圍，即在四個方向上都是空列或空欄（在區域的範圍內為空列空欄，不是指整列整欄是空列空欄），這個區域就是該儲存格的目前區域。

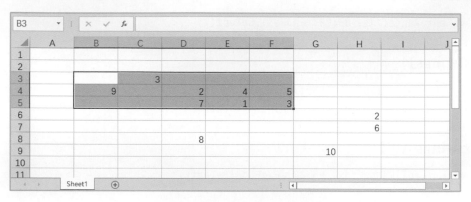

▲ 圖 4-7　C3 儲存格的目前區域

要引用指定儲存格的目前區域，在 xlwings 方式下，使用儲存格物件的 current_region 屬性；在 API 方式下，使用 CurrentRegion 屬性。

【win32com】

```
>>> sht.Range("C3").CurrentRegion.Select()
```

【xlwings】

```
>>> sht.range("C3").current_region.select()
```

【xlwings API】

```
>>> sht.api.Range("C3").CurrentRegion.Select()
```

（3）引用指定工作表的已用區域

工作表的已用區域，指的是工作表中包含所有資料的最小區域。要引用指定工作表的已用區域，在 xlwings 方式下，使用儲存格物件的 used_range 屬性；在 win32com 和 xlwings API 方式下，使用 UsedRange 屬性。

【win32com】

```
>>> sht.UsedRange.Select()
```

【xlwings】

```
>>> sht.used_range.select()
```

【xlwings API】

```
>>> sht.api.UsedRange.Select()
```

對於 sht 工作表物件中指定的儲存格資料，它的已用區域如圖 4-8 所示。

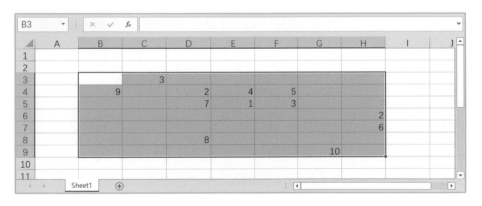

▲ 圖 4-8　工作表的已用區域

 3 引用區域的集合

區域的集合運算包括區域的並運算和區域的交運算。如圖 4-9 所示，兩個矩形區域有部分重疊，它們的「並」包括全部陰影部分，它們的「交」為二者的重疊部分，即圖中深色陰影部分。

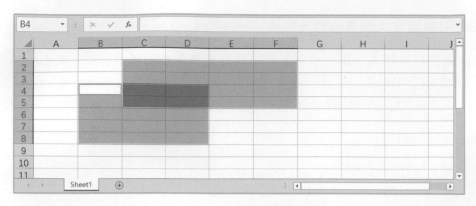

▲ 圖 4-9 區域的聯集與交集

在 win32com 和 xlwings API 方式下，使用 Application 物件的 Union 方法取得兩個區域的聯集，使用 Intersect 方法取得兩個區域的交集。下面計算 B4:D8 和 C2:F5 區域的聯集與交集。

【win32com】

```
>>> app.Union(sht.Range("B4:D8"), sht.Range("C2:F5")).Select()
>>> app.Intersect(sht.Range("B4:D8"), sht.Range("C2:F5")).Select()
```

【xlwings API】

```
>>> app.api.Union(sht.api.Range("B4:D8"),sht.api.Range("C2:F5")).Select()
>>> app.api.Intersect(sht.api.Range("B4:D8"), sht.api.Range("C2:F5")).
Select()
```

4.3.5 擴展引用目前工作表中的儲存格區域

前面介紹了區域的偏移，它是透過將區域整體平移來取得新的區域的。這裡介紹另外一種方式，即透過對已有儲存格向上下、左右擴展來獲得新的區域。使用儲存格物件的 Resize（resize）方法可以擴展區域。**注意** 在 xlwings 方式下進行擴展時，該方法的使用與在 win32com 和 xlwings API 方式下有所不同。

當使用 xlwings 方式時，使用 resize 方法可以直接得到擴展後的區域；而當使用 win32com 和 xlwings API 方式時，使用 Resize 方法只能得到原儲存格擴展後位置上的儲存格。所以，對於後者，要先取得區域的右下角儲存格，然後與原儲存格重新組合成一個區域。

當只給一個參數時，表示上下方向的擴展，當值大於 1 時表示向下擴展，當值小於 1 時表示向上擴展。當給兩個參數時，如果第 1 個參數的值為 1，則表示左右方向的擴展，當第 2 個參數的值大於 1 時表示向右擴展，當其值小於 1 時表示向左擴展。如果兩個參數的值都不為 1，則表示上下和左右兩個方向都有擴展。

下面示範透過對指定儲存格 C2 進行上下、左右和列欄三個方向擴展來得到新的區域，並選擇它們。

【win32com】

```
>>> sht.Range("C2", sht.Range("C2").Resize(3)).Select()
>>> sht.Range("C2", sht.Range("C2").Resize(1, 3)).Select()
>>> sht.Range("C2", sht.Range("C2").Resize(3, 3)).Select()
```

【xlwings】

```
>>> sht.range("C2").resize(3).select()        #建立C2:C4儲存格區域
>>> sht.range("C2").resize(1, 3).select()     #建立C2:E2儲存格區域
>>> sht.range("C2").resize(3, 3).select()     #建立C2:E4儲存格區域
```

【xlwings API】

```
>>> sht.api.Range("C2", sht.api.Range("C2").Resize(3)).Select()
>>> sht.api.Range("C2", sht.api.Range("C2").Resize(1, 3)).Select()
>>> sht.api.Range("C2", sht.api.Range("C2").Resize(3, 3)).Select()
```

從當前儲存格開始建立一個 3 列 3 欄的區域：

【win32com】

```
>>> sht.Range(app.ActiveCell, app.ActiveCell.Resize(3, 3)).Select()
```

【xlwings API】

```
>>> sht.api.Range(app.api.ActiveCell, app.api.ActiveCell.Resize(3, 3)). Select()
```

當使用 xlwings 方式時，使用儲存格物件的 expand 方法，還可以得到另外一種擴展結果。對於區域內的一個儲存格，使用 expand 方法可以取得區域內它至右端的列區域、至底部的欄區域，以及它所在的整個表格區域。

> **注意** 該方法只向右和向下擴展。

```
>>> sht.range("C4").expand("table").select()
>>> sht.range("C4").expand().select()      #與上面的使用方式等價
>>> sht.range("C4").expand("down").select()
>>> sht.range("C4").expand("right").select()
```

使用 expand 方法對 C4 儲存格進行 table 擴展後的效果，如圖 4-10 所示。

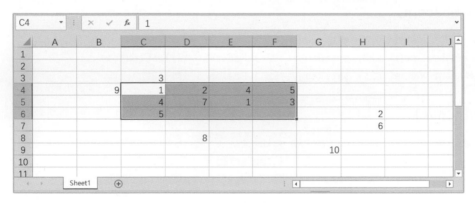

▲ 圖 4-10　使用 expand 方法進行 table 擴展

4.3.6　引用末列或末欄

引用末列或末欄，即取得資料區域末列的列號或末欄的欄號。

引用末列有兩種方法：一是從頂部某儲存格開始從上往下找，資料區域的末列即最後一個非空列；二是從工作表的底部往上找，為資料區域內遇到的第一個非空列。這裡用到儲存格物件的 End（end）方法。

範例工作表如圖 4-11 所示，下面使用不同方式取得資料區域末列的列號和末欄的欄號。**注意** 在 win32com 方式下，使用列舉常數的方式與在 xlwings API 方式下不同。

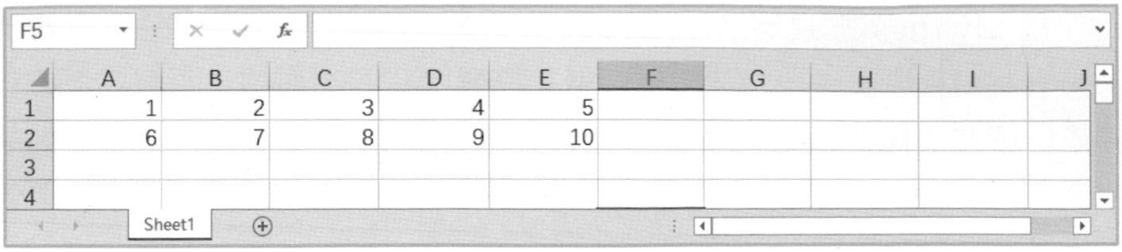

▲ 圖 4-11 範例工作表

【win32com】

```
>>> from win32com.client import Dispatch,constants    #匯入constants類別
>>> sht.Range("A1").End(constants.xlDown).Row
2
>>> sht.Cells(1,1).End(constants.xlDown).Row
2
>>> sht.Range("A"+str(sht.Rows.Count)).End(constants.xlUp).Row
2
>>> sht.Cells(sht.Rows.Count,1).End(constants.xlUp).Row
2
```

【xlwings】

```
>>> sht.range("A1").end("down").row
2
>>> sht.cells(1,1).end("down").row
2
>>> sht.range("A"+str(sht.api.Rows.Count)).end("up").row
2
>>> sht.cells(sht.api.Rows.Count,1).end("up").row
2
```

【xlwings API】

```
>>> sht.api.Range("A1").End(xw.constants.Direction.xlDown).Row
2
>>> sht.api.Cells(1,1).End(xw.constants.Direction.xlDown).Row
2
>>> sht.api.Range("A"+str(sht.api.Rows.Count)).End(xw.constants.Direction.
xlUp).Row
2
>>> sht.api.Cells(sht.api.Rows.Count,1).End(xw.constants.Direction.xlUp).Row
2
```

下面使用 xlwings 方式及 win32com 和 xlwings API 方式來引用末欄。引用末欄也有兩種方法：一是從左側某儲存格開始從左往右找，資料區域的末欄即最後一個非空欄；二是從工作表的最右端往左找，為資料區域內遇到的第一個非空欄。當 end 方法的參數值為 right 時表示從左往右找，當其參數值為 left 時表示從右往左找。

【win32com】

```
>>> sht.Range("A1").End(constants.xlToRight).Column
5
>>> sht.Cells(1,1).End(constants.xlToRight).Column
5
>>> sht.Cells(1,sht.Columns.Count).End(constants.xlToLeft).Column
5
```

【xlwings】

```
>>> sht.range("A1").end("right").column
5
>>> sht.cells(1,1).end("right").column
5
>>> sht.cells(1,sht.api.Columns.Count).end("left").column
5
```

【xlwings API】

```
>>> sht.api.Range("A1").End(xw.constants.Direction.xlToRight).Column
5
>>> sht.api.Cells(1,1).End(xw.constants.Direction.xlToRight).Column
5
>>> sht.api.Cells(1,sht.api.Columns.Count).End(xw.constants.Direction.
xlToLeft).Column
5
```

4.3.7　引用特殊的儲存格

所謂特殊的儲存格，指的是內容為空的儲存格、含有附註的儲存格、含有公式的儲存格等。使用儲存格物件的 SpecialCells 方法，可以把這些特殊的儲存格找出來。需要使用 win32com 或 xlwings API 方式，其引用格式為：

```
區域物件.SpecialCells(Type,Value)
```

該方法有兩個參數，其中 Type 為必選參數，表示特殊儲存格的類型，其取值如表 4-1 所示；Value 為可選參數，當 Type 的值為 xlCellTypeConstants 或 xlCellTypeFormulas 時設定必要的值。

表 4-1 SpecialCells 方法的 Type 參數取值

名稱	值	說明
xlCellTypeAllFormatConditions	-4172	任意格式的儲存格
xlCellTypeAllValidation	-4174	含有驗證條件的儲存格
xlCellTypeBlanks	4	空白儲存格
xlCellTypeComments	-4144	含有注釋的儲存格
xlCellTypeConstants	2	含有常數的儲存格
xlCellTypeFormulas	-4123	含有公式的儲存格
xlCellTypeLastCell	11	所使用區域中的最後一個儲存格
xlCellTypeSameFormatConditions	-4173	格式相同的儲存格
xlCellTypeSameValidation	-4175	驗證條件相同的儲存格
xlCellTypeVisible	12	所有可見儲存格

下面的例子使用 SpecialCells 方法選擇 A1 儲存格目前區域中的空白儲存格。

【win32com】

```
>>> sht.Range("A1").CurrentRegion.SpecialCells(constants.xlCellTypeBlanks).Select()
```

【xlwings API】

```
>>> sht.api.Range("A1").CurrentRegion.SpecialCells(xw.constants.CellType.xlCellTypeBlanks).Select()
```

選擇效果如圖 4-12 所示。

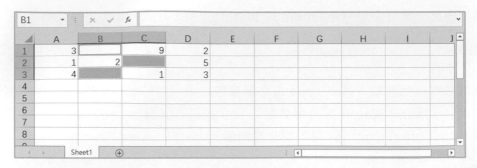

▲ 圖 4-12 選擇空白儲存格

4.3.8 取得區域的列數、欄數、左上角和右下角儲存格的座標、形狀、大小

本節介紹幾個與區域的維度、形狀、大小等有關的量。

使用區域物件的 Rows（rows）和 Columns（columns）屬性返回物件的 Count（count）屬性，可以取得區域的行數和列數。下面取得 sht 工作表物件中已用區域的列數和欄數（使用圖 4-11 所示的工作表資料）。

【win32com】

```
>>> sht.UsedRange.Rows.Count
2
>>> sht.UsedRange.Columns.Count
5
```

【xlwings】

```
>>> sht.used_range.rows.count
2
>>> sht.used_range.columns.count
5
```

【xlwings API】

```
>>> sht.api.UsedRange.Rows.Count
2
```

```
>>> sht.api.UsedRange.Columns.Count
5
```

使用區域物件的 Row（row）和 Column（column）屬性，可以取得區域
左上角儲存格的座標，即其列號和欄號。

【win32com】

```
>>> sht.UsedRange.Row
1
>>> sht.UsedRange.Column
1
```

【xlwings】

```
>>> sht.used_range.row
1
>>> sht.used_range.column
1
```

【xlwings API】

```
>>> sht.api.UsedRange.Row
1
>>> sht.api.UsedRange.Column
1
```

在 xlwings 方式下，使用區域物件的 last_cell 屬性返回物件的 row 和 column
屬性，可以取得區域右下角儲存格的座標，即其列號和欄號。在 win32com
和 xlwings API 方式下，可以利用工作表的已用區域來取得區域右下角儲存
格的座標。

【win32com】

```
>>> rng=sht.UsedRange
>>> rng.Rows(rng.Rows.Count).Row
2
>>> rng.Columns(rng.Columns.Count).Column
5
```

【xlwings】

```
>>> sht.used_range.last_cell.row
2
>>> sht.used_range.last_cell.column
5
```

【xlwings API】

```
>>> rng=sht.api.UsedRange
>>> rng.Rows(rng.Rows.Count).Row
2
>>> rng.Columns(rng.Columns.Count).Column
5
```

當使用 xlwings 方式時，引用區域物件的 shape 屬性，可以取得區域的形狀。

```
>>> sht.used_range.shape
(2, 5)
```

當使用 xlwings 方式時，引用區域物件的 size 屬性，可以取得區域的大小。

```
>>> sht.used_range.size
10
```

4.3.9　插入儲存格或區域

使用儲存格物件的 Insert（insert）方法，可以插入儲存格或區域。

在 xlwings 方式下，insert 方法的語法格式為：

```
儲存格或區域物件.insert(shift=None,copy_origin="format_from_left_or_above")
```

其中：

- **shift 參數**：定義插入儲存格或區域的方向。當值為「down」時為上下方向插入，原位置以下的資料依次往下移；當值為「right」時為左右方向插入，原位置及其右邊的資料依次往右移。

- **copy_origin 參數**：表示插入的儲存格或區域的格式與周邊哪個相同。當值為「format_ from_left_or_above」時，與左側或上面儲存格或區域的格式相同；當值為「format_from_right_or_below」時，與右側或下面儲存格或區域的格式相同。

在 win32com 和 xlwings API 方式下，Insert 方法的語法格式為：

```
儲存格或區域物件.Insert(Shift, CopyOrigin)
```

其中：

- **Shift 參數**：定義插入儲存格或區域的方向。當值為 xw.constants.InsertShiftDirection.xlShiftDown 時為上下方向插入，原位置以下的資料依次往下移；當值為 xw.constants.InsertShiftDirection.xlShiftRight 時為左右方向插入，原位置及其右邊的資料依次往右移。
- **CopyOrigin 參數**：表示插入的儲存格或區域的格式與周邊哪個相同。當值為 xw.constants.InsertFormatOrigin.xlFormatFromLeftOrAbove 時，與左側或上面儲存格或區域的格式相同；當值為 xw.constants.InsertFormatOrigin.xlFormatFromRightOrBelow 時，與右側或下面儲存格或區域的格式相同。

對於圖 4-13 所示的工作表資料，設定 A1 儲存格的背景色為綠色，在 A2 和 B4:C5 處分別插入儲存格和區域。

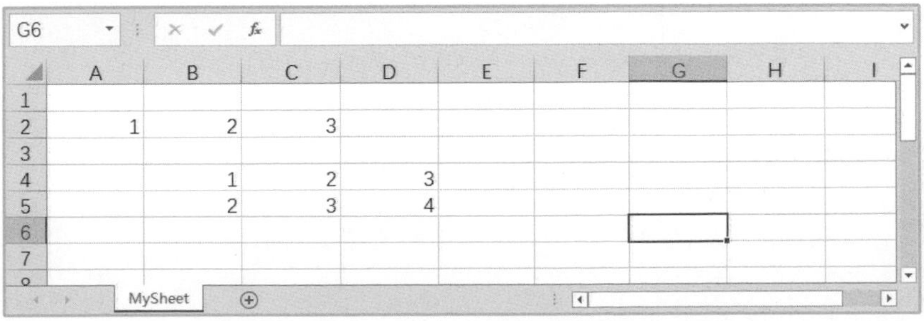

	A	B	C	D	E	F	G	H	I
1									
2	1	2	3						
3									
4		1	2	3					
5		2	3	4					
6									
7									

▲ 圖 4-13 原工作表資料

【win32com】

```
>>> sht.Range("A1").Interior.Color=xw.utils.rgb_to_int((0, 255, 0))
>>> sht.Range("A2").Insert(Shift=constants.xlShiftDown,CopyOrigin=constants.
xlFormatFromLeftOrAbove)
>>> sht.Range("B4:C5").Insert()
```

【xlwings】

```
>>> sht.range("A1").color=(0,255,0)
>>> sht.range("A2").insert(shift="down",copy_origin="format_from_left _or_
above")
>>> sht.range("B4:C5").insert()
```

【xlwings API】

```
>>> sht.api.Range("A1").Interior.Color=xw.utils.rgb_to_int((0, 255, 0))
>>> sht.api.Range("A2").Insert(Shift=xw.constants.InsertShiftDirection.
xlShiftDown,
CopyOrigin=xw.constants.InsertFormatOrigin.xlFormatFromLeftOrAbove)
 >>> sht.api.Range("B4:C5").Insert()
```

插入後的效果如圖 4-14 所示。可見，在 A2 處插入的儲存格複製了 A1 儲存格的格式。按照設定，插入儲存格區域後，原位置及其以下資料依次向下移動。

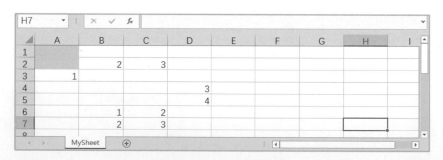

▲ 圖 4-14　插入儲存格和區域後的工作表

4.3.10　選擇和清除儲存格

選擇儲存格有兩種方法，即啟動和選擇，分別使用儲存格物件的 Activate 方法（僅用於 win32com 和 xlwings API 方式）和 Select（select）方法實現。

【win32com】

```
>>> sht.Range("A1:B10").Select()
>>> sht.Range("A1:B10").Activate()
```

【xlwings】

```
>>> sht.range("A1:B10").select()
```

【xlwings API】

```
>>> sht.api.Range("A1:B10").Select()
>>> sht.api.Range("A1:B10").Activate()
```

選擇不連續的儲存格和區域，只需引用不連續的儲存格和區域，然後啟動或選擇即可。下面是在 xlwings 方式與 win32com 和 xlwings API 方式下的實現方法。當使用 win32com 和 xlwings API 方式時，還可以透過區域的並運算來實現。

【win32com】

```
>>> sht.Range("A1:A5,C3,E1:E5").Activate()
>>> sht.Range("A1:A5,C3,E1:E5").Select()
>>> app.Union(sht.Range("A1:A5"),sht.Range("C3"),sht.Range("E1:E5")).Select()
```

【xlwings】

```
>>> sht.range("A1:A5,C3,E1:E5").select()
```

【xlwings API】

```
>>> sht.api.Range("A1:A5,C3,E1:E5").Activate()
>>> sht.api.Range("A1:A5,C3,E1:E5").Select()
>>> pid=xw.apps.keys()
>>> app=xw.apps[pid[0]]
>>> app.api.Union(sht.api.Range("A1:A5"),sht.api.Range("C3"),sht.api.
Range("E1:E5")).Select()
```

選擇效果如圖 4-15 所示。

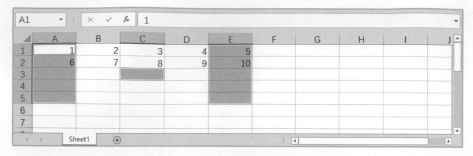

▲ 圖 4-15 選擇不連續的儲存格和區域

清除儲存格或區域中的內容有多種方法。下面使用 Clear（clear）方法清除全部內容。

【win32com】

```
>>> sht.Range("B1:B5").Clear()
```

【xlwings】

```
>>> sht.range("B1:B5").clear()
```

【xlwings API】

```
>>> sht.api.Range("B1:B5").Clear()
```

使用 ClearContents（clear_contents）方法清除內容。

【win32com】

```
>>> sht.Range("B1:B5").ClearContents()
```

【xlwings】

```
>>> sht.range("B1:B5").clear_contents()
```

【xlwings API】

```
>>> sht.api.Range("B1:B5").ClearContents()
```

使用 ClearComments 方法清除附註。

【win32com】

```
>>> sht.Range("B1:B5").ClearComments()
>>> sht.Range("B1:B5").ClearFormats()
```

【xlwings API】

```
>>> sht.api.Range("B1:B5").ClearComments()
>>> sht.api.Range("B1:B5").ClearFormats()
```

4.3.11 複製、貼上、剪下和刪除儲存格

複製和貼上儲存格或區域的完整過程描述如下：

【win32com】

```
>>> sht.Range("A1").Select()
>>> app.Selection.Copy()
>>> sht.Range("C1").Select()
>>> sht.Paste()
```

【xlwings API】

```
>>> sht.range("A1").select()
>>> bk.selection.api.Copy()
>>> sht.range("C1").select()
>>> sht.api.Paste()
```

首先選擇要複製的儲存格或區域，使用 Copy 方法將資料複製到剪貼簿，然後選擇進行貼上的目標儲存格或區域，使用 Paste 方法進行貼上。如果省略選擇儲存格或區域的步驟，則該程式碼可以簡化為：

【win32com】

```
>>> sht.Range("A1").Copy(sht.Range("C1"))
```

【xlwings API】

```
>>> sht.api.Range("A1").Copy(sht.api.Range("C1"))
```

其中，A1 是來源儲存格，C1 是目標儲存格。

下面將 A1 儲存格的目前區域，複製到左上角儲存格為 A4 的目標區域。

【win32com】

```
>>> sht.Range("A1").CurrentRegion.Copy(sht.Range("A4"))
```

【xlwings API】

```
>>> sht.api.Range("A1").CurrentRegion.Copy(sht.api.Range("A4"))
```

效果如圖 4-16 所示。

▲ 圖 4-16　複製區域到指定位置

在 win32com 和 xlwings API 方式下，使用儲存格物件的 PasteSpecial 方法可以進行選擇性貼上。該方法的語法格式為：

```
儲存格區域物件.PasteSpecial(Paste, Operation, SkipBlanks, Transpose)
```

PasteSpecial 方法有 4 個參數。

- **Paste 參數**：選擇性貼上的類型。其取值如表 4-2 所示。

表 4-2 Paste 參數的取值

名稱	值	說明
xlPasteAll	-4104	貼上全部內容
xlPasteComments	-4144	貼上附註
xlPasteFormats	-4122	貼上複製的來源格式
xlPasteFormulas	-4123	貼上公式
xlPasteFormulasAndNumberFormats	11	貼上公式和數字格式
xlPasteValues	-4163	貼上值
xlPasteValuesAndNumberFormats	12	貼上值和數字格式

- **Operation 參數**：貼上時是否與原有內容進行運算及運算的類型。其取值如表 4-3 所示。

表 4-3 Operation 參數的取值

名稱	值	說明
xlPasteSpecialOperationAdd	2	複製的資料將被加入到目標儲存格中的值中
xlPasteSpecialOperationDivide	5	複製的資料將除以目標儲存格中的值
xlPasteSpecialOperationMultiply	4	複製的資料將與目標儲存格中的值相乘
xlPasteSpecialOperationNone	-4142	在貼上操作中不執行任何計算
xlPasteSpecialOperationSubtract	3	複製的資料將從目標儲存格中的值中減去

- **SkipBlanks 參數**：忽略空白儲存格。
- **Transpose 參數**：對列欄資料進行轉置。

下面舉例說明該方法的使用。

下列的程式碼，把圖 4-11 所示工作表中的第 1 行資料複製到第 4 行。

【win32com】

```
>>> sht.Range("A1:E1").Copy()
>>> sht.Range("A4:E4").PasteSpecial(Paste=constants.xlPasteValues)
```

225

【xlwings API】

```
>>> sht.api.Range("A1:E1").Copy()
>>> sht.api.Range("A4:E4").PasteSpecial(Paste=xw.constants.PasteType.
xlPasteValues)
```

下列的程式碼先給 B1 儲存格加上一個附註，然後將工作表中第 1 列的附註複製到第 5 列。

【win32com】

```
>>> sht.Range("B1").AddComment("CommentTest")
>>> sht.Range("A1:E1").Copy()
>>> sht.Range("A5:E5").PasteSpecial(Paste=constants.xlPasteComments)
```

【xlwings API】

```
>>> sht.api.Range("B1").AddComment("CommentTest")
>>> sht.api.Range("A1:E1").Copy()
>>> sht.api.Range("A5:E5").PasteSpecial(Paste=xw.constants.PasteType.
xlPasteComments)
```

下列的程式碼先設定 A2 儲存格的格式，將背景色設為綠色，字型大小為 20，字型加粗、斜體，然後將工作表中第 2 列的格式複製到第 6 列。

【win32com】

```
>>> sht.Range("A2").Interior.Color=xw.utils.rgb_to_int((0,255,0))
>>> sht.Range("A2").Font.Size=20
>>> sht.Range("A2").Font.Bold=True
>>> sht.Range("A2").Font.Italic=True
>>> sht.Range("A2:E2").Copy()
>>> sht.Range("A6:E6").PasteSpecial(Paste=constants.xlPasteFormats)
```

【xlwings API】

```
>>> sht.range("A2").color=(0,255,0)
>>> sht.api.Range("A2").Font.Size=20
>>> sht.api.Range("A2").Font.Bold=True
>>> sht.api.Range("A2").Font.Italic=True
```

```
>>> sht.api.Range("A2:E2").Copy()
>>> sht.api.Range("A6:E6").PasteSpecial(Paste=xw.constants.PasteType.
xlPasteFormats)
```

最後得到的效果如圖 4-17 所示。

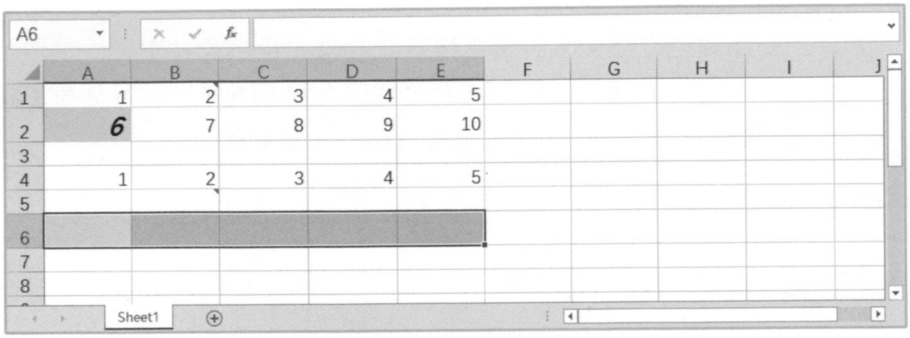

▲ 圖 4-17　選擇性貼上

剪下操作，實際上是在複製、貼上以後把原來位置上的資料刪除。使用儲存格物件的 Cut 方法，可以把來源儲存格的內容移動到目標儲存格。下面把 A1:E1 區域的資料剪下到 A7:E7 區域。

【win32com】

```
>>> sht.Range("A1:E1").Cut(Destination=sht.Range("A7"))
```

【xlwings API】

```
>>> sht.api.Range("A1:E1").Cut(Destination=sht.api.Range("A7"))
```

參數名稱 Destination 可以省略：

【win32com】

```
>>> sht.Range("A1:E1").Cut(sht.Range("A7"))
```

【xlwings API】

```
>>> sht.api.Range("A1:E1").Cut(sht.api.Range("A7"))
```

227

使用儲存格物件的 delete（Delete）方法，刪除儲存格或區域。

當使用 xlwings 方式時，delete 方法的語法格式為：

```
rng.delete(shift=None)
```

其中，rng 為儲存格或區域物件。shift 參數的取值為 "left" 或 "up"，當取值為 "up" 時，在刪除儲存格後，該儲存格下面的儲存格依次往上移；當取值為 "left" 時，在刪除儲存格後，該儲存格右側的儲存格依次往左移。如果不帶參數，則 Excel 會根據前面的引用情況自行判斷使用哪個值。

當使用 win32com 和 xlwings API 方式時，Delete 方法的語法格式為：

```
rng.Delete(Shift)
```

其中，rng 為儲存格或區域物件。當 shift 參數的取值為 xlShiftToUp 時，在刪除儲存格後，該儲存格下面的儲存格依次往上移；當取值為 xlShiftLeft 時，在刪除儲存格後，該儲存格右側的儲存格依次往左移。如果不帶參數，則 Excel 會根據前面的引用情況自行判斷使用哪個值。

下面刪除 A2 儲存格和 C3:E5 區域。

【win32com】

```
>>> sht.Range("A2").Delete(Shift=constants.xlShiftToUp)
>>> sht.Range("C3:E5").Delete()
```

【xlwings】

```
>>> sht["A2"].delete(shift="up")
>>> sht["C3:E5"].delete()
```

【xlwings API】

```
>>> sht.api.Range("A2").Delete(Shift=xw.constants.DeleteShiftDirection.
xlShiftToUp)
>>> sht.api.Range("C3:E5").Delete()
```

4.3.12 設定儲存格的名稱、附註和字型

使用儲存格物件的 Name（name）屬性可以取得或者設定儲存格或區域的名稱。下面給 C3 儲存格設定名稱「test」，然後使用該名稱進行引用。

【win32com】

```
>>> cl=sht.Range("C3")
>>> cl.Name="test"
>>> sht.Range("test").Select()
```

【xlwings】

```
>>> cl=sht.cells(3,3)
>>> cl.name="test"
>>> sht.range("test").select()
```

【xlwings API】

```
>>> cl=sht.api.Range("C3")
>>> cl.Name="test"
>>> sht.api.Range("test").Select()
```

也可以給區域設定名稱，並使用名稱引用區域。下面給 A3:C8 區域命名為「MyData」，然後使用該名稱引用區域。

【win32com】

```
>>> cl =sht.Range("A3:C8")
>>> cl.Name = "MyData"
>>> sht.Range("MyData").Select()
```

【xlwings】

```
>>> cl =sht.range("A3:C8")
>>> cl.name ="MyData"
>>> sht.range("MyData").select()
```

【xlwings API】

```
>>> cl=sht.api.Range("A3:C8")
>>> cl.Name ="MyData"
>>> sht.api.Range("MyData").Select()
```

使用儲存格物件的 AddComment 方法可以給儲存格加上附註。使用該方法的 Text 屬性可以設定附註的內容。

【win32com】

```
>>> sht.Range("A3").AddComment(Text="儲存格附註")
```

【xlwings API】

```
>>> sht.api.Range("A3").AddComment(Text="儲存格附註")
```

使用儲存格物件的 Comment 屬性可以取得儲存格的附註。它是一個 Comment 物件，擁有與附註相關的若干屬性，利用這些屬性可以對附註進行設定。Comments 是活頁簿中所有 Comment 物件的集合。

下面透過一個判斷結構判斷 A3 儲存格中是否有附註。

【win32com】

```
>>> if sht.Range("A3").Comment is None:
        Print("A3儲存格中沒有附註。")
        else:
        Print("A3儲存格中已有附註。")
```

【xlwings API】

```
>>> if sht.api.Range("A3").Comment is None:
        Print("A3儲存格中沒有附註。")
         else:
        Print("A3儲存格中已有附註。")
```

使用 Comment 物件的 Visible 屬性隱藏 A3 儲存格中的附註。

【win32com】

```
>>> sht.Range("A3").Comment.Visible=False
```

【xlwings API】

```
>>> sht.api.Range("A3").Comment.Visible=False
```

使用 Comment 物件的 Delete 方法刪除 A3 儲存格中的附註。

【win32com】

```
>>> sht.Range("A3").Comment.Delete()
```

【xlwings API】

```
>>> sht.api.Range("A3").Comment.Delete()
```

儲存格物件的 Font 屬性返回一個 Font 物件。利用 Font 物件的屬性和方法，可以對儲存格或區域中的文字進行字型設定。

下列的程式碼設定 A1:E1 區域內的字型樣式。

【win32com】

```
>>> sht.Range("A1:E1").Font.Name = "微軟正黑體"     #設定字型為微軟正黑體
>>> sht.Range("A1:E1").Font.ColorIndex = 3          #設定字型顏色為紅色
>>> sht.Range("A1:E1").Font.Size = 20               #設定字型大小為20
>>> sht.Range("A1:E1").Font.Bold = True             #設定字型加粗
>>> sht.Range("A1:E1").Font.Italic = True           #設定字型為斜體
>>> sht.Range("A1:E1").Font.Underline=constants.xlUnderlineStyleDouble
```

給文字加上雙底線

【xlwings API】

```
>>> sht.api.Range("A1:E1").Font.Name = "微軟正黑體"     #設定字型
>>> sht.api.Range("A1:E1").Font.ColorIndex = 3          #設定字型顏色為紅色
>>> sht.api.Range("A1:E1").Font.Size = 20               #設定字型大小為20
>>> sht.api.Range("A1:E1").Font.Bold = True             #設定字型加粗
>>> sht.api.Range("A1:E1").Font.Italic = True           #設定字型為斜體
```

```
>>> sht.api.Range("A1:E1").Font.Underline=xw.constants.UnderlineStyle.
xlUnderlineStyleDouble        #文字加上雙底線
```

設定效果如圖 4-18 所示。

▲ 圖 4-18 　儲存格區域中的字型設定

關於底線樣式的設定，參見表 4-4。

 表 4-4 　底線樣式的設定

名稱	值	說明
xlUnderlineStyleDouble	-4119	粗雙底線
xlUnderlineStyleDoubleAccounting	5	緊靠在一起的兩條細底線
xlUnderlineStyleNone	-4142	無底線
xlUnderlineStyleSingle	2	單底線
xlUnderlineStyleSingleAccounting	4	不支援

關於字型顏色的設定，有下列三種設定方法。

第 1 種方法是設定為 RGB 顏色，即用紅色分量、綠色分量和藍色分量來定義顏色。可以使用 Font 物件的 Color 屬性進行設定。如果習慣於指定 RGB 分量來設定顏色，則可以使用 xlwings.utils 模組中的 rgb_to_int 方法，將類似於 (255,0,0) 的 RGB 分量指定轉換為整數值，然後設定給 Color 屬性。

【win32com】

```
>>> sht.Range("A3:E3").Font.Color =xw.utils.rgb_to_int((0, 0, 255))
```

【xlwings API】

```
>>> sht.api.Range("A3:E3").Font.Color =xw.utils.rgb_to_int((0, 0, 255))
```

也可以直接將一個表示顏色的整數，也就是 xw.utils.rgb_to_int() 函數的結果賦給 Color 屬性。

【win32com】

```
>>> sht.Range("A3:E3").Font.Color =16711680          #或用0x0000FF
```

【xlwings API】

```
>>> sht.api.Range("A3:E3").Font.Color =16711680      #或用0x0000FF
```

第 2 種方法是使用索引著色。此時需要有一張顏色尋找表，如圖 4-19 所示。其中預定義了很多顏色，而且每種顏色都有一個唯一的索引號。在進行索引著色時，將某個索引號指定給 Font 物件的 ColorIndex 屬性就可以了。

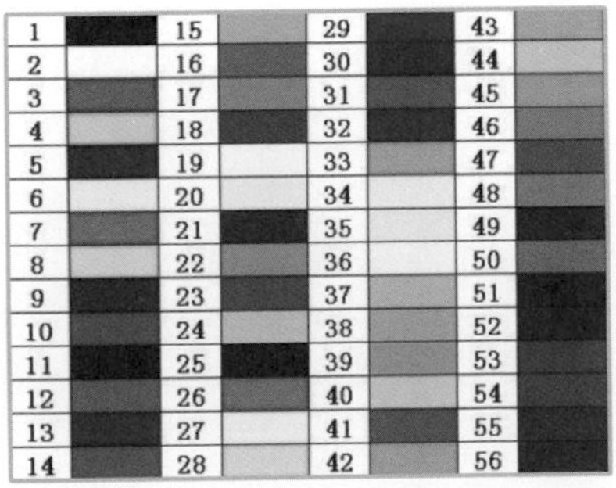

▲ 圖 4-19　索引著色的顏色尋找表

下面將 A1:E1 區域內的字型顏色設定為紅色。

【win32com】

```
>>> sht.Range("A1:E1").Font.ColorIndex = 3
```

【xlwings API】

```
>>> sht.api.Range("A1:E1").Font.ColorIndex = 3
```

第 3 種方法是使用主題顏色。系統預定義了很多主題顏色，可以直接使用它們進行字型著色。每個主題顏色都有對應的整數編號，將必要的編號指定給 Font 物件的 ThemeColor 屬性即可。

下面將 A3:E3 區域內的字型顏色設定為淡藍色。

【win32com】

```
>>> sht.Range("A3:E3").Font.ThemeColor =5
```

【xlwings API】

```
>>> sht.api.Range("A3:E3").Font.ThemeColor =5
```

4.3.13 設定儲存格的對齊方式、背景色和邊框

儲存格內容的對齊，有水平方向的對齊和垂直方向的對齊，分別使用儲存格物件的 HorizontalAlignment 和 VerticalAlignment 屬性設定。

HorizontalAlignment 屬性的取值參見表 4-5，VerticalAlignment 屬性的取值參見表 4-6。

表 4-5 HorizontalAlignment 屬性的取值

名稱	值	說明
xlHAlignCenter	-4108	置中對齊
xlHAlignCenterAcrossSelection	7	跨欄置中對齊
xlhaligndistributedxlhalignfill	-4117	分散對齊
xlhaligngeneral	5	填滿
xlhalignjustify	1	按資料類型對齊
xlhalignleft	-4130	兩端對齊
xlHAlignLeft	-4131	靠左對齊
xlHAlignRight	-4152	靠右對齊

表 **4-6** VerticalAlignment 屬性的取值

名稱	值	說明
xlVAlignBottom	-4107	底對齊
xlVAlignCenter	-4108	置中對齊
xlVAlignDistributed	-4117	分散對齊
xlVAlignJustify	-4130	兩端對齊
xlVAlignTop	-4160	頂對齊

下面設定 C3 儲存格中的內容：水平置中對齊和垂直置中對齊。

【win32com】

```
>>> sht.Range("C3").HorizontalAlignment=constants.xlCenter
>>> sht.Range("C3").VerticalAlignment=constants.xlCenter
```

【xlwings API】

```
>>> sht.api.Range("C3").HorizontalAlignment=xw.constants.Constants.xlCenter
>>> sht.api.Range("C3").VerticalAlignment=xw.constants.Constants.xlCenter
```

當使用 xlwings 方式時，可以直接給儲存格物件的 color 屬性賦值。顏色可以用 (R,G,B) 形式的 RGB 顏色設定，其中 R、G、B 各分量從 0 ～ 255 中取值。

當使用 win32com 和 xlwings API 方式時，可以使用儲存格物件的 Interior 屬性設定背景色。該屬性返回一個 Interior 物件，使用該物件的 Color、ColorIndex 和 ThemeColor 屬性，可以用 RGB 著色、索引著色和主題顏色著色等不同的方法對儲存格進行著色。

下面是一些例子。

【win32com】

```
>>> sht.Range("A1:E1").Interior.Color=xw.utils.rgb_to_int((0, 255, 0))
>>> sht.Range("A1:E1").Interior.Color=65280
>>> sht.Range("A1:E1").Interior.ColorIndex=6
>>> sht.Range("A1:E1").Interior.ThemeColor=5
```

【xlwings】

```
>>> sht.range("A1:E1").color=(210, 67, 9)
>>> sht["A:A, B2, C5, D7:E9"].color=(100,200,150)
```

【xlwings API】

```
>>> sht.api.Range("A1:E1").Interior.Color=xw.utils.rgb_to_int((0, 255, 0))
>>> sht.api.Range("A1:E1").Interior.Color=65280
>>> sht.api.Range("A1:E1").Interior.ColorIndex=6
>>> sht.api.Range("A1:E1").Interior.ThemeColor=5
```

可以使用儲存格或區域物件的 Borders 屬性設定邊框。該屬性返回一個
Borders 物件，使用該物件的屬性和方法可以設定邊框的顏色、線型和線寬等。

下列的程式碼對 B2 的目前區域設定邊框。

【win32com】

```
>>> sht.Range("B2").CurrentRegion.Borders.LineStyle=constants.xlContinuous
>>> sht.Range("B2").CurrentRegion.Borders.ColorIndex = 3
>>> sht.Range("B2").CurrentRegion.Borders.Weight=constants.xlThick
```

【xlwings API】

```
>>> sht.api.Range("B2").CurrentRegion.Borders.LineStyle=xw.constants.
LineStyle.xlContinuous
>>> sht.api.Range("B2").CurrentRegion.Borders.ColorIndex=3
>>> sht.api.Range("B2").CurrentRegion.Borders.Weight=xw.constants.
BorderWeight.xlThick
```

邊框設定效果如圖 4-20 所示。

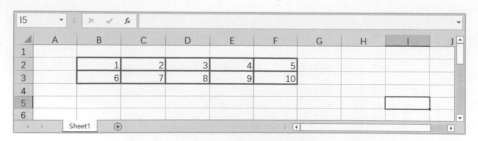

▲ 圖 4-20　邊框設定效果

4.4 工作表物件

儲存格是包含在工作表中的，所以工作表物件是儲存格物件的父物件，它是對現實辦公場景中工作表單據的抽象和模擬。使用工作表物件提供的屬性和方法，可以透過開發的方式控制和操作工作表。

4.4.1 相關物件介紹

與工作表有關的物件，在 win32com 和 xlwings API 方式下主要有 Worksheet、Worksheets、Sheet 和 Sheets 等，在 xlwings 方式下只有 sheet 和 sheets。複數形式的類表示集合，所有單數形式的物件都在對應集合中儲存和管理。

Worksheet 和 Sheet 都表示工作表，它們有什麼區別呢？在 Excel 主介面中，右鍵點選工作表名稱頁籤，在彈出的快捷選單中點選「插入…」，如圖 4-21 所示。開啟如圖 4-22 所示的對話框，在該對話框中選擇一種工作表類型，點選「確定」按鈕，可以插入一個新的工作表。

◀ 圖 4-21 工作表頁籤右鍵選單

▲ 圖 4-22 選擇一種工作表類型

從圖 4-22 中可以看出，在 win32com 和 xlwings API 方式下，工作表主要有四種類型：普通工作表、圖表工作表、巨集工作表和對話框工作表。最常用的工作表類型是普通工作表。所以，上面提到的 Worksheet 物件和 Sheet 物件之間的區別就在於：Worksheet 物件表示普通工作表，Worksheets 集合物件中儲存的是所有普通工作表；而 Sheet 物件可以是四種工作表類型中的任何一種，Sheets 集合物件中包含所有類型的工作表。在 xlwings 方式下則沒有這種區分，sheet 物件和 sheets 集合物件都是針對普通工作表的。

4.4.2 建立和引用工作表

使用集合物件的 add（Add）方法可以建立新的工作表。在 xlwings 方式下，使用 sheets 物件的 add 方法建立；在 win32com 和 xlwings API 方式下，使用 Worksheets 物件或 Sheets 物件的 Add 方法建立。

新建立的工作表被自動存放到集合中進行儲存，按照存放的先後順序，每個工作表都有一個索引號。當需要對集合中的某個工作表進行操作時，首先要把它從集合中找出來，這個尋找的操作就是工作表的引用。可以使用索引號或工作表的名稱進行引用。

 1 xlwings 方式

使用 sheets 物件的 add 方法建立工作表，其語法格式如下：

```
bk.sheets.add(name=None, before=None, after=None)
```

其中，bk 表示指定的活頁簿。該方法有三個參數：

- ✔ **name**：新工作表的名稱。如果不指定，則會使用 Sheet 加數字的方式自動命名。數字會依序自動累加。
- ✔ **before**：指定在該工作表之前插入新表。
- ✔ **after**：指定在該工作表之後插入新表。

預設時，新建立的工作表自動成為活動工作表。

下面使用不帶參數的 add 方法，在 bk 活頁簿中插入一個新的工作表。**注意**
在 xlwings 方式下，預設時，使用 add 方法建立的新工作表在所有已有工作表的後面。

```
>>> bk.sheets.add()
```

使用 before 參數和 after 參數，可以給新建立的工作表指定位置。例如，新建立的工作表 sht 在已有的第 2 個工作表之前插入：

```
>>> bk.sheets.add(before=bk.sheets(2))
```

新建立的工作表 sht 在已有的第 2 個工作表之後插入：

```
>>> bk.sheets.add(after=bk.sheets(2))
```

新建立的工作表被自動存放到集合中進行儲存，並且每個工作表都有一個唯一的索引號。可以使用索引號對工作表進行引用。在 xlwings 方式下，可以使用中括號進行引用，也可以使用小括號進行引用。前者引用的基數為 0，即集合中第 1 個工作表物件的索引號為 0；後者引用的基數為 1，即集合中第 1 個工作表物件的索引號為 1。

```
>>> bk.sheets[0]
<Sheet [test.xlsx]MySheet>
>>> bk.sheets(1)
<Sheet [test.xlsx]MySheet>
```

還可以使用工作表的名稱進行引用。

```
>>> sht=bk.sheets["Sheet1"]
>>> sht.name="MySheet"
```

2 win32com 和 xlwings API 方式

使用 Worksheets 物件的 Add 方法建立新的工作表，其語法格式為：

【win32com】

```
>>> import win32com.client as win32
```

【xlwings API】

```
>>> bk.api.WorkSheets.Add(Before, After, Count, Type)
```

其中，bk 表示指定的活頁簿。Add 方法有 4 個參數，皆為可選：

- ✅ **Before**：指定在該工作表之前插入新表。
- ✅ **After**：指定在該工作表之後插入新表。
- ✅ **Count**：插入工作表的個數。
- ✅ **Type**：插入工作表的類型。

可見，在 API 方式下，可以指定工作表的類型，也可以一次插入多個工作表。

Type 參數的取值如表 4-7 所示。

表 4-7 Type 參數的取值

名稱	值	說明
xlChart	-4109	圖表工作表
xlDialogSheet	-4116	對話框工作表
xlExcel4IntlMacroSheet	4	Excel 4 國際巨集工作表
xlExcel4MacroSheet	3	Excel 4 巨集工作表
xlWorksheet	-4167	普通工作表

下面使用不帶參數的 Add 方法建立新的普通工作表。此時建立的工作表被自動加入到所有工作表的最前面。注意，在 xlwings 方式下是放在最後面的，與此不同。預設時，新工作表的名稱為 Sheet 後面加上數字的形式，例如 Sheet2、Sheet3 等。數字的大小是從 2 開始連續累加的。

【win32com】

```
>>> bk.Worksheets.Add()
```

【xlwings API】

```
>>> bk.api.Worksheets.Add()
```

新工作表在第 2 個工作表之前插入：

【win32com】

```
>>> bk.Worksheets.Add (Before=bk.Worksheets(2))
```

【xlwings API】

```
>>> bk.api.Worksheets.Add (Before=bk.api.Worksheets(2))
```

一次插入 3 個工作表，放在最前面。注意，在這三個工作表中，後生成的工作表始終在最前面插入。

【win32com】

```
>>> bk.Worksheets.Add(Count=3)
```

【xlwings API】

```
>>> bk.api.Worksheets.Add(Count=3)
```

下面指定新工作表的類型，建立一個新的圖表工作表。

【win32com】

```
>>> bk.Worksheets.Add(Type=constants.xlChart)
```

【xlwings API】

```
>>> bk.api.Worksheets.Add(Type=xw.constants.SheetType.xlChart)
```

也可以使用參數進行設定。

【win32com】

```
>>> bk.Worksheets.Add (Before=bk.Worksheets(2), Count=3)
```

【xlwings API】

```
>>> bk.api.Worksheets.Add (Before=bk.api.Worksheets(2), Count=3)
```

在建立新的工作表後，可以使用工作表物件的 Name 屬性修改工作表的名稱。

【win32com】

```
>>> sht=bk.Worksheets.Add()
>>> sht.Name= "MySheet"
```

【xlwings API】

```
>>> sht=bk.api.Worksheets.Add()
>>> sht.Name= "MySheet"
```

使用 Sheets 物件的 Add 方法建立新的工作表，在語法上與使用 Worksheets. Add() 完全相同。

【win32com】

```
>>> sht=bk.Sheets.Add()
>>> sht=bk.Sheets.Add (Before=bk.Worksheets(2))
>>> sht=bk.Sheets.Add(Count=3)
>>> sht=bk.Sheets.Add(Type=constants.xlChart)
```

【xlwings API】

```
>>> sht=bk.api.Sheets.Add()
>>> sht=bk.api.Sheets.Add (Before=bk.api.Worksheets(2))
>>> sht=bk.api.Sheets.Add(Count=3)
>>> sht=bk.api.Sheets.Add(Type=xw.constants.SheetType.xlChart)
```

使用索引號和名稱兩種方式引用工作表。

```
>>> sht=Worksheets(1)
>>> sht=Worksheets("Sheet1")
```

4.4.3 啟動、複製、移動和刪除工作表

使用工作表物件的 activate（Activate）方法或 select（Select）方法可以啟動指定的工作表，啟動以後的工作表就是活動工作表。

在 xlwings 方式下，使用工作表物件的 activate 方法或 select 方法，啟動第 2 個工作表；在 win32com 和 xlwings API 方式下，使用工作表物件的 Activate 方法或 Select 方法啟動。

【win32com】

```
>>> bk.Worksheets(2).Activate()
>>> bk.Worksheets(2).Select()
```

【xlwings】

```
>>> bk.sheets[1].activate()
>>> bk.sheets[1].select()
```

【xlwings API】

```
>>> bk.api.Worksheets(2).Activate()
>>> bk.api.Worksheets(2).Select()
```

啟動後的工作表，就成為目前活頁簿中的活動工作表。在 xlwings 方式下，使用 sheets 物件的 active 屬性取得目前活動工作表；在 win32com 和 xlwings API 方式下，使用 ActiveSheet 引用活動工作表。 注意 在 win32com 方式下，引用的是 Application 物件的 ActiveSheet 屬性；在 xlwings API 方式下，使用的是活頁簿物件的 ActiveSheet 屬性。

【win32com】

```
>>> app.ActiveSheet.Name
'Sheet1'
```

【xlwings】

```
>>> bk.sheets.active.name
'Sheet1'
```

【xlwings API】

```
>>> bk.api.ActiveSheet.Name
'Sheet1'
```

複製工作表，在 win32com 和 xlwings API 方式下使用 Copy 方法。

使用不帶參數的 Copy 方法，會複製一個工作表並在新活頁簿中開啟。

【win32com】

```
>>> bk.Sheets("Sheet1").Copy()
```

【xlwings API】

```
>>> bk.api.Sheets("Sheet1").Copy()
```

在使用 Copy 方法時也可以指定位置參數，確定將生成的新工作表放在指定工作表的前面或後面。**注意** 參數名稱區分大小寫。

【win32com】

```
>>> bk.Sheets("Sheet1").Copy(Before=bk.Sheets("Sheet2"))
>>> bk.Sheets("Sheet1").Copy(After=bk.Sheets("Sheet2"))
```

【xlwings API】

```
>>> bk.api.Sheets("Sheet1").Copy(Before=bk.api.Sheets("Sheet2"))
>>> bk.api.Sheets("Sheet1").Copy(After=bk.api.Sheets("Sheet2"))
```

也可以跨活頁簿複製工作表。假設 bk2 是另一個活頁簿，將目前活頁簿 bk 中的第 1 個工作表，複製到 bk2 活頁簿中第 2 個工作表的前面或後面。

【win32com】

```
>>> bk.Sheets("Sheet1").Copy(Before=bk2.Sheets("Sheet2"))
>>> bk.Sheets("Sheet1").Copy(After=bk2.Sheets("Sheet2"))
```

【xlwings API】

```
>>> bk.api.Sheets("Sheet1").Copy(Before=bk2.api.Sheets("Sheet2"))
>>> bk.api.Sheets("Sheet1").Copy(After=bk2.api.Sheets("Sheet2"))
```

移動工作表與複製工作表類似，使用工作表物件的 Move 方法。

使用不帶參數的 Move 方法，會建立一個新的活頁簿並將指定的工作表移動到該活頁簿中開啟。

【win32com】

```
>>> bk.Sheets("Sheet1").Move()
```

【xlwings API】

```
>>> bk.api.Sheets("Sheet1").Move()
```

在使用 Move 方法時也可以指定位置參數，確定將工作表移動到指定工作表的前面或後面。

【win32com】

```
>>> bk.Sheets("Sheet1").Move(Before=bk.Sheets("Sheet3"))
>>> bk.Sheets("Sheet1").Move(After=bk.Sheets("Sheet3"))
```

【xlwings API】

```
>>> bk.api.Sheets("Sheet1").Move(Before=bk.api.Sheets("Sheet3"))
>>> bk.api.Sheets("Sheet1").Move(After=bk.api.Sheets("Sheet3"))
```

也可以跨活頁簿移動工作表，只需在設定位置參數時指定目標活頁簿物件即可。

【win32com】

```
>>> bk.Sheets("Sheet1").Move(Before=bk2.Sheets("Sheet2"))
```

【xlwings API】

```
>>> bk.api.Sheets("Sheet1").Move(Before=bk2.api.Sheets("Sheet2"))
```

使用列表可以同時移動多個工作表。下面將 Sheet2 和 Sheet3 工作表移動到 Sheet1 工作表的前面。

【win32com】

```
>>> bk.Sheets(["Sheet2", "Sheet3"]).Move(Before=bk.Sheets(1))
```

【xlwings API】

```
>>> bk.api.Sheets(["Sheet2", "Sheet3"]).Move(Before=bk.api.Sheets(1))
```

刪除工作表可以使用 sheets 物件的 Delete 方法。使用列表可以一次刪除多個工作表。

【win32com】

```
>>> bk.Sheets("Sheet1").Delete()
>>> bk.Sheets(["Sheet2", "Sheet3"]).Delete()
```

【xlwings】

```
>>> bk.sheets("Sheet1").delete()
>>> bk.sheets(["Sheet2", "Sheet3"]).delete()
```

【xlwings API】

```
>>> bk.api.Sheets("Sheet1").Delete()
>>> bk.api.Sheets(["Sheet2", "Sheet3"]).Delete()
```

4.4.4 隱藏和顯示工作表

透過設定工作表物件的 visible（Visible）屬性，可以隱藏或顯示工作表。

在 xlwings 方式下，設定工作表物件的 visible 屬性的值為 False 或 0，隱藏工作表；設定為 True 或 1，顯示工作表。下面隱藏 bk 活頁簿中的 Sheet1 工作表。

```
>>> bk.sheets("Sheet1").visible = False
>>> bk.sheets("Sheet1").visible = 0
```

在 win32com 和 xlwings API 方式下，使用工作表物件的 Visible 屬性顯示或隱藏工作表。以下三行程式碼的作用一樣，用於隱藏 bk 活頁簿中的 Sheet1 工作表。

【win32com】

```
>>> bk.Sheets("Sheet1").Visible = False
>>> bk.Sheets("Sheet1").Visible = constants.xlSheetHidden
>>> bk.Sheets("Sheet1").Visible = 0
```

【xlwings API】

```
>>> bk.api.Sheets("Sheet1").Visible = False
>>> bk.api.Sheets("Sheet1").Visible = xw.constants.SheetVisibility
.xlSheetHidden
>>> bk.api.Sheets("Sheet1").Visible = 0
```

對於使用這種方法隱藏的工作表，在圖 4-21 所示的快捷選單中點選「取消隱藏⋯」，在開啟的對話框中可以找到對應的工作表名稱，選擇它可以取消隱藏。

當使用 win32com 和 xlwings API 方式時，還有一種隱藏叫作「深度隱藏」。深度隱藏的工作表，無法透過選單取消隱藏，只能透過在屬性視窗中設定或者用程式碼取消隱藏。使用下列的程式碼對工作表進行深度隱藏。

【win32com】

```
>>> bk.Sheets("Sheet1").Visible=constants.xlSheetVeryHidden
>>> bk.Sheets("Sheet1").Visible=2
```

【xlwings API】

```
>>> bk.api.Sheets("Sheet1").Visible=xw.constants.SheetVisibility.
xlSheetVeryHidden
>>> bk.api.Sheets("Sheet1").Visible=2
```

無論以何種方式隱藏了工作表，都可以使用下面程式碼中的任意一句顯示它。

【win32com】

```
>>> bk.Sheets("Sheet1").Visible = True
>>> bk.Sheets("Sheet1").Visible = constants.xlSheetVisible
>>> bk.Sheets("Sheet1").Visible = 1
>>> bk.Sheets("Sheet1").Visible = -1
```

【xlwings】

```
>>> bk.sheets("Sheet1").visible = True
>>> bk.sheets("Sheet1").visible = 1
```

【xlwings API】

```
>>> bk.api.Sheets("Sheet1").Visible = True
>>> bk.api.Sheets("Sheet1").Visible = xw.constants.SheetVisibility.
xlSheetVisible
>>> bk.api.Sheets("Sheet1").Visible = 1
>>> bk.api.Sheets("Sheet1").Visible = -1
```

4.4.5 選擇列和欄

選擇單列，要先引用這一列，然後使用 Select 方法選擇即可。下面選擇第 1 列。

【win32com】

```
>>> sht.Rows(1) .Select()
>>> sht.Range("1:1").Select()
>>> sht.Range("A1").EntireRow.Select()
```

【xlwings】

```
>>> sht["1:1"].select()
```

【xlwings API】

```
>>> sht.api.Rows(1) .Select()
>>> sht.api.Range("1:1").Select()
>>> sht.api.Range("a1").EntireRow.Select()
```

選擇多列，要先引用這些列，然後使用 Select 方法選擇。下面選擇第 1 ～ 5 列。

【win32com】

```
>>> sht.Rows("1:5").Select()
>>> sht.Range("1:5").Select()
>>> sht.Range("A1:A5").EntireRow.Select()
```

【xlwings】

```
>>> sht["1:5"].select()
>>> sht[0:5,:].select()
```

【xlwings API】

```
>>> sht.api.Rows("1:5").Select()
>>> sht.api.Range("1:5").Select()
>>> sht.api.Range("A1:A5").EntireRow.Select()
```

選擇不連續的列，要先引用這些不連續的列，然後使用 Select 方法選擇。下面選擇第 1 ～ 5 列和第 7 ～ 10 列。

【win32com】

```
>>> sht.Range("1:5,7:10").Select()
```

【xlwings】

```
>>> sht.range("1:5,7:10").select()
```

【xlwings API】

```
>>> sht.api.Range("1:5,7:10").Select()
```

選擇單欄，要先引用這一欄，然後使用 Select 方法選擇即可。下面選擇第 1 欄。

【win32com】

```
>>> sht.Columns(1).Select()
>>> sht.Columns("A").Select()
>>> sht.Range("A:A").Select()
>>> sht.Range("A1").EntireColumn.Select()
```

【xlwings】

```
>>> sht.range("A:A").select()
```

【xlwings API】

```
>>> sht.api.Columns(1).Select()
>>> sht.api.Columns("A").Select()
>>> sht.api.Range("A:A").Select()
>>> sht.api.Range("A1").EntireColumn.Select()
```

選擇多欄，要先引用這些欄，然後使用 Select 方法選擇。下面選擇 B、C 欄。

【win32com】

```
>>> sht.Columns("B:C").Select()
>>> sht.Range("B:C").Select()
>>> sht.Range("B1:C2").EntireColumn.Select()
```

【xlwings】

```
>>> sht.range("B:C").select()
>>> sht[:,1:3].select()
```

【xlwings API】

```
>>> sht.api.Columns("B:C").Select()
>>> sht.api.Range("B:C").Select()
>>> sht.api.Range("B1:C2").EntireColumn.Select()
```

選擇不連續的欄，要先引用這些不連續的欄，然後使用 Select 方法選擇。下面選擇 C ～ E 欄和 G ～ I 欄。

【win32com】

```
>>> sht.Range("C:E,G:I").Select()
```

【xlwings】

```
>>> sht.range("C:E,G:I").select()
```

【xlwings API】

```
>>> sht.api.Range("C:E,G:I").Select()
```

4.4.6　複製、剪下列和欄

在 win32com 和 xlwings API 方式下，引用列和欄後，分別使用儲存格物件的 Copy 方法和 Cut 方法來複製、剪下列和欄。

在進行複製時，首先使用 Copy 方法將來源資料複製到剪貼簿，選擇要貼上的目標位置，然後使用工作表物件的 Paste 方法進行貼上。下面將第 2 列的內容複製到第 7 列。

【win32com】

```
>>> sht.Rows("2:2").Copy()
>>> sht.Range("A7").Select()
>>> sht.Paste()
```

【xlwings API】

```
>>> sht.api.Rows("2:2").Copy()
>>> sht.api.Range("A7").Select()
>>> sht.api.Paste()
```

在進行剪下時，首先使用 Cut 方法將來源資料剪下到剪貼簿，選擇要貼上的目標位置，然後使用工作表物件的 Paste 方法進行貼上。剪下與複製的區別在於，剪下後來源資料就清空了（剪下相當於移動操作），而複製不會清空來源資料。下面將第 2 列的內容剪下到第 7 列。

【win32com】

```
>>> sht.Rows("2:2").Cut()
>>> sht.Range("A7").Select()
>>> sht.Paste()
```

【xlwings API】

```
>>> sht.api.Rows("2:2").Cut()
>>> sht.api.Range("A7").Select()
>>> sht.api.Paste()
```

也可以一次剪下多列。首先選擇這些列，然後使用 Selection 物件的 Cut 方法進行剪下。 注意 在 win32com 和 xlwings API 方式下，取得 Selection 物件的方法不一樣。下面將第 2 列和第 3 列的內容剪下，然後貼上到第 7 列和第 8 列。

【win32com】

```
>>> sht.Rows ("2:3").Select()
>>> app.Selection.Cut()
>>> sht.Range("A7").Select()
>>> sht.Paste()
```

【xlwings API】

```
>>> sht.api.Rows ("2:3").Select()
>>> bk.selection.api.Cut()
>>> sht.api.Range("A7").Select()
>>> sht.api.Paste()
```

欄的複製、剪下與列的複製、剪下類似，只是引用的是欄。下面將 A 欄的內容複製到 E 欄。

【win32com】

```
>>> sht.Columns("A:A").Copy()
>>> sht.Range("E1").Select()
>>> sht.Paste()
```

【xlwings API】

```
>>> sht.api.Columns("A:A").Copy()
>>> sht.api.Range("E1").Select()
>>> sht.api.Paste()
```

將第 1 欄的內容剪下到第 5 欄：

【win32com】

```
>>> sht.Columns("A:A").Cut()
>>> sht.Range("E1").Select()
>>> sht.Paste()
```

【xlwings API】

```
>>> sht.api.Columns("A:A").Cut()
>>> sht.api.Range("E1").Select()
>>> sht.api.Paste()
```

將 B、C 欄的內容剪下到 F、G 欄：

【win32com】

```
>>> sht.Columns("B:C").Select()
>>> app.Selection.Cut()
>>> sht.Range("F1").Select()
>>> sht.Paste()
```

【xlwings API】

```
>>> sht.api.Columns("B:C").Select()
>>> bk.selection.api.Cut()
>>> sht.api.Range("F1").Select()
>>> sht.api.Paste()
```

4.4.7 插入列和欄

4.3.9 節介紹了使用儲存格物件的 Insert（insert）方法插入儲存格或區域，引用行或列後，呼叫同樣的方法，可以實現插入列或欄。

對於圖 4-23 所示的工作表資料，定義第 2 列的格式，設定 A2 儲存格的背景色為綠色，C2 為藍色，E2 為紅色，在第 3 列的上面插入列，複製第 2 列的格式。程式碼如下：

【win32com】

```
>>> sht.Range("A2").Interior.Color=xw.utils.rgb_to_int((0, 255, 0))
>>> sht.Range("C2").Interior.Color=xw.utils.rgb_to_int((0, 0, 255))
>>> sht.Range("E2").Interior.Color=xw.utils.rgb_to_int((255, 0, 0))
>>> sht.Rows(3).Insert(Shift=constants.xlShiftDown,
CopyOrigin=constants.xlFormatFromLeftOrAbove)
```

【xlwings】

```
>>> sht.range("A2").color=(0,255,0)
>>> sht.range("C2").color=(0,0,255)
>>> sht.range("E2").color=(255,0,0)
>>> sht["3:3"].insert(shift="down",copy_origin="format_from_left_or_above")
```

【xlwings API】

```
>>> sht.api.Range("A2").Interior.Color=xw.utils.rgb_to_int((0, 255, 0))
>>> sht.api.Range("C2").Interior.Color=xw.utils.rgb_to_int((0, 0, 255))
>>> sht.api.Range("E2").Interior.Color=xw.utils.rgb_to_int((255, 0, 0))
>>> sht.api.Rows(3).Insert(Shift=xw.constants.InsertShiftDirection.
xlShiftDown,CopyOrigin=xw.constants.InsertFormatOrigin.xlFormatFromLeftOrAbove)
```

定義第 2 列的格式並在第 3 列的上面插入行後的效果，如圖 4-24 所示。插入的第 3 列複製了第 2 列的格式，原來位置的列及以下資料依次往下移。

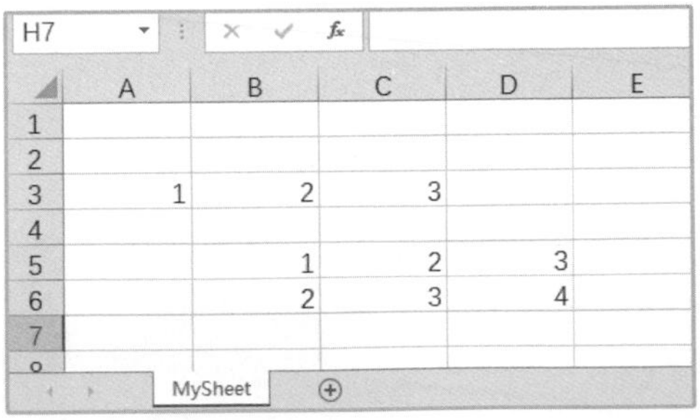

▲ 圖 4-23　原工作表資料

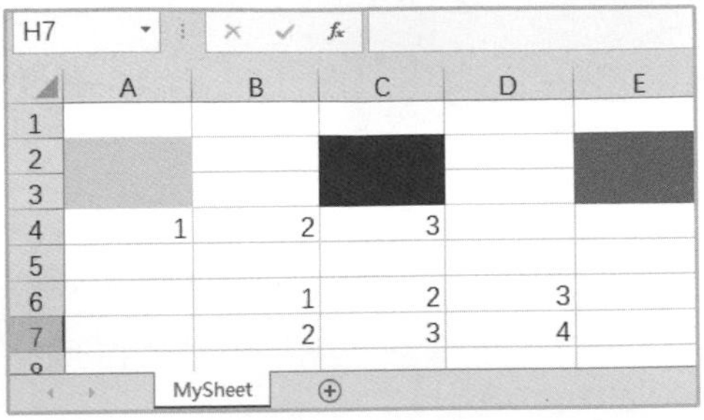

▲ 圖 4-24　定義格式並插入行後的工作表

使用迴圈，可以連續插入多列。下面在第 3 列的上面插入 4 個空白列。

【win32com】

```
>>> for i in range(4):
        sht.Rows(3).Insert()
```

【xlwings API】

```
>>> for i in range(4):
        sht.api.Rows(3).Insert()
```

下面在活動工作表中先選擇一列，然後在該行的上面插入一個空白列。

【win32com】

```
>>> bk.ActiveSheet.Rows(app.Selection.Row).Insert()
```

【xlwings API】

```
>>> bk.sheets.active.api.Rows(bk.selection.row).Insert()
```

在實際應用中，通常需要遍歷多列，在其中找到滿足條件的列，然後在它的上面插入空白列。下面遍歷 sht 工作表物件中第 3 欄的各列，找到值為「雷婷」的儲存格，在它所在列的上面插入一列。

【win32com】

```
>>> for i in range(10,2,-1):
        if sht.Cells(i, 3).Value == '雷婷':
            sht.Cells(i, 3).EntireRow.Insert()
```

【xlwings API】

```
>>> for i in range(10,2,-1):
        if sht.cells(i, 3).value == '雷婷':
            sht.api.Cells(i, 3).EntireRow.Insert()
```

插入欄的操作與插入列的操作基本相同，只是區域的引用方式和 Insert（insert）方法的參數設定不一樣。

【win32com】

```
>>> sht.Columns(2).Insert()
```

【xlwings】

```
>>> sht['B:B'].insert()
```

【xlwings API】

```
>>> sht.api.Columns(2).Insert()
```

使用迴圈，可以連續插入多欄。

【win32com】

```
>>> for i in range(1,3):
        sht.Cells(1, 2).Select()
        app.Selection.EntireColumn.Insert()
```

【xlwings API】

```
>>> for i in range(1,3):
        sht.cells(1, 2).select()
        bk.selection.api.EntireColumn.Insert()
```

使用迴圈隔列插入列，可以將迴圈時計數變數的步長設定為 2，或者在迴圈體中對儲存格進行引用時間隔引用列。下面使用第 2 種方法隔列插入列。

【win32com】

```
>>> for i in range(1,9):
        sht.Cells(1, 2*i).Select()
        app.Selection.EntireColumn.Insert()
```

【xlwings API】

```
>>> for i in range(1,9):
        sht.cells(1, 2*i).select()
        bk.selection.api.EntireColumn.Insert()
```

4.4.8　刪除列和欄

引用列或欄後，使用工作表物件的 Delete（delete）方法可以刪除列或欄。該方法在 4.3.11 節中有詳細的介紹，請參閱。

 1 刪除單列單欄、多列多欄、不連續的列和欄

單列單欄、多列多欄和不連續的列和欄的刪除，請參見 4.4.5 節中列和欄選擇的內容，其引用方式相同，把 Select（select）方法換成 Delete（delete）方法即可，這裡不再贅述。

 2 刪除空列

刪除空行有多種方法，下面介紹兩種。

第 1 種方法是使用 4.3.7 節介紹的 SpecialCells 方法，先找到空格，然後刪除空格所在的列。

【win32com】

```
>>> sht.Columns("A:A").SpecialCells(constants.xlCellTypeBlanks).EntireRow.
Delete()
```

【xlwings API】

```
>>> sht.api.Columns("A:A").SpecialCells(xw.constants.CellType.
xlCellTypeBlanks).EntireRow.Delete()
```

第 2 種方法是使用工作表函數，這裡用到後面要介紹的 Application 物件，使用該物件的 WorksheetFunction 屬性，繼續引用其 CountA 方法。該方法的參數為工作表的列，如果列為空列，則返回 0。據此可以刪除所有空列。

【win32com】

```
>>> a= sht.UsedRange.Rows.Count
>>> for i in range(a,1,-1):
        if app.WorksheetFunction.CountA(sht.Rows(i))==0:
            sht.Rows(i).Delete()
```

【xlwings API】

```
>>> a= sht.used_range.rows.count
>>> for i in range(a,1,-1):
        if app.api.WorksheetFunction.CountA(sht.api.Rows(i))==0:
            sht.api.Rows(i).Delete()
```

 3 刪除重複

刪除重複列，首先要把重複列找出來。使用工作表函數 COUNTIF 可以找出重複列。例如圖 4-25 中第 1 欄是給定的資料，在 B1 儲存格中加上公式「=COUNTIF($A$1:$A$7,A1)」，下拉填滿，結果如圖中第 2 欄所示，欄中每

個資料都表示左側資料重複的次數，大於 1 的即表示有重複。據此可以找出
重複列。

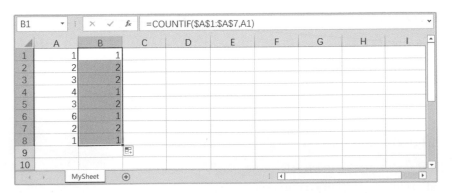

▲ 圖 4-25 使用 COUNTIF 函數尋找重複列

編寫如下程式碼，使用 COUNTIF 函數對工作表中第 1 欄資料進行判斷，如
果返回值大於 1，則表示為重複列，刪除。

【win32com】

```
>>> a=sht.Cells(sht.Rows.Count, 1).End(constants.xlUp).Row
>>> for i in range(a,1,-1):
        if app.WorksheetFunction.CountIf(sht.Columns(1), sht.Cells (i,1))>1:
            sht.Rows(i).Delete()
```

【xlwings API】

```
>>> a=sht.cells(sht.api.Rows.Count, 1).end("up").row
>>> for i in range(a,1,-1):
        if app.api.WorksheetFunction.CountIf(sht.api.Columns(1), sht. api.
Cells(i,1))>1:
            sht.api.Rows(i).Delete()
```

4.4.9 設定列高和欄寬

在 win32com 和 xlwings API 方式下，使用儲存格物件的 RowHeight 屬性
設定和取得列高，使用 ColumnWidth 屬性設定和取得欄寬。

下面設定第 3 列的列高為 30，第 5 列的列高為 40，最後設定所有列的列高為 30。

【win32com】

```
>>> sht.Rows(3).RowHeight = 30
>>> sht.Range("C5").EntireRow.RowHeight = 40
>>> sht.Range("C5").RowHeight = 40
>>> sht.Cells.RowHeight = 30
```

【xlwings API】

```
>>> sht.api.Rows(3).RowHeight = 30
>>> sht.api.Range("C5").EntireRow.RowHeight = 40
>>> sht.api.Range("C5").RowHeight = 40
>>> sht.api.Cells.RowHeight = 30
```

下面設定第 2 欄的欄寬為 20，第 4 欄的欄寬為 15，最後設定所有列的欄寬為 10。

【win32com】

```
>>> sht.Columns(2).ColumnWidth = 20
>>> sht.Range("C4").ColumnWidth = 15
>>> sht.Range("C4").EntireColumn.ColumnWidth = 15
>>> sht.Cells.ColumnWidth = 10
```

【xlwings API】

```
>>> sht.api.Columns(2).ColumnWidth = 20
>>> sht.api.Range("C4").ColumnWidth = 15
>>> sht.api.Range("C4").EntireColumn.ColumnWidth = 15
>>> sht.api.Cells.ColumnWidth = 10
```

在 xlwings 方式下，使用工作表物件的 autofit 方法，將在整個工作表中自動調整列、欄或兩者的高度和寬度。該方法的語法格式為：

```
sht.autofit(axis=None)
```

其中，sht 為需要設置的工作表。當 axis 參數的值為 "rows" 或 "r" 時，自動調整列；當其值為 "columns" 或 "c" 時，自動調整欄。當不帶參數時，自動調整列和欄。

```
>>> sht.autofit("c")
```

如圖 4-26 和圖 4-27 所示為自動調整工作表欄寬前後的效果。

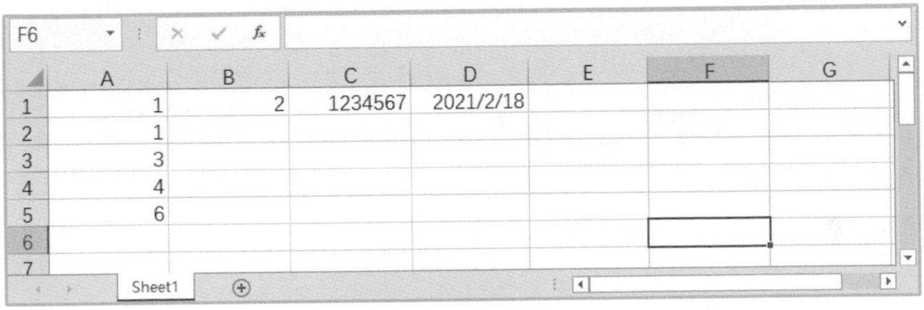

▲ 圖 4-26　自動調整欄寬前的工作表

▲ 圖 4-27　自動調整欄寬後的工作表

4.5　活頁簿物件

活頁簿物件是工作表物件的父物件，是對現實辦公場景中資料夾的抽象和模擬。一個活頁簿中可以有一個或多個工作表。使用活頁簿物件的屬性和方法，可以對活頁簿進行設定和操作。

與活頁簿有關的物件，在 win32com 和 xlwings API 方式下主要有 Workbook、Workbooks 和 ActiveWorkbook 等；在 xlwings 方式下有 Book 和 books。複數形式的類表示集合，所有單數形式的物件都在對應集合中儲存和管理。ActiveWorkbook 表示目前活動活頁簿。

4.5.1 建立和開啟活頁簿

可以使用 xlwings 方式及 win32com 和 xlwings API 方式建立和開啟活頁簿。

在 xlwings 方式下，使用 books 物件的 add 方法，或者使用 xlwings 的 Book 方法建立活頁簿。在建立 application 物件時，也會建立一個活頁簿。在 win32com 和 xlwings API 方式下，使用 Workbooks 物件的 Add 方法建立活頁簿。

【win32com】

```
>>> import win32com.client as win32
>>> app=win32.gencache.EnsureDispatch("excel.application")
>>> app.Visible=True
>>> bk=app.Workbooks.Add()
```

【xlwings】

```
>>> import xlwings as xw
>>> bk=xw.books.add()
```

或者

```
>>> bk=xw.Book()
```

或者

```
>>> app=xw.App()
>>> bk=xw.books.active
```

【xlwings API】

```
>>> import xlwings as xw
>>> app=xw.App()
>>> bk=app.api.Workbooks.Add()
```

在 win32com 方式下，在建立 Application 物件時，預設應用視窗是不可見的，將它的 Visible 屬性的值設定為 True，使之可見。

在 xlwings API 方式下，在建立 application 物件時，建立了一個活頁簿，使用 Workbooks.Add 方法又建立了一個活頁簿，實際上建立了兩個活頁簿。可以用下列的程式碼引用前一步建立的活頁簿。

```
>>> bk=app.api.Workbooks(1)
```

在建立一個新的活頁簿後，這個新的活頁簿自動成為活動活頁簿。在 xlwings 方式下，使用 books 物件的 active 屬性取得目前活動活頁簿。

```
>>> bk=xw.books.active
>>> bk.name
'活頁簿1'
```

在 win32com 和 xlwings API 方式下，使用 ActiveWorkbook 物件引用活動活頁簿。

```
>>> app.api.ActiveWorkbook.Name
'活頁簿1'
```

在 win32com 和 xlwings API 方式下，可以在建立活頁簿的同時指定活頁簿中工作表的類型。在指定工作表類型時，可以直接指定，也可以指定一個檔案，在建立的活頁簿中工作表的類型與該檔案中的相同。

【win32com】

```
>>> bk=app.Workbooks.Add(constants.xlWBATChart)
>>> bk=app.Workbooks.Add(r"C:\1.xlsx")
```

【xlwings API】

```
>>> bk=app.api.Workbooks.Add(xw.constants.WBATemplate.xlWBATChart)
>>> bk=app.api.Workbooks.Add(r"C:\1.xlsx")
```

工作表類型參數的取值有 4 個，即 xlWBATWorksheet、xlWBATChart、
xlWBATExcel4MacroSheet 和 xlWBATExcel4IntlMacroSheet，分別表示
普通工作表、圖表工作表、巨集工作表和國際巨集工作表。

對於已經存在的活頁簿，在 xlwings 方式下，使用 books 物件的 open 方法
開啟；在 win32com 和 xlwings API 方式下，使用 Workbooks 物件的 Open
方法開啟。如果活頁簿尚未開啟，則開啟並返回。如果它已經開啟，則不會引
發異常，只是返回活頁簿物件。open（Open）方法的參數是一個字串，指定
完整的路徑和檔名。如果只指定檔名，則在目前工作目錄中尋找該檔案。

【win32com】

```
>>> bk=app.Workbooks.Open(r"C:\1.xlsx")
```

【xlwings】

```
>>> xw.books.open(r"C:/1.xlsx")
<Book [1.xls]>
```

也可以使用 Book 物件開啟 Excel 檔：

```
>>> xw.Book(r"C:/1.xlsx")
<Book [1.xls]>
```

【xlwings API】

```
>>> bk=app.api.Workbooks.Open(r"C:\1.xlsx")
```

4.5.2 引用、啟動、儲存和關閉活頁簿

在 xlwings 方式下，book 物件是 books 集合的成員，可以直接使用 book 物
件在 books 集合中的索引號進行引用。

```
>>> import xlwings as xw
>>> xw.books[0]
<Book [活頁簿1]>
```

也可以使用小括號進行引用，例如：

```
>>> xw.books(1)
<Book [活頁簿1]>
```

注意 當使用中括號引用時基數為 0，當使用小括號引用時基數為 1。

如果有多個 Excel 應用同時開啟，則可以使用活頁簿的名稱進行引用。

下面建立一個新的 Excel 應用，引用其中名稱為「活頁簿1」的活頁簿。

```
>>> app = xw.App()
>>> app.books["活頁簿1"]
```

如果已經存在多個 Excel 應用，則可以使用 xw.apps.keys() 取得它們的 PID，透過 PID 索引得到所需要的應用，然後使用該應用的 books 屬性建立對活頁簿的引用。

```
>>> pid=xw.apps.keys()
>>> pid
[3672, 4056]
>>> app=xw.apps[pid[0]]
>>> app.books[0]
<Book [活頁簿1]>
```

使用 activate 方法啟動活頁簿。

```
>>> xw.books(1).activate()
```

使用 books 物件的 active 屬性返回活動活頁簿。

```
>>> xw.books.active.name
'活頁簿1'
```

使用 save 方法儲存活頁簿。

```
>>> bk.save()
>>> bk.save(r'C:\path\to\new_file_name.xlsx')
```

使用 close 方法關閉活頁簿而不儲存。

```
>>> bk.close()
```

在 win32com 和 xlwings API 方式下，也可以使用索引號和名稱引用活頁簿。

【win32com】

```
>>> bk=app.Workbooks(1)
>>> bk=app.Workbooks("活頁簿1")
```

【xlwings API】

```
>>> bk=app.api.Workbooks(1)
>>> bk=app.api.Workbooks("活頁簿1")
```

使用 Activate 方法啟動活頁簿。

【win32com】

```
>>> app.Workbooks(1).Activate()
```

【xlwings API】

```
>>> app.api.Workbooks(1).Activate()
```

使用 ActiveWorkbook 物件引用活動活頁簿。

【win32com】

```
>>> app.ActiveWorkbook.Name
'活頁簿1'
```

【xlwings API】

```
>>> app.api.ActiveWorkbook.Name
'活頁簿1'
```

儲存對活頁簿的更改，呼叫 Workbooks 物件的 Save 方法。

【win32com】

```
>>> bk=app.Workbooks(1)
>>> bk.Save()
```

【xlwings API】

```
>>> bk=app.api.Workbooks(1)
>>> bk.Save()
```

如果想將檔案另存為一個新的檔案，或者第一次儲存一個建立的活頁簿，就用 SaveAs 方法，其參數指定檔案儲存的路徑及檔名。如果省略路徑，則預設將檔案儲存在目前工作目錄中。

【win32com】

```
>>> bk=app.Workbooks(1)
>>> bk.SaveAs(r"D:\test.xlsx")
```

【xlwings API】

```
>>> bk=app.api.Workbooks(1)
>>> bk.SaveAs(r"D:\test.xlsx")
```

使用 SaveAs 方法將活頁簿另存為新檔後，將自動關閉原檔，然後開啟新檔。如果希望繼續保留原檔而不開啟新檔，則可以使用 SaveCopyAs 方法。

【win32com】

```
>>> bk=app.Workbooks(1)
>>> bk.SaveCopyAs(r"D:\test.xlsx")
```

【xlwings API】

```
>>> bk=app.api.Workbooks(1)
>>> bk.SaveCopyAs(r"D:\test.xlsx")
```

使用 Workbooks 物件的 Close 方法關閉活頁簿。如果不帶參數，則關閉所有開啟的活頁簿。

【win32com】

```
>>> app.Workbooks(1).Close()
```

【xlwings API】

```
>>> app.api.Workbooks(1).Close()
```

4.6 Excel 應用物件

與 Excel 應用相關的物件包括 Application（App）物件和 Apps 物件，其中 Application（App）物件表示 Excel 應用本身，是 Workbook（Book）、Worksheet（Sheet/sheet）、Range 等其他物件的根物件。Apps 物件是集合，對開啟的多個 App 物件進行儲存和管理。

4.6.1 Application（App）物件和 Apps 物件

當使用 win32com 時，使用下列的程式碼建立 Application 物件。

```
>>> import win32com.client as win32
>>> app=win32.gencache.EnsureDispatch('excel.application')
```

當使用 xlwings 時，使用頂級函數 App() 建立 App 物件。

```
>>> import xlwings as xw
>>> app = xw.App()
>>> app2 = xw.App()
```

查看 app 中活頁簿的個數。

【win32com】

```
>>> app.Workbooks.Count
```

【xlwings】

```
>>> app.books.count
```

【xlwings API】

```
>>> app.api.Workbooks.Count
```

在 xlwings 方式下，啟動應用 app2，使之成為目前應用。

```
>>> app2.activate()
```

查看目前活動活頁簿中的活動工作表的 A1 儲存格中的值。

```
>>> app.range("A1").value
```

給目前活動活頁簿中的活動工作表的 C3 儲存格賦值 10，然後選擇它，返回目前應用中所選取物件的值。

```
>>> app.range("C3").value=10
>>> app.range("C3").select()
>>> app.selection.value
10.0
```

apps 物件是所有 app 物件的集合。

```
>>> import xlwings as xw
>>> xw.apps
```

使用 add 方法建立一個新的應用，這個新的應用自動成為活動應用。

```
>>> xw.apps.add()
```

使用 active 屬性返回活動應用。

```
>>> xw.apps.active
```

使用 count 屬性返回應用的個數。

```
>>> xw.apps.count
2
```

每個 Excel 應用都有一個唯一的 PID 值，可使用它對應用集合進行索引。使用 keys 方法取得所有應用的 PID 值，以列表的形式返回。

```
>>> pid=xw.apps.keys()
>>> pid
[3672, 4056]
```

然後可以使用 PID 值引用單個應用。下面取得第一個應用的標題。

```
>>> xw.apps[pid[0]].api.Caption
'活頁簿1 - Excel'
```

在 xlwings 方式下，App 物件沒有 Caption 屬性，採用的是 API 的用法。

使用 kill 方法，強制 Excel 應用透過終止其行程退出。

```
>>> app.kill()
```

使用 quit 方法，退出應用而不儲存任何活頁簿。

```
>>> app.quit()
```

4.6.2 定義位置、大小、標題、可見性和狀態屬性

每個 Excel 應用都是一個 Excel 圖形視窗，可以使用 API 呼叫的方式取得與視窗相關的一些屬性。

在 API 方式下，Left 屬性和 Top 屬性的值，定義視窗左上角點的水平座標和垂直座標，即定義視窗的位置。

【win32com】

```
>>> app.Left
66.25
>>> app.Top
21.0
```

【xlwings API】

```
>>> app.api.Left
66.25
>>> app.api.Top
21.0
```

Width 屬性和 Height 屬性的值定義視窗的寬度和高度，即定義視窗的大小。

【win32com】

```
>>> app.Width
635.25
>>> app.Height
390.0
```

【xlwings API】

```
>>> app.api.Width
635.25
>>> app.api.Height
390.0
```

使用 Caption 屬性的值定義視窗的標題。

【win32com】

```
>>> app.Caption
'活頁簿1 - Excel'
```

【xlwings API】

```
>>> app.api.Caption
'活頁簿1 - Excel'
```

使用 Visible 屬性返回或設定視窗的可見性。當該屬性的值為 True 時，視窗可見；當其值為 False 時，視窗不可見。

【win32com】

```
>>> app.Visible
True
```

【xlwings API】

```
>>> app.api.Visible
True
```

使用 WindowState 屬性定義視窗的顯示狀態，包括三種狀態，即視窗最小化、視窗最大化和視窗正常顯示，其常數分別對應於 xlMinimized、xlMaximized 和 xlNormal，對應的值分別為 -4140、-4137 和 -4143。

【win32com】

```
>>> app.WindowState
-4143
```

【xlwings API】

```
>>> app.api.WindowState
-4143
```

下面設定視窗最大化。

【win32com】

```
>>> app.WindowState=constants.xlMaximized
```

【xlwings API】

```
>>> app.api.WindowState=xw.constants.WindowState.xlMaximized
```

4.6.3 定義其他常用屬性

下面介紹幾個比較常用且很有用的屬性，包括 ScreenUpdating（screen_updating）、DisplayAlerts（display_alerts）和 WorksheetFunction 屬性。

 1 重新整理介面

Excel 為使用者提供了非常漂亮的圖形使用者介面，它相當於一個功能強大的虛擬辦公環境。從開發的角度來講，我們需要知道的是，這個漂亮的介面是由圖形組成的，是「畫」出來的。而且，當使用滑鼠和鍵盤進行點選、移動、按下、釋放等每一個動作時，這個介面都會重新整理，即所謂的重畫。如果對工作表、儲存格進行頻繁的操作，就會頻繁地重畫整個介面。

重畫是需要時間的。所以，如果能關閉這個重畫的動作，就能顯著提高腳本的執行速度。這就是 ScreenUpdating（screen_updating）屬性的意義所在。

當設定 ScreenUpdating（screen_updating）的值為 False 時，關閉重新整理介面的動作，此後對工作表、儲存格所做的任何改變都不會在介面上顯示出來，直到設定 ScreenUpdating（screen_updating）屬性的值為 True。

【win32com】

```
>>> app.ScreenUpdating=False
```

【xlwings】

```
>>> app.screen_updating=False
```

 注意 在操作完成以後，要記得將該屬性的值設定為 True。

 2 顯示警告

編寫程式不是一蹴而就的事情，而是需要不斷地除錯，不斷地發現錯誤、改正錯誤。即使沒有錯誤了，也會有不完美的地方。此時，程式執行時可能會彈出一些對話框，給出一些提示或者警告。這會中斷程式的執行，需要進行人工干預，將其關閉以後，程式才會繼續執行。所以，這對於我們追求的自動化操作是一大威脅，使得自動化處理不再流暢。

這樣的提示或警告並不是程式出錯導致的，不會影響程式的結果。使用 DisplayAlerts（display_alerts）屬性，設定它的值為 False 時，可以禁止彈出這些對話框，從而保障程式流暢地執行。當然，當任務處理完以後，還需要將該屬性的值設定為 True。

【win32com】

```
>>> app.DisplayAlerts=False
```

【xlwings】

```
>>> app.display_alerts=False
```

 ## 3 呼叫工作表函數

Excel 的工作表函數功能非常強大，在編寫腳本時，如果能夠呼叫它們進行處理，將事半功倍。

利用 WorksheetFunction 屬性可以呼叫工作表函數，輕鬆完成很多任務。

對於圖 4-28 所示工作表中的資料，可以使用工作表函數 CountIf 統計其中大於 8 的資料的個數。

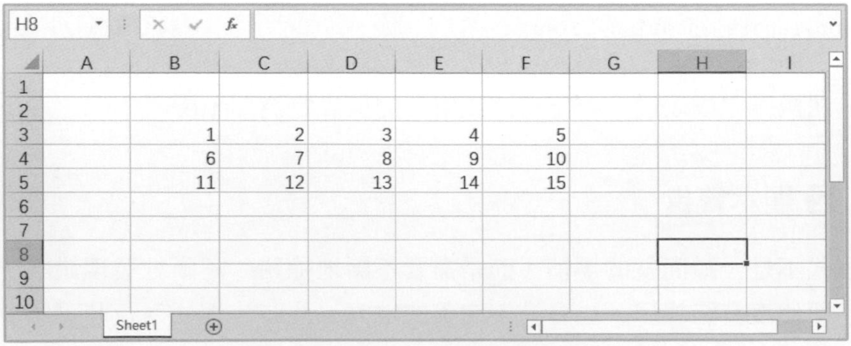

▲ 圖 4-28　給定的資料

編寫程式碼如下:

【win32com】

```
>>> app.WorksheetFunction.CountIf(app.Range("B2:F5"),">8")
7.0
```

【xlwings API】

```
>>> app.api.WorksheetFunction.CountIf(app.api.Range("B2:F5"),">8")
7.0
```

輸出結果為 7.0,表示在工作表給定範圍內大於 8 的資料的個數為 7。

4.7 資料讀 / 寫

在不同應用程式之間進行整合開發時,資料交換是一個很重要的問題。我們要入境隨俗,在哪山唱哪歌。使用 Python 處理 Excel 資料時,需要先將 Excel 資料按 Python 的要求來儲存。同樣,將 Python 資料顯示到 Excel 工作表中,也要按照 Excel 的要求來做。

4.7.1 Excel 工作表與 Python 列表之間的資料讀 / 寫

Excel 工作表與 Python 列表之間的資料讀 / 寫,包括將 Excel 資料讀取到 Python 列表中和將 Python 列表資料寫入 Excel 工作表中。

 1 將 Excel 資料讀取到 Python 列表中

將圖 4-29 所示工作表中的資料,讀取到 Python 列表中。

E7	▼	:	×	✓	fx		
◢	A	B	C	D	E	F	G
1	1	2	3	4	5		
2							

▲ 圖 4-29 Excel 資料

實現程式碼如下：

【win32com】

```
>>> import win32com.client as win32
>>> app=win32.gencache.EnsureDispatch("excel.application")
>>> app.Visible=True
>>> bk=app.Workbooks.Add()
>>> sht=bk.Worksheets(1)
>>> lst=sht.Range("A1:E1").Value     #從工作表中讀取資料
>>> lst
((1.0, 2.0, 3.0, 4.0, 5.0),)
>>> list(lst[0])
[(1.0, 2.0, 3.0, 4.0, 5.0)]
```

【xlwings】

```
>>> import xlwings as xw
>>> bk=xw.Book()
>>> sht=bk.sheets(1)
>>> lst=sht.range("A1:E1").value     #從工作表中讀取資料
>>> lst
[1.0, 2.0, 3.0, 4.0, 5.0]
```

【xlwings API】

```
>>> import xlwings as xw
>>> bk=xw.Book()
>>> sht=bk.api.Sheets(1)
>>> ls=sht.Range("A1:E1").Value      #從工作表中讀取資料
>>> lst
((1.0, 2.0, 3.0, 4.0, 5.0),)
>>> list(lst[0])
[(1.0, 2.0, 3.0, 4.0, 5.0)]
```

當使用 win32com 和 xlwings API 方式時，首先得到的是元組，要使用 list 函數轉換成列表。

如果 Excel 資料是欄資料，比如第 1 欄中前五個數為 1, 3, 5, 7, 9，使用 xlwings

方式與使用 win32com 和 xlwings API 方式處理得到的結果完全不同。

【win32com】

```
>>> lst=sht.Range("A1:A5").Value
>>> lst
((1.0,), (3.0,), (5.0,), (7.0,), (9.0,))
>>> lst2=[]
>>> for i in range(len(lst)):
        lst2.append(list(lst[i]))
>>> lst2
[[1.0], [3.0], [5.0], [7.0], [9.0]]
```

【xlwings】

```
>>> lst=sht.range("A1:A5").value
>>> lst
[1.0, 2.0, 3.0, 4.0, 5.0]
```

【xlwings API】

```
>>> lst=sht.api.Range("A1:A5").Value
>>> lst
((1.0,), (3.0,), (5.0,), (7.0,), (9.0,))
>>> lst2=[]
>>> for i in range(len(lst)):
        lst2.append(list(lst[i]))
>>> lst2
[[1.0], [3.0], [5.0], [7.0], [9.0]]
```

可見，當使用 xlwings 方式時，引用列資料得到的仍然是一維列表；當使用 win32com 和 xlwings API 方式時，得到的是二維元組。使用 for 迴圈把二維元組轉換為二維列表或一維列表。下面轉換為一維列表。

```
>>> lst3=[]
>>> for i in range(len(lst)):
        lst3.append(list(lst[i][0]))
>>> lst3
[1.0, 3.0, 5.0, 7.0, 9.0]
```

2 將 Python 列表資料寫入 Excel 工作表中

將 Python 列表資料寫入 Excel 工作表中，在 xlwings 方式下，指定區域的第 1 個儲存格寫入即可；在 win32com 和 xlwings API 方式下，需要指定整個區域。下面把一維列表行資料寫入 Excel 工作表 sht 中。

【win32com】

```
>>> import win32com.client as win32
>>> app=win32.gencache.EnsureDispatch("excel.application")
>>> app.Visible=True
>>> bk=app.Workbooks.Add()
>>> sht=bk.Worksheets(1)
>>> lst=[1,2,3,4,5]
>>> sht.Range("A3:E3").Value=lst          #將Python列表資料寫入Excel工作表中
```

【xlwings】

```
>>> import xlwings as xw
>>> bk=xw.Book()
>>> sht=bk.sheets(1)
>>> lst=[1,2,3,4,5]
>>> sht.range("A1").value=lst             #將Python列表資料寫入Excel工作表中
```

【xlwings API】

```
>>> import xlwings as xw
>>> bk=xw.Book()
>>> sht=bk.sheets(1)
>>> lst=[1,2,3,4,5]
>>> sht.api.Range("A3:E3").Value=lst      #將Python列表資料寫入Excel工作表中
```

結果如圖 4-30 所示。

	A	B	C	D	E	F	G
1	1	2	1	4	5		
2							
3	1	2	3	4	5		
4							

▲ 圖 4-30 將 Python 列表資料寫入 Excel 工作表中

如果希望將 Python 列表資料寫入 Excel 工作表中的某列，則分兩種情況：一種是列表資料為二維列資料，可直接寫入；另一種是列表資料為一維行資料，在寫入時進行轉置。

【win32com】

```
>>> import win32com.client as win32
>>> app=win32.gencache.EnsureDispatch("excel.application")
>>> app.Visible=True
>>> bk=app.Workbooks.Add()
>>> sht=bk.Worksheets(1)
>>> lst=[[1],[2],[3],[4],[5]]
>>> sht.Range("C1:C5").Value=lst      #直接寫入
```

或者

```
>>> import win32com.client as win32
>>> app=win32.gencache.EnsureDispatch("excel.application")
>>> app.Visible=True
>>> bk=app.Workbooks.Add()
>>> sht=bk.Worksheets(1)
>>> lst=[1,2,3,4,5]
>>> sht.Range("E1:E5").Value=app.WorksheetFunction.Transpose(lst)      #轉置
```

【xlwings】

```
>>> import xlwings as xw
>>> bk=xw.Book()
>>> sht=bk.sheets(1)
>>> lst=[[1],[2],[3],[4],[5]]
>>> sht.range("C1").value=lst      #直接寫入
```

或者

```
>>> import xlwings as xw
>>> bk=xw.Book()
>>> sht=bk.sheets(1)
>>> lst=[1,2,3,4,5]
>>> sht.range("E1").options(transpose=True).value=lst      #轉置
```

【xlwings API】

```
>>> import xlwings as xw
>>> app=xw.App()
>>> bk=app.books(1)
>>> sht=bk.sheets(1)
>>> lst=[[1],[2],[3],[4],[5]]
>>> sht.api.Range("C1:C5").Value=lst        #直接寫入
```

或者

```
>>> import xlwings as xw
>>> app=xw.App()
>>> bk=app.books(1)
>>> sht=bk.sheets(1)
>>> lst=[1,2,3,4,5]
>>> sht.api.Range("E1:E5").Value=app.api.WorksheetFunction.Transpose(lst)
#轉置
```

結果如圖 4-31 所示。

J7		▼	⋮	×	✓	fx		
◢	A	B	C	D	E	F	G
1	1		1		1		
2	2		2		2		
3	3		3		3		
4	4		4		4		
5	5		5		5		
6							

▲ 圖 4-31　將 Python 列資料寫入 Excel 工作表中

將二維列表資料寫入 Excel 工作表區域中，當使用 xlwings 方式時，可以使用選項工具將 expand 參數的值設定為 "table"，指定目標區域左上角的儲存格即可寫入。當使用 win32com 和 xlwings API 方式時，需要指定滿足大小要求的儲存格區域。

【win32com】

```
>>> sht.Range("A5:B6").Value=[[1,2],[3,4]]
```

【xlwings】

```
>>> sht.range("A5:B6").value=[[1,2],[3,4]]
>>> sht.range("A1").options(expand="table").value=[[1,2],[3,4]]
```

【xlwings API】

```
>>> sht.api.Range("A5:B6").Value=[[1,2],[3,4]]
```

4.7.2 Excel 工作表與 Python 字典之間的資料讀 / 寫

使用 xlwings 提供的字典轉換器,可以輕鬆
實現 Excel 工作表與 Python 字典之間的資
料讀 / 寫操作。例如,將圖 4-32 所示工作
表中的 A1:B2 和 A4:B5 區域內的資料轉換
為字典。A4:B5 區域內的資料是列方向的,
使用 transpose 參數設定它的值為 True。

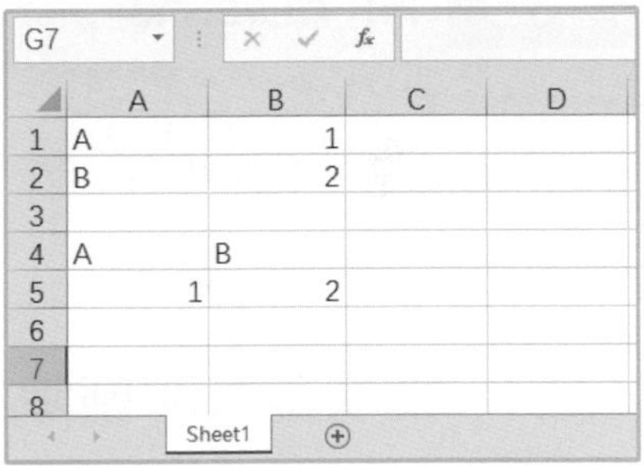

▲ 圖 4-32 Excel 工作表資料

編寫程式碼如下:

```
>>> sht=xw.sheets.active
>>> sht.range("A1:B2").options(dict).value
{'A': 1.0, 'B': 2.0}
>>> sht.range("A4:B5").options(dict, transpose=True).value
{'A': 1.0, 'B': 2.0}
```

也可以反過來,將給定的字典資料寫入 Excel 工作表中。對於下面程式碼中
的字典 dic,寫入欄和寫入列後的效果如圖 4-32 所示。

```
>>> dic={ "a": 1.0, "b": 2.0}
>>> sht.range("A1:B2").options(dict).value=dic
>>> sht.range("A4:B5").options(dict, transpose=True).value=dic
```

4.7.3 Excel 工作表與 Python DataFrame 之間的資料讀 / 寫

使用 xlwings 可以實現將 Excel 工作表資料轉換為 Python DataFrame 資料類型，也可以將一個或多個 DataFrame 類型資料寫入 Excel 工作表中。這部分內容將在 9.3.4 節中詳細介紹，請參閱。

4.8 綜合應用

本節介紹幾個比較實用的綜合實例，透過實戰來加強對 win32com 和 xlwings 的學習與理解。

4.8.1 批次建立和刪除工作表

使用 win32com 和 xlwings 可以批次建立和刪除工作表。

 1 批次建立工作表

【win32com】

在 win32com 方式下，使用 for 迴圈，利用 Worksheets 物件的 Add 方法可以批次建立工作表。本範例的程式存放在 Samples\ch04\ 範例 1-1 路徑下，檔名為 sam04-101.py。

```
1    import win32com.client as win32
2    app=win32.gencache.EnsureDispatch("excel.application")
3    app.Visible=True
4    bk=app.Workbooks.Add()
5    for i in range(1,11):
6        bk.Worksheets.Add(After=bk.Worksheets(bk.Worksheets.Count))
```

第 1 行匯入 win32com，別名為 win32。

第 2、3 行建立 Excel 應用物件 app，設定其 Visible 屬性的值為 True，使之可見。

第 4 行使用 Workbooks 物件的 Add 方法建立活頁簿物件 bk。

第 5、6 行使用一個 for 迴圈批次建立 10 個工作表。建立工作表使用的是 Worksheets 物件的 Add 方法，並使用 After 參數定義建立的工作表在已有工作表的最後面。

在 Python IDLE 程式編輯器中，在「Run」選單中點選「Run Module」，批次建立 10 個工作表，如圖 4-33 所示。

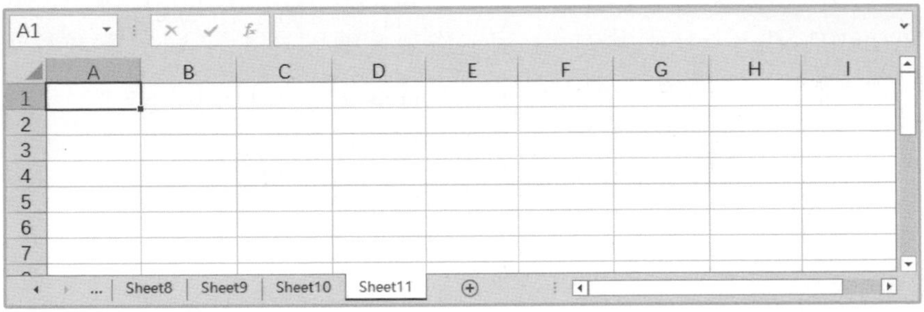

▲ 圖 4-33　批次建立工作表

【xlwings】

在 xlwings API 方式下，使用 for 迴圈，利用 Worksheets 物件的 Add 方法可以批次建立工作表。本範例的程式存放在 Samples\ch04\ 範例 1-1 路徑下，檔名為 sam04-102.py。

```
1    import xlwings as xw
2    app=xw.App()
3    bk=app.books(1)
4    for i in range(1,11):
5        bk.api.Worksheets.Add(After=bk.api.Worksheets(bk.api.Worksheets.Count))
```

第 1 行匯入 xlwings，別名為 xw。

第 2、3 行建立 Excel 應用物件和活頁簿物件。

第 4、5 行使用一個 for 迴圈批次建立 10 個工作表，建立的工作表在所有工作表的最後面。

在 Python IDLE 程式編輯器中，在「Run」選單中點選「Run Module」，批次建立 10 個工作表，如圖 4-33 所示。

 2 批次刪除工作表

【win32com】

在 win32com 方式下，使用 for 迴圈，利用 Sheets 物件的 Delete 方法可以批次刪除指定活頁簿中的工作表。該活頁簿的存放路徑為 Samples\ch04\ 範例 1-2\test01.xlsx，其中共有 11 個工作表，編號為 1 ～ 11，從前往後依次排列。本範例的程式存放在相同目錄下，檔名為 sam04-103.py。

```
1   import win32com.client as win32
2   import os
3   app=win32.gencache.EnsureDispatch("excel.application")
4   app.Visible=True
5   root = os.getcwd()
6   bk=app.Workbooks.Open(root+r"/test01.xlsx")
7   app.DisplayAlerts=False
8   for i in range(11,1,-1):
9       bk.Sheets(i).Delete()
10  app.DisplayAlerts=True
```

第 1、2 行匯入 win32com 和 os 套件。

第 3、4 行建立 Excel 應用物件並使之可見。

第 5 行取得這支程式所在的目錄，即目前工作目錄。

第 6 行使用 Workbooks 物件的 Open 方法開啟同一個目錄下的 test01.xlsx，返回活頁簿物件。

第 7 行設定 Excel 應用物件 app 的 DisplayAlerts 屬性的值為 False。這樣設定以後，後面刪除工作表時就不會彈出提示訊息對話框了，可以實現連續刪除。

第 8、9 行使用一個 for 迴圈實現批次刪除 10 個工作表。注意 range 函數的參數，範圍的起始位置和終止位置是從 11 到 1，從大到小，步長為 -1，遞減。這樣處理是為了在連續刪除時剩下的工作表在 Sheets 集合中的索引號不變。如果從 1 到 11，即從小到大迭代，那麼把前面的工作表刪除以後，後面的工作表的索引號會自動減 1，發生變化，最後會導致出錯。

第 10 行將 app 的 DisplayAlerts 屬性的值復原為 True。

在 Python IDLE 程式編輯器中，在「Run」選單中點選「Run Module」，從後往前批次刪除 10 個工作表。

【xlwings】

在 xlwings 方式下，使用 for 迴圈，利用 Sheets 物件的 Delete 方法，可以批次刪除指定活頁簿中的工作表。該活頁簿的存放路徑為 Samples\ch04\ 範例 1-2\test01.xlsx，其中共有 11 個工作表，編號為 1 ~ 11，從前往後依次排列。本範例的程式存放在相同目錄下，檔名為 sam04-104.py。

```
1   import xlwings as xw
2   import os
3   root=os.getcwd()
4   app=xw.App(visible=True, add_book=False)
5   bk=app.books.open(fullname=root+r"\test01.xlsx",read_only=False)
6   app.display_alerts=False
7   for i in range(11,1,-1):
8       bk.api.Sheets(i).Delete()
9   app.display_alerts=True
```

第 1、2 行匯入 xlwings 和 os 套件。

第 3 行取得這支程式所在的目錄，即目前工作目錄。

第 4 行建立 Excel 應用物件，設定 visible 參數的值為 True，使應用物件可見；設定 add_book 參數的值為 False，不新增活頁簿。

第 5 行使用 books 物件的 open 方法開啟目前工作目錄下的 test01.xlsx，返回活頁簿物件。設定 read_only 參數的值為 False，可寫，即可以在刪除工作表後儲存活頁簿。

第 6 行設定 Excel 應用物件 app 的 display_alerts 屬性的值為 False，後面在刪除工作表時不會彈出提示訊息對話框。

第 7、8 行使用一個 for 迴圈實現批次刪除 10 個工作表。

第 9 行將 app 的 display_alerts 屬性的值復原為 True。

在 Python IDLE 程式編輯器中，在「Run」選單中點選「Run Module」，從後往前批次刪除 10 個工作表。

4.8.2 按列分割工作表

現有各部門工作人員資料如圖 4-34 中分割前的工作表所示。現在要根據第 1 列的值對工作表進行分割，將每個部門的人員資料歸總到一起組成一個新表，表的名稱為該部門的名稱。分割的方式是遍歷工作表的每一列，如果以部門名稱命名的工作表不存在，則建立該名稱的新表；如果已經存在，則將該列資料追加到這個工作表中。

▲ 圖 4-34 按部門分割工作表

下面使用 win32com 和 xlwings 進行分割。

【win32com】

使用 win32com 實現分割的程式碼如下所示。資料檔的存放路徑為 Samples\ ch04\ 範例 2\ 各部門員工 .xlsx。本範例的程式被儲存在相同目錄下，檔名為 sam04-105.py。

```python
1   import win32com.client as win32
2   from win32com.client import Dispatch,constants
3   import os
4   app=win32.gencache.EnsureDispatch("excel.application")
5   app.Visible=True
6   root = os.getcwd()          #取得目前工作目錄，即這支程式所在的目錄
7   bk=app.Workbooks.Open(root+r"/各部門員工.xlsx")      #開啟資料檔
8   app.ScreenUpdating=False
9   app.DisplayAlerts=False
10  sht=bk.Worksheets(1)       #取得"彙總"工作表
11  irow=sht.Range("A"+str(sht.Rows.Count)).End(constants.xlUp).Row
12  strs=[]      #建立空列表，用於儲存新工作表的名稱
13  #遍歷資料表的每一列
14  for i in range(2,irow+1):
15      sht2=bk.Worksheets("彙總")
16      strt=sht2.Range("A"+str(i)).Text        #取得該列所屬部門名稱
17      if(strt not in strs):
18          #如果是新部門，則將名稱加入到strs列表中複製表頭和資料
19          strs.append(strt)
20          bk.Worksheets.Add(After=bk.Worksheets(bk.Worksheets.Count))
21          bk.ActiveSheet.Name = strt
22          bk.Worksheets("彙總").Rows(1).Copy(bk.ActiveSheet.Rows(1))
23          bk.Worksheets("彙總").Rows(i).Copy(bk.ActiveSheet.Rows(2))
24      else:
25          #如果是已經存在的部門工作表的名稱，則直接追加資料列
26          bk.Worksheets(strt).Select()
27          r=bk.ActiveSheet.Range("A"+\
28                  str(bk.ActiveSheet.Rows.Count)).\
29                  End(constants.xlUp).Row + 1
30          bk.Worksheets("彙總").Rows(i).Copy(bk.ActiveSheet.Rows(r))
```

```
31
32    #刪除新生成的工作表的第1欄
33    for i in range(1,bk.Worksheets.Count+1):
34        bk.Worksheets(i).Columns(1).Delete()
35
36    app.ScreenUpdating=True
37    app.DisplayAlerts=True
```

第 1 ～ 3 行匯入 win32com、win32com 中的 constants 模組和 os 套件。當設定物件方法的參數為列舉值時需要使用 constants 模組。

第 4、5 行建立 Excel 應用物件並使之可見。

第 6 行取得這支程式所在的目錄，即目前工作目錄。

第 7 行開啟資料檔。

第 8、9 行設定 Excel 應用物件的 ScreenUpdating 和 DisplayAlerts 屬性的值都為 False，取消視窗重畫和提示、警告訊息對話框的顯示。

第 10、11 行取得活頁簿中的第 1 個工作表，取得該工作表中資料區域的列數。

第 12 行建立空列表 strs，列表中的元素對應於已經存在的部門工作表的名稱。

第 14 ～ 30 行遍歷資料表中各列，實現對工作表按部門取值進行分割。

第 15 行取得「彙總」工作表。

第 16 行取得目前列第 1 個儲存格中的文字，即部門名稱。

第 17 ～ 30 行判斷剛剛取得的部門名稱是否被包含在 strs 列表中，如果是，就建立新表加入資料；如果否，則將該列資料追加到與部門名稱同名的工作表中。

第 19 ～ 23 行向 strs 列表中追加部門名稱，新增工作表到所有工作表的末尾，工作表名稱為部門名稱。將「彙總」工作表的表頭複製到新表的第 1 列，將該列資料複製到新表的第 2 列。

第 25 ～ 30 行計算與部門名稱同名的工作表中資料區域的下一列列號，將「彙總」工作表中目前行的資料複製過來。

第 33、34 行使用 for 迴圈刪除新生成的工作表的第 1 欄，即「部門」欄。

第 36、37 行復原 Excel 應用物件的 ScreenUpdating 和 DisplayAlerts 屬性的值都為 True。

在 Python IDLE 程式編輯器中，在「Run」選單中點選「Run Module」，進行工作表分割。分割效果如圖 4-34 中分割後的各工作表所示。

【xlwings】

使用 xlwings 實現分割的程式碼如下所示。資料檔的存放路徑為 Samples\ch04\ 範例 2\ 各部門員工 .xlsx。本範例的程式存放在相同目錄下，檔名為 sam04-106.py。

```
1   import xlwings as xw
2   from xlwings.constants import Direction
3   import os
4   root = os.getcwd()      #取得目前工作目錄，即這支程式所在的目錄
5   app=xw.App(visible=True, add_book=False)
6   bk=app.books.open(fullname=root+r"\各部門員工.xlsx",read_only=False)
7   app.screen_updating=False
8   app.display_alerts=False
9   sht=bk.sheets(1)         #取得「彙總」工作表
10  irow=sht.api.Range("A"+str(sht.api.Rows.Count)).End(Direction.xlUp).Row
11  strs=[]
12  #遍歷資料表的每一列
13  for i in range(2,irow+1):
14      sht2=bk.api.Worksheets("彙總")
15      strt=sht2.Range("A"+str(i)).Text      #取得該列所屬部門名稱
16      if(strt not in strs):
17          #如果是新部門，則加入名稱到strs列表中，複製表頭和資料
18          strs.append(strt)
19          bk.api.Worksheets.Add(After=bk.api.Worksheets(bk.api.Worksheets.Count))
20          bk.api.ActiveSheet.Name = strt
21          bk.api.Worksheets("彙總").Rows(1).Copy(bk.api.ActiveSheet.Rows(1))
22          bk.api.Worksheets("彙總").Rows(i).Copy(bk.api.ActiveSheet.Rows(2))
23      else:
24          #如果是已經存在的部門工作表的名稱，則直接追加資料列
25          bk.api.Worksheets(strt).Select()
26          r=bk.api.ActiveSheet.Range("A"+\
```

```
27              str(bk.api.ActiveSheet.Rows.Count)).\
28              End(Direction.xlUp).Row + 1
29          bk.api.Worksheets("彙總").Rows(i).\
30              Copy(bk.api.ActiveSheet.Rows(r))
31
32  #刪除新生成的工作表的第1欄
33  for i in range(1,bk.api.Worksheets.Count+1):
34      bk.api.Worksheets(i).Columns(1).Delete()
35
36  app.screen_updating=True
37  app.display_alerts=True
```

第 1 ～ 3 行匯入 xlwings、xlwings.constants 模組中的 Direction 類別和 os 套件。

第 4 行取得這支程式所在的目錄，即目前工作目錄。

第 5 行建立 Excel 應用物件，設定 visible 參數的值為 True，使應用物件可見；設定 add_book 參數的值為 False，不新增活頁簿。

第 6 行使用 books 物件的 open 方法開啟目前工作目錄下的「各部門員工.xlsx」，返回活頁簿物件。設定 read_only 參數的值為 False，可寫，即可以在加入工作表後儲存活頁簿。

第 7、8 行設定 Excel 應用物件 app 的 screen_updating 和 display_alerts 屬性的值都為 False，取消視窗重畫和提示、警告訊息對話框的顯示。

第 9、10 行取得活頁簿中的第 1 個工作表，取得該工作表中資料區域的列數。

第 11 行建立空列表 strs，列表中的元素對應於已經存在的部門工作表的名稱。

第 12 ～ 30 行遍歷資料表中各列，實現對工作表按部門取值進行分割。

第 14 行取得「彙總」工作表。

第 15 行取得目前列第 1 個儲存格中的文字，即部門名稱。

第 16 ～ 30 行判斷剛剛取得的部門名稱是否被包含在 strs 列表中，如果是，就建立新表加入資料；如果否，則將該行資料追加到與部門名稱同名的工作表中。

第 18 ～ 22 行在 strs 列表中加入部門名稱，新增工作表到所有工作表的末尾，工作表名稱為部門名稱。將「彙總」工作表的表頭複製到新表的第 1 列，將該列資料複製到新表的第 2 列。

第 25 ～ 30 行計算與部門名稱同名的工作表中資料區域的下一列列號，將「彙總」工作表中目前行的資料複製過來。

第 33、34 行使用 for 迴圈刪除新生成的工作表的第 1 列，即「部門」欄。

第 36、37 行復原 Excel 應用物件的 ScreenUpdating 和 DisplayAlerts 屬性的值都為 True。

在 Python IDLE 程式編輯器中，在「Run」選單中點選「Run Module」，進行工作表分割。分割效果如圖 4-34 中分割後的各工作表所示。

4.8.3 將多個工作表分別儲存為活頁簿

現有各部門工作人員資料如圖 4-35 中處理前的工作表所示。不同部門工作人員的資料被單獨放在一個工作表中，現在要將不同工作表中的資料單獨儲存為活頁簿。

▲ 圖 4-35 將多個工作表分別儲存為活頁簿

下面使用 win32com 和 xlwings 將各工作表資料單獨儲存為活頁簿。

【win32com】

使用 win32com 實現的程式碼如下所示。資料檔的存放路徑為 Samples\ch04\ 範例 3\ 各部門員工 .xlsx。本範例的程式存放在相同目錄下，檔名為 sam04-107.py。

```
1    import win32com.client as win32
2    import os
3    app=win32.gencache.EnsureDispatch("excel.application")
4    app.Visible=True
5    root = os.getcwd()
6    bk=app.Workbooks.Open(root+r"/各部門員工.xlsx")        #開啟資料檔
7
8    app.ScreenUpdating=False
9    #遍歷每個工作表，分別儲存
10   for sht in bk.Worksheets:
11       sht.Copy()
12       app.ActiveWorkbook.SaveAs(root+"\\"+sht.Name+".xlsx", 51)
13       app.ActiveWorkbook.Close()
14
15   app.ScreenUpdating=True
```

第 1、2 行匯入 win32com 和 os 套件。

第 3、4 行建立 Excel 應用物件並使之可見。

第 5 行取得這支程式所在的目錄，即目前工作目錄。

第 6 行開啟目前工作目錄下的資料檔。

第 8 行設定 Excel 應用物件的 ScreenUpdating 屬性的值為 False，取消視窗重畫。

第 10 ～ 13 行使用一個 for 迴圈遍歷各工作表，實現各工作表資料的單獨儲存。

第 11 行使用不帶參數的 Copy 方法，建立一個新的活頁簿並將原始工作表中的資料複製過來。新建立的活頁簿即為活動活頁簿。

第 12 行把活動活頁簿中的資料儲存到檔案中，檔名為原始工作表的名稱。

第 13 行關閉新生成的活頁簿。

第 15 行復原 Excel 應用物件的 ScreenUpdating 屬性的值為 True。

在 Python IDLE 程式編輯器中，在「Run」選單中點選「Run Module」，儲存各工作表中的資料。處理效果如圖 4-35 中處理後的各活頁簿所示。

【xlwings】

使用 xlwings 實現的程式碼如下所示。資料檔的存放路徑為 Samples\ch04\範例 3\ 各部門員工 .xlsx。本範例的程式存放在相同目錄下，檔名為 sam04-108.py。

```
1    import xlwings as xw
2    import os
3    root = os.getcwd()
4    app=xw.App(visible=True, add_book=False)
5    bk=app.books.open(fullname=root+r"\各部門員工.xlsx",read_only=False)
6    app.screen_updating=False
7    for sht in bk.api.Worksheets:      #遍歷每個工作表，分別儲存
8        sht.Copy()
9        app.api.ActiveWorkbook.SaveAs(root+"\\"+sht.Name+".xlsx", 51)
10       app.api.ActiveWorkbook.Close()
11
12   app.screen_updating=True
```

第 1、2 行匯入 xlwings 和 os 套件。

第 3 行取得這支程式所在的目錄，即目前工作目錄。

第 4 行建立 Excel 應用物件，設定 visible 參數的值為 True，使應用物件可見；設定 add_book 參數的值為 False，不新增活頁簿。

第 5 行使用 books 物件的 open 方法開啟目前工作目錄下的「各部門員工 .xlsx」，返回活頁簿物件。設定 read_only 參數的值為 False，可寫，即可以在加入工作表後儲存活頁簿。

第 6 行設定 Excel 應用物件 app 的 screen_updating 屬性的值為 False，取消視窗重畫。

第 7 ～ 10 行使用一個 for 迴圈遍歷各工作表，實現各工作表資料的單獨儲存。

第 8 行使用不帶參數的 Copy 方法，建立一個新的活頁簿並將原始工作表中的資料複製過來。新建立的活頁簿即為活動活頁簿。

第 9 行把活動活頁簿中的資料儲存到檔案中，檔名為原始工作表的名稱。

第 10 行關閉新生成的活頁簿。

第 12 行復原 Excel 應用物件的 screen_updating 屬性的值為 True。

在 Python IDLE 程式編輯器中，在「Run」選單中點選「Run Module」，儲存各工作表中的資料。處理效果如圖 4-35 中處理後的各活頁簿所示。

4.8.4　將多個工作表合併為一個工作表

4.8.2 節介紹了將一個工作表根據某個列的值分割為多個工作表，這裡反過來，介紹將多個工作表中的資料合併到一個工作表中。

處理前

處理後

▲ 圖 4-36　將多個工作表合併為一個工作表

現有各部門工作人員資料如圖 4-36 中合併前的工作表所示。不同部門工作人員的資料被單獨放在一個工作表中，現在要將不同工作表中的資料合併到「彙總」工作表中，並加上「部門」列，列的值為資料來源工作表的名稱。

下面使用 win32com 和 xlwings 將各工作表資料合併到「彙總」工作表中。

【win32com】

使用 win32com 實現的程式碼如下所示。資料檔的存放路徑為 Samples\ch04\ 範例 4\ 各部門員工 .xlsx。本範例的程式存放在相同目錄下，檔名為 sam04-109.py。

```
1   import win32com.client as win32
2   from win32com.client import Dispatch,constants
3   import os
4   app=win32.gencache.EnsureDispatch("excel.application")
5   app.Visible=True
6   root=os.getcwd()
7   bk=app.Workbooks.Open(root+r"/各部門員工.xlsx")       #開啟資料檔
8   sht= bk.Worksheets("彙總")
9   #清空「彙總」工作表
10  sht.Cells.Clear()
11  #複製表頭
12  sht.Range("A1").Value = "部門"
13  bk.Worksheets(1).Range("A1:D1").Copy(sht.Range("B1"))
14  #遍歷除「彙總」工作表以外的每個工作表，複製資料
15  for shtt in bk.Worksheets:
16      if shtt.Name≠"彙總":
17          rngt=shtt.Range("A2",shtt.Cells(shtt.\
18              Range("A"+str(shtt.Rows.Count)).\
19              End(constants.xlUp).Row,4))
20          row=sht.Range("A1").CurrentRegion.Rows.Count+1
21          rngt.Copy(sht.Cells(row,2))       #複製資料
22          #在第1列加上部門名稱
23          rt=sht.Range("A"+str(sht.Rows.Count)).\
24              End(constants.xlUp).Row+1
25          row2=shtt.Range("A1").CurrentRegion.Rows.Count-1
26          rt2=rt+row2
```

```
27          for i in range(rt,rt2):
28              sht.Cells(i,1).Value=shtt.Name
```

第 1 ～ 3 行匯入 win32com、win32com 的 constants 模組和 os 套件。

第 4、5 行建立 Excel 應用物件並使之可見。

第 6 行取得這支程式所在的目錄，即目前工作目錄。

第 7 行開啟目前工作目錄下的資料檔。

第 8 行取得「彙總」工作表。

第 10 行清空「彙總」工作表。

第 12、13 行將第 1 個工作表的表頭複製到「彙總」工作表的 B1 ～ E1 儲存格中，在 A1 儲存格中加上「部門」。

第 15 ～ 28 行使用一個 for 迴圈遍歷各工作表，將各部門工作表的資料複製到「彙總」工作表中，並在第 1 列加上對應的部門名稱。

第 17 ～ 21 行將各部門工作表的資料複製到「彙總」工作表中。第 17 ～ 19 行實為一行，用斜槓表示續行。該行取得來源工作表的資料區域。第 20 行取得「彙總」工作表中目前資料區域的列數，將列數加 1 即為追加資料的起始位置。第 21 行使用 Copy 方法將來源資料複製到「彙總」工作表中。

第 23 ～ 28 行在「彙總」工作表的第 1 欄加上部門名稱。rt 和 rt2 變數記錄該次追加資料在「彙總」工作表中的起始列和終止列。第 27、28 行使用 for 迴圈，將目前工作表的名稱作為「部門」欄的值進行加入。

在 Python IDLE 程式編輯器中，在「Run」選單中點選「Run Module」，將各工作表中的資料合併到「彙總」工作表中，並加上「部門」列。處理效果如圖 4-36 中合併後的「彙總」工作表所示。

【xlwings】

使用 xlwings 實現的程式碼如下所示。資料檔的存放路徑為 Samples\ch04\ 範例 4\ 各部門員工 .xlsx。本範例的程式存放在相同目錄下，檔名為 sam04-110.py。

```
1   import xlwings as xw
2   from xlwings.constants import Direction
3   import os
4   root = os.getcwd()
5   app=xw.App(visible=True, add_book=False)
6   bk=app.books.open(fullname=root+r"\各部門員工.xlsx",read_only=False)
7   sht= bk.api.Worksheets("彙總")
8   #清空「彙總」工作表
9   sht.Cells.Clear()
10  #複製表頭
11  sht.Range("A1").Value = "部門"
12  bk.api.Worksheets(1).Range("A1:D1").Copy(sht.Range("B1"))
13  #遍歷除「彙總」工作表以外的每個工作表
14  for shtt in bk.api.Worksheets:
15      if shtt.Name≠ "彙總":
16          rngt=shtt.Range("A2",shtt.Cells(shtt.\
17              Range("A"+str(shtt.Rows.Count)).\
18              End(Direction.xlUp).Row,4))
19          row=sht.Range("A1").CurrentRegion.Rows.Count+1
20          rngt.Copy(sht.Cells(row,2))      #複製資料
21          #在第1列加上部門名稱
22          rt=sht.Range("A"+str(sht.Rows.Count)).\
23              End(Direction.xlUp).Row + 1
24          row2=shtt.Range("A1").CurrentRegion.Rows.Count-1
25          rt2=rt+row2
26          for i in range(rt,rt2):
27              sht.Cells(i,1).Value=shtt.Name
```

第 1 ～ 3 行匯入 xlwings、xlwings.constants 模組的 Direction 類別和 os 套件。

第 4 行取得這支程式所在的目錄，即目前工作目錄。

第 5 行建立 Excel 應用物件，設定 visible 參數的值為 True，使應用物件可見；設定 add_book 參數的值為 False，不新增活頁簿。

第 6 行使用 books 物件的 open 方法開啟目前工作目錄下的「各部門員工.xlsx」，返回活頁簿物件。設定 read_only 參數的值為 False，可寫，即可以在加入工作表後儲存活頁簿。

第 7 行取得「彙總」工作表。

第 9 行清空「彙總」工作表。

第 11、12 行將第 1 個工作表的表頭複製到「彙總」工作表的 B1 ～ E1 儲存格中，在 A1 儲存格中加上「部門」。

第 14 ～ 27 行使用一個 for 迴圈遍歷各工作表，將各部門工作表的資料複製到「彙總」工作表中，並在第 1 列加上對應的部門名稱。

第 16 ～ 20 行將各部門工作表的資料複製到「彙總」工作表中。第 16 ～ 18 行實為一行，用斜槓表示續行。該行取得來源工作表的資料區域。第 19 行取得「彙總」工作表中目前資料區域的列數，將列數加 1 即為追加資料的起始位置。第 20 行使用 Copy 方法將來源資料複製到「彙總」工作表中。

第 22 ～ 27 行在「彙總」工作表的第 1 列加上部門名稱。rt 和 rt2 變數記錄該次追加資料在「彙總」工作表中的起始列和終止列。第 26、27 行使用 for 迴圈將目前工作表的名稱作為「部門」列的值進行加入。

在 Python IDLE 程式編輯器中，在「Run」選單中點選「Run Module」，將各工作表中的資料合併到「彙總」工作表中，並加上「部門」列。處理效果如圖 4-36 中合併後的「彙總」工作表所示。

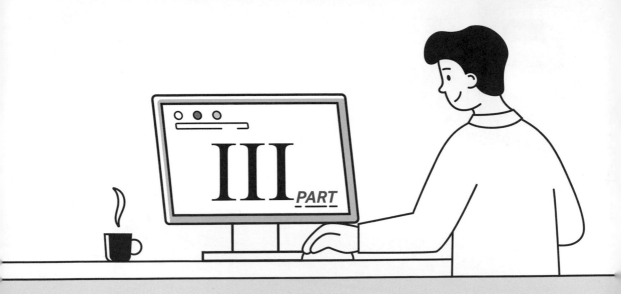

圖形圖表篇

作為優秀的辦公和資料分析軟體，Excel 提供了強大的圖形和圖表繪製功能。本篇結合 xlwings 介紹如何使用 Python 繪製 Excel 圖形和圖表，主要內容包括：

- ✓ Excel 圖形繪製
- ✓ Excel 圖表繪製

5

使用 Python 繪製 Excel 圖形

Excel 提供了很多類型的圖表,不管是哪種圖表,都是由點、線、面和文字等這些基本的圖形元素組合而成的。這些基本圖形元素的建立和屬性設定,就是本章要介紹的主要內容。學完本章內容以後,大家不僅會對基本圖形元素、文字框、標註等本身有較為深入的了解,而且對於深入理解圖表、編輯圖表子物件的屬性也很有幫助(見第 6 章介紹)。如果有必要,則也可以使用這些基本的圖形元素訂製自己的圖表類型。

使用 Python 提供的 win32com、comtypes 和 xlwings,就能透過利用 Python 繪製 Excel 圖形。本章主要結合 xlwings 進行介紹,所以在學習本章內容之前,需要先熟練掌握第 4 章介紹的關於 xlwings 的知識;而多段線、多邊形和曲線部分會使用到 comtypes。

5.1 建立圖形

本節介紹 Excel 提供之基本圖形元素的建立,包括點、直線、矩形、橢圓形、多段線、多邊形、貝茲曲線、標籤、文字框、標註、自選圖形、圖表、文字藝術師等。

在 Excel 物件模型中,使用 Shape 物件表示圖形,Shapes 物件作為集合對所有圖形進行儲存和管理。透過程式建立圖形的過程,就是建立 Shape 物件並利用其本身及與之相關的一系列物件的屬性和方法,進行開發的過程。

5.1.1 點

Shapes 物件沒有提供專門用於繪製點的方法，但是它提供的自選圖形中有若干特殊的圖形類型可以用來表示點，如星形、矩形、圓形、菱形等，這些自選圖形可以使用 Shapes 物件的 AddShape 方法建立。該方法的語法格式為：

```
sht.api.Shapes.AddShape(Type, Left, Top, Width, Height)
```

這裡採用的是 xlwings 的 API 方式。sht 表示一個工作表物件。各參數說明如表 5-1 所示。該方法返回一個 Shape 物件。

表 5-1 AddShape 方法的參數說明

名稱	必需 / 可選	資料類型	說明
Type	必需	MsoAutoShapeType	指定要建立的自選圖形的類型
Left	必需	Single	自選圖形邊框左上角相對於文件左上角的位置（以 pt 為單位）
Top	必需	Single	自選圖形邊框左上角相對於文件頂部的位置（以 pt 為單位）
Width	必需	Single	自選圖形邊框的寬度（以 pt 為單位）
Height	必需	Single	自選圖形邊框的高度（以 pt 為單位）

其中，Type 參數的取值為 msoAutoShapeType 列舉類型，可以有很多選擇。表 5-2 中列出了一些星形點對應的常數和值。

表 5-2 AddShape 方法的 Type 參數中星形點的取值

名稱	值	說明
msoShape10pointStar	149	十角星
msoShape12pointStar	150	十二角星
msoShape16pointStar	94	十六角星
msoShape24pointStar	95	二十四角星
msoShape32pointStar	96	三十二角星

名稱	值	說明
msoShape4pointStar	91	四角星
msoShape5pointStar	92	五角星
msoShape6pointStar	147	六角星

下面分別建立一個用五角星、十二角星和三十二角星表示的點。

```
>>> import xlwings as xw        #匯入xlwings
>>> bk=xw.Book()                #建立活頁簿
>>> sht=bk.sheets(1)            #取得第1個工作表
>>> sht.api.Shapes.AddShape(92,180,80,10,10)       #在指定位置加入點
>>> sht.api.Shapes.AddShape(150,150,40,15,15)
>>> sht.api.Shapes.AddShape(96,80,80,3,3)
```

效果如圖 5-1 所示。

也可以用矩形和圓表示點，在 5.1.3 節中進行介紹。

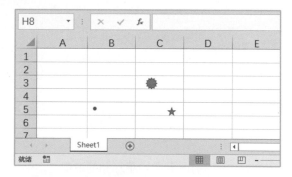

▲ 圖 5-1　星形點

5.1.2　直線段

使用 Shapes 物件的 AddLine 方法可以建立直線段。該方法的語法格式為：

```
sht.api.Shapes.AddLine(BeginX, BeginY, EndX, EndY)
```

其中，sht 表示一個工作表物件。BeginX 和 BeginY 參數分別表示起點的水平座標和垂直座標，EndX 和 EndY 參數分別表示終點的水平座標和垂直座標。該方法返回一個表示直線段的 Shape 物件。

下面在 sht 工作表物件中加入一個起點為 (10,10)、終點為 (250, 250) 的直線段，並設定該直線段的線型為圓點線，顏色為紅色，線寬為 5。關於直線段的屬性編輯，在 5.2.3 節中有比較詳細的介紹。

```
>>> shp=sht.api.Shapes.AddLine(10,10,250,250)      #建立直線段Shape物件
>>> ln=shp.Line          #取得線形物件
>>> ln.DashStyle=3       #設定線形物件的屬性：線型、顏色和線寬
>>> ln.ForeColor.RGB=xw.utils.rgb_to_int((255, 0, 0))
>>> ln.Weight=5
```

生成的直線段效果如圖 5-2 所示。

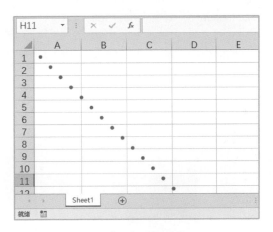

▲ 圖 5-2　直線段

5.1.3　矩形、圓角矩形、橢圓形和圓形

使用 Shapes 物件的 AddShape 方法可以建立矩形、圓角矩形、橢圓形和圓形。該方法在 5.1.1 節中進行了介紹，它實際上是透過建立自選圖形的方法來建立的。該方法與以上幾種圖形有關的 Type 參數的取值如表 5-3 所示。其中，圓形是特殊的橢圓形，即橫軸和縱軸相等的橢圓形。

📺 **表 5-3** AddShape 方法與矩形、圓角矩形、橢圓形有關的 Type 參數的取值

名稱	值	說明
msoShapeRectangle	1	矩形
msoShapeRoundedRectangle	5	圓角矩形
msoShapeOval	9	橢圓形

預設情況下，生成的矩形和圓形都是實心的，是矩形面和圓形面。設定它們的 Fill 屬性返回物件的 Visible 屬性的值為 False，可以生成線形的矩形和圓形。

本範例在 sht 工作表物件中加入矩形、圓角矩形、橢圓形和圓形，它們皆為實心的面。

```
>>> sht.api.Shapes.AddShape(1, 50, 50, 100, 200)      #矩形區域
>>> sht.api.Shapes.AddShape(5, 100, 100, 100, 200)    #圓角矩形區域
>>> sht.api.Shapes.AddShape(9, 150, 150, 100, 200)    #橢圓形區域
>>> sht.api.Shapes.AddShape(9, 200, 200, 100, 100)    #圓形區域
```

效果如圖 5-3 所示。

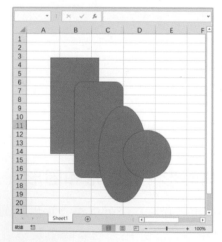

▲ 圖 5-3　矩形、圓角矩形、橢圓形和圓形（面）

下面生成沒有填滿的線形的矩形、圓角矩形、橢圓形和圓形。

```
>>> shp1=sht.api.Shapes.AddShape(1, 50, 50, 100, 200)       #矩形
>>> shp1.Fill.Visible = False
>>> shp2=sht.api.Shapes.AddShape(5, 100, 100, 100, 200)     #圓角矩形
>>> shp2.Fill.Visible = False
>>> shp3=sht.api.Shapes.AddShape(9, 150, 150, 100, 200)     #橢圓形
>>> shp3.Fill.Visible = False
>>> shp4=sht.api.Shapes.AddShape(9, 200, 200, 100, 100)     #圓形
>>> shp4.Fill.Visible = False
```

效果如圖 5-4 所示。

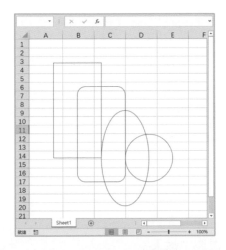

▲ 圖 5-4　矩形、圓角矩形、橢圓形和圓形（線）

5.1.4　多段線和多邊形

使用 Shapes 物件的 AddPolyline 方法可以建立多段線和多邊形。該方法的語法格式為：

```
sht.api.Shapes.AddPolyline(SafeArrayOfPoints)
```

其中，sht 表示一個工作表物件。SafeArrayOfPoints 參數指定多段線或多邊形的頂點座標。該方法返回一個表示多段線或多邊形的 Shape 物件。

各頂點用其水平座標和垂直座標對表示，全部頂點用一個二維列表表示。例如：

```
pts=[[10,10],[20,30],[30,50],[50,80],[10,10]]
```

本範例使用 xlwings 在工作表中加入一個四邊形。由於起點和終點的座標相同，因此，該四邊形既是閉合的又是填滿的。

```
>>> pts=[[10,10],[20,30],[30,50],[50,80],[10,10]]
>>> sht.api.Shapes.AddPolyline(pts)
```

結果返回下面的錯誤訊息：

```
pywintypes.com_error: (-2147352567, '發生意外。', (0, None, '指定參數的資料類型
不正確。', None, 0, -2146827284), None)
```

可見，使用 xlwings 繪製多邊形，以及 5.1.5 節介紹的曲線存在問題。我們使用另一個 Python 套件 comtypes 來實現。這個套件與 win32com 和 xlwings 類似，都是基於 COM 機制的。

首先，在命令提示字元視窗中使用 pip 指令安裝 comtypes：

```
pip install comtypes
```

然後在 Python IDLE 視窗中輸入：

```
>>> #從comtypes中匯入CreateObject函數
>>> from comtypes.client import CreateObject
>>> app2=CreateObject("Excel.Application")          #建立Excel應用
>>> app2.Visible=True                    #應用視窗可見
>>> bk2=app2.Workbooks.Add()            #新增活頁簿
>>> sht2=bk2.Sheets(1)                  #取得第1個工作表
>>> pts=[[10,10], [50,150],[90,80], [70,30], [10,10]]      #多邊形頂點
>>> sht2.Shapes.AddPolyline(pts)        #加入多邊形區域
```

生成如圖 5-5 所示的多邊形區域。

如果只生成多邊形線條，則設定表示多邊形區域的 Shape 物件的 Fill 屬性返回物件的 Visible 屬性的值為 False。

```
>>> pts=[[10,10], [50,150],[90,80], [70,30], [10,10]]
>>> shp=sht2.Shapes.AddPolyline(pts)
>>> shp.Fill.Visible=False        #多邊形
```

生成如圖 5-6 所示的多邊形。

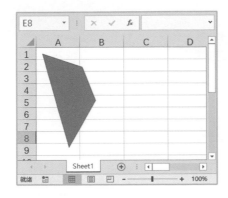

▲ 圖 5-5　多邊形（區域）

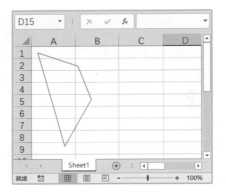

▲ 圖 5-6　多邊形（線條）

5.1.5　曲線

使用 Shapes 物件的 AddCurve 方法可以建立曲線。該方法的語法格式為：

```
sht.api.Shapes.AddCurve(SafeArrayOfPoints)
```

其中，sht 表示一個工作表物件。SafeArrayOfPoints 參數指定貝茲曲線頂點和控制點的座標。指定的點數始終為 3n + 1，其中 n 為曲線的線段條數。該方法返回一個表示貝茲曲線的 Shape 物件。

各頂點用其水平座標和垂直座標對表示，全部頂點用一個二維列表表示。例如：

```
pts=[[0,0],[72,72],[100,40],[20,50],[90,120],[60,30],[150,90]]
```

下面的範例在 sht 工作表物件中繪製貝茲曲線。與 5.1.4 節的範例相同，這裡使用 comtypes 進行繪製。

```
>>> from comtypes.client import CreateObject
>>> app2=CreateObject("Excel.Application")
>>> app2.Visible=True
>>> bk2=app2.Workbooks.Add()
>>> sht2=bk2.Sheets(1)
>>> pts=[[0,0],[72,72],[100,40],[20,50],[90,120],[60,30],[150,90]]    #頂點
>>> sht2.Shapes.AddCurve(pts)    #繪製貝茲曲線
```

生成如圖 5-7 所示的貝茲曲線。

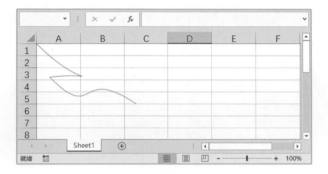

▲ 圖 5-7　貝茲曲線

5.1.6　自選圖形

所謂自選圖形，是指 Excel 預定義好的圖形物件。使用 Shapes 物件的
AddShape 方法可以建立自選圖形。前面我們使用該方法建立了點、矩形、
橢圓形等圖形。實際上，還有很多其他類型的圖形，如表 5-4 所示。

📇 表 5-4　部分自選圖形

名稱	值	說明
msoShapeOval	9	橢圓形
msoShapeOvalCallout	107	橢圓形標註
msoShapeParallelogram	12	斜平行四邊形
msoShapePie	142	圓形（餅圖），缺少部分
msoShapeQuadArrow	39	指向向上、向下、向左和向右的箭頭

名稱	值	說明
msoShapeQuadArrowCallout	59	帶向上、向下、向左和向右的箭頭的標註
msoShapeRectangle	1	矩形
msoShapeRectangularCallout	105	矩形標註
msoShapeRightArrow	33	右箭頭
msoShapeRightArrowCallout	53	帶右箭頭的標註
msoShapeRightBrace	32	右大括號
msoShapeRightBracket	30	右小括號
msoShapeRightTriangleutf	-8	直角三角形
msoShapeRound1Rectangle	151	有一個圓角的矩形
msoShapeRound2DiagRectangle	157	有兩個圓角的矩形，對角相對
msoShapeRound2SameRectangle	152	有兩個圓角的矩形，共一側
msoShapeRoundedRectangle	5	圓角矩形
msoShapeRoundedRectangularCallout	106	圓角矩形——形狀標註
……	……	……

下面的例子在 sht 工作表物件中繪製矩形、正五邊形和笑臉圖形。

```
>>> sht.api.Shapes. AddShape(1, 50, 50, 100, 200)
>>> sht.api.Shapes. AddShape(12, 250, 50, 100, 100)
>>> sht.api.Shapes. AddShape(17, 450, 50, 100, 100)
```

效果如圖 5-8 所示。

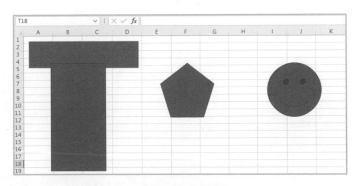

▲ 圖 5-8　自選圖形

5.1.7 圖表

使用 Shapes 物件的 AddChart2 方法可以建立圖表。該方法的語法格式為：

```
sht.api.Shapes.AddChart2(Style, XlChartType, Left, Top, Width, Height, NewLayout)
```

其中，sht 為工作表物件。該方法一共有 7 個參數，均可選。

- Style：圖表樣式，當值為 -1 時表示各圖表類型的預設樣式。
- XlChartType：圖表類型，值為 XlChartType 列舉類型，表 5-5 中列出了一部分。
- Left：圖表左側位置，省略時水平置中。
- Top：圖表頂端位置，省略時垂直置中。
- Width：圖表的寬度，省略時取預設值 354。
- Height：圖表的高度，省略時取預設值 210。
- NewLayout：版面配置，如果值為 True，則只有複合圖表才會顯示圖例。

該方法返回一個表示圖表的 Shape 物件。

表 5-5 部分圖表類型

名稱	值	說明
xlArea	1	區域圖
xlLine	4	線形圖
xlPie	5	圓形圖
xlBarClustered	57	群組橫條圖
xlBarStacked	58	堆疊橫條圖
xlXYScatter	-4169	散佈圖
xlBubble	15	泡泡圖
xlSurface	83	立體曲面圖
......	......	......

下面利用圖 5-9 所示工作表中的資料繪製群組直條圖。首先選擇資料區域，然後使用 Shapes 物件的 AddChart2 方法繪製。

```
>>> sht.api.Range("A1").CurrentRegion.Select()
>>> sht.api.Shapes.AddChart2(-1,xw.constants.ChartType.xlColumnClustered,
30,150,300,200,True)
```

生成如圖 5-9 所示的群組直條圖（見工作表下方）。

▲ 圖 5-9 利用指定資料繪製的群組直條圖

5.1.8 文字藝術師

使用 Shapes 物件的 AddTextEffect 方法可以建立文字藝術師。該方法的語法格式為：

```
sht.api.Shapes.AddTextEffect(PresetTextEffect,Text,FontName,FontSize,
FontBold,FontItalic, Left, Top)
```

其中，sht 為工作表物件。各參數說明如表 5-6 所示。

表 5-6 AddTextEffect 方法的參數說明

名稱	必需 / 可選	資料類型	說明
PresetTextEffect	必需	MsoPresetTextEffect	預置文字效果
Text	必需	String	文字藝術師中的文字
FontName	必需	String	文字藝術師中所用字型的名稱
FontSize	必需	Single	文字藝術師中文字字型大小的大小（以 pt 為單位）
FontBold	必需	MsoTriState	文字藝術師中要加粗的字型
FontItalic	必需	MsoTriState	文字藝術師中要設為斜體的字型
Left	必需	Single	左上角點的水平座標
Top	必需	Single	左上角點的垂直座標

PresetTextEffect 參數表示文字藝術師的效果。Excel 預置了約 50 種效果，表 5-7 中只列出 3 種。在設定時給 PresetTextEffect 參數賦對應的值即可。

表 5-7 PresetTextEffect 參數的取值

名稱	值	說明
msoTextEffect1	0	第一種文字效果
msoTextEffect2	1	第二種文字效果
msoTextEffect3	2	第三種文字效果
……	……	……

下面建立兩種不同效果的文字藝術師。

```
>>> sht.api.Shapes.AddTextEffect(9,"學習Python","Arial Black",36,False,False,10,10)
>>> sht.api.Shapes.AddTextEffect(29,"春眠不覺曉","黑體",40,False,False,30,50)
```

效果如圖 5-10 所示。

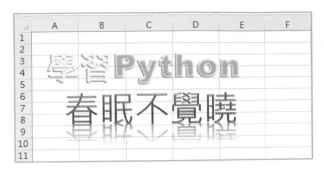

▲ 圖 5-10 文字藝術師

5.2 圖形屬性設定

本節主要介紹圖形顏色的設定、線形圖形元素屬性的設定、區域圖形元素屬性的設定、多段線和曲線頂點屬性的設定、文字屬性的設定等內容。

5.2.1 顏色設定

關於圖形的顏色，Excel 提供了四種設定方法，即 RGB 著色、主題色彩著色、配色方案著色和索引著色。對於圖形物件，不管是線形物件還是面物件，其 BackColor 屬性和 ForeColor 屬性都會返回一個 ColorFormat 物件，該物件提供了 RGB、ObjectThemeColor、SchemeColor 等屬性，使用它們設定 RGB 著色、主題色彩著色和配色方案著色。

 1 RGB 著色

所謂 RGB 著色，就是指用紅色分量、綠色分量和藍色分量來定義顏色。使用圖形物件的 Color 屬性設定 RGB 著色。如果習慣於指定 RGB 分量來設定顏色，則可以使用 xlwings.utils 模組中的 rgb_to_int 函數將類似於 (255,0,0) 的 RGB 分量指定轉換為整數值，然後設定給 Color 屬性。

下面用綠色繪製圓形區域，用藍色繪製圓形邊線。程式碼中 ForeColor 屬性返回一個 ColorFormat 物件，使用它的 RGB 屬性設定 RGB 著色。

```
>>> shp=sht.api.Shapes.AddShape(9, 50, 50, 100, 100)
>>> shp.Fill.ForeColor.RGB=xw.utils.rgb_to_int((0, 255,0))
>>> shp.Line.ForeColor.RGB=xw.utils.rgb_to_int((0,0,255))
```

效果如圖 5-11 所示。

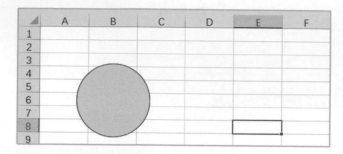

▲ 圖 5-11 RGB 著色

也可以直接將一個表示顏色的整數，也就是 xw.utils.rgb_to_int() 函數的結果賦給 RGB 屬性。

```
>>> shp=sht.api.Shapes.AddShape(9, 50, 50, 100, 100)
>>> shp.Fill.ForeColor.RGB= 65280
>>> shp.Line.ForeColor.RGB= 16711680
```

還可以直接將一個十六進位制的顏色值賦給 RGB 屬性。

```
>>> shp.Line.ForeColor.RGB=0xFF0000
```

 2 主題色彩著色

Excel 提供了十餘種主題色彩，如表 5-8 所示。使用這些主題色彩，可以很方便地給圖形著色。

📺 **表 5-8** 主題色彩

名稱	值	說明
xlThemeColorAccent1	5	Accent1
xlThemeColorAccent2	6	Accent2
xlThemeColorAccent3	7	Accent3
xlThemeColorAccent4	8	Accent4
xlThemeColorAccent5	9	Accent5
xlThemeColorAccent6	10	Accent6
xlThemeColorDark1	1	Dark1
xlThemeColorDark2	3	Dark2
xlThemeColorFollowedHyperlink	12	Followed hyperlink
xlThemeColorHyperlink	11	Hyperlink
xlThemeColorLight1	2	Light1
xlThemeColorLight2	4	Light2

對於圖形物件，使用 ForeColor 屬性和 BackColor 屬性返回的 ColorFormat 物件的 ObjectThemeColor 屬性，進行主題色彩著色。

```
>>> shp=sht.api.Shapes.AddShape(9, 50, 50, 100, 100)
>>> shp.Fill.ForeColor.ObjectThemeColor=10
>>> shp.Line.ForeColor.ObjectThemeColor=3
```

❸ 配色方案著色

利用 Excel 提供的配色方案中的顏色，也可以給圖形著色。對於圖形物件，ForeColor 屬性和 BackColor 屬性返回的 ColorFormat 物件有一個 SchemeColor 屬性，而配色方案中的每種顏色都有一個索引號，將它指定給 SchemeColor 屬性即可。

```
>>> shp=sht.api.Shapes.AddShape(9, 50, 50, 100, 100)
>>> shp.Fill.ForeColor.SchemeColor=3
>>> shp.Line.ForeColor.SchemeColor=4
```

4 索引著色

索引著色，預先給定一些顏色，組成一個所謂的顏色尋找表。在該表中，每種顏色都有一個唯一的索引號，如圖 5-12 所示。在進行索引著色時，將某個索引號指定給相關的索引著色屬性就可以了。

Index Value	Color	Index Value	Color	Index Value	Color
1		20		39	
2		21		40	
3		22		41	
4		23		42	
5		24		43	
6		25		44	
7		26		45	
8		27		46	
9		28		47	
10		29		48	
11		30		49	
12		31		50	
13		32		51	
14		33		52	
15		34		53	
16		35		54	
17		36		55	
18		37		56	
19		38			

▲ 圖 5-12　顏色尋找表

索引著色常常用於控制項和字型的著色。下列的程式碼將 sht 工作表物件中的 C3 儲存格的字型顏色設定為紅色。

```
>>> sht.api.Range("C3").Font.ColorIndex=3
>>> sht.api.Range("C3").Value="Hello"
```

5.2.2　線條屬性：LineFormat 物件

在 Excel 圖形物件中，線形物件用 LineFormat 物件表示。Shape 物件的 Line 屬性返回 LineFormat 物件，比如直線段本身，以及矩形區域和圓形區域的邊線、標註的引線等都是 LineFormat 物件。

例如：

```
>>> shp=sht.api.Shapes.AddLine(10,10,50,50)
>>> lf=shp.Line
```

shp 是一個表示直線段的 Shape 物件，它的 Line 屬性返回一個表示直線段本身的 LineFormat 物件。

例如：

```
>>> shp=sht.api.Shapes.AddShape(9, 50, 50, 200, 100)
>>> lf=shp.Line
```

shp 是一個表示橢圓形區域的 Shape 物件，它的 Line 屬性返回一個表示橢圓形區域邊線的 LineFormat 物件。

在得到 LineFormat 物件以後，就可以使用該物件的屬性和方法進行開發。接下來的 5.2.3 節和 5.2.4 節將詳細介紹 LineFormat 物件，即線形物件的顏色、線型、線寬、箭頭、透明度和圖案填滿等屬性的設定。

5.2.3 線條屬性：顏色、線型和線寬

使用 LineFormat 物件的 ForeColor 屬性可以設定線條的顏色。可以使用 RGB著色、主題色彩著色、配色方案著色等方法進行著色（詳細介紹見 5.2.1 節）。

使用 LineFormat 物件的 DashStyle 屬性可以設定線條的線型，可用線型如表 5-9 所示。

表 5-9 可用線型

名稱	值	說明
msoLineDash	4	虛線
msoLineDashDot	5	點虛線
msoLineDashDotDot	6	點點虛線
msoLineDashStyleMixed	-2	不支援
msoLineLongDash	7	長虛線
msoLineLongDashDot	8	長點虛線
msoLineRoundDot	3	圓點線
msoLineSolid	1	實線
msoLineSquareDot	2	方點線

使用 LineFormat 物件的 Weight 屬性可以設定線條的線寬。給該屬性設定一個 Single 型值，表示線條的粗細。

下面建立一個直線段物件和一個橢圓形區域物件，取得物件中的線形物件，然後設定它們的顏色、線型和線寬。

```
>>> shp=sht.api.Shapes.AddLine(20, 20, 100, 120)
>>> lf=shp.Line
>>> lf.ForeColor.RGB=xw.utils.rgb_to_int((255,0,0))     #紅色
>>> lf.DashStyle=5        #線型：點虛線
>>> lf.Weight=3          #線寬
>>> shp2=sht.api.Shapes.AddShape(9, 200, 30, 120, 80)
>>> lf2=shp2.Line        #橢圓形區域中的線形物件，即區域的邊線
>>> lf2.ForeColor.RGB=xw.utils.rgb_to_int((255,0,0))     #紅色
>>> lf2.DashStyle=3       #線型：圓點線
>>> lf2.Weight=4         #線寬
```

效果如圖 5-13 所示。

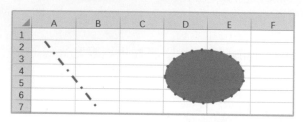

▲ 圖 5-13　線形物件的顏色、線型和線寬設定效果

5.2.4　線條屬性：箭頭、透明度和圖案填滿

在直線段兩端加上箭頭。LineFormat 物件的與箭頭有關的屬性包括：

- ✅ **BeginArrowheadLength 屬性**：設定或取得起點處箭頭的長度。

- ✅ **BeginArrowheadStyle 屬性**：設定或取得起點處箭頭的樣式。

- ✅ **BeginArrowheadWidth 屬性**：設定或取得起點處箭頭的寬度。

- ✅ **EndArrowheadLength 屬性**：設定或取得終點處箭頭的長度。

✅ **EndArrowheadStyle 屬性**：設定或取得終點處箭頭的樣式。

✅ **EndArrowheadWidth 屬性**：設定或取得終點處箭頭的寬度。

其中，箭頭的長度有 3 個取值，用 1、2 和 3 表示短、中和長；箭頭的寬度也有 3 個取值，用 1、2 和 3 表示窄、中和寬。箭頭的樣式設定可以從表 5-10 中取值。

表 5-10 箭頭的樣式

名稱	值	說明
msoArrowheadDiamond	5	菱形
msoArrowheadNone	1	無箭頭
msoArrowheadOpen	3	開啟
msoArrowheadOval	6	橢圓形
msoArrowheadStealth	4	隱匿形狀
msoArrowheadStyleMixed	-2	只返回值，表示其他狀態的組合
msoArrowheadTriangle	2	三角形

下面在 sht 工作表物件中加入一條兩端有箭頭的直線段。在該直線段的起點處為一個橢圓形，終點處為一個三角形。

```
>>> shp=sht.api.Shapes.AddLine(80, 50, 200, 300)    #建立直線段Shape物件
>>> lf=shp.Line       #取得線形物件
>>> lf.Weight=2       #線寬
>>> lf.BeginArrowheadLength=1     #起點處箭頭的長度
>>> lf.BeginArrowheadStyle=6      #起點處箭頭的樣式
>>> lf.BeginArrowheadWidth=1      #起點處箭頭的寬度
>>> lf.EndArrowheadLength=3       #終點處箭頭的長度
>>> lf.EndArrowheadStyle=2        #終點處箭頭的樣式
>>> lf.EndArrowheadWidth=3        #終點處箭頭的寬度
```

生成如圖 5-14 所示的圖形。

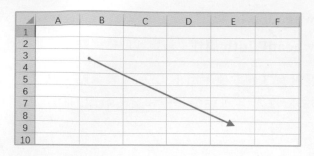

▲ 圖 5-14　加上箭頭的直線段

使用 LineFormat 物件的 Transparency 屬性可以設定或取得線條的透明度，其取值範圍為 0.0（不透明）～ 1.0（清晰）。

下面的例子先繪製一個藍色的橢圓形區域作為背景，然後繪製兩條線寬為 8 的紅色直線段，其中一條不透明，另一條透明度為 0.7。

```
>>> sht.api.Shapes.AddShape(9, 150, 50, 200, 100)        #橢圓形區域
>>> shp=sht.api.Shapes.AddLine(100, 75, 400, 75)         #第1條直線段
>>> shp.Line.Weight=8        #線寬
>>> shp.Line.ForeColor.RGB=xw.utils.rgb_to_int((255,0,0))        #紅色
>>> shp2=sht.api.Shapes.AddLine(100, 125, 400, 125)      #第2條直線段
>>> shp2.Line.Weight=8       #線寬
>>> shp2.Line.ForeColor.RGB=xw.utils.rgb_to_int((255,0,0))       #紅色
>>> shp2.Line.Transparency=0.7     #透明度為0.7
```

效果如圖 5-15 所示。可見，下面一條直線段因為設定透明度為 0.7，所以可以透過它看到底下的藍色橢圓形區域。

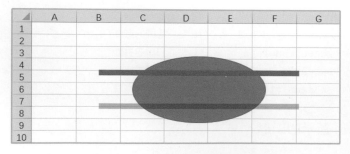

▲ 圖 5-15　線條的透明度設定效果

使用 LineFormat 物件的 Pattern 屬性，可以對線形物件進行圖案填滿。該屬性設定或返回一個 MsoPatternType 列舉類型的值，表示填滿圖案。它的取值如表 5-11 所示。該表中只列出了部分填滿圖案，欲了解更多的圖案，請參見微軟官方文件。

表 5-11 填滿圖案（部分）

名稱	值	說明
msoPatternCross	51	交叉網格
msoPatternDarkDownwardDiagonal	15	黑色向下的對角線
msoPatternDarkHorizontal	13	黑色水平線
msoPatternDarkUpwardDiagonal	16	黑色向上的對角線
msoPatternDarkVertical	14	黑色垂直線
msoPatternHorizontal	49	水平線
msoPatternVertical	50	垂直線
msoPatternSmallGrid	23	小網格
msoPatternWave	48	波紋
......	......	......

下面建立一條線寬為 8 的直線段，設定其填滿圖案為黑色向上的對角線。

```
>>> shp=sht.api.Shapes.AddLine(100, 55, 400, 125)
>>> shp.Line.Weight=8
>>> shp.Line.Pattern=16        #給直線段設定圖案填滿
```

效果如圖 5-16 所示。

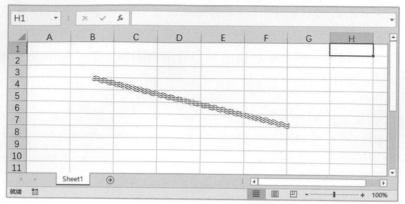

▲ 圖 5-16　填滿波紋圖案的直線段

5.2.5　線條屬性：多段線、曲線和多邊形的頂點

使用 Shape 物件的 Vertices 屬性，可以取得多段線、多邊形和貝茲曲線的頂點座標。我們既可以提取座標，也可以利用原物件的座標建立新的圖形。

在 5.1 節中講到，使用 xlwings 與 win32com 建立多段線和曲線時存在問題，而使用 comtypes 測試獲得成功。所以，本節介紹的內容需要使用 comtypes。但在使用之前，如果沒有安裝它，請在命令提示字元視窗中用「pip install comtypes」指令進行安裝。

下面首先使用 comtypes 建立一條貝茲曲線 shp2。關於曲線建立的細節，請參見 5.1 節內容，這裡不再贅述。

```
>>> from comtypes.client import CreateObject      #使用comtypes
>>> app2=CreateObject("Excel.Application")
>>> app2.Visible=True
>>> bk2=app2.Workbooks.Add()
>>> sht2=bk2.Sheets(1)
>>> pts=[[0,0],[72,72],[100,40],[20,50],[90,120],[60,30],[150,90]]
>>> shp2=sht2.Shapes.AddCurve(pts)
```

然後使用 Shape 物件的 Vertices 屬性取得該曲線的頂點座標，把它讀入一個二維陣列中。

```
>>> vertArray=shp2.Vertices      #取得多邊形的頂點
>>> vertArray
((0.0, 0.0), (72.0, 72.0), (100.0, 40.0), (20.0, 50.0), (90.0, 120.0),
(60.0, 30.0), (150.0, 90.0))
```

透過索引讀取前兩個頂點的座標。

```
>>> x1=vertArray[0][0]
>>> y1=vertArray[0][1]
>>> x1
0.0
>>> y1
0.0
>>> x2=vertArray[1][0]
>>> y2=vertArray[1][1]
>>> x2
72.0
>>> y2
72.0
```

利用原有貝茲曲線 shp2 的頂點建立一條新的曲線 shp3。

```
>>> shp3=sht2.Shapes.AddCurve(shp2.Vertices)
```

在建立好以後，兩條曲線是重疊的，使用滑鼠拖拉操作把它們分開，如圖 5-17 所示。

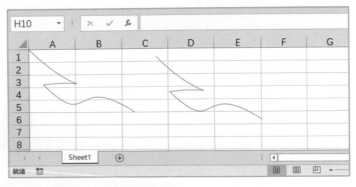

▲ 圖 5-17 利用原有曲線的頂點建立新曲線

5.2.6 面的屬性：FillFormat 物件、顏色和透明度

點、線、面是基本的圖形元素。前面介紹了線條屬性設定，接下來介紹面的屬性設定。在 5.1 節中介紹的矩形、橢圓形、圓形、多邊形區域都屬於面，是具有 2 ～ 3 個維度的圖形。

在 Excel 中，用 FillFormat 物件表示面。利用 Shape 物件的 Fill 屬性可以取得該物件中的 FillFormat 物件，即面物件，然後使用該物件的成員進行開發。

下面使用 Shapes 物件的 AddShape 方法建立一個矩形區域，該方法返回一個表示矩形區域的 Shape 物件。它實際上由兩部分組成：一是內部的區域，是一個面；二是區域的邊線，是一條線。面是 FillFormat 物件，線是 LineFormat 物件（前面已經介紹）。下面第 2 行程式碼使用 Shape 物件的 Fill 屬性取得該物件中的區域部分。

```
>>> shp1=sht.api.Shapes.AddShape(1, 100, 50, 200, 100)
>>> ff1=shp1.Fill
```

下面建立一個橢圓形區域，並使用 Shape 物件的 Fill 屬性取得其中的區域部分，即 FillFormat 物件。

```
>>> shp2=sht.api.Shapes.AddShape(9, 50, 50, 200, 100)
>>> ff2=shp2.Fill
```

把圖形物件中的區域，也就是面的部分提取出來，即得到 FillFormat 物件以後，就可以使用該物件的屬性和方法開發，進行更多的設定和操作。

使用 FillFormat 物件的 ForeColor 屬性，返回一個 ColorFormat 物件，利用該物件的 RGB 屬性、ObjectThemeColor 屬性和 SchemeColor 屬性，可以對 FillFormat 物件所表示的面進行 RGB 著色、主題色彩著色和配色方案著色。關於圖形物件的著色，5.2.1 節有詳細介紹，請參閱。

下面建立一個矩形區域，使用 FillFormat 物件的 ForeColor 屬性返回的 ColorFormat 物件的 RGB 屬性，將區域預設的藍色修改為綠色。

```
>>> shp=sht.api.Shapes.AddShape(1, 150, 50, 200, 100)
>>> ff=shp.Fill       #從矩形區域提取出區域部分
>>> ff.ForeColor.RGB= xw.utils.rgb_to_int((0,255,0))      #改變區域的顏色為綠色
```

效果如圖 5-18 所示。

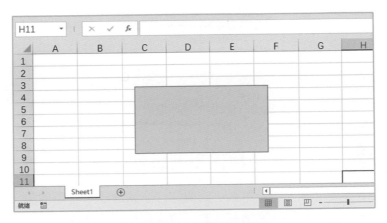

▲ 圖 5-18　面的著色效果

使用 FillFormat 物件的 Transparency 屬性可以設定或取得面的透明度，其取值範圍為 0.0（不透明）～ 1.0（清晰）。

下面首先繪製一個藍色的矩形區域作為背景，然後疊加一個紅色的橢圓形區域，設定它的透明度為 0.7。

```
>>> shp=sht.api.Shapes.AddShape(1, 200, 50, 200, 100)      #矩形區域
>>> shp2=sht.api.Shapes.AddShape(9, 150, 70, 200, 100)      #橢圓形區域
>>> ff=shp2.Fill
>>> ff.ForeColor.RGB= xw.utils.rgb_to_int((255,0,0))      #將橢圓形區域設定為紅色
>>> ff.Transparency=0.7      #透明度為0.7
```

效果如圖 5-19 所示。

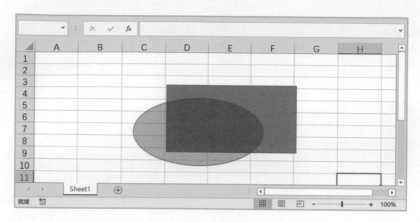

▲ 圖 5-19　面的透明度設定效果

5.2.7　面的屬性：單色填滿和漸層色填滿

在建立了區域圖形以後，可以對其中的面進行填滿操作。可用的填滿方式包括單色填滿、漸層色填滿、圖案填滿、圖片填滿和材質填滿等。

使用 FillFormat 物件的 Solid 方法進行單色填滿。下面建立一個橢圓形區域，用紅色進行單色填滿。

```
>>> shp=sht.api.Shapes.AddShape(9, 100, 50, 200, 100)
>>> ff=shp.Fill
>>> ff.Solid
>>> ff.ForeColor.RGB= xw.utils.rgb_to_int((255,0,0))
```

使用 FillFormat 物件的 OneColorGradient 方法進行單色漸層色填滿。所謂單色漸層色填滿，指的是填滿的顏色僅有一種顏色色階的變化。該方法的語法格式為：

```
ff.OneColorGradient(Style, Variant, Degree)
```

其中，ff 表示一個 FillFormat 物件。各參數說明如表 5-12 所示。

表 5-12 OneColorGradient 方法的參數說明

名稱	必需 / 可選	資料類型	說明
Style	必需	MsoGradientStyle	漸層樣式
Variant	必需	Integer	漸層變數，其取值範圍為 1～4。如果 GradientStyle 屬性的值被設為 msoGradientFromCenter，則 Variant 參數只能取值 1 或 2
Degree	必需	Single	漸層程度，可以為 0.0（暗）～1.0（亮）之間的值

OneColorGradient 方法的 Style 參數指定漸層色填滿的樣式，其取值如表 5-13 所示。

表 5-13 OneColorGradient 方法的 Style 參數的取值

名稱	值	說明
msoGradientDiagonalDown	4	從左下角到右上角對角漸層
msoGradientDiagonalUp	3	從右下角到左上角對角漸層
msoGradientFromCenter	7	從中心到各個角漸層
msoGradientFromCorner	5	從各個角落向中心漸層
msoGradientFromTitle	6	從標題向外漸層
msoGradientHorizontal	1	水平漸層
msoGradientMixed	-2	混合漸層
msoGradientVertical	2	垂直漸層

下面建立一個矩形區域和一個橢圓形區域，矩形區域用紅色漸層色填滿，從右下角到左上角對角漸層；橢圓形區域用藍色漸層色填滿，從中心到各個角漸層。

```
>>> shp1=sht.api.Shapes.AddShape(1, 100, 50, 200, 100)    #矩形區域
>>> ff1=shp1.Fill
>>> ff1.ForeColor.RGB= xw.utils.rgb_to_int((255,0,0))
```

```
>>> #單色漸層色填滿：白色到紅色，從右下角到左上角漸層
>>> ff1.OneColorGradient(3, 1, 1)
>>> shp2=sht.api.Shapes.AddShape(9, 400, 50, 200, 100)        #橢圓形區域
>>> ff2=shp2.Fill
>>> ff2.ForeColor.RGB= xw.utils.rgb_to_int((0,0,255))
>>> #單色漸層色填滿：白色到藍色，從中心到各個角漸層
>>> ff2.OneColorGradient(7, 1, 1)
```

效果如圖 5-20 所示。

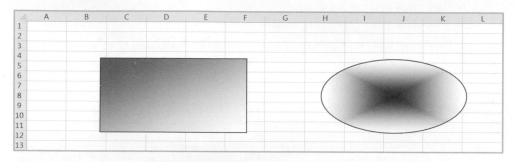

▲ 圖 5-20　單色漸層色填滿效果

設定 OneColorGradient 方法的第 2 個參數和第 3 個參數，可以對漸層色填滿進行更多的控制。第 2 個參數取值 1～4，和與填滿效果有關的 4 個過渡變數相對應；第 3 個參數取值 0～1，表示漸層灰度的深淺，0 表示最深，1 表示最淺。下列的程式碼在填滿矩形區域時設定第 2 個參數的值為 3；在填滿橢圓形區域時設定第 2 個參數的值為 3，第 3 個參數的值為 0.8。

```
>>> shp1=sht.api.Shapes.AddShape(1, 100, 50, 200, 100)
>>> ff1=shp1.Fill
>>> ff1.ForeColor.RGB= xw.utils.rgb_to_int((255,0,0))
>>> ff1.OneColorGradient(3, 3, 1)        #設定第2個參數和第3個參數
>>> shp2=sht.api.Shapes.AddShape(1, 400, 50, 200, 100)
>>> ff2=shp2.Fill
>>> ff2.ForeColor.RGB= xw.utils.rgb_to_int((0,0,255))
>>> ff2.OneColorGradient(3, 3, 0.8)        #設定第2個參數和第3個參數
```

效果如圖 5-21 所示，試著比較不同參數設定帶來的差別。

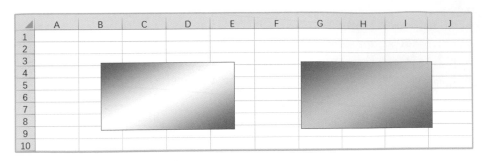

▲ 圖 5-21　漸層色填滿的更多設定效果

在演算法上實現漸層色填滿，是在兩個位置上給定兩種不同的顏色，這兩個位置之間各位置上的顏色，是利用給定的兩種顏色，根據該位置與兩端的距離線性插值得到的。預設時，給定的兩種顏色是白色和 Shape 物件的前景色。

利用 FillFormat 物件的 GradientStops 屬性返回一個 GradientStops 物件，使用該物件的 Insert 方法可以在已有漸層序列中的指定位置加入新的顏色節點。比如原來只有紅色和白色，現在在中間位置插入藍色，那麼前半部分就利用紅色和藍色漸層色填滿，後半部分就利用藍色和白色漸層色填滿。該方法使用一個 0 ～ 1 之間的小數來指定新的顏色節點的位置，表示該位置到起點的距離占整個距離的百分比。

下面在建立矩形區域和橢圓形區域時，分別在 0.25、0.5 和 0.75 的位置加入紅色、綠色和藍色節點。

```
>>> shp1=sht.api.Shapes.AddShape(1, 100, 50, 200, 100)     #矩形區域
>>> ff1=shp1.Fill
>>> ff1.ForeColor.RGB= xw.utils.rgb_to_int((255,0,0))
>>> ff1.OneColorGradient(3, 1, 1)     #單色漸層色填滿
>>> #在漸層序列中插入顏色節點
>>> ff1.GradientStops.Insert(xw.utils.rgb_to_int((255,0,0)), 0.25)
>>> ff1.GradientStops.Insert(xw.utils.rgb_to_int((0,255,0)), 0.5)
>>> ff1.GradientStops.Insert(xw.utils.rgb_to_int((0,0,255)), 0.75)
>>> shp2=sht.api.Shapes.AddShape(9, 400, 50, 200, 100)     #橢圓形區域
>>> ff2=shp2.Fill
>>> ff2.ForeColor.RGB= xw.utils.rgb_to_int((0,0,255))
>>> ff2.OneColorGradient(7, 1, 1)     #單色漸層色填滿
```

```
>>> #在漸層序列中插入顏色節點
>>> ff2.GradientStops.Insert(xw.utils.rgb_to_int((255,0,0)), 0.25)
>>> ff2.GradientStops.Insert(xw.utils.rgb_to_int((0,255,0)), 0.5)
>>> ff2.GradientStops.Insert(xw.utils.rgb_to_int((0,0,255)), 0.75)
```

效果如圖 5-22 所示。

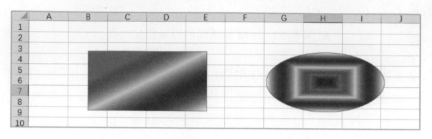

▲ 圖 5-22　透過加入顏色節點進行漸層色填滿的效果

使用 FillFormat 物件的 TwoColorGradient 方法進行雙色漸層色填滿。該方法有兩個參數，這兩個參數與 OneColorGradient 方法的前兩個參數相同，這裡不再贅述。

下面建立一個矩形區域和一個橢圓形區域，矩形區域用紅色和綠色漸層色填滿，從左上角到右下角對角漸層；橢圓形區域用藍色和綠色漸層色填滿，從左上角到右下角對角漸層。注意，起始顏色用 Shape 物件的 ForeColor 屬性設定，終止顏色用 BackColor 屬性設定。

```
>>> shp1=sht.api.Shapes.AddShape(1, 100, 50, 200, 100)      #矩形區域
>>> ff1=shp1.Fill
>>> ff1.ForeColor.RGB= xw.utils.rgb_to_int((255,0,0))        #起始顏色
>>> ff1.TwoColorGradient(3, 1)     #雙色漸層色填滿
>>> ff1.BackColor.RGB= xw.utils.rgb_to_int((0, 255,0))       #終止顏色
>>> shp2=sht.api.Shapes.AddShape(9, 400, 50, 200, 100)       #橢圓形區域
>>> ff2=shp2.Fill
>>> ff2.ForeColor.RGB= xw.utils.rgb_to_int((0,0,255))        #起始顏色
>>> ff2.TwoColorGradient(3, 1)       #雙色漸層色填滿
>>> ff2.BackColor.RGB= xw.utils.rgb_to_int((0, 255,0))       #終止顏色
```

效果如圖 5-23 所示。

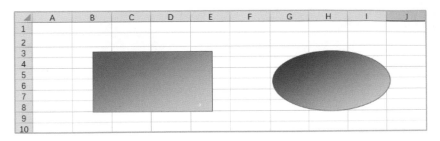

▲ 圖 5-23 雙色漸層色填滿效果

5.2.8 面的屬性：圖案填滿、圖片填滿和材質填滿

除了顏色填滿，還可以用圖案、圖片和材質對區域進行填滿。

使用 FillFormat 物件的 Patterned 方法進行圖案填滿。該方法有一個參數，其值是一個 MsoPatternType 列舉類型的值，表示填滿圖案。該列舉類型的部分值請參見 5.2.4 節中的表 5-11。

下面建立一個矩形區域和一個橢圓形區域，給它們填滿斜條紋圖案和波紋圖案，並設定綠色和藍色背景色。

```
>>> shp1=sht.api.Shapes.AddShape(1, 100, 50, 200, 100)     #矩形區域
>>> ff1=shp1.Fill
>>> ff1.ForeColor.RGB= xw.utils.rgb_to_int((255,0,0))
>>> ff1.Patterned(22)     #圖案填滿
>>> ff1.BackColor.RGB= xw.utils.rgb_to_int((0,255,0))
>>> shp2=sht.api.Shapes.AddShape(9, 400, 50, 200, 100)     #橢圓形區域
>>> ff2=shp2.Fill
>>> ff2.ForeColor.RGB= xw.utils.rgb_to_int((255,255,0))
>>> ff2.Patterned(48)     #圖案填滿
>>> ff2.BackColor.RGB= xw.utils.rgb_to_int((0,0,255))
```

效果如圖 5-24 所示。可見，在繪製圖案時使用的是前景色。

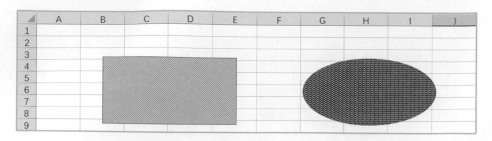

▲ 圖 5-24　圖案填滿效果

使用 FillFormat 物件的 UserPicture 方法進行圖片填滿。該方法有一個參數，其值為字串類型，表示圖檔的路徑；如果圖檔在目前工作目錄中，則指定圖檔的名稱即可。在進行圖片填滿時，不必設定前景色和背景色。

下面建立一個矩形區域和一個橢圓形區域，並對它們進行圖片填滿。

```
>>> shp1=sht.api.Shapes.AddShape(1, 100, 50, 200, 100)      #矩形區域
>>> ff1=shp1.Fill
>>> ff1.UserPicture(r"D:\picpy.jpg")     #圖片填滿
>>> shp2=sht.api.Shapes.AddShape(9, 400, 50, 200, 100)      #橢圓形區域
>>> ff2=shp2.Fill
>>> ff2.UserPicture(r"D:\picpy.jpg")     #圖片填滿
```

效果如圖 5-25 所示。可見，對於矩形區域，在填滿時對圖片按長寬比例進行了縮放，使得圖片在矩形區域內正好能放下；對於橢圓形區域，在填滿時對圖片按長軸和短軸的長度比例進行了縮放，橢圓形區域以外的部分被裁剪掉。

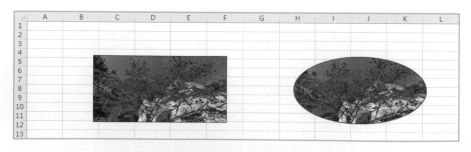

▲ 圖 5-25　圖片填滿效果

使用 FillFormat 物件的 UserTextured 方法進行材質填滿。該方法有一個參數，其值為字串類型，表示材質圖檔的路徑；如果材質圖檔在目前工作目錄中，則指定材質圖檔的名稱即可。在進行材質填滿時，不必設定前景色和背景色。

下面建立一個矩形區域和一個橢圓形區域，並對它們進行材質填滿。

```
>>> shp1=sht.api.Shapes.AddShape(1, 100, 50, 300, 200)      #矩形區域
>>> ff1=shp1.Fill
>>> ff1.UserTextured(r"D:\picpy.jpg")      #材質填滿
>>> shp2=sht.api.Shapes.AddShape(9, 400, 50, 300, 200)      #橢圓形區域
>>> ff2=shp2.Fill
>>> ff2.UserTextured(r"D:\picpy.jpg")      #材質填滿
```

效果如圖 5-26 所示。可見，材質填滿是在區域內對材質圖片進行平鋪顯示，材質圖片保持原來的大小，超出區域的部分被裁剪掉。

除使用指定圖片作為材質外，Excel 還提供了預設材質。使用 FillFormat 物件的 PresetTextured 方法設定預設材質。該方法有一個參數，表示要應用的材質類型。該參數的部分取值如表 5-14 所示，有大理石材質、花崗岩材質、木質材質、紙質材質等。

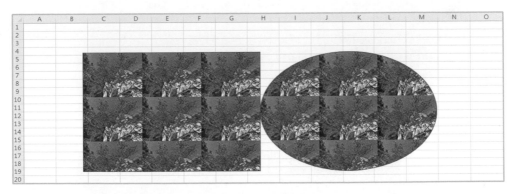

▲ 圖 5-26 材質填滿效果

⬚ 表 5-14 預設材質

名稱	值	說明
msoTextureGranite	12	花崗岩材質
msoTextureGreenMarble	9	綠色大理石材質
msoTextureMediumWood	24	中木材質
msoTextureNewsprint	13	新聞紙材質
msoTextureOak	23	橡木材質
msoTexturePaperBag	6	紙張材質
msoTexturePapyrus	1	Papyrus 材質
msoTextureParchment	15	羊皮紙材質
msoTextureWalnut	22	胡桃木材質
msoTextureWaterDroplets	5	水滴材質
......	......	......

下面建立一個矩形區域和一個橢圓區域，給它們分別填滿預設的綠色大理石材質和胡桃木材質。

```
>>> shp1=sht.api.Shapes.AddShape(1, 100, 50, 200, 100)    #矩形區域
>>> ff1=shp1.Fill
>>> ff1.PresetTextured(9)      #預設材質：綠色大理石
>>> shp2=sht.api.Shapes.AddShape(9, 400, 50, 200, 100)    #橢圓形區域
>>> ff2=shp2.Fill
>>> ff2.PresetTextured(22)      #預設材質：胡桃木
```

效果如圖 5-27 所示。

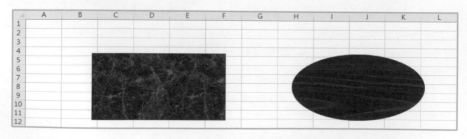

▲ 圖 5-27 預設材質效果

5.3 圖形變換

透過幾何變換，可以利用已有圖形快速得到新的圖形或新的位置上的圖形。利用 Shape 物件的屬性，可以實現圖形的平移、旋轉、縮放和翻轉等幾何變換。

5.3.1 圖形平移

使用 Shape 物件的 IncrementLeft 方法，可以將該物件所表示的圖形進行水平方向的平移。該方法有一個參數，當參數的值大於 0 時表示圖形向右移，當值小於 0 時表示圖形向左移。

使用 Shape 物件的 IncrementTop 方法，可以將該物件所表示的圖形進行垂直方向的平移。該方法有一個參數，當參數的值大於 0 時表示圖形向下移，當值小於 0 時表示圖形向上移。

下面的例子建立一個填滿水滴材質的矩形區域，然後將該區域向右平移 70 個單位，向下平移 50 個單位。

```
>>> shp=sht.api.Shapes.AddShape(1, 100, 50, 200, 100)    #矩形區域
>>> shp.Fill.PresetTextured(5)        #預設材質：水滴
>>> shp.IncrementLeft(70)             #右移70個單位
>>> shp.IncrementTop(50)              #下移50個單位
```

平移前後的圖形分別如圖 5-28 和圖 5-29 所示。

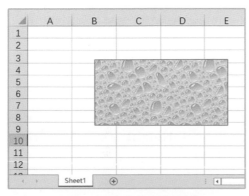

▲ 圖 5-28　平移前的圖形

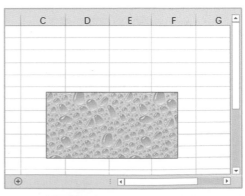

▲ 圖 5-29　平移後的圖形

5.3.2 圖形旋轉

使用 Shape 物件的 IncrementRotation 方法可以實現圖形的旋轉。該方法設定圖形繞 Z 軸旋轉指定的角度。該方法有一個參數，表示旋轉的角度，以度為單位。當參數的值為正值時表示順時針方向旋轉圖形，當值為負值時表示逆時針方向旋轉圖形。

下面的例子建立一個填滿水滴材質的矩形區域，然後將該區域繞 Z 軸順時針方向旋轉 30 度。

```
>>> shp=sht.api.Shapes.AddShape(1, 100, 50, 200, 100)      #矩形區域
>>> shp.Fill.PresetTextured(5)      #預設材質：水滴
>>> shp.IncrementRotation(30)      #順時針方向旋轉30度
```

旋轉前後的圖形分別如圖 5-30 和圖 5-31 所示。

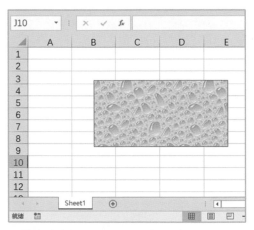

▲ 圖 5-30 旋轉前的圖形

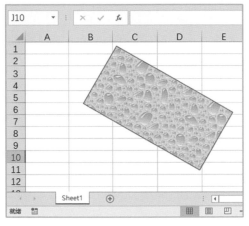

▲ 圖 5-31 旋轉後的圖形

5.3.3 圖形縮放

圖形縮放又稱為比例變換，是指對給定的圖形按照一定的比例進行放大或縮小。使用 Shape 物件的 ScaleWidth 方法和 ScaleHeight 方法，可以指定水平方向和垂直方向的縮放比例，實現圖形的縮放。

ScaleWidth 方法和 ScaleHeight 方法都有三個參數，說明如表 5-15 所示。

表 5-15 ScaleWidth 方法和 ScaleHeight 方法的參數說明

名稱	必需 / 可選	資料類型	說明
Factor	必需	Single	指定圖形調整後的寬度與目前或原始寬度的比例
RelativeToOriginalSize	必需	MsoTriState	當值為 False 時，表示相對於圖形目前大小進行縮放。僅當指定的圖形是圖片或 OLE 物件時，才能將此參數設為 True
Scale	可選	Variant	MsoScaleFrom 類型的常數之一，指定在縮放圖形時，該圖形的哪一部分保持在原來的位置

Scale 參數的值為 MsoScaleFrom 列舉類型常數，表示縮放以後，圖形的哪一部分保持在原來的位置。該參數的取值如表 5-16 所示。

表 5-16 Scale 參數的取值

名稱	值	說明
msoScaleFromBottomRight	2	圖形的右下角保持在原來的位置
msoScaleFromMiddle	1	圖形的中點保持在原來的位置
msoScaleFromTopLeft	0	圖形的左上角保持在原來的位置

下面的例子建立一個橢圓形區域，填滿花崗岩材質，然後對該區域水平方向縮小為原來寬度的 3/4（即 0.75），垂直方向放大為原來高度的 1.75 倍。

```
>>> shp=sht.api.Shapes.AddShape(9, 100, 50, 200, 100)    #橢圓形區域
>>> ff=shp.Fill
>>> ff.PresetTextured(12)            #預設材質：花崗岩
>>> shp.ScaleWidth(0.75,False)       #寬度寬0.75
>>> shp.ScaleHeight(1.75,False)      #高度高1.75
```

縮放前後的圖形分別如圖 5-32 和圖 5-33 所示。

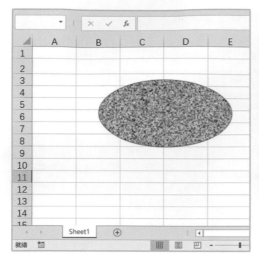

▲ 圖 5-32 縮放前的圖形（原圖形）

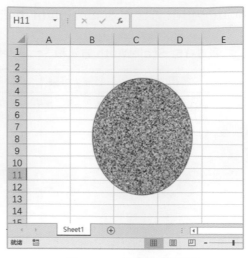

▲ 圖 5-33 縮放後的圖形

5.3.4 圖形翻轉

圖形翻轉也叫作圖形鏡像變換，或者叫作對稱變換。使用 Shape 物件的 Flip 方法可以實現圖形的翻轉。該方法是相對於水平對稱軸或垂直對稱軸做翻轉的，它有一個參數，指定是水平翻轉還是垂直翻轉。水平翻轉和垂直翻轉對應的取值分別為 0 和 1。

下面的例子建立一個矩形區域，為了便於對比，填滿了胡桃木材質，然後對該區域進行水平翻轉和垂直翻轉操作。

```
>>> shp=sht.api.Shapes.AddShape(1, 100, 50, 200, 100)      #矩形區域
>>> shp.Fill.PresetTextured(22)        #預設材質：胡桃木
>>> shp.Flip(0)                        #水平翻轉
>>> shp.Flip(1)                        #垂直翻轉
```

翻轉前的圖形，即原圖形如圖 5-34 所示。如圖 5-35 所示為原圖形水平翻轉後的效果，如圖 5-36 所示為水平翻轉後的圖形再垂直翻轉後的效果。所以，目前翻轉操作是針對前一步變換結果進行的，而不是原圖形。

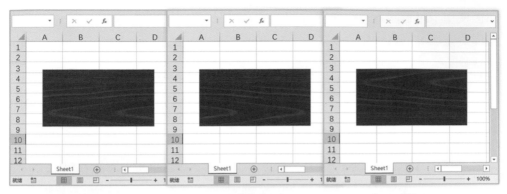

▲ 圖 5-34　　　　　　　　▲ 圖 5-35　　　　　　　　▲ 圖 5-36
翻轉前的圖形（原圖形）　　水平翻轉後的效果　　　垂直翻轉後的效果

5.4 其他圖形操作

本節介紹工作表中圖形的遍歷、圖形在工作表中的定位以及動畫的實現。

5.4.1 遍歷工作表中的圖形

工作表物件的 Shapes 屬性返回一個 Shapes 物件，它是一個集合，包含該工作表物件中所有的 Shape 物件，即所有圖形。

使用 Shapes 物件的 Count 屬性，可以取得該集合中圖形的個數。下面在 sht 工作表物件中加入一個矩形區域、一個橢圓形區域和一條直線段，使用 Shapes 物件的 Count 屬性返回集合中圖形的個數。

```
>>> shp1=sht.api.Shapes.AddShape(1, 50, 50, 200, 100)    #矩形區域
>>> shp2=sht.api.Shapes.AddShape(9, 30, 80, 200, 100)    #橢圓形區域
>>> shp2.Fill.ForeColor.RGB=xw.utils.rgb_to_int((255,0,0))
>>> shp2.Fill.Transparency=0.7
>>> shp3=sht.api.Shapes.AddLine(10,10,200,120)    #直線段
>>> sht.api.Shapes.Count    #工作表中Shape物件的個數
3
```

然後使用 for 迴圈取得每個圖形的名稱、類型、左上角水平座標、左上角垂直座標、寬度和高度。

```
>>> sht.range("F1").value=["名稱","類型","左上角水平座標","左上角垂直座標","寬度",
"高度"]     #表頭
>>> i=0
>>> for shp in sht.api.Shapes:       #遍歷工作表中每個Shape物件
      i+=1
      sht.api.Cells(i+1, "F").Value=shp.Name       #輸出每個Shape物件的屬性
      sht.api.Cells(i+1, "G").Value=shp.Type
      sht.api.Cells(i+1, "H").Value=shp.Left
      sht.api.Cells(i+1, "I").Value=shp.Top
      sht.api.Cells(i+1, "J").Value=shp.Width
      sht.api.Cells(i+1, "K").Value=shp.Height
```

結果如圖 5-37 所示。

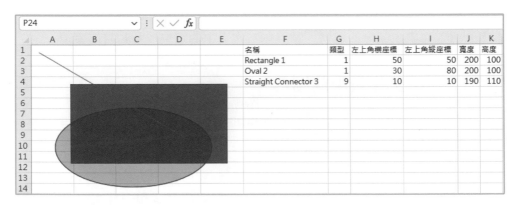

▲ 圖 5-37　透過遍歷輸出各圖形的屬性值

使用 Shape 物件的 Type 屬性可以取得圖形的類型。對集合中的圖形進行遍歷時，經常需要判斷圖形的類型，以便對某一類型的圖形進行處理。表 5-17 中列出了全部可用的 Type 屬性的取值。

🖥 **表 5-17** 表示圖形類型的 Type 屬性的取值

名稱	值	說明
mso3DModel	30	3D 模型
msoAutoShape	1	自選圖形
msoCallout	2	標註
msoCanvas	20	畫布
msoChart	3	圖表
msoComment	4	附註
msoContentApp	27	內容 Office 外掛程式
msoDiagram	21	流程圖
msoEmbeddedOLEObject	7	嵌入式 OLE 物件
msoFormControl	8	表單控制項
msoFreeform	5	Freeform
msoGraphic	28	圖形
msoGroup	6	圖形塊
msoIgxGraphic	24	SmartArt 圖形
msoInk	22	墨跡
msoInkComment	23	墨跡附註
msoLine	9	直線段
msoLinked3DModel	31	連結的 3D 模型
msoLinkedGraphic	29	連結的圖形
msoLinkedOLEObject	10	連結的 OLE 物件
msoLinkedPicture	11	連結的圖片
msoMedia	16	媒體
msoOLEControlObject	12	OLE 控制項物件
msoPicture	13	圖片
msoPlaceholder	14	占位符
msoScriptAnchor	18	腳本定位標記

名稱	值	說明
msoShapeTypeMixed	-2	混合圖形類型
msoTable	19	表
msoTextBox	17	文字框
msoTextEffect	15	文字藝術師
msoWebVideo	26	Web 影片

下列的程式碼遍歷集合，統計集合中自選圖形的個數。

```
>>> i=0
>>> for shp in sht.api.Shapes:    #遍歷集合
       if(shp.Type==1):     #如果為自選圖形
           i+=1      #累計個數
>>> print("有"+str(i)+ "個自選圖形。")
```

結果是「有 2 個自選圖形」。

下列的程式碼遍歷集合，清空 sht 工作表物件中的所有圖形。

```
>>> for shp in sht.api.Shapes:
       shp.Delete()
>>> sht.api.Shapes.Count
0
```

5.4.2 固定圖形在工作表中的位置

透過綁定圖形和工作表中儲存格或區域的位置與大小，可以將圖形固定在工作表的指定儲存格或區域中。圖形或儲存格（區域）的位置用其左上角的座標指定，使用 Left 和 Top 兩個屬性，表示左上角的水平座標和垂直座標；圖形或儲存格（區域）的大小用其寬度和高度指定，對應於 Width 和 Height 兩個屬性。

下列的程式碼建立一個橢圓形區域，並將它固定在 sht 工作表物件的 C3:E5 區域。

```
>>> shp=sht.api.Shapes.AddShape(9, 30, 80, 200, 100)
>>> rng=sht.api.Range("C3:E5")
>>> shp.Left=rng.Left+1        #根據圖形和區域的位置與大小屬性進行固定
>>> shp.Top=rng.Top+1
>>> shp.Width=rng.Width-2
>>> shp.Height=rng.Height-2
```

效果如圖 5-38 所示。調整左上角的位置，橢圓形區域會跟著移動，保持其相對位置不變。

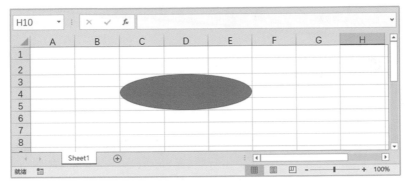

▲ 圖 5-38 固定圖形在工作表中的位置

5.4.3 動畫

實現動畫有兩個關鍵操作：一是圖形的動態繪製，比如不斷修改圖形的位置、大小或顏色；二是延時，即每一步都放慢，不要太快。動態部分，改變位置可以透過修改圖形的 Left 屬性和 Top 屬性實現，也可以透過幾何變換實現；延時部分，可以使用 time 提供的 sleep 方法實現，該方法提供毫秒級的延時。

下面建立一個簡單的動畫，將一個窄長的矩形繞其形心旋轉一週，整個旋轉分 36 步完成，每步順時針方向旋轉 10 度，每旋轉一步停留 1s。旋轉使用 Shape 物件的 IncrementRotation 方法，透過旋轉變換實現。注意旋轉的角度是相對於前一步的位置計算的，而不是相對於原始位置計算的。整個動態過程使用一個迴圈進行控制。

```
>>> import time          #匯入time
>>> shp=sht.api.Shapes.AddShape(1, 100, 100, 200, 20)      #矩形區域
>>> shp.Fill.PresetTextured(5)          #預設材質
>>> for i in range(36):                 #迴圈：動畫次數
        shp.IncrementRotation(10)       #每次動畫順時針方向旋轉10度
        time.sleep(1)                   #每次動畫延時1s
```

生成如圖 5-39 所示的旋轉動畫，類似於鐘錶指標的軌跡。

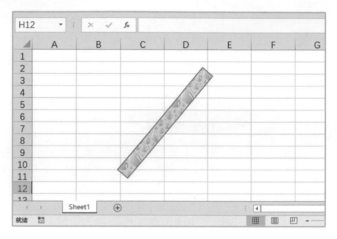

▲ 圖 5-39　旋轉動畫

5.5 圖片操作

本節介紹圖片的建立和幾何變換。

5.5.1 建立圖片

使用 Shape 物件的 AddPicture 方法可以從現有檔案中建立圖片。該方法返回一個表示新圖片的 Shape 物件。該方法的語法格式為：

```
sht.api.Shapes.AddPicture(FileName,LinkToFile,SaveWithDocument,Left,Top,
Width,Height)
```

其中，sht 為工作表物件。各參數說明如表 5-18 所示。

表 5-18 AddPicture 方法的參數說明

名稱	必需 / 可選	資料類型	說明
FileName	必需	String	圖片檔名
LinkToFile	必需	MsoTriState	當設定為 False 時，使圖片成為文件的獨立副本，不連結；當設定為 True 時，將圖片連結到建立它的文件
SaveWithDocument	必需	MsoTriState	將圖片與文件一起儲存。當設定為 False 時，僅將連結訊息儲存在檔案中；當設定為 True 時，將連結的圖片與插入到的文件一起儲存。如果 LinkToFile 被設定為 False，則此參數必須為 True
Left	必需	Single	圖片左上角相對於文件左上角的位置（以 pt 為單位）
Top	必需	Single	圖片左上角相對於文件頂部的位置（以 pt 為單位）
Width	必需	Single	圖片的寬度，以 pt 為單位（輸入 -1，可保留現有文件的寬度）
Height	必需	Single	圖片的高度，以 pt 為單位（輸入 -1，可保留現有文件的高度）

本範例將一張圖片加入到 sht 工作表物件中，該圖片連結到建立它的文件，並與 sht 工作表物件一起儲存。

```
>>> sht.api.Shapes.AddPicture(r"D:\picpy.jpg", True, True, 100, 50, 100, 100)
```

效果如圖 5-40 所示。

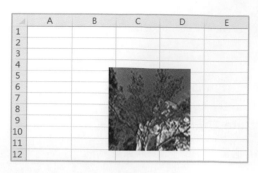

▲ 圖 5-40　建立的圖片

5.5.2　圖片的幾何變換

5.3 節介紹了圖形的幾何變換，使用 Shape 物件提供的方法，可以對指定的圖形進行平移變換、旋轉變換、縮放變換和翻轉變換。在實現方法上，圖片的幾何變換與其完全相同。

下面透過指定文件建立圖片後，對它連續進行旋轉變換和水平翻轉變換。

```
>>> shp=sht.api.Shapes.AddPicture(r"D:\picpy.jpg", True, True, 100, 50, 100, 100)
>>> shp.IncrementRotation(30)        #繞中心順時針方向旋轉30度
>>> shp.Flip(0)      #水平翻轉
```

旋轉變換和翻轉變換後的圖片分別如圖 5-41 和圖 5-42 所示。注意，翻轉變換是在前面旋轉變換結果的基礎上進行的，而不是針對原始圖片。

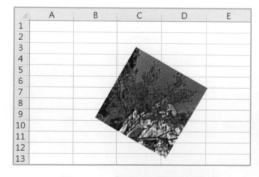

▲ 圖 5-41　對圖片做旋轉變換

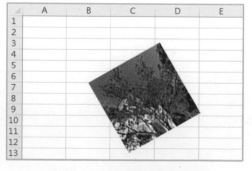

▲ 圖 5-42　對圖片做翻轉變換

6 使用 Python 繪製 Excel 圖表

作為優秀的辦公和資料分析軟體，Excel 提供了非常豐富的圖表類型。使用 Python 提供的 win32com、comtypes 和 xlwings 等套件，可以實現使用 Python 繪製 Excel 圖表，從而把 Excel 提供的資料視覺化功能利用起來。本章結合 xlwings 進行介紹，所以在學習本章內容之前，需要先熟練掌握第 4 章中介紹的關於 xlwings 的知識。

6.1 建立圖表

本節介紹使用 Python xlwings 建立 Excel 圖表的幾種方法，包括使用 xlwings 提供的方法直接建立，使用 API 方式建立圖表工作表，使用 Shapes 物件的 AddChart2 方法進行建立。

在 Excel 物件模型中，使用 Chart 物件表示圖表，Charts 物件作為集合對所有圖表進行儲存和管理。透過程式建立圖表的過程，就是建立 Chart 物件並利用其本身及與之相關的一系列物件的屬性和方法，進行程式開發的過程。

6.1.1 使用 xlwings 建立圖表

使用 xlwings 提供的 charts 物件的 add 方法可以建立圖表。該方法的語法格式為：

```
sht.charts.add(left=0,top=0,width=355, height=211)
```

其中，sht 表示一個工作表物件。該方法有 4 個參數：

- ✅ **left**：表示圖表左側的位置，單位為點，預設值為 0。

- ✅ **top**：表示圖表頂端的位置，單位為點，預設值為 0。

- ✅ **width**：表示圖表的寬度，單位為點，預設值為 355。

- ✅ **height**：表示圖表的高度，單位為點，預設值為 211。

該方法返回一個 chart 物件。

如圖 6-1 所示工作表的上半部是部分縣市 2015 ～ 2020 年的平均每戶可支配所得，利用該資料繪製群組直條圖。程式碼如下：

```
>>> import xlwings as xw        #匯入xlwings
>>> app=xw.App()                #建立Excel應用
>>> wb=app.books.active         #活動活頁簿
>>> sht=wb.sheets.active        #活動工作表
>>> cht=sht.charts.add(20, 150)          #新增圖表
>>> cht.set_source_data(sht.range("A1").expand())        #圖表綁定資料
>>> cht.chart_type="column_clustered"    #圖表類型
>>> cht.api[1].HasTitle=True             #圖表有標題
>>> cht.api[1].ChartTitle.Text="部分縣市2015－2020年平均每戶可支配所得"        #標題文字
```

生成如圖 6-1 所示的圖表。在上面的程式碼中，使用 charts 物件的 add 方法返回一個表示空白圖表的 chart 物件，圖表左上角的位置為 (50,200)。使用 chart 物件的 set_source_data 方法綁定繪圖資料。在參數中，使用 range 物件的 expand 方法取得 A1 儲存格所在的資料表。使用 chart_type 屬性指定圖表類型為群組直條圖。最後使用 API 方式指定圖表的標題，注意需要設定 HasTitle 屬性的值為 True。

	A	B	C	D	E	F	G	H
1	年份	新北市	臺北市	桃園市	臺中市	臺南市	高雄市	宜蘭縣
2	2015年	959.5	1314.0	1073.8	970.2	837.5	946.9	961.1
3	2016年	1011.1	1320.8	1087.1	949.1	884.5	964.0	906.8
4	2017年	1046.6	1344.5	1105.7	1033.2	902.5	985.5	901.2
5	2018年	1069.3	1379.3	1130.0	1065.5	898.9	1003.2	906.4
6	2019年	1102.3	1422.4	1147.4	1082.6	904.1	1014.9	921.4
7	2020年	1134.9	1422.9	1182.7	1082.6	904.1	1017.8	959.4

▲ 圖 6-1 使用 xlwings 建立的圖表

6.1.2 使用 API 方式建立圖表

在 API 方式下建立圖表，建立的是圖表工作表，即所建立的圖表占據整個工作表。透過 Charts 物件的 Add 方法可以在集合中加入新的圖表工作表，該方法的語法格式為：

```
wb.api.Charts.Add(Before,After,Count,Type)
```

其中，wb 表示指定的活頁簿物件。該方法的參數都可省略，各參數的含義如下：

- ✅ **Before**：指定工作表物件，建立的工作表將被置於此工作表之前。
- ✅ **After**：指定工作表物件，建立的工作表將被置於此工作表之後。
- ✅ **Count**：要加入的工作表個數。預設值為 1。
- ✅ **Type**：指定要新增的圖表類型。

注意 如果 Before 和 After 兩者都省略了，則建立的圖表工作表將被插入活動工作表之前。

該方法返回一個 Chart 物件。

下面利用與圖 6-1 所示相同的資料，使用 API 方式建立群組直條圖。

```
>>> sht.api.Range("A1:H7").Select()          #圖表資料
>>> cht=wb.api.Charts.Add()                  #新增圖表
>>> cht.ChartType= xw.constants.ChartType.xlColumnClustered     #圖表類型
>>> cht.HasTitle=True      #有標題
>>> cht.ChartTitle.Text = "部分縣市2015─2020年平均每戶可支配所得"     #標題文字
```

生成如圖 6-2 所示的圖表工作表。在上面的程式碼中，綁定資料的方式是使用
Select 方法選擇資料區域，然後使用 Charts 物件的 Add 方法新增圖表工作
表。Add 方法返回一個 Chart 物件，使用 Chart 物件的 ChartType 屬性設
定圖表類型為群組直條圖。注意指定圖表類型常數的方式，以及最後指定圖表
的標題。

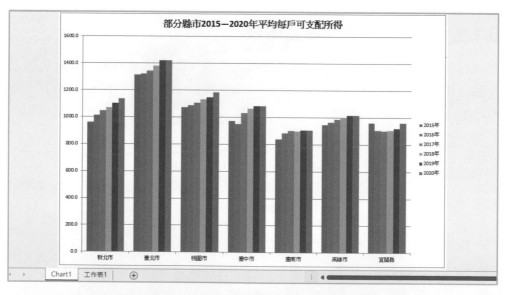

▲ 圖 6-2　使用 API 方式建立的圖表工作表

熟悉 VBA 的讀者都知道，利用 VBA 可以建立嵌入式圖表，即可以將圖表嵌
入工作表中顯示。使用 xlwings 方式和 API 方式都無法建立嵌入式圖表。

6.1.3 使用 Shapes 物件建立圖表

使用 Shapes 物件建立圖表，實際上也是在 xlwings 的 API 方式下實現的。
在 API 方式下，使用 Shapes 物件的 AddChart2 方法建立圖表。該方法的語
法格式為：

```
sht.api.Shapes.AddChart2(Style,XlChartType,Left,Top,Width,Height,NewLayout)
```

其中，sht 為工作表物件。該方法一共有 7 個參數，均可選。

- ✅ **Style**：圖表樣式，當值為 -1 時，表示各類型圖表的預設樣式。

- ✅ **xlChartType**：圖表類型，值為 XlChartType 列舉類型，表 6-1 中列出
  了一部分圖表類型及其對應的列舉常數和值。

- ✅ **Left**：圖表左側位置，省略時水平置中。

- ✅ **Top**：圖表頂端位置，省略時垂直置中。

- ✅ **Width**：圖表的寬度，省略時取預設值 354。

- ✅ **Height**：圖表的高度，省略時取預設值 210。

- ✅ **NewLayout**：圖表布局，如果值為 True，則只有複合圖表才會顯示圖例。

該方法返回一個表示圖表的 Shape 物件。

💻 **表 6-1** Excel 的圖表類型及其對應的列舉常數和值（部分）

API 常數名稱	API 方式下的取值	xlwings 方式下的取值	說明
xl3DArea	-4098	"3d_area"	立體區域圖
xl3DAreaStacked	78	"3d_area_stacked"	立體堆疊區域圖
xl3DAreaStacked100	79	"3d_area_stacked_100"	立體百分比堆疊區域圖
xl3DBarClustered	60	"3d_bar_clustered"	立體群組橫條圖
xl3DBarStacked	61	"3d_bar_stacked"	立體堆疊橫條圖
xl3DBarStacked100	62	"3d_bar_stacked_100"	立體百分比堆疊橫條圖
xl3DColumn	-4100	"3d_column"	立體直條圖

API 常數名稱	API 方式下的取值	xlwings 方式下的取值	說明
xl3DColumnClustered	54	"3d_column_clustered"	立體群組直條圖
xl3DColumnStacked	55	"3d_column_stacked"	立體堆疊直條圖
xl3DColumnStacked100	56	"3d_column_stacked_100"	立體百分比堆疊直條圖
xl3DLine	-4101	"3d_line"	立體折線圖
xl3DPie	-4102	"3d_pie"	立體圓形圖
xl3DPieExploded	70	"3d_pie_exploded"	分離型立體圓形圖
xlArea	1	"area"	圓形圖
xlAreaStacked	76	"area_stacked"	堆疊區域圖
xlAreaStacked100	77	"area_stacked_100"	百分比堆疊區域圖
xlBarClustered	57	"bar_clustered"	群組橫條圖
xlBarOfPie	71	"bar_of_pie"	帶有子橫條圖的圓形圖
xlBarStacked	58	"bar_stacked"	堆疊橫條圖
xlBarStacked100	59	"bar_stacked_100"	百分比堆疊橫條圖
xlBubble	個	"bubble"	泡泡圖
xlBubble3DEffect	87	"bubble_3d_effect"	立體泡泡圖
xlColumnClustered	51	"column_clustered"	群組直條圖
xlColumnStacked	52	"column_stacked"	堆疊直條圖
xlColumnStacked100	53	"column_stacked_100"	百分比堆疊直條圖
xlConeBarClustered	102	"cone_bar_clustered"	群組橫條圓錐圖
xlConeBarStacked	103	"cone_bar_stacked"	堆疊條形圓錐圖
xlConeBarStacked100	104	"cone_bar_stacked_100"	百分比堆疊條形圓錐圖
xlConeCol	105	"cone_col"	立體柱形圓錐圖
xlConeColClustered	99	"cone_col_clustered"	複合柱形圓錐圖
xlConeColStacked	100	"cone_col_stacked"	堆疊柱形圓錐圖
xlConeColStacked100	101	"cone_col_stacked_100"	百分比堆疊柱形圓錐圖
xlCylinderBarClustered	95	"cylinder_bar_clustered"	群組橫條圓柱圖

API 常數名稱	API 方式 下的取值	xlwings 方式下的取值	說明
xlCylinderBarStacked	96	"cylinder_bar_stacked"	堆疊橫條圓柱圖
xlCylinderBarStacked100	97	"cylinder_bar_stacked_100"	百分比堆疊橫條圓柱圖
xlCylinderCol	98	"cylinder_col"	立體圓柱圖
xlCylinderColClustered	92	"cylinder_col_clustered"	群組圓柱圖
xlCylinderColStacked	93	"cylinder_col_stacked"	堆疊圓柱圖
xlCylinderColStacked100	94	"cylinder_col_stacked_100"	百分比堆疊圓柱圖
xlDoughnut	-4120	"doughnut"	環圈圖
xlDoughnutExploded	80	"doughnut_exploded"	分離型環圈圖
xlLine	4	"line"	折線圖
xlLineMarkers	65	"line_markers"	資料點折線圖
xlLineMarkersStacked	66	"line_markers_stacked"	堆疊資料點折線圖
xlLineMarkersStacked100	67	"line_markers_stacked_100"	百分比堆疊資料點折線圖
xlLineStacked	63	"line_stacked"	堆疊折線圖
xlLineStacked100	64	"line_stacked_100"	百分比堆疊折線圖
xlPie	5	"pie"	圓形圖
xlPieExploded	69	"pie_exploded"	分離型圓形圖
xlPieOfPie	68	"pie_of_pie"	子母圓形圖
xlPyramidBarClustered	109	"pyramid_bar_clustered"	群組橫條稜錐圖
xlPyramidBarStacked	110	"pyramid_bar_stacked"	堆疊橫條稜錐圖
xlPyramidBarStacked100	111	"pyramid_bar_stacked_100"	百分比堆疊橫條稜錐圖
xlPyramidCol	112	"pyramid_col"	柱形稜錐圖
xlPyramidColClustered	106	"pyramid_col_clustered"	群組柱形稜錐圖
xlPyramidColStacked	107	"pyramid_col_stacked"	堆疊柱形稜錐圖
xlPyramidColStacked100	108	"pyramid_col_stacked_100"	百分比堆疊柱形稜錐圖
xlRadar	-4151	"radar"	雷達圖
xlRadarFilled	82	"radar_filled"	填滿雷達圖

353

API 常數名稱	API 方式下的取值	xlwings 方式下的取值	說明
xlRadarMarkers	81	"radar_markers"	資料點雷達圖
xlStockHLC	88	"stock_hlc"	高 - 低 - 收盤股價圖
xlStockOHLC	89	"stock_ohlc"	開盤 - 高 - 低 - 收盤股價圖
xlStockVHLC	90	"stock_vhlc"	成交量 - 最高 - 最低 - 收盤股價圖
xlStockVOHLC	91	"stock_vohlc"	成交量 - 開盤 - 最高 - 最低 - 收盤股價圖
xlSurface	83	"surface"	立體曲面圖
xlSurfaceTopView	85	"surface_top_view"	曲面圖（俯視）
xlSurfaceTopViewWireframe	86	"surface_top_view_wireframe"	曲面圖（俯視線框圖）
xlSurfaceWireframe	84	"surface_wireframe"	框線立體曲面圖
xlXYScatter	-4169	"xy_scatter"	散點圖
xlXYScatterLines	74	"xy_scatter_lines"	折線散點圖
xlXYScatterLinesNoMarkers	75	"xy_scatter_lines_no_markers"	無資料點折線散點圖
xlXYScatterSmooth	72	"xy_scatter_smooth"	平滑線散點圖
xlXYScatterSmoothNoMarkers	73	"xy_scatter_smooth_no_markers"	無資料點平滑線散點圖

下面利用圖 6-1 所示工作表中的資料，繪製群組直條圖。首先選擇資料區域，然後使用 Shapes 物件的 AddChart2 方法繪製。

```
>>> sht.api.Range("A1").CurrentRegion.Select()
>>> sht.api.Shapes.AddChart2(-1,xw.constants.ChartType.xlColumnClustered,
30,150,300,200,True)
```

生成如圖 6-3 所示的群組直條圖。對比圖 6-1 不難發現，在 API 方式下，使用 Shapes 物件建立的圖表與使用 xlwings 方式繪製的圖表效果相同。所以可以推測出，xlwings 對 win32com 進行重新封裝時，其實是使用 Shapes 物件建立圖表的。

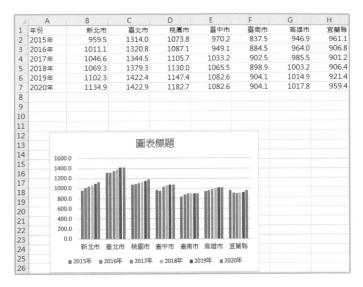

	A	B	C	D	E	F	G	H
1	年份	新北市	臺北市	桃園市	臺中市	臺南市	高雄市	宜蘭縣
2	2015年	959.5	1314.0	1073.8	970.2	837.5	946.9	961.1
3	2016年	1011.1	1320.8	1087.1	949.1	884.5	964.0	906.8
4	2017年	1046.6	1344.5	1105.7	1033.2	902.5	985.5	901.2
5	2018年	1069.3	1379.3	1130.0	1065.5	898.9	1003.2	906.4
6	2019年	1102.3	1422.4	1147.4	1082.6	904.1	1014.9	921.4
7	2020年	1134.9	1422.9	1182.7	1082.6	904.1	1017.8	959.4

▲ 圖 6-3　利用給定資料繪製的群組直條圖

6.1.4　綁定資料

如 6.1.1 節至 6.1.3 節所述，可用兩種方法綁定資料。

第 1 種方法是使用儲存格區域的 Select 方法選擇資料，在 6.1.1 節到 6.1.3 節介紹的建立圖表的三種方法中，這種選擇資料的方法適用於後兩種建立方法，即使用 API 方式建立的兩種方法。

對於 sht 工作表物件，使用的程式碼類似於下面的形式：

```
>>> sht.api.Range("A1").CurrentRegion.Select()
```

或者

```
>>> sht.api.Range("A1:H7").Select()
```

第 2 種方法是使用 chart（Chart）物件的 set_source_data（SetSourceData）

方法綁定資料。在 6.1.1 節到 6.1.3 節介紹的建立圖表的三種方法中，這種選擇資料的方法適用於前兩種建立方法，即使用 xlwings 方式和第 1 種 API 方式建立的方法。

在 xlwings 方式下，使用 chart 物件的 set_source_data 方法綁定資料。例如，對於 sht 工作表物件和 cht 圖表物件，使用的程式碼類似於下面的形式：

```
>>> cht.set_source_data(sht.range("A1").expand())
```

該方法只有一個參數，它是一個 range 物件，用於指定資料的範圍。

使用第 1 種 API 方式可以建立圖表工作表。透過 Chart 物件的 SetSourceData 方法，可以為指定的圖表設定來源資料區域。該方法的語法格式如下：

```
cht.SetSourceData(Source, PlotBy)
```

其中，cht 表示生成的 chart 物件。該方法有兩個參數，其含義如下：

- **Source**：一個 Range 物件，用於指定圖表的來源資料區域。
- **PlotBy**：指定取資料的方式。當值為 1 時表示按欄取資料，當值為 2 時表示按列取資料。

對於 sht 工作表物件和 cht 圖表物件，使用的程式碼類似於下面的形式：

```
>>> cht.SetSourceData(Source=sht.api.Range("A1:H7"),PlotBy=1)
```

6.2 圖表及其數列設定

利用 6.1.1 節和 6.1.2 節介紹的方法可以取得 chart 和 Chart 物件，利用 6.1.3 節介紹的方法可以獲得 Shape 物件，引用 Shape 物件的 Chart 屬性可以取得 Chart 物件。然後利用 chart（Chart）物件的屬性和方法，就可以對圖表的類型、座標系、標題、圖例等進行各種設定。

對於利用多變數資料繪製的複合圖表類型，圖表中的每組簡單圖形都被稱為一個數列。從複合圖表中取得數列物件並利用其屬性和方法，可以對它進行設定。比如改變一組簡單圖形的圖表類型、設定條形區域或線條的顏色和線型、顯示並設定點標記和資料標籤等。

對於特殊的圖表類型，像是折線圖、散佈圖等，可以對圖表的某個或某些資料點進行單獨設定。例如，對折線圖上的第 5 個資料點進行設定，改變它的標記大小、顯示資料標籤等。

6.2.1　設定圖表類型

使用 chart 物件的 chart_type 屬性或 Chart 物件的 ChartType 屬性，可以設定圖表類型。對於圖表物件 cht，設定圖表類型的程式碼如下：

【xlwings】

```
>>> cht.chart_type="column_clustered"
```

【xlwings API】

```
>>> cht.ChartType=xw.constants.ChartType.xlColumnClustered
```

chart_type 和 ChartType 屬性的取值如表 6-1 所示。表格第 3 欄中表示圖表類型的字串是 xlwings 方式下 chart_type 屬性的取值，前兩欄的常數或值是 API 方式下 ChartType 屬性的取值。值可以直接寫，常數的形式則類似於 xw.constants.ChartType.xlLine。

利用 6.1 節提供的資料，下面使用 Shapes 物件的 AddChart2 方法建立更多類型的圖表。

```
>>> sht.api.Range("A1").CurrentRegion.Select()     #資料
>>> sht.api.Shapes.AddChart2(-1,xw.constants.ChartType.xlColumnClustered,
20,150,300,200,True)
>>> sht.api.Shapes.AddChart2(-1,xw.constants.ChartType.xlBarClustered,400,
150,300,200,True)
```

```
>>> sht.api.Shapes.AddChart2(-1,xw.constants.ChartType.xlConeBarStacked,
20,400,300,200,True)
>>> sht.api.Shapes.AddChart2(-1,xw.constants.ChartType.xlLineMarkersStacked,
400,400,300,200,True)
>>> sht.api.Shapes.AddChart2(-1,xw.constants.ChartType.xlXYScatter,20,650,
300,200,True)
>>> sht.api.Shapes.AddChart2(-1,xw.constants.ChartType.xlPieOfPie,400,650,
300,200,True)
```

生成不同類型的圖表，如圖 6-4 所示。

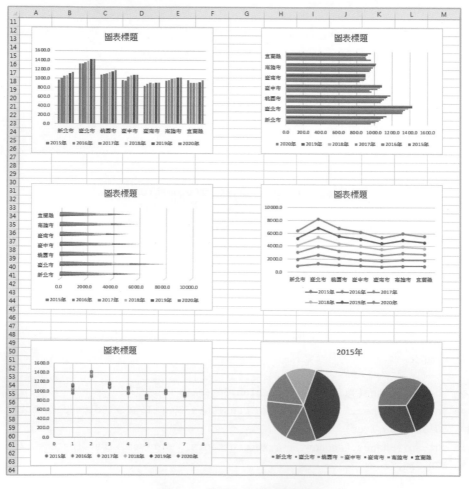

▲ 圖 6-4　生成不同類型的圖表

6.2.2 Chart 物件的常用屬性和方法

在 6.2.1 節中，我們使用 Chart 物件的 ChartType 屬性設定了圖表類型。實際上，Chart 物件有很多屬性和方法，使用它們可以對圖表進行各種設定。Chart 物件的常用屬性和方法如表 6-2 所示。這些屬性和方法的用法在後面會陸續介紹。

表 6-2 Chart 物件的常用屬性和方法

名稱	含義
BackWall	返回 Walls 物件，該物件允許使用者單獨對立體圖表的背景牆進行格式設定
BarShape	直條的形狀
ChartArea	返回 ChartArea 物件，該物件表示圖表的整個圖表區
ChartStyle	返回或設定圖表樣式，可以使用 1～48 之間的數字設定圖表樣式
ChartTitle	返回 ChartTitle 物件，該物件表示指定圖表的標題
ChartType	返回或設定圖表類型 Copy，將圖表工作表複製到活頁簿的另一個位置
CopyPicture	將圖表以圖片的形式複製到剪貼簿上
DataTable	返回 DataTable 物件，該物件表示圖表的資料表
Delete	刪除圖表
Export	將圖表以圖片的形式匯出到檔案中
HasAxis	返回或設定圖表上顯示的座標軸
HasDataTable	如果圖表有資料表，則該屬性值為 True，否則為 False
HasTitle	設定是否顯示標題
Legend	返回一個 Legend 物件，該物件表示圖表的圖例
Move	將圖表工作表移動到活頁簿的另一個位置
Name	圖表的名稱
PlotArea	返回一個 PlotArea 物件，該物件表示圖表的繪圖區
PlotBy	返回或設定列／欄在圖表中作為資料數列使用的方式，可為以下 XlRowCol 常數之一：xlColumns 或 xlRows

名稱	含義
SaveAs	將圖表另存到不同的檔案中
Select	選擇圖表
SeriesCollection	返回包含圖表中所有數列的集合
SetElement	設定圖表元素
SetSourceData	綁定繪製圖表的資料
Visible	返回或設定一個 XlSheetVisibility 值，用於確定物件是否可見
Walls	返回一個 Walls 物件，該物件表示立體圖表的背景牆

6.2.3　設定數列

每個 Chart 物件都有一個 SeriesCollection 屬性，它返回一個包含圖表中所有數列的集合。那麼，什麼是數列呢？對於圖 6-1 中生成的群組直條圖，每個縣市對應一個群組直條，每個群組直條中都有 6 個不同顏色的單一直條，這裡將所有縣市顏色相同的單一群組直條組成一個數列，所以圖中一共有 6 個數列。使用 Series 物件表示數列。

下面利用圖 6-5 中給定的資料，使用 Shapes 物件繪製圖表。

```
>>> sht.api.Range("A1:B7").Select()
>>> cht=sht.api.Shapes.AddChart().Chart
```

生成的圖表如圖 6-5 所示。程式碼中第 1 行選擇繪圖資料，第 2 行使用 Shapes 物件的 AddChart 方法建立表示圖表的 Shape 物件，使用該物件的 Chart 屬性返回一個 Chart 物件。

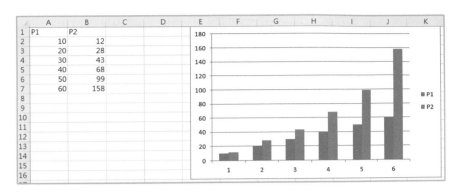

▲ 圖 6-5　預設時生成的圖表

Chart 物件的 SeriesCollection 屬性返回包含圖表中所有數列的集合。下面使用 Count 屬性取得集合中數列的個數。

```
>>> cht.SeriesCollection().Count
2
```

圖 6-5 中共有兩種不同顏色的直條，每種顏色的直條組成一個數列，所以一共有兩個數列，藍色直條（左側）組成第 1 個數列，紅色直條（右側）組成第 2 個數列。

使用數列的名稱或數列在集合中的索引號可以引用數列。下面引用第 2 個數列，用它的 ChartType 屬性將圖表類型改為折線圖。設定 Smooth 屬性的值為 True，對折線進行平滑處理。使用 MarkerStyle 屬性將各資料點處的標記設定為三角形，使用 MarkerForegroundColor 屬性將標記的顏色設定為藍色。設定 HasDataLabel 屬性的值為 True，顯示資料標籤。

```
>>> ser2=cht.SeriesCollection("P2")        #第2個數列
>>> ser2.ChartType=xw.constants.ChartType.xlLine        #折線圖
>>> ser2.Smooth=True        #平滑處理
>>> ser2.MarkerStyle=xw.constants.MarkerStyle.xlMarkerStyleTriangle        #標記
>>> ser2.MarkerForegroundColor=xw.utils.rgb_to_int((0,0,255))        #顏色
>>> ser2.HasDataLabels=True                #資料標籤
```

現在圖表變成如圖 6-6 所示的效果。可見，透過設定圖表中 Series 物件的屬性，可以改變單個數列。

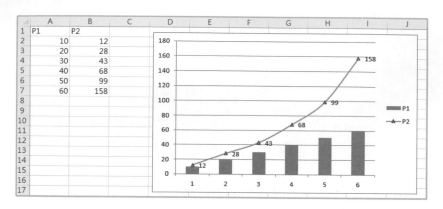

▲ 圖 6-6　改變數列的屬性值的圖表效果

6.2.4　設定數列中單個點的屬性

使用 Series 物件的 Points 屬性，可以取得數列中所有的資料點。透過索引，可以把其中的某個或某些點提取出來進行設定。單個點用 Point 物件表示，利用該物件的屬性和方法，可以對指定的點進行設定。點的設定主要應用於折線圖、散點圖和雷達圖等。

接著 6.2.3 節的例子，取得第 2 個數列中資料點的數量。

```
>>> Num=ser2.Points().Count
>>> Num
6
```

Point 物件的常用屬性如表 6-3 所示。

表 **6-3**　Point 物件的常用屬性

名稱	含義
DataLabel	返回一個 DataLabel 物件，該物件表示資料標籤
HasDataLabel	是否顯示資料標籤

名稱	含義
MarkerBackgroundColor	標記背景色，RGB 著色
MarkerBackgroundColorIndex	標記背景色，索引著色
MarkerForegroundColor	標記前景色，RGB 著色
MarkerForegroundColorIndex	標記前景色，索引著色
MarkerSize	標記的大小
MarkerStyle	標記的樣式
Name	點的名稱
PictureType	設定在直條圖或橫條圖上顯示圖片的方式，可以拉伸或堆疊顯示

Point 物件的 MarkerStyle 屬性用於設定標記的樣式。該屬性的值為 XlMarkerStyle 列舉類型，其取值如表 6-4 所示。

表 6-4　Point 物件的 MarkerStyle 屬性的取值

名稱	值	說明
xlMarkerStyleAutomatic	-4105	自動設定標記
xlMarkerStyleCircle	8	圓形標記
xlMarkerStyleDash	-4115	長條形標記
xlMarkerStyleDiamond	2	菱形標記
xlMarkerStyleDot	-4118	短條形標記
xlMarkerStyleNone	-4142	無標記
xlMarkerStylePicture	-4147	圖片標記
xlMarkerStylePlus	9	帶加號的方形標記
xlMarkerStyleSquare	1	方形標記
xlMarkerStyleStar	5	帶星號的方形標記
xlMarkerStyleTriangle	3	三角形標記
xlMarkerStyleX	-4168	帶 X 記號的方形標記

下列的程式碼在表示第 2 個數列的折線圖中改變第 3 個點的屬性，設定它的前景色和背景色都為藍色，標記的樣式為菱形，標記的大小為 10。

```
>>> ser2.Points(3).MarkerForegroundColor=xw.utils.rgb_to_int((0,0,255))
>>> ser2.Points(3).MarkerBackgroundColor=xw.utils.rgb_to_int((0,0,255))
>>> ser2.Points(3).MarkerStyle=xw.constants.MarkerStyle.xlMarkerStyleDiamond
>>> ser2.Points(3).MarkerSize=10
```

效果如圖 6-7 所示。設定以後，對第 2 個數列中的第 3 個點進行了突出顯示。

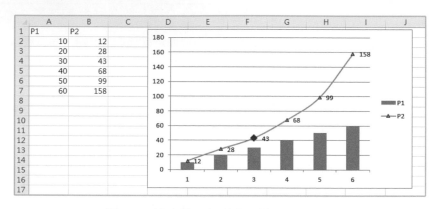

▲ 圖 6-7　設定第 3 個點的屬性值的圖表效果

6.3 基本圖形元素的屬性設定

複雜的圖表是由點、線、面等基本圖形元素組成的，比如在圖 6-7 所示的圖表中，有點、直線段、矩形區域、文字等圖形元素。關於基本圖形元素的屬性設定，第 5 章中有較詳細的介紹，這裡不再贅述。本節主要介紹如何把基本圖形元素，從圖表中提取出來並進行屬性設定。

6.3.1 設定顏色

設定顏色主要有 RGB 著色、索引著色、主題顏色著色和配色方案著色等四種方法。在具體設定時，往往透過圖形物件的 BackColor 屬性和 ForeColor 屬性返回一個 ColorFormat 物件，該物件提供了 RGB、ObjectThemeColor、SchemeColor 等屬性，使用它們設定 RGB 著色、主題顏色著色和配色方案著色。索引著色常常用於字型顏色的設定。關於這四種顏色設定方法，第 5 章中有詳細的介紹，這裡不再贅述。

下面使用 RGB 著色方法將第 1 個數列中直條的顏色改為綠色。首先取得直條區域物件，然後使用 RGB 著色方法修改它們的顏色：

```
>>> ser=cht.SeriesCollection("P1")
>>> ser.Format.Fill.ForeColor.RGB=xw.utils.rgb_to_int((0,255,0))
```

使用主題顏色著色方法：

```
>>> ser.Format.Fill.ForeColor.ObjectThemeColor=10
```

使用配色方案著色方法：

```
>>> ser.Format.Fill.ForeColor.SchemeColor=3
```

顏色設定效果如圖 6-8 所示。

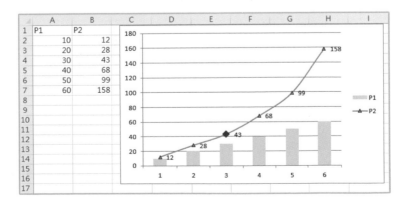

▲ 圖 6-8　顏色設定效果

6.3.2　設定線形圖形元素的屬性

在圖 6-8 中，折線圖中的直線段是線形圖形元素，將這些線形圖形元素提取出來以後，可以改變它們的屬性。連續引用 Series 物件的 Format.Line 屬性，返回一個 LineFormat 物件，表示數列中的線形物件。使用 LineFormat 物件的成員對線形物件進行設定。關於 LineFormat 物件，可參閱第 5 章詳細的介紹。

下面取得表示第 2 個數列的折線圖中的直線段，設定線型為虛線，顏色為藍色。

```
>>> ser2.Format.Line.DashStyle=4
>>> ser2.Format.Line.ForeColor.RGB=xw.utils.rgb_to_int((0,0,255))
```

設定效果如圖 6-9 所示。

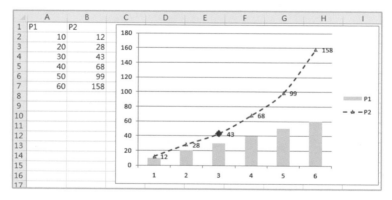

▲ 圖 6-9　圖表中線形圖形元素的屬性設定效果

6.3.3　設定區域的透明度和顏色填滿

在圖 6-9 中，圖表中的直條屬於區域，是面，將這些區域圖形元素提取出來以後，可以改變它們的屬性。連續引用 Series 物件的 Format.Fill 屬性，返回一個 FillFormat 物件，表示數列中的區域物件。使用 FillFormat 物件的成員對區域物件進行設定。關於 FillFormat 物件，可參閱第 5 章詳細的介紹。

下面取得第 1 個數列中表示區域的 FillFormat 物件。

```
>>> ff=ser.Format.Fill
```

使用 FillFormat 物件的 Transparency 屬性，可以設定直條區域的透明度。
該屬性的取值範圍為 0.0（不透明）～ 1.0（清晰）。

```
>>> ff.Transparency=0.7
```

效果如圖 6-10 中的第 1 個數列所示。

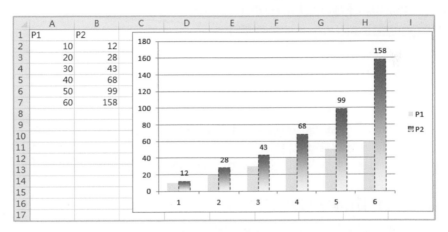

▲ 圖 6-10　圖表中區域的透明度設定和單色漸層色填滿效果

除了可以使用區域物件的 ForeColor 屬性對區域進行著色，還可以對它們進
行顏色填滿，可以單色填滿，也可以單色、雙色甚至多色漸層色填滿。使用
FillFormat 物件的 Solid 方法進行單色填滿，使用 OneColorGradient 方法
進行單色漸層色填滿，使用 TwoColorGradient 方法進行雙色漸層色填滿。
這部分內容可參閱第 5 章詳細的介紹。

下面先將第 2 個數列的圖表類型改為群組直條圖。

```
>>> ser2.ChartType=51
```

由於先前將折線圖的線型改為虛線，將顏色改為藍色，所以轉成直條圖後，直條區域的邊框顯示為藍色虛線。下面取得第 2 個數列中直條區域的 FillFormat 物件 ff2，然後使用該物件的 OneColorGradient 方法進行單色漸層色填滿。

```
>>> ff2=ser2.Format.Fill
>>> ff2.OneColorGradient(1,1,1)
```

設定效果如圖 6-10 中的第 2 個數列所示。可見，單色漸層色填滿是從白色到 ForeColor 屬性指定的顏色漸層填滿的。

使用 FillFormat 物件的 TwoColorGradient 方法進行雙色漸層色填滿。這裡的雙色，是由 FillFormat 物件的 ForeColor 屬性和 BackColor 屬性指定的。注意，BackColor 屬性的設定必須在呼叫 TwoColorGradient 方法之後進行。將 ForeColor 屬性和 BackColor 屬性分別設定為紅色和黃色。

```
>>> ff2=ser2.Format.Fill
>>> ff2.ForeColor.RGB=xw.utils.rgb_to_int((255,0,0))
>>> ff2.TwoColorGradient(1,1)
>>> ff2.BackColor.RGB=xw.utils.rgb_to_int((255,255,0))
```

效果如圖 6-11 中的第 2 個數列所示。

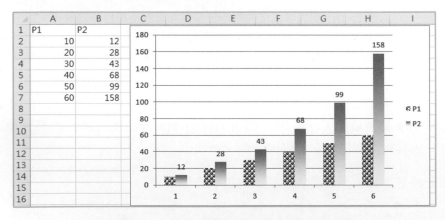

▲ 圖 6-11　雙色漸層色填滿和圖案填滿效果

6.3.4 設定區域的圖案／圖片／材質填滿

使用 FillFormat 物件的 Patterned 方法進行圖案填滿。該方法有一個參數，指定填滿圖案的樣式（其詳細介紹請參見第 5 章）。

下面對第 1 個數列中的各直條區域進行圖案填滿。

```
>>> ff=ser.Format.Fill
>>> ff.ForeColor.RGB=xw.utils.rgb_to_int((0,0,255))
>>> ff.Patterned(43)
```

效果如圖 6-11 中的第 1 個數列所示。

使用 FillFormat 物件的 UserPicture 方法進行圖片填滿。該方法有一個參數，指定填滿圖片的檔案路徑和名稱。如果只指定檔名，則該檔案應該位於目前工作目錄下。

下面使用 D 槽下 picpy.png 檔案中的圖片，填滿第 1 個數列中的直條區域。

```
>>> ff=ser.Format.Fill
>>> ff.UserPicture (r"D:\picpy.png")
```

效果如圖 6-12 中的第 1 個數列所示。

使用 FillFormat 物件的 UserTextured 方法進行材質填滿。該方法有一個參數，指定填滿材質圖片的檔案路徑和名稱。如果只指定檔名，則該檔案應該位於目前工作目錄下。

下面使用 D 槽下 picpy2.jpg 檔案中的圖片，對第 2 個數列中的直條區域進行材質填滿。

```
>>> ff2=ser2.Format.Fill
>>> ff2.UserTextured (r"D:\picpy2.png")
```

效果如圖 6-12 中的第 2 個數列所示。可見，圖片填滿是將圖片進行拉伸縮放，使圖片正好能顯示在指定區域中；材質填滿是使圖片保持原來的大小，在指定區域內平鋪顯示。

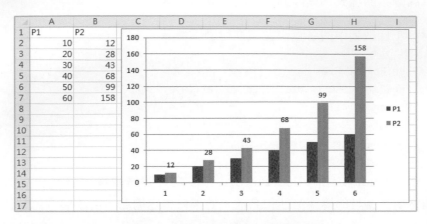

▲ 圖 6-12　圖片填滿和材質填滿效果

6.4　座標系設定

座標系是圖表的重要組成部分，有了座標系，圖表中的每一個點，以及每一個基本圖形元素的位置、長度度量、方向度量才能確定下來，它是一個基本的參照系。利用 Excel 提供的圖表座標系相關物件及其屬性和方法，可以對座標系進行各種設定，以實現所需要的圖形效果。

6.4.1　設定 Axes 物件和 Axis 物件

在 Excel 中，用 Axis 物件表示單個座標軸，用 Axes（Axis 的複數形式）物件表示多個座標軸及它們組成的座標系。對於二維平面座標系，有水平軸（水平座標軸）和垂直軸（垂直座標軸）兩個座標軸；對於三維空間座標系，有三個方向上的座標軸。

當使用 API 方式時，透過 Chart 物件取得 Axis 物件的語法格式如下：

```
axs=cht.Axes(Type,AxisGroup)
```

其中，cht 為 Chart 物件。該方法有兩個參數：

- **Type**：必選項，取值為 1、2 或 3。當取值為 1 時座標軸顯示類別，常用於設定圖表的水準軸；當取值為 2 時座標軸顯示值，常用於設定圖表的垂直軸；當取值為 3 時座標軸顯示資料數列，只能用於 3D 圖表。

- **AxisGroup**：可選項，指定座標軸主次之分。當設定為 2 時，說明座標軸為輔軸；當設定為 1 時，說明座標軸為主軸。

下面首先選擇繪圖資料，使用 Shapes 物件的 AddChart2 方法建立一個表示圖表的 Shape 物件，然後利用該物件的 Chart 屬性取得 Chart 物件。

```
>>> sht.api.Range("A1:B7").Select()
>>> cht=sht.api.Shapes.AddChart2(-1,xw.constants.ChartType.xlColumnClustered,
200,20,300,200,True).Chart
```

利用 Chart 物件的 Axes 屬性取得水平座標軸和垂直座標軸，並設定各座標軸的屬性。利用 Border 屬性可以對座標軸本身的顏色、線型、線寬等進行設定。

下面建立一個圖表，設定兩個座標軸的 Border 屬性，並設定 HasMinorGridlines 屬性的值為 True，顯示次級格線。

```
>>> sht.api.Range("A1:B7").Select()                  #資料
>>> cht=sht.api.Shapes.AddChart().Chart              #新增圖表
>>> axs=cht.Axes(1)                                  #水平座標軸
>>> axs.Border.ColorIndex=3                          #紅色
>>> axs.Border.Weight=3                              #線寬
>>> axs.HasMinorGridlines=True                       #顯示次級格線
>>> axs2=cht.Axes(2)                                 #垂直座標軸
>>> axs2.Border.Color=xw.utils.rgb_to_int((0,0,255)) #藍色
>>> axs2.Border.Weight=3                             #線寬
>>> axs2.HasMinorGridlines=True                      #顯示次級格線
```

效果如圖 6-13 所示。

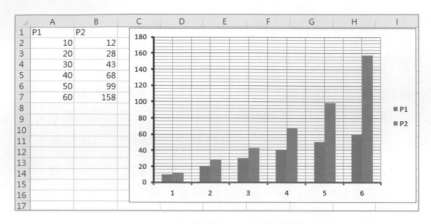

▲ 圖 6-13　取得和設定座標軸的效果

6.4.2　設定座標軸標題

使用 Axis 物件的 HasTitle 屬性設定是否顯示座標軸標題，使用 AxisTitle 屬性設定座標軸標題的文字內容。注意，必須在設定 HasTitle 屬性的值為 True 後才能設定 AxisTitle 屬性。AxisTitle 屬性返回一個 AxisTitle 物件，利用它來設定座標軸標題的文字內容和字型。

下面接著 6.4.1 節的繪圖程式碼，給兩個座標軸加上標題。水平座標軸的標題顯示為紅色，字型斜體；垂直座標軸的標題字型加粗。

```
>>> axs.HasTitle=True        #水平座標軸有標題
>>> axs.AxisTitle.Caption="水平座標軸標題"        #標題文字內容
>>> axs.AxisTitle.Font.Italic=True        #字型斜體
>>> axs.AxisTitle.Font.Color=xw.utils.rgb_to_int((255,0,0))   #標題顯示為紅色
>>> axs2.HasTitle=True       #垂直座標軸有標題
>>> axs2.AxisTitle.Caption="垂直座標軸標題"        #標題文字內容
>>> axs2.AxisTitle.Font.Bold=True        #字型加粗
```

效果如圖 6-14 所示。

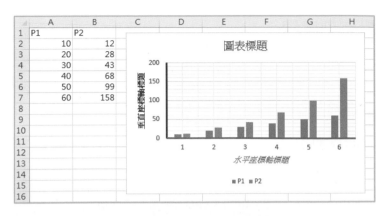

▲ 圖 6-14 加入與設定座標軸標題的效果

6.4.3 設定數值軸取值範圍

垂直座標軸為數值軸。使用垂直座標軸物件的 MinimumScale 和 MaximumScale 屬性設定數值軸的最小值和最大值。

下面設定垂直座標軸的最小值和最大值，分別為 10 和 200。

```
>>> axs2.MinimumScale=10
>>> axs2.MaximumScale=200
```

效果如圖 6-15 所示。注意垂直座標軸（即數值軸）的取值範圍已經被修改，圖表顯示也有相應的變化。

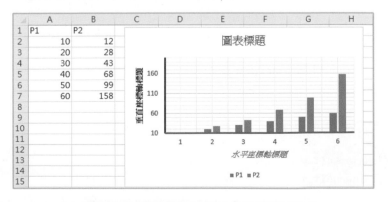

▲ 圖 6-15 垂直座標軸的取值範圍設定效果

6.4.4 設定刻度線

刻度線是座標軸上的短線,用來輔助確定圖表中各點的位置。刻度線有主刻度線和次刻度線。使用 Axis 物件的 MajorTickMark 屬性設定主刻度線,使用 MinorTickMark 屬性設定次刻度線。

MajorTickMark 和 MinorTickMark 屬性的取值如表 6-5 所示,可以有不同的表示形式。

表 6-5 MajorTickMark 和 MinorTickMark 屬性的取值

名稱	值	說明
xlTickMarkCross	4	跨軸
xlTickMarkInside	2	在軸內
xlTickMarkNone	-4142	無標誌
xlTickMarkOutside	3	在軸外

下面將水平座標軸的主刻度線設定為跨軸形式,將次刻度線設定為軸內顯示。

```
>>> axs.MajorTickMark = 4
>>> axs.MinorTickMark = 2
```

使用 TickMarkSpacing 屬性返回或設定每隔多少個資料顯示一個主刻度線,僅用於分類軸和數列軸,可以是 1 ～ 31,999 之間的一個數值。

```
>>> axs.TickMarkSpacing = 1
```

使用 MajorUnit 和 MinorUnit 屬性,分別設定數值軸上的主要刻度單位和次要刻度單位。

下列的程式碼,為數值軸設定主要刻度單位和次要刻度單位。

```
>>> axs2.MajorUnit = 40
>>> axs2.MinorUnit = 10
```

設定後，數值軸上從最小值開始每隔 40 個資料顯示一個主刻度線，次刻度線之間的間隔是 10 個資料。

設定 MajorUnitIsAuto 和 MinorUnitIsAuto 屬性的值為 True，Excel 會自動計算數值軸上的主要刻度單位和次要刻度單位。

```
>>> axs2.MajorUnitIsAuto=True
>>> axs2.MinorUnitIsAuto=True
```

如果設定了 MajorUnit 和 MinorUnit 屬性的值，則 MajorUnitIsAuto 和 MinorUnitIsAuto 屬性的值會被自動設定為 False。

6.4.5 設定刻度標籤

座標軸上與主刻度線位置對應的文字標籤被稱為刻度標籤。刻度標籤對主刻度線對應的數值或分類進行標註說明。

分類軸上刻度標籤的文字為圖表中關聯分類的名稱。分類軸的預設刻度標籤文字為數字，它們按照從左到右的順序從 1 開始累加編號。使用 TickLabelSpacing 屬性可以設定間隔多少個分類顯示一個刻度標籤。

數值軸上刻度標籤的文字數字對應於數值軸的 MajorUnit、MinimumScale 和 MaximumScale 屬性的值。若要更改數值軸與刻度標籤的文字內容，則必須修改這些屬性的值。

Axis 物件的 TickLabels 屬性返回一個 TickLabels 物件，其表示座標軸上的刻度標籤。使用 TickLabels 物件的屬性和方法，可以對刻度標籤的字型、數字顯示格式、顯示方向、偏移量和對齊方式等進行設定。

下面設定數值軸上刻度標籤的數字顯示格式、字型和顯示方向。

```
>>> tl=axs2.TickLabels              #垂直座標軸上的刻度標籤
>>> tl.NumberFormat = "0.00"        #數字顯示格式
>>> tl.Font.Italic=True             #字型斜體
>>> tl.Font.Name="Times New Roman"  #字型名稱
>>> tl.Orientation=45               #45度方向
```

效果如圖 6-16 所示。

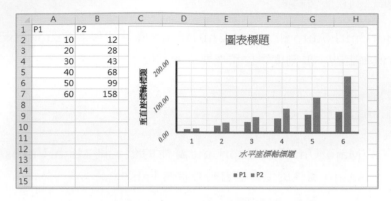

▲ 圖 6-16 數值軸上刻度標籤的設定效果

在程式碼中，TickLabels 物件的 Orientation 屬性指定刻度標籤的文字方向。當標籤比較長時，這個屬性很有用。此屬性的值可以被設定為 -90 度～90 度。

使用 TickLabelPosition 屬性指定座標軸上刻度標籤的位置，其取值如表 6-6 所示。

表 6-6　TickLabelPosition 屬性的取值

名稱	值	說明
xlTickLabelPositionHigh	-4127	圖表的頂部或右側
xlTickLabelPositionLow	-4134	圖表的底部或左側
xlTickLabelPositionNextToAxis	4	座標軸旁邊（其中座標軸不在圖表的任意一側）
xlTickLabelPositionNone	-4142	無刻度線

下列的程式碼，將圖表分類軸上的刻度標籤設定在頂部。

```
>>> tl=axs.TickLabels
>>> tl.TickLabelPosition=-4127
```

使用 TickLabelSpacing 屬性返回，或者設定刻度標籤之間的分類數或資料數列數，即每隔多少個分類顯示一個刻度標籤。其僅用於分類軸和數列軸，可以是 1 ～ 31,999 之間的一個數值。

下面設定分類軸上刻度標籤之間的分類數為 1。

```
>>> axs.TickLabels.TickLabelSpacing=1
```

如果設定 TickLabelSpacingIsAuto 屬性的值為 True，則會自動設定刻度標籤的間距。

```
>>> axs.TickLabelSpacingIsAuto=True
```

6.4.6 設定格線

在座標系中加上格線，可以輔助定點陣圖表中點的位置，相當於多了很多參考線，每條線都對應於各自刻度標籤所表示的值。

格線用 Gridlines 物件表示，使用它的 Border 或 Format 屬性，可以設定格線的顏色、線型、線寬等屬性。利用 Axis 物件的 MajorGridlines 和 MinorGridlines 屬性返回 Gridlines 物件，它們分別用於設定主格線和次格線。在設定之前，必須將 Axis 物件的 HasMajorGridlines 和（或）HasMinorGridlines 屬性的值設定為 True。

下列的程式碼顯示主格線，並設定其顏色為紅色，線型為虛線。

```
>>> axs.HasMajorGridlines=True        #水平座標軸顯示主格線
>>> axs.MajorGridlines.Border.ColorIndex = 3        #紅色
>>> axs.MajorGridlines.Border.LineStyle = xw.constants.LineStyle.xlDash
#線型
>>> axs2.HasMajorGridlines=True        #垂直座標軸顯示主格線
>>> axs2.MajorGridlines.Border.ColorIndex = 3      #紅色
>>> axs2.MajorGridlines.Border.LineStyle = xw.constants.LineStyle.xlDash
#線型
```

效果如圖 6-17 所示。

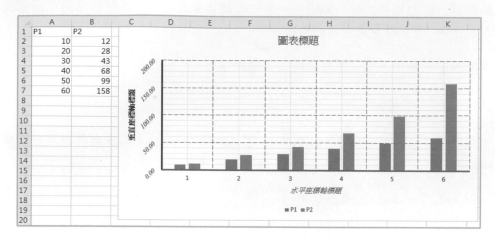

▲ 圖 6-17 設定座標系中格線的效果

6.4.7 設定多軸圖

當使用 API 方式時，透過 Chart 物件取得 Axis 物件的語法格式為：

```
axs=cht.Axes(Type,AxisGroup)
```

其中，cht 為 Chart 物件。Type 參數表示座標軸的類型，當值為 1 時表示座標軸為分類軸，當值為 2 時表示座標軸為數值軸。當 AxisGroup 參數取值 1時表示座標軸為主軸，當取值 2 時表示座標軸為輔軸。預設時，主軸顯示在左側，輔軸顯示在右側。這樣就可以生成雙軸圖，即在繪圖區兩個圖疊加顯示，使用相同的水平座標軸、不同的垂直座標軸。

下面首先選擇 sht 工作表物件中 A1:B7 區域內的資料，然後使用 Shapes 物件的 AddChart 方法建立一個圖表。該方法返回一個 Shape 物件，引用它的Chart 屬性取得圖表物件 cht。預設時，生成群組直條圖。

```
>>> sht.api.Range("A1:B7").Select()
>>> cht=sht.api.Shapes.AddChart().Chart
```

接下來設定第 1 個數列的 AxisGroup 屬性的值為 1，第 2 個數列的該屬性的值為 2，即這兩個數列的圖表分別使用主軸和輔軸。設定第 2 個數列的圖表類型為折線圖，顯示並設定資料點處的標記，顯示資料標籤。

```
>>> cht.SeriesCollection(1).AxisGroup=1      #第1個數列使用主軸
>>> cht.SeriesCollection(2).AxisGroup=2      #第2個數列使用輔軸
>>> cht.SeriesCollection(2).ChartType=xw.constants.ChartType.xlLine
>>> cht.SeriesCollection(2).MarkerStyle=xw.constants.MarkerStyle.
xlMarkerStyleTriangle
>>> cht.SeriesCollection(2).MarkerForegroundColor=xw.utils.rgb_to_
int((0,0,255))
>>> cht.SeriesCollection(2).MarkerSize=8
>>> cht.SeriesCollection(2).HasDataLabels=True
>>> cht.SeriesCollection(1).HasDataLabels=True
```

取得和設定主縱軸，取值範圍為 0 ～ 60，設定座標軸標題。

```
>>> axs1=cht.Axes(2,1)
>>> axs1.MinimumScale=0
>>> axs1.MaximumScale=60
>>> axs1.HasTitle=True
>>> axs1.AxisTitle.Text="垂直座標軸1"
```

取得和設定輔縱軸，取值範圍為 10 ～ 160，設定座標軸標題。

```
>>> axs2=cht.Axes(2,2)
>>> axs2.MinimumScale=10
>>> axs2.MaximumScale=160
>>> axs2.HasTitle=True
>>> axs2.AxisTitle.Text="垂直座標軸2"
```

生成的多軸圖如圖 6-18 所示。圖中，直條圖使用左側的垂直座標軸，折線圖使用右側的垂直座標軸。

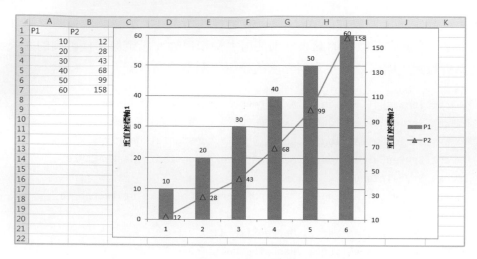

▲ 圖 6-18　多軸圖

6.4.8　設定對數座標圖

使用 Axis 物件的 ScaleType 屬性返回或設定數值軸的刻度類型，其取值如表 6-7 所示。當將座標軸的 ScaleType 屬性的值設定為 xw.constants.ScaleType.xlScaleLogarithmic 時，該軸上的刻度線為對數間隔，據此可繪製對數座標圖。

表 6-7　ScaleType 屬性的取值

名稱	值	說明
xlScaleLinear	-4132	線性刻度
xlScaleLogarithmic	-4133	對數刻度

下面首先選擇 sht 工作表物件中 A1:B7 區域內的資料，然後使用 Shapes 物件的 AddChart 方法建立一個群組直條圖。該方法返回一個 Shape 物件，引用它的 Chart 屬性取得圖表物件 cht。將垂直座標軸物件的 ScaleType 屬性的值設定為 xw.constants.ScaleType.xlScaleLogarithmic，建立對數座標圖。顯示水平方向的格線。

```
>>> sht.api.Range("A1:B7").Select()
>>> cht=sht.api.Shapes.AddChart().Chart
>>> cht.Axes(2).ScaleType=xw.constants.ScaleType.xlScaleLogarithmic    #對數座標
>>> cht.Axes(2).HasMinorGridlines=True
```

生成的對數座標圖如圖 6-19 所示。

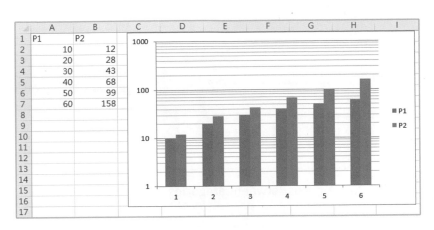

▲ 圖 6-19 對數座標圖

6.4.9 設定其他屬性

使用 Axis 物件的 AxisBetweenCategories 屬性設定數值軸和分類軸相交的位置。如果該屬性的值為 True，則相交的位置在分類之間的中間位置；如果該屬性的值為 False，則相交的位置在分類中間的位置。

下 面 利 用 圖 6-5 所 示 工 作 表 中 的 資 料 建 立 一 個 群 組 直 條 圖，設 定 AxisBetweenCategories 屬性的值為 True。

```
>>> sht.api.Range("A1:B7").Select()
>>> cht=sht.api.Shapes.AddChart().Chart
>>> cht.Axes(1).AxisBetweenCategories=True
```

效果如圖 6-20 所示。

設定 AxisBetweenCategories 屬性的值為 False。

```
>>> cht.Axes(1).AxisBetweenCategories=False
```

效果如圖 6-21 所示。比較兩個圖中垂直座標軸和水平座標軸相交的位置。

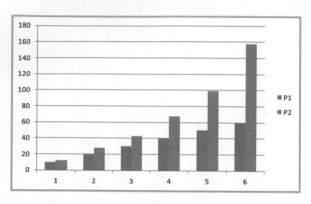

▲ 圖 6-20　設定 AxisBetweenCategories 屬性的值為 True 的效果

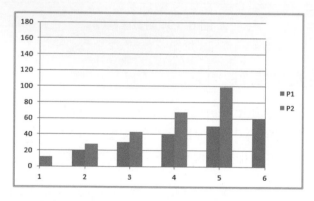

▲ 圖 6-21　設定 AxisBetweenCategories 屬性的值為 False 的效果

使用 Axis 物件的 Crosses 屬性返回或設定指定座標軸與其他座標軸相交的點。該屬性的取值如表 6-8 所示。

表 6-8 Axis 物件的 Crosses 屬性的取值

名稱	值	說明
xlAxisCrossesAutomatic	-4105	由 Excel 設定座標軸交點
xlAxisCrossesCustom	-4114	由 CrossesAt 屬性指定座標軸交點
xlAxisCrossesMaximum	2	座標軸在最大值處相交
xlAxisCrossesMinimum	4	座標軸在最小值處相交

下面設定圖表中的數值軸在最大值處與分類軸相交。

```
>>> cht.Axes(1).Crosses = 2
```

使用 Axis 物件的 CrossesAt 屬性，返回或設定數值軸上數值軸與分類軸的交點，僅用於數值軸。下面設定水平座標軸與垂直座標軸在垂直座標軸上取值為 20.0 的地方相交。

```
>>> cht.Axes(2).CrossesAt=20.0
```

設定效果如圖 6-22 所示。

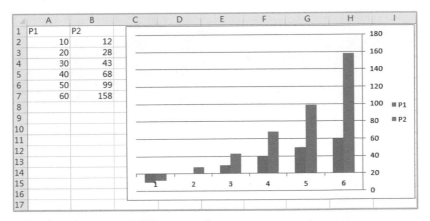

▲ 圖 6-22 水平座標軸與垂直座標軸的交點位置設定效果

6.5 圖表元素設定

本節介紹圖表元素如圖表區域、繪圖區、圖例、標題等的設定。

6.5.1 SetElement 方法

使用 Chart 物件的 SetElement 方法,可以為指定的圖表設定圖表元素。該方法有一個參數,提供了設定選項。該參數的取值如表 6-9 所示。可見,該方法提供了很多圖表元素的快捷設定途徑。

> **注意** 這些設定不一定適合所有圖表類型。

表 6-9 SetElement 方法的參數取值

名稱	值	說明
msoElementChartFloorNone	1200	不顯示圖表基底
msoElementChartFloorShow	1201	顯示圖表基底
msoElementChartTitleAboveChart	2	在圖表上方顯示標題
msoElementChartTitleCenteredOverlay	1	將標題顯示為置中覆蓋
msoElementChartTitleNone	0	不顯示圖表標題
msoElementChartWallNone	1100	不顯示圖表背景牆
msoElementChartWallShow	1101	顯示圖表背景牆
msoElementDataLabelBestFit	210	使用資料標籤最佳位置
msoElementDataLabelBottom	209	在底部顯示資料標籤
msoElementDataLabelCallout	211	將資料標籤顯示為標註
msoElementDataLabelCenter	202	置中顯示資料標籤
msoElementDataLabelInsideBase	204	在底部內側顯示資料標籤
msoElementDataLabelInsideEnd	203	在頂端內側顯示資料標籤
msoElementDataLabelLeft	206	靠左顯示資料標籤

名稱	值	說明
msoElementDataLabelNone	200	不顯示資料標籤
msoElementDataLabelOutSideEnd	205	在頂端外側顯示資料標籤
msoElementDataLabelRight	207	靠右顯示資料標籤
msoElementDataLabelShow	201	顯示資料標籤
msoElementDataLabelTop	208	在頂端顯示資料標籤
msoElementDataTableNone	500	不顯示模擬運算表
msoElementDataTableShow	501	顯示模擬運算表
msoElementDataTableWithLegendKeys	502	顯示帶圖例項標識的模擬運算表
msoElementErrorBarNone	700	不顯示誤差線
msoElementErrorBarPercentage	702	顯示百分比誤差線
msoElementErrorBarStandardDeviation	703	顯示標準偏差誤差線
msoElementErrorBarStandardError	701	顯示標準誤差線
msoElementLegendBottom	104	在底部顯示圖例
msoElementLegendLeft	103	在左側顯示圖例
msoElementLegendLeftOverlay	106	在左側疊放圖例
msoElementLegendNone	100	不顯示圖例
msoElementLegendRight	101	在右側顯示圖例
msoElementLegendRightOverlay	105	在右側疊放圖例
msoElementLegendTop	102	在頂端顯示圖例
msoElementLineDropHiLoLine	804	顯示垂直線和高 / 低線
msoElementLineDropLine	801	顯示垂直線
msoElementLineHiLoLine	802	顯示高 / 低線
msoElementLineNone	800	不顯示線
msoElementLineSeriesLine	803	顯示數列線
msoElementPlotAreaNone	1000	不顯示繪圖區
msoElementPlotAreaShow	1001	顯示繪圖區

下面選擇資料建立一個圖表，顯示並設定標題，將標題顯示為置中覆蓋，顯示資料標籤，在底部顯示圖例。

```
>>> sht.api.Range("A1:B7").Select()
>>> cht=sht.api.Shapes.AddChart().Chart
>>> cht.HasTitle=True
>>> cht.ChartTitle.Text="這裡是圖表標題"
>>> cht.SetElement(1)        #將標題顯示為置中覆蓋
>>> cht.SetElement(201)      #顯示資料標籤
>>> cht.SetElement(104)      #在底部顯示圖例
```

設定效果如圖 6-23 所示。

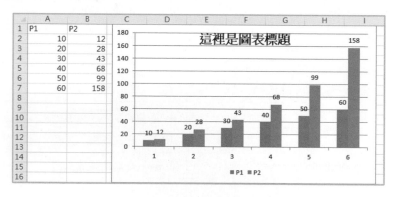

▲ 圖 6-23　圖表元素設定效果

6.5.2　設定圖表區域 / 繪圖區

圖表區域是包含整個圖表的矩形區域，繪圖區則是由兩個座標軸所確定的矩形區域。在 Excel 中用 ChartArea 物件表示圖表區域，用 PlotArea 物件表示繪圖區。使用 Chart 物件的 ChartArea 屬性和 PlotArea 屬性取得它們。

連續引用 ChartArea 物件和 PlotArea 物件的 Format.Fill 屬性，可以對兩個區域中的面進行設定，比如設定它們的顏色、透明度等，或者進行漸層色填滿、圖案填滿、圖片填滿、材質填滿等。這部分的設定方法請參見 6.3 節。

下面選擇資料建立一個圖表,取得圖表區域並設定其前景色為綠色,加上陰影;取得繪圖區並設定圖片填滿作為圖表的背景,修改圖表中第 1 個數列的前景色為黃色,取消水平格線的顯示。

```
>>> sht.api.Range("A1:B7").Select()
>>> cht=sht.api.Shapes.AddChart().Chart
>>> cha=cht.ChartArea          #圖表區域
>>> cha.Format.Fill.ForeColor.RGB=xw.utils.rgb_to_int((155,255,0))
>>> cha.Shadow=True            #顯示陰影
>>> pla=cht.PlotArea           #繪圖區
>>> pla.Format.Fill.UserPicture(r"D:\picpy2.jpg")      #圖片填滿
>>> cht.SeriesCollection(1).Format.Fill.ForeColor.RGB=xw.utils.rgb_to_
int((255,255, 0))
>>> cht.Axes(2).HasMajorGridlines=False
```

生成如圖 6-24 所示的圖表。

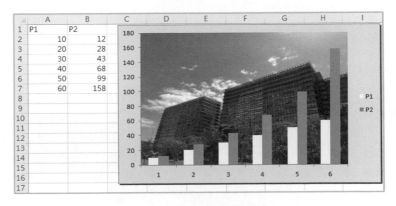

▲ 圖 6-24　圖表區域和繪圖區設定效果

使用 ChartArea 物件和 PlotArea 物件的 Format.Shadow 屬性可以對圖表區域和繪圖區的陰影進行更多的設定。Format.Shadow 屬性返回一個 ShadowFormat 物件,該物件的主要屬性有:

- ✔ **Visible 屬性:** 設定陰影是否可見。
- ✔ **Blur 屬性:** 返回或設定指定底紋的模糊度。

✅ **Transparency 屬性**：返回或設定區域的透明度，其取值範圍為 0.0（不透明）～ 1.0（清晰）。

✅ **OffsetX 屬性**：以 pt 為單位返回或設定區域陰影的水準偏移量。正偏移值表示將陰影向右偏移，負偏移值表示將陰影向左偏移。

✅ **OffsetY 屬性**：以 pt 為單位返回或設定區域陰影的垂直偏移量。正偏移值表示將陰影向下偏移，負偏移值表示將陰影向上偏移。

下面接著上面的程式碼進行設定。首先取消圖表區域的陰影顯示，然後使用 Format.Shadow 屬性設定繪圖區的陰影，顯示陰影並設定水平方向和垂直方向的偏移量均為 3。

```
>>> cha.Shadow=False
>>> pla.Format.Shadow.Visible=True       #繪圖區顯示陰影
>>> pla.Format.Shadow.OffsetX=3          #陰影的水準偏移
>>> pla.Format.Shadow.OffsetY=3          #陰影的垂直偏移
```

效果如圖 6-25 所示。

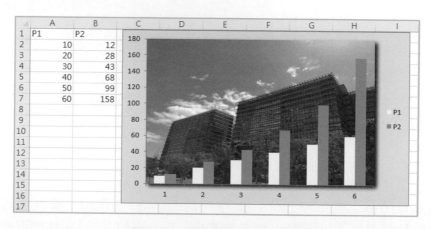

▲ 圖 6-25　繪圖區的陰影設定效果

6.5.3 設定圖例

圖例用 Legend 物件表示，使用 Chart 物件的 HasLegend 屬性設定顯示圖例，使用 Legend 屬性返回 Legend 物件。利用 Legend 物件的屬性和方法可以對圖例的外觀、字型和位置等進行設定。

使用 Legend 物件的 Format 屬性返回的 ChartFormat 物件，可以對圖例的背景區域和外框進行屬性設定。使用 Legend 物件的 Font 屬性返回的 Font 物件設定字型。使用 Legend 物件的 Position 屬性設定圖例的顯示位置。Position 屬性的取值如表 6-10 所示。

表 6-10 Position 屬性的取值

名稱	值	說明
xlLegendPositionBottom	-4107	位於圖表的下方
xlLegendPositionCorner	2	位於圖表邊框的右上角
xlLegendPositionCustom	-4161	位於自訂的位置上
xlLegendPositionLeft	-4131	位於圖表的左側
xlLegendPositionRight	-4152	位於圖表的右側
xlLegendPositionTop	-4160	位於圖表的上方

下面選擇資料建立一個圖表，設定圖例字型斜體，圖例背景區域為黃色，外框為藍色，圖例位於圖表的下方。

```
>>> sht.api.Range("A1:B7").Select()          #選擇資料
>>> cht=sht.api.Shapes.AddChart().Chart      #新增圖表
>>> cht.Legend.Font.Italic=True       #圖例字型設為斜體
>>> cht.Legend.Format.Fill.ForeColor.RGB=xw.utils.rgb_to_int((255,255,0))
>>> cht.Legend.Format.Line.ForeColor.RGB=xw.utils.rgb_to_int((0,0,255))
>>> cht.Legend.Position=-4107       #圖例在圖表的下方
```

圖例設定效果如圖 6-26 所示。

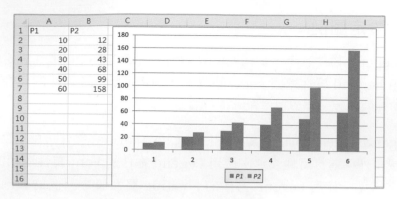

▲ 圖 6-26　圖例設定效果

6.6　輸出圖表

在建立圖表以後，可以將圖表複製到剪貼簿，並貼到目前工作表或其他工作表中，也可以匯出到指定格式的圖片檔案中。

6.6.1　將圖表複製到剪貼簿

使用 Chart 物件的 CopyPicture 方法，可以將選取的圖表以圖片的形式複製到剪貼簿。該方法的語法格式如下：

```
>>> cht.CopyPicture(Appearance,Format)
```

其中，cht 為圖表物件。該方法有兩個參數：

- ✅ **Appearance**：設定圖表的複製方式。當值為 1 時，圖表儘可能按其螢幕顯示進行複製，這是預設值；當值為 2 時，圖表按其列印效果進行複製。

- ✅ **Format**：設定圖片的格式。當值為 2 時，圖表以點陣圖格式複製，支援的格式有 bmp、jpg、gif 和 png；當值為 -4147 時，圖表以向量格式複製，支援的格式有 emf 和 wmf。

下面選擇資料建立一個圖表，然後使用 Chart 物件的 CopyPicture 方法將圖表以圖片的形式複製到剪貼簿。

```
>>> sht.api.Range("A1:B7").Select()
>>> cht=sht.api.Shapes.AddChart().Chart
>>> cht.CopyPicture()
```

接下來開啟 Windows 的畫圖板，在繪圖區點選滑鼠右鍵，在彈出的快捷選單中點選「貼上」，貼上效果如圖 6-27 所示。

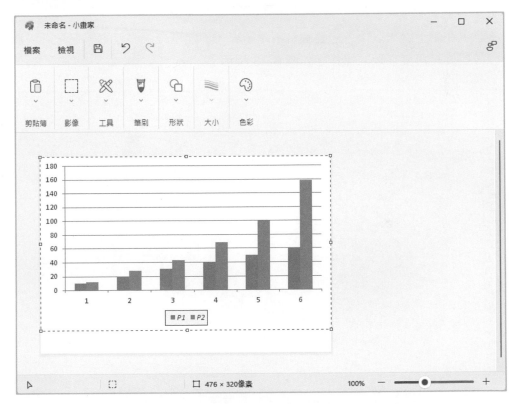

▲ 圖 6-27 將圖表複製到剪貼簿，然後貼到小畫家的效果

下面選擇資料建立一個圖表，然後使用 Chart 物件的 CopyPicture 方法，將圖表以圖片的形式複製到剪貼簿。接下來新增一個工作表，指定貼上位置 C3 並將圖片貼上過來。

```
>>> sht.api.Range("A1:B7").Select()
>>> cht=sht.api.Shapes.AddChart().Chart
>>> cht.CopyPicture()
>>> sht2=wb.api.Worksheets.Add()
>>> sht2.Range("C3").Select()
>>> sht2.Paste()
```

注意，在貼上過來以後，它是圖片不是圖表，不能選擇圖表元素。但是可以進行一些旋轉角度之類的操作，如圖 6-28 所示。

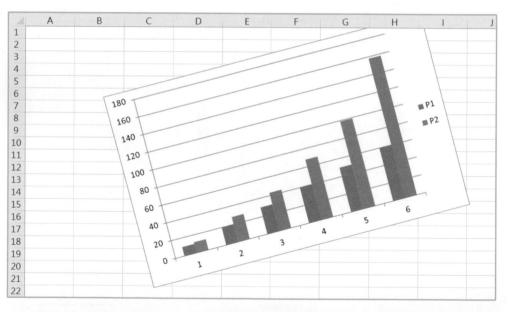

▲ 圖 6-28　旋轉圖片

6.6.2 將圖表儲存為圖片

使用 Chart 物件的 Export 方法，可以將圖表匯出到指定格式的圖片檔案中。
該方法的語法格式為：

```
cht.Export(FileName,FilterName,Interactive)
```

其中，cht 表示圖表物件。該方法有 3 個參數：

- ✅ **FileName**：必選項，表示匯出檔案的路徑和檔名。

- ✅ **FilterName**：可選項，指定匯出檔案的副檔名。

- ✅ **Interactive**：可選項，當值為 True 時顯示包含篩選特定選項的對話框，當值為 False 時使用預設選項。

下面選擇資料建立一個圖表，然後使用 Chart 物件的 Export 方法，將該圖表以圖片的形式儲存為 D 槽下的 pyxls.jpg。

```
>>> sht.api.Range("A1:B7").Select()
>>> cht=sht.api.Shapes.AddChart().Chart
>>> cht.Export(r"D:\pyxls.jpg")
```

MEMO

資料處理篇

Excel 的主要應用方向有兩個,其中一個是辦公自動化,另一個是資料處理。透過對物件模型篇和圖形圖表篇的學習,我們可以掌握一些類 VBA 的資料處理和視覺化方法。本篇主要介紹 Python 提供的處理 Excel 資料的方法,主要內容包括:

✅ 使用 Python 字典處理 Excel 資料。

✅ 使用 Python 正規表示式處理 Excel 資料。

✅ 使用 pandas 高效處理資料。

✅ 使用 Matplotlib 進行資料視覺化。

7

使用 Python 字典
處理 Excel 資料

前面在講變數的資料類型時，介紹了字典資料類型。字典的每個元素都由一個鍵值對組成，其中鍵必須保證唯一。利用字典的特點，可以方便地直接對 Excel 資料進行提取、移除重複、資料查詢、彙總和排序等操作。本章內容需要使用 xlwings，關於 xlwings 的介紹，請參閱第 4 章。

7.1 資料提取

對於給定的資料，我們通常對首次資料或末次資料感興趣。比如銷售明細資料，我們通常對商品第一次和最後一次賣出的時間、數量、金額等感興趣。使用字典，可以提取首次資料和末次資料。

7.1.1 提取首次資料

在 Python 中，直接給字典指定新的鍵值對，可以在字典中加入元素。例如，下面建立一個字典並逐個加入元素。

```
>>> dic={1:"a"}        #建立字典
>>> dic[2]="b"         #加入元素
>>> dic
{1: 'a', 2: 'b'}
>>> dic[3]="c"         #加入元素
>>> dic
{1: 'a', 2: 'b', 3: 'c'}
```

對於已經按照時間先後進行排序的銷售明細資料，採用這種逐個加入元素的方法建立的字典，第一次加進去的就是該鍵對應的首次資料。當加入後面的元素時,如果發現該鍵已經存在,就跳過不加入,那麼字典中最後剩下的就是各鍵對應的首次資料。

對於圖 7-1 中處理前的銷售明細資料,提取各商品第一次賣出的數量。這個檔案的儲存路徑為 \Samples\ch07\ 銷售流水 - 首次 .xlsx。本範例的程式位於 Samples 目錄下的 ch07 子目錄中,檔名為 sam07-01.py。

```
1   import xlwings as xw
2   import os
3   root = os.getcwd()       #取得目前工作目錄
4   app = xw.App(visible=True, add_book=False)
5   wb=app.books.open(fullname=root+r"\銷售流水-首次.xlsx",read_only=False)
6   sht=wb.sheets(1)
7   rows=sht.cells(1,"B").end("down").row       #資料列數
8   arr=sht.range(sht.cells(1,2),sht.cells(rows,3)).value
    #將資料儲存在二維列表中
9   dic={arr[0][0]:arr[0][1]}                   #建立字典
10  for i in range(rows):                       #遍歷各列資料
11      if(arr[i][0] not in dic):               #如果dic中沒有指定的鍵,則加入元素
12          dic[arr[i][0]]=arr[i][1]
13  sht.range(sht.cells(1,"F"),sht.cells(len(dic),"G")).options(dict).value=dic
```

第 1 行匯入 xlwings。

第 2、3 行匯入 os 套件,使用 getcwd 函數取得目前工作目錄,即 sam07-01.py 所在的目錄。

第 4 行使用 xlwings 的 App 函數建立一個 Excel 應用,該應用視窗可見,但不新增活頁簿。

第 5 行使用 books 物件的 open 方法,開啟目前工作目錄下的「銷售流水 - 首次 .xlsx」。因為接下來要提取首次資料並將最終結果加入到工作表中,所以開啟的活頁簿必須是可寫的,即將 read_only 參數的值設定為 False。

第 6 ～ 8 行取得第 1 個工作表,使用 range 物件的 end 方法取得資料的列數,把第 2 列和第 3 列構成的區域內的資料儲存在二維列表 arr 中。

第 9 行建立字典 dic，並用二維列表 arr 中的第 1 行資料進行初始化。第 1 列和第 1 欄的商品資料為鍵，第 2 欄的銷售數量資料為值，構成鍵值對。

第 10 ～ 12 行使用 for 迴圈在字典 dic 中加入新的鍵值對。第 11 行為判斷敘述，判斷加入時鍵在字典中是否存在，如果存在則不加入或修改。當迴圈結束時，字典中各鍵值對對應的就是各商品第一次賣出的數量。

第 13 行使用 xlwings 的選項功能將字典輸出到指定位置。使用 range 屬性的參數，指定輸出區域的左上角儲存格座標和右下角儲存格座標。將 options 屬性的參數設定為 dict，表示按字典的方式寫入工作表的指定區域，字典的鍵和值各占一列。關於 xlwings 的選項功能，請參閱第 4 章的說明。

在 Python IDLE 程式編輯器中，在「Run」選單中點選「Run Module」，各商品首次資料的提取結果被加入到工作表中，如圖 7-1 中處理後的工作表所示。

處理前

	A	B	C	D	E	F	G	H
1	時間	商品	數量	金額				
2	2020/10/8	電視機	27	508127				
3	2020/10/8	空調	109	379211				
4	2020/10/9	冰箱	97	356847				
5	2020/10/9	電鍋	100	100000				
6	2020/10/10	電視機	95	384857				
7	2020/10/10	冰箱	79	588767				
8	2020/10/11	空調	76	427266				
9	2020/10/11	電鍋	100	100000				
10	2020/10/12	冰箱	51	561366				
11								

處理後

	A	B	C	D	E	F	G	H
1	時間	商品	數量	金額		商品	數量	
2	2020/10/8	電視機	27	508127		電視機	27	
3	2020/10/8	空調	109	379211		空調	109	
4	2020/10/9	冰箱	97	356847		冰箱	97	
5	2020/10/9	電鍋	100	100000		電鍋	100	
6	2020/10/10	電視機	95	384857				
7	2020/10/10	冰箱	79	588767				
8	2020/10/11	空調	76	427266				
9	2020/10/11	電鍋	100	100000				
10	2020/10/12	冰箱	51	561366				
11								

▲ 圖 7-1　提取首次資料前後的工作表

7.1.2 提取末次資料

在 Python 中,對於給定的字典,當用鍵進行索引並賦值時,如果該鍵在字典中不存在,則新的鍵值對會作為新元素被加入到字典中。但是,如果該鍵已經存在,那麼在進行賦值時會修改它的值。例如,下面建立一個字典並修改已有鍵的值。

```
>>> dic={1:"a",2:"b",3:"c"}
>>> dic[3]="d"      #如果鍵存在,則覆蓋其值
>>> dic
{1: 'a', 2: 'b', 3: 'd'}
```

對於已經按照時間先後進行排序的銷售明細資料,採用這種方法加入或修改後,最後字典中的鍵值對,就是各鍵以及它們對應的末次資料。

對於圖 7-2 中處理前的銷售明細資料,提取各商品最後一次賣出的數量。這個檔案的儲存路徑為 \Samples\ch07\ 銷售流水 - 末次 .xlsx。本範例的程式位於 Samples 目錄下的 ch07 子目錄中,檔名為 sam07-02.py。

```
1   import xlwings as xw
2   import os
3   root = os.getcwd()      #取得目前工作目錄
4   app = xw.App(visible=True, add_book=False)      #建立Excel應用
5   wb=app.books.open(fullname=root+r"\銷售流水-末次.xlsx",read_only=False)
6   sht=wb.sheets(1)
7   rows=sht.cells(1,"B").end("down").row          #資料列數
8   arr=sht.range(sht.cells(1,2),sht.cells(rows,3)).value
    #將資料儲存在二維列表中
9   dic={arr[0][0]:arr[0][1]}      #建立字典
10  for i in range(rows):              #遍歷列資料:對於相同的鍵,後值取代前值
11      dic[arr[i][0]]=arr[i][1]
12  sht.range(sht.cells(1,"F"),sht.cells(len(dic),"G")).options(dict).value=dic
```

第 1 ～ 5 行的說明同 7.1.1 節的程式碼說明。

第 6 ～ 8 行取得第 1 個工作表,使用 range 物件的 end 方法取得資料的列數,把第 2 列和第 3 列構成的區域內的資料儲存在二維列表 arr 中。

第 9 行建立字典 dic，並用二維列表 arr 中的第 1 行資料進行初始化。第 1 列和第 1 欄的商品資料為鍵，第 2 欄的銷售數量資料為值，構成鍵值對。

第 10、11 行使用 for 迴圈在字典 dic 中加入新的鍵值對，如果加入時鍵在字典中已經存在，則用目前商品銷售數量值取代原銷售數量值。當迴圈結束時，字典中各鍵值對對應的就是各商品最後一次賣出的數量。

第 13 行使用 xlwings 的選項功能將字典輸出到指定位置。使用 range 屬性的參數，指定輸出區域的左上角儲存格座標和右下角儲存格座標。將 options 屬性的參數設定為 dict，表示按字典的方式寫入工作表的指定區域，字典的鍵和值各占一列。關於 xlwings 的選項功能，請參閱第 4 章的說明。

在 Python IDLE 程式編輯器中，在「Run」選單中點選「Run Module」，各商品末次資料的提取結果被加入到工作表中，如圖 7-2 中處理後的工作表所示。

處理前

	A	B	C	D	E	F	G
1	時間	商品	數量	金額			
2	2020/10/8	電視機	27	508127			
3	2020/10/8	空調	109	379211			
4	2020/10/9	冰箱	97	356847			
5	2020/10/9	電鍋	100	100000			
6	2020/10/10	電視機	95	384857			
7	2020/10/10	冰箱	79	588767			
8	2020/10/11	空調	76	427266			
9	2020/10/11	電鍋	100	100000			
10	2020/10/12	冰箱	51	561366			

處理後

	A	B	C	D	E	F	G
1	時間	商品	數量	金額		商品	數量
2	2020/10/8	電視機	27	508127		電視機	95
3	2020/10/8	空調	109	379211		空調	76
4	2020/10/9	冰箱	97	356847		冰箱	51
5	2020/10/9	電鍋	100	100000		電鍋	100
6	2020/10/10	電視機	95	384857			
7	2020/10/10	冰箱	79	588767			
8	2020/10/11	空調	76	427266			
9	2020/10/11	電鍋	100	100000			
10	2020/10/12	冰箱	51	561366			

▲ 圖 7-2　提取末次資料前後的工作表

7.2 移除重複資料

由於種種原因，所取得的資料可能會存在重複的情況，在進行後續操作之前，必須先移除重複的資料。字典中各鍵值對的鍵必須唯一，利用這個性質可以移除重複的資料。除了可以使用字典進行移除重複的處理，還可以使用列表移除重複。另外，集合中的元素要求是唯一的，利用這一點也可以進行移除重複的處理。

7.2.1 使用列表移除重複

對列表進行移除重複，需要新建立一個列表。對原始列表進行遍歷，如果原始列表中的元素在新列表中不存在，則將其加入到新列表中，否則不加入。例如：

```
>>> a=[1,2,3,4,3,1]              #有重複值的列表
>>> b=[1]        #新列表
>>> for i in range(len(a)):     #遍歷原始列表
      r=a[i]      #原始列表中的目前值r
      if r not in b:             #如果r在新列表中不存在
        b.append(r)              #將r加入到新列表中
>>> b
[1, 2, 3, 4]
```

所以，最後新列表中就沒有重複的值了。

利用這個方法，對圖 7-3 中處理前的工作表資料進行移除重複處理。這個檔案的儲存路徑為 \Samples\ch07\ 身分證號 - 移除重複 .xlsx。本範例的程式位於 Samples 目錄下的 ch07 子目錄中，檔名為 sam07-03.py。

```
1    import xlwings as xw
2    import os
3    root = os.getcwd()
4    app = xw.App(visible=True, add_book=False)
5    wb=app.books.open(root+r"/身分證號-移除重複.xlsx",read_only=False)
```

```
6    sht=wb.sheets(1)
7    rng=sht.range("A1", sht.cells(sht.cells(1,"B").end("down").row, "E"))
8    lst=[rng.rows(1).value]      #建立列表
9    for i in range(rng.rows.count):
10       r=rng.rows(i).value
11       if r not in lst:        #如果列資料在列表中不存在，則將其加入到列表中
12           lst.append(r)
13   sht.range("G1").value=lst
```

第 1 ~ 5 行的說明同 7.1.1 節的程式碼說明。

第 6、7 行取得第 1 個工作表，使用 range 屬性取得資料所在的儲存格區域物件。

第 8 行建立列表 lst，並用第 1 行資料進行初始化。

第 9 ~ 12 行使用 for 迴圈在新列表 lst 中加入不重複的列資料。第 11 行判斷目前列資料在新列表中是否存在，如果不存在就將其加入到新列表中，否則不加入。

第 13 行將二維列表中的資料寫到工作表指定位置。

在 Python IDLE 程式編輯器中，在「Run」選單中點選「Run Module」，移除重複後的資料，如圖 7-3 中處理後的工作表中右側資料所示。

處理前

	A	B	C	D	E	F	G	H	I	J	K
1	工號	部門	姓名	身份證號	性別						
2	1001	財務部	陳東	L114798495	男						
3	1002	財務部	田菊	B255303616	女						
4	1008	財務部	夏東	R113147658	男						
5	1003	生產部	王偉	D142843751	男						
6	1004	生產部	韋龍	E138637196	男						
7	1005	銷售部	劉洋	D133277345	男						
8	1002	財務部	田菊	B255303616	女						
9	1006	生產部	呂川	S112903293	男						
10	1007	銷售部	楊莉	C214644222	女						
11	1008	財務部	夏東	R113147658	男						
12	1009	銷售部	吳曉	D116740533	男						
13	1010	銷售部	宋思龍	A114820947	男						

處理後

	A	B	C	D	E	F	G	H	I	J	K
1	工號	部門	姓名	身份證號	性別		工號	部門	姓名	身份證號	性別
2	1001	財務部	陳東	L114798495	男		1010	銷售部	宋思龍	A114820947	男
3	1002	財務部	田菊	B255303616	女		1001	財務部	陳東	L114798495	男
4	1008	財務部	夏東	R113147658	男		1002	財務部	田菊	B255303616	女
5	1003	生產部	王偉	D142843751	男		1008	財務部	夏東	R113147658	男
6	1004	生產部	韋龍	E138637196	男		1003	生產部	王偉	D142843751	男
7	1005	銷售部	劉洋	D133277345	男		1004	生產部	韋龍	E138637196	男
8	1002	財務部	田菊	B255303616	女		1005	銷售部	劉洋	D133277345	男
9	1006	生產部	呂川	S112903293	男		1006	生產部	呂川	S112903293	男
10	1007	銷售部	楊莉	C214644222	女		1007	銷售部	楊莉	C214644222	女
11	1008	財務部	夏東	R113147658	男		1009	銷售部	吳曉	D116740533	男
12	1009	銷售部	吳曉	D116740533	男						
13	1010	銷售部	宋思龍	A114820947	男						

▲ 圖 7-3　使用列表移除重複

7.2.2　使用集合移除重複

集合中的元素是不重複的，利用這個特性點，就能移除序列中的重複資料。下面先建立一個列表，列表中的元素有兩個是重複的。然後使用 set 函數將該列表轉換為集合，得到的集合會自動移除重複資料。

```
>>> a=[1,4,3,2,3,1]
>>> b=set(a)
>>> b
{1, 2, 3, 4}
```

利用這個概念，對圖 7-3 中處理前的工作表資料進行移除重複處理。這個檔案的儲存路徑為 \Samples\ch07\ 身分證號 - 移除重複 .xlsx。本範例的程式位於 Samples 目錄下的 ch07 子目錄中，檔名為 sam07-04.py。

根據工號資料，首先使用 set 函數，進行移除重複並得到一個只包含唯一工號的列表，然後建立一個新列表，接下來使用 for 迴圈遍歷工作表中的每一列，如果該列的工號資料在工號列表中，則把該列加入到新列表中，在工號列表中刪除對應的工號，繼續這個過程。最後將每個工號對應的唯一列資料加入到新列表中，即為移除重複後的資料。

```
1    import xlwings as xw
2    import os
```

```
3    root = os.getcwd()
4    app = xw.App(visible=True, add_book=False)
5    wb=app.books.open(root+r"/身分證號-移除重複.xlsx",read_only=False)
6    sht=wb.sheets(1)
7    ind=sht.range("A1", sht.cells(sht.cells(1,"A").end("down").row, "A")).value
8    inds=set(ind)                    #工號列表轉集合，移除重複
9    indl=list(inds)                  #移除重複後集合轉列表indl
10   rng=sht.range("A1", sht.cells(sht.cells(1,"B").end("down").row, "E"))
11   dd=[]       #建立空列表dd，儲存移除重複後的列資料
12   for i in range(rng.rows.count):               #遍歷每列資料
13       if sht[i,0].value in indl:                #如果該列工號在indl中
14       indl.remove(sht[i,0].value)               #從列表中刪除它
15           dd.append(rng.rows(i+1).value)        #將列資料加入到dd中
16   sht.range("G1").value=dd        #將dd資料寫入工作表中
```

第 1～5 行的說明同 7.1.1 節的程式碼說明。

第 6、7 行取得第 1 個工作表，使用 range 函數取得第 1 列的工號資料並以列表形式返回。

第 8、9 行使用 set 函數將返回的列表轉換為集合，移除重複工號，然後使用 list 函數將集合轉換成列表。

第 10 行使用 range 屬性取得資料所在的儲存格區域物件。

第 11 行建立空列表 dd。

第 12～15 行使用 for 迴圈在新列表 dd 中加入不重複的列資料。第 13 行判斷目前列的工號在新列表中是否存在，如果存在就從新列表中刪除該工號，把目前列的資料加入到 dd 列表中。從新列表中刪除該工號，可以保證該工號對應的列資料在 dd 列表中只被加入一次。

第 16 行將二維列表中的資料，寫到工作表指定位置。

在 Python IDLE 程式編輯器中，在「Run」選單中點選「Run Module」，移除重複後的資料，如圖 7-3 中處理後的工作表中右側資料所示。

7.2.3 使用字典移除重複

前面 7.1.1 節講到，使用新的鍵對字典索引賦值，可以給字典加入新元素。現在對圖 7-3 中處理前的工作表資料進行移除重複處理。建立字典，字典中的鍵值對：鍵由第 1 欄的工號組成，值由其對應的列資料組成。使用字典物件的 keys 方法可以取得目前所有的鍵。在加入鍵值對時，如果鍵已經存在，則不加入，否則加入。這樣，最後得到的所有鍵值對的值就是移除重複後的資料。

這個檔案的儲存路徑為 \Samples\ch07\ 身分證號 - 移除重複 .xlsx。本範例的程式位於 Samples 目錄下的 ch07 子目錄中，檔名為 sam07-05.py。

```python
1   import xlwings as xw
2   import os
3   root = os.getcwd()
4   app = xw.App(visible=True, add_book=False)
5   wb=app.books.open(root+r"/身分證號-移除重複.xlsx",read_only=False)
6   sht=wb.sheets(1)
7   rng=sht.range("A1", sht.cells(sht.cells(1,"B").end("down").row, "E"))
8   dd={}     #建立空字典dd
9   for i in range(rng.rows.count):      #遍歷列資料
10      if sht[i,0].value not in dd.keys():    #如果dd的鍵中不包含該行工號
11          dd[sht[i,0].value]=rng.rows(i+1).value    #將列資料加入到字典的值中
12  lst=list(dd.values())          #將字典的值轉換成列表
13  sht.range("G1").value=lst       #將列表資料寫入工作表中
```

第 1 ～ 5 行的說明同 7.1.1 節的程式碼說明。

第 6、7 行取得第 1 個工作表，使用 range 函數取得第 1 列的工號資料並以列表形式返回。

第 8 行建立空字典 dd。

第 9 ～ 11 行使用 for 迴圈在新字典 dd 中加入不重複的列資料。第 10 行判斷目前列的工號在 keys 方法返回的所有鍵組成的列表中是否存在，如果不存在就把目前列的資料加入到 dd 字典中，若鍵已存在就不加入，所以發揮移除重複資料的效果。

第 12 行使用字典物件 dd 的 values 方法取得所有值，使用 list 函數將其轉換為列表 lst。

第 13 行將二維列表中的資料，寫到工作表指定位置。

在 Python IDLE 程式編輯器中，在「Run」選單中點選「Run Module」，移除重複後的資料，如圖 7-3 中處理後的工作表中右側資料所示。

7.2.4　使用字典物件的 fromkeys 方法移除重複

使用字典物件的 fromkeys 方法可以利用給定的序列生成字典，該序列的值移除重複後作為字典的鍵，字典所有的值都為 None。下面建立一個列表和一個空字典，然後使用字典物件的 fromkeys 方法利用列表資料建立字典。

```
>>> a=[1,4,3,2,3,1]
>>> b={}
>>> dic=b.fromkeys(a)
>>> dic
{1: None, 4: None, 3: None, 2: None}
```

可見，在使用 fromkeys 方法建立字典時，對列表資料進行了移除重複。使用字典物件的 keys 方法取得所有的鍵，使用 list 函數將其轉換為列表。

```
>>> lst=list(dic.keys())
>>> lst
[1, 4, 3, 2]
```

這樣就間接得到了對原始列表 a 進行移除重複後的結果。

按照這個方式，對圖 7-3 中處理前的工作表資料進行移除重複處理。這個檔案的儲存路徑為 \Samples\ch07\ 身分證號 - 移除重複 .xlsx。本範例的程式位於 Samples 目錄下的 ch07 子目錄中，檔名為 sam07-06.py。

```
1    import xlwings as xw
2    import os
3    root = os.getcwd()
```

```
4    app = xw.App(visible=True, add_book=False)
5    wb=app.books.open(root+r"/身分證號-移除重複.xlsx",read_only=False)
6    sht=wb.sheets(1)
7    ind=sht.range("A1", sht.cells(sht.cells(1,"A").end("down").row, "A")).value
8    d={}    #建立空字典d
9    inds=d.fromkeys(ind)         #用工號做鍵生成字典inds
10   indl=list(inds.keys())        #將字典inds的鍵轉換成列表indl
11   rng=sht.range("A1", sht.cells(sht.cells(1,"B").end("down").row, "E"))
12   dd=[]    #建立空列表dd
13   for i in range(rng.rows.count):        #遍歷列資料
14       if sht[i,0].value in indl:         #如果列工號在列表indl中
15       indl.remove(sht[i,0].value)        #從indl中刪除該列工號
16          dd.append(rng.rows(i+1).value)  #將列資料加入到dd中
17   sht.range("G1").value=dd         #將dd資料寫入工作表中
```

第 1～5 行的說明同 7.1.1 節的程式碼說明。

第 6、7 行取得第 1 個工作表，使用 range 函數取得第 1 列的工號資料並以列表形式返回。

第 8 行建立空字典 d。

第 9、10 行使用 fromkeys 方法對工號移除重複後生成字典，然後使用 list 函數將字典的所有鍵轉換成列表。

第 11 行使用 range 屬性取得資料所在的儲存格區域物件。

第 12 行建立空列表 dd。

第 13～16 將二維列表中的資料寫到工作表指定位置。

第 17 行使用 xlwings 的選項功能，將列表輸出到左上角儲存格座標為 G1 的區域。將 options 屬性的 expand 參數的值設定為「table」，表示按二維列表的方式將新列表的資料寫入工作表中。關於 xlwings 的選項功能，請參閱第 4 章的說明。

在 Python IDLE 程式編輯器中，在「Run」選單中點選「Run Module」，移除重複後的資料，如圖 7-3 中處理後的工作表中右側資料所示。

7.2.5 多表移除重複

對分布在多個工作表中的相同格式資料進行移除重複,處理方式是先將多個工作表合併為一個工作表,然後使用單表移除重複的方法進行移除重複。

如圖 7-4 中處理前的工作表所示,某單位的工作人員資料分散在不同部門的工作表中,現在進行多表移除重複。這個檔案的儲存路徑為 \Samples\ch07\ 身分證號 - 多表移除重複 .xlsx。本範例的程式位於 Samples 目錄下的 ch07 子目錄中,檔名為 sam07-07.py。

```python
1    import xlwings as xw
2    import os
3    root = os.getcwd()
4    app = xw.App(visible=True, add_book=False)
5    wb=app.books.open(root+r"/身分證號-多表移除重複.xlsx",read_only=False)
6    #合併到「彙總」工作表
7    sht2=wb.api.Sheets("彙總")
8    for sht in wb.api.Sheets:                        #遍歷各工作表
9        if sht.Name not in ["彙總","移除重複"]:        #不包括這兩個工作表
10           hrow=sht2.UsedRange.Rows.Count           #貼上位置
11           sht.UsedRange.Copy(sht2.Cells(hrow,1))   #將資料複製到「彙總」工作表中
12   #單表移除重複,結果顯示在「移除重複」工作表中
13   sht2=wb.sheets("彙總")
14   rng=sht2.range("A1",sht2.cells(sht2.cells(1,"A").\
     end("down").row,sht2.cells(1,"A").end("right").column))
15   dd={}
16   for i in range(rng.rows.count):                  #遍歷「彙總」工作表的每列資料
17       if sht2[i,0].value not in dd.keys():         #如果dd的鍵中不包含該行工號
18           dd[sht2[i,0].value]=rng.rows(i+1).value  #將列資料加入到字典的值中
19   lst=list(dd.values())              #將字典的值轉換成列表
20   sht3=wb.sheets("移除重複")
21   sht3.range("A1").value=lst         #將資料寫入「移除重複」工作表中
```

第 1 ～ 5 行的說明同 7.1.1 節的程式碼說明。

第 7 ～ 11 行將財務部、生產部和銷售部的人員資料合併到「彙總」工作表中。這裡使用了 API 方式,使用區域物件的 Copy 方法將各部門資料逐個複

製到「彙總」工作表中。使用 hrow 計算目前「彙總」工作表中資料的列數，以便確定「彙總」工作表中下一次貼上的位置。

第 13 ～ 21 行使用字典對「彙總」工作表中的資料進行移除重複，並將移除重複後的資料寫入「移除重複」工作表中。關於使用字典移除重複，請參見 7.2.3 節內容。

在 Python IDLE 程式編輯器中，在「Run」選單中點選「Run Module」，移除重複後的資料如圖 7-4 中處理後的工作表所示。

處理前

	A	B	C	D	E
1	工號	姓名	身份證號	性別	
2	1001	陳東	L114798495	男	
3	1002	田菊	B255303616	女	
4	1008	夏東	R113147658	男	
5	1006	呂川	S112903293	男	
6	1004	韋龍	E138637196	男	
7					
8					
9					
10					
11					
12					

財務部　生產部　銷售部　彙總　移除重複　⊕

處理後

	A	B	C	D	E	F	G
1	工號	姓名	身份證號	性別			
2	1001	陳東	L114798495	男			
3	1002	田菊	B255303616	女			
4	1008	夏東	R113147658	男			
5	1006	呂川	S112903293	男			
6	1003	王偉	D142843751	男			
7	1004	韋龍	E138637196	男			
8	1007	楊莉	C214644222	女			
9	1005	劉洋	D133277345	男			
10	1009	吳曉	D116740533	男			
11	1010	宋恩龍	A114820947	男			
12							

財務部　生產部　銷售部　彙總　移除重複　⊕

▲ 圖 7-4　多表移除重複

7.2.6 跨表移除重複

這裡講的跨表移除重複，是指從一個工作表中剔除另一個工作表中包含的資料。前面 7.2.2 節介紹了使用集合移除重複，使用集合不僅可以對單個列表內部的資料進行移除重複，還可以透過差集運算對兩個工作表進行跨表移除重複。

409

下面建立兩個列表 a 和 b，然後使用 set 函數將它們移除重複並轉換為集合 c 和 d，求它們的差集 e=c-d，最後使用 list 函數將其轉換為列表，該列表即為從列表 a 中剔除列表 b 中包含的資料後的新列表。

```
>>> a=[1,2,3,4,5,6,4,2,1]
>>> b=[3,5,1,5]
>>> c=set(a)          #將列表a轉換為集合，移除重複
>>> c
{1, 2, 3, 4, 5, 6}
>>> d=set(b)          #將列表b轉換為集合，移除重複
>>> d
{1, 3, 5}
>>> e=c-d             #求兩個集合的差集
>>> e
{2, 4, 6}
>>> lst=list(e)       #將差集轉換為列表
>>> lst
[2, 4, 6]
```

按照這個方式，對圖 7-5 中處理前的兩個工作表中給定的資料，進行跨表移除重複，並將移除重複後的結果寫入第 3 個工作表中。這個檔案的儲存路徑為 \Samples\ch07\ 身分證號 - 跨表移除重複 .xlsx。本範例的程式位於 Samples 目錄下的 ch07 子目錄中，檔名為 sam07-08.py。

```
1   import xlwings as xw
2   import os
3   root = os.getcwd()
4   app = xw.App(visible=True, add_book=False)
5   wb=app.books.open(root+r"/身分證號-跨表移除重複.xlsx",read_only=False)
6   sht=wb.sheets(1)
7   ind=sht.range("A2", sht.cells(sht.cells(1,"A").end("down").row, "A")).value
8   inds1=set(ind)        #第1個工作表中的工號移除重複
9   sht2=wb.sheets(2)
10  ind2=sht2.range("A2", sht2.cells(sht2.cells(1,"A").end("down").row,
    "A")).value
11  inds2=set(ind2)       #第2個工作表中的工號移除重複
```

```
12   inds=inds1-inds2        #求工號差集
13   indl=list(inds)         #將工號差集轉換為列表indl
14   rng=sht.range("A2", sht.cells(sht.cells(1,"B").end("down").row, "E"))
15   dd=[]      #建立空列表dd
16   for i in range(rng.rows.count):       #遍歷列資料
17       if sht[i+1,0].value in indl:      #如果第1個工作表中的列工號在indl中
18           indl.remove(sht[i+1,0].value)      #從indl中刪除該工號
19           dd.append(rng.rows(i+1).value)      #將該列資料加入到dd列表中
20   sht3=wb.sheets(3)
21   sht3.range("A2").value=dd        #將dd資料寫入第3個工作表中
```

第 1～5 行的說明同 7.1.1 節的程式碼說明。

第 6～8 行使用 set 函數，將第 1 個工作表中第 1 欄的工號資料移除重複並轉換為集合 inds1。

第 9～11 行使用 set 函數，將第 2 個工作表中第 1 欄的工號資料移除重複並轉換為集合 inds2。

第 12、13 行對 inds1 和 inds2 進行求差集運算，得到跨表移除重複後的工號。使用 list 函數將差集轉換為列表 indl。

第 14 行使用工作表物件的 range 方法取得第 1 個工作表資料所在的區域物件。

第 15 行建立空列表 dd。

第 16～19 行使用 for 迴圈在新列表 dd 中加入不重複的列資料。第 17 行判斷目前列的工號在 indl 列表中是否存在，如果存在就從 indl 列表中刪除該工號，把目前列的資料加入到 dd 列表中。從 indl 列表中刪除該工號，可以保證該工號對應的行資料在 dd 列表中只被加入一次。

第 20、21 行將二維列表中的資料寫到第 3 個工作表指定位置。

在 Python IDLE 程式編輯器中，在「Run」選單中點選「Run Module」，移除重複後的資料，如圖 7-5 中處理後的第 3 個工作表所示。

處理前

工號	部門	姓名	身份證號	性別
1001	財務部	陳東	L114798495	男
1002	財務部	田菊	B255303616	女
1008	財務部	夏東	R113147658	男
1003	生產部	王偉	D142843751	男
1004	生產部	韋龍	E138637196	男
1005	銷售部	劉洋	D133277345	男
1002	財務部	田菊	B255303616	女
1006	生產部	呂川	S112903293	男
1007	銷售部	楊莉	C214644222	女
1008	財務部	夏東	R113147658	男
1009	銷售部	吳曉	D116740533	男
1010	銷售部	宋恩龍	A114820947	男

工號	部門	姓名	身份證號	性別
1003	生產部	王偉	D142843751	男
1004	生產部	韋龍	E138637196	男
1005	銷售部	劉洋	D133277345	男
1002	財務部	田菊	B255303616	女
1006	生產部	呂川	S112903293	男
1007	銷售部	楊莉	C214644222	女
1008	財務部	夏東	R113147658	男

處理後

工號	部門	姓名	身份證號	性別
1001	財務部	陳東	L114798495	男
1009	銷售部	吳曉	D116740533	男
1010	銷售部	宋恩龍	A114820947	男

▲ 圖 7-5 跨表移除重複

7.3 資料查詢

所謂資料查詢，是指使用一個或多個關鍵字尋找對應的資料。本節介紹使用單個關鍵字的個案查詢，和使用多個關鍵字的多條件查詢。

7.3.1 個案查詢

對於圖 7-6 中處理前的工作表中左側的資料，給定右側的商品名稱作為查詢關鍵字，尋找該商品對應的銷售數量和金額。作法是利用工作表資料構造一個字典，將商品名稱作為字典中鍵值對的鍵，將銷售數量和金額組成的列表作為鍵值對的值，然後利用該字典和給定的商品名稱，即可得到對應的銷售資料。

這個檔案的儲存路徑為 \Samples\ch07\ 銷售流水 - 個案查詢 .xlsx。本範例的程式位於 Samples 目錄下的 ch07 子目錄中，檔名為 sam07-09.py。

```python
1    import xlwings as xw
2    import os
3    root = os.getcwd()
4    app = xw.App(visible=True, add_book=False)
5    wb=app.books.open(root+r"/銷售流水-個案查詢.xlsx",read_only=False)
6    sht=wb.sheets.active
7    arr=sht.range("A2",sht.cells(sht.cells(1,"B").end("down").row,"C")). value
8    dicT={}
9    for i in range(len(arr)):        #遍歷每列資料
10       dicT[arr[i][0]]=[arr[i][1],arr[i][2]]
         #將商品名稱作為鍵，將銷售資料作為值
11   for i in range(2,sht.cells(1,"F").end("down").row+1):
     #根據指定的商品名稱查詢值
12       sht.cells(i,"G").value=dicT[sht.cells(i,"F").value]
```

第 1 ～ 5 行的說明同 7.1.1 節的程式碼說明。

第 6、7 行取得活動工作表，使用 range 屬性取得資料儲存到二維列表 arr 中。

第 8 行建立空字典 dicT。

第 9、10 行使用 for 迴圈在 dicT 字典中加入鍵值對（將商品名稱作為鍵值對的鍵，將銷售數量和金額組成的列表作為鍵值對的值）。

第 11、12 行使用 for 迴圈，根據 F 列給定的商品名稱，將對應的銷售資料，即該商品名稱對應的字典的值逐個輸出到 G 列和 H 列。

在 Python IDLE 程式編輯器中，在「Run」選單中點選「Run Module」，個案查詢結果，如圖 7-6 中處理後的工作表所示。

處理前

	A	B	C	D	E	F	G	H
1	商品	數量	金額					
2	電視機	27	508127					
3	空調	109	379211					
4	冰箱	97	356847					
5	電鍋	100	100000					

處理後

	A	B	C	D	E	F	G	H
1	商品	數量	金額			商品	數量	金額
2	電視機	27	508127			空調	109	379211
3	空調	109	379211			電鍋	100	100000
4	冰箱	97	356847					
5	電鍋	100	100000					

▲ 圖 7-6　個案查詢結果

7.3.2　多條件查詢

多條件查詢有兩個及兩個以上的查詢關鍵字。作法是將兩個或多個關鍵字作為字串進行連接，組成一個字串作為字典中鍵值對的鍵，對應的資料作為鍵值對的值，這樣就將多條件查詢問題轉換為個案查詢問題。

對於圖 7-7 中處理前的工作表中左側的資料，給定右側的銷售人員和商品名稱作為查詢關鍵字，尋找該商品對應的銷售數量和金額。這個檔案的儲存路徑為 \Samples\ch07\ 銷售情況 - 多條件查詢 .xlsx。本範例的程式位於 Samples 目錄下的 ch07 子目錄中，檔名為 sam07-10.py。

```
1   import xlwings as xw
2   import os
3   root = os.getcwd()
4   app = xw.App(visible=True, add_book=False)
5   wb=app.books.open(root+r"/銷售情況-多條件查詢.xlsx",read_only=False)
6   sht=wb.sheets.active
7   arr=sht.range("A2",sht.cells(sht.cells(1,"A").end("down").row,"D")). value
8   dicT={}
9   for i in range(len(arr)):        #遍歷每列資料
10      dicT[str(arr[i][0])+str(arr[i][1])]=[arr[i][2],arr[i][3]]
        #多條件組合成鍵
11  for i in range(2,sht.cells(1,"F").end("down").row+1):
    #根據給定的多條件查詢
```

| 12 | `sht.cells(i,"H").value=dicT[str(sht.cells(i,"F").value)+\` |
| | `str(sht.cells(i,"G").value)]`　#寫入查詢到的值，即銷售資料 |

第 1 ～ 5 行的說明同 7.1.1 節的程式碼說明。

第 6、7 行取得活動工作表，使用 range 屬性取得資料儲存到二維列表 arr 中。

第 8 行建立空字典 dicT。

第 9、10 行使用 for 迴圈在 dicT 字典中加入鍵值對（將銷售人員和商品名稱連接成的新字串作為鍵值對的鍵），將銷售數量和金額組成的列表作為鍵值對的值。

第 11、12 行使用 for 迴圈，根據 F 列給定的銷售人員和 G 列給定的商品名稱，將對應的銷售資料，即銷售人員和商品名稱組成的鍵對應的字典的值逐個輸出到 H 列和 I 列。

在 Python IDLE 程式編輯器中，在「Run」選單中點選「Run Module」，多條件查詢結果，如圖 7-7 中處理後的工作表所示。

處理前

	A	B	C	D	E	F	G	H	I
1	銷售人員	商品	數量	總額		銷售人員	商品	數量	總額
2	曹澤鑫	電視	20	60000		周德宇	電視		
3	周德宇	電視	83	249000		王學敏	冰箱		
4	房天琦	冰箱	86	430000		曹澤鑫	相機		
5	王學敏	冰箱	58	290000		房天琦	相機		
6	周德宇	電腦	33	82500					
7	曹澤鑫	相機	45	45000					
8	王學敏	電視	56	168000					
9	周德宇	空調	85	255000					
10	曹澤鑫	電腦	43	107500					
11	房天琦	相機	19	19000					

處理後

	A	B	C	D	E	F	G	H	I
1	銷售人員	商品	數量	總額		銷售人員	商品	數量	總額
2	曹澤鑫	電視	20	60000		周德宇	電視	83	249000
3	周德宇	電視	83	249000		王學敏	冰箱	58	290000
4	房天琦	冰箱	86	430000		曹澤鑫	相機	45	45000
5	王學敏	冰箱	58	290000		房天琦	相機	19	19000
6	周德宇	電腦	33	82500					
7	曹澤鑫	相機	45	45000					
8	王學敏	電視	56	168000					
9	周德宇	空調	85	255000					
10	曹澤鑫	電腦	43	107500					
11	房天琦	相機	19	19000					

▲ 圖 7-7　多條件查詢結果

7.4 資料彙總

資料彙總是指在資料查詢的基礎上，對查詢結果進行一定的彙總處理。下面介紹出現次數彙總、資料求和彙總和多條件彙總這幾種情況。

7.4.1 出現次數彙總

對於圖 7-8 中處理前的工作表中的資料，對各商品銷售次數進行彙總。作法是利用工作表資料構造一個字典，將商品名稱作為字典中鍵值對的鍵，將銷售次數作為鍵值對的值，即每次商品名稱重複出現時，它作為鍵在字典中對應的值的大小加 1。

這個檔案的儲存路徑為 \Samples\ch07\ 銷售流水 - 次數彙總 .xlsx。本範例的程式位於 Samples 目錄下的 ch07 子目錄中，檔名為 sam07-11.py。

```
1   import xlwings as xw
2   import os
3   root = os.getcwd()
4   app = xw.App(visible=True, add_book=False)
5   wb=app.books.open(root+r"/銷售流水-次數彙總.xlsx",read_only=False)
6   sht=wb.sheets.active
7   arr=sht.range("B2",sht.cells(sht.cells(1,"B").end("down").row-1,"B")).value
8   dicT={}                    #建立空字典
9   for k in arr:              #遍歷每列商品名稱
10      dicT[k]=0              #商品名稱作為鍵，值初始化為0
11  for st in arr:             #遍歷每列商品名稱
12      dicT[st]=dicT[st]+1    #累加商品銷售次數
13  sht.range("F1",sht.cells(len(dicT), "G")).options(dict).value=dicT
    #寫入
```

第 1 ～ 5 行的說明同 7.1.1 節的程式碼說明。

第 6、7 行取得活動工作表，使用 range 屬性取得商品名稱資料儲存到 arr 列表中。

第 8 行建立空字典 dicT。

第 9、10 行使用 for 迴圈在 dicT 字典中加入鍵值對（將商品名稱作為鍵值對的鍵），對應的值全為 0。

第 11、12 行使用 for 迴圈對鍵即商品名稱的重複次數進行累加，作為對應鍵的新值。

第 13 行使用 xlwings 的選項功能將字典輸出到指定位置。使用 range 屬性的參數，指定輸出區域的左上角儲存格座標和右下角儲存格座標。將 options 屬性的參數設定為 dict，表示按字典的方式寫入工作表的指定區域，字典的鍵和值各占一列。關於 xlwings 的選項功能，請參閱第 4 章的說明。

在 Python IDLE 程式編輯器中，在「Run」選單中點選「Run Module」，出現次數彙總結果，如圖 7-8 中處理後的工作表所示。

處理前

	A	B	C	D	E	F	G
1	時間	商品	數量	金額			
2	2020/10/8	電視機	27	508127			
3	2020/10/8	空調	109	379211			
4	2020/10/9	冰箱	97	356847			
5	2020/10/9	電鍋	100	100000			
6	2020/10/10	電視機	95	384857			
7	2020/10/10	冰箱	79	588767			
8	2020/10/11	空調	76	427266			
9	2020/10/11	電鍋	100	100000			
10	2020/10/12	冰箱	51	561366			

處理後

	A	B	C	D	E	F	G
1	時間	商品	數量	金額		電視機	2
2	2020/10/8	電視機	27	508127		空調	2
3	2020/10/8	空調	109	379211		冰箱	2
4	2020/10/9	冰箱	97	356847		電鍋	2
5	2020/10/9	電鍋	100	100000			
6	2020/10/10	電視機	95	384857			
7	2020/10/10	冰箱	79	588767			
8	2020/10/11	空調	76	427266			
9	2020/10/11	電鍋	100	100000			
10	2020/10/12	冰箱	51	561366			

▲ 圖 7-8　出現次數彙總結果

7.4.2 資料求和彙總

對於圖 7-9 中處理前的工作表中的資料，對各商品銷售數量進行彙總。作法是利用工作表資料構造一個字典，將商品名稱作為字典中鍵值對的鍵，將銷售數量作為鍵值對的值，即每次商品名稱重複出現時，它作為鍵在字典中對應的值的大小在原來值的基礎上進行累加。

這個檔案的儲存路徑為 \Samples\ch07\ 銷售流水 - 數量彙總 .xlsx。本範例的程式位於 Samples 目錄下的 ch07 子目錄中，檔名為 sam07-12.py。

```python
1    import xlwings as xw
2    import os
3    root = os.getcwd()
4    app = xw.App(visible=True, add_book=False)
5    wb=app.books.open(root+r"/銷售流水-數量彙總.xlsx",read_only=False)
6    sht=wb.sheets.active
7    arr=sht.range("B2",sht.cells(sht.cells(1,"B").end("down").row-1,"C")).value
8    dicT={}    #建立空字典
9    for i in range(len(arr)):
10       dicT[arr[i][0]]=0    #商品名稱作為鍵，值初始化為0
11   for i in range(len(arr)):
12       dicT[arr[i][0]]=dicT[arr[i][0]]+arr[i][1]    #銷售數量累加作為值
13   sht.range("F1",sht.cells(len(dicT), "G")).options(dict).value=dicT
```

第 1 ～ 5 行的說明同 7.1.1 節的程式碼說明。

第 6、7 行取得活動工作表，使用 range 屬性取得商品名稱資料儲存到 arr 列表中。

第 8 行建立空字典 dicT。

第 9、10 行使用 for 迴圈在 dicT 字典中加入鍵值對（將商品名稱作為鍵值對的鍵，對應的值全為 0）。

第 11、12 行使用 for 迴圈對鍵即商品名稱對應的銷售數量進行累加，作為對應鍵的新值。

第 13 行使用 xlwings 的選項功能將字典輸出到指定位置。使用 range 屬性的參數，指定輸出區域的左上角儲存格座標和右下角儲存格座標。將 options 屬性的參數設定為 dict，表示按字典的方式寫入工作表的指定區域，字典的鍵和值各占一列。關於 xlwings 的選項功能，請參閱第 4 章的說明。

在 Python IDLE 程式編輯器中，在「Run」選單中點選「Run Module」，資料求和彙總結果，如圖 7-9 中處理後的工作表所示。

處理前

	A	B	C	D	E	F	G
1	時間	商品	數量	金額			
2	2020/10/8	電視機	27	508127			
3	2020/10/8	空調	109	379211			
4	2020/10/9	冰箱	97	356847			
5	2020/10/9	電鍋	100	100000			
6	2020/10/10	電視機	95	384857			
7	2020/10/10	冰箱	79	588767			
8	2020/10/11	空調	76	427266			
9	2020/10/11	電鍋	100	100000			
10	2020/10/12	冰箱	51	561366			

處理後

	A	B	C	D	E	F	G
1	時間	商品	數量	金額		電視機	122
2	2020/10/8	電視機	27	508127		空調	185
3	2020/10/8	空調	109	379211		冰箱	176
4	2020/10/9	冰箱	97	356847		電鍋	200
5	2020/10/9	電鍋	100	100000			
6	2020/10/10	電視機	95	384857			
7	2020/10/10	冰箱	79	588767			
8	2020/10/11	空調	76	427266			
9	2020/10/11	電鍋	100	100000			
10	2020/10/12	冰箱	51	561366			

▲ 圖 7-9　資料求和彙總結果

7.4.3　多條件彙總

對於圖 7-10 中處理前的工作表中的資料，針對銷售人員和商品名稱兩個條件對銷售數量進行彙總。作法是利用工作表資料構造一個字典，將銷售人員和商品名稱組合成的字串，作為字典中鍵值對的鍵，將銷售數量作為鍵值對的值，即每次鍵重複出現時，字典中對應的值在原來值的基礎上進行累加。

這個檔案的儲存路徑為 \Samples\ch07\ 銷售情況 - 多條件彙總 .xlsx。本範例的程式位於 Samples 目錄下的 ch07 子目錄中，檔名為 sam07-13.py。

```
1    import xlwings as xw
2    import os
3    root = os.getcwd()
4    app = xw.App(visible=True, add_book=False)
5    wb=app.books.open(root+r"/銷售情況-多條件彙總.xlsx",read_only=False)
6    sht=wb.sheets.active
7    arr=sht.range("B2",sht.cells(sht.cells(1,"B").end("down").row-1,"D")). value
8    dicT={}   #建立空字典
9    for i in range(len(arr)):
10       dicT[str(arr[i][0])+"&"+str(arr[i][1])]=0   #多條件組合成鍵，值初始化為0
11   for i in range(len(arr)):
12       dicT[str(arr[i][0])+"&"+str(arr[i][1])]= \
13           dicT[str(arr[i][0])+"&"+str(arr[i][1])]+arr[i][2]
             #累加銷售數量作為值
14   i=0
15   for k in dicT.keys():        #對每個多條件組合成的鍵進行分割，得到多個條件
16       k2=k.split('&')
17       i+=1
18       sht.cells(i,6).value=k2           #在工作表中寫入多個條件
19       sht.cells(i,8).value=dicT[k]      #在工作表中寫入對應的銷售數量
```

第 1～5 行的說明同 7.1.1 節的程式碼說明。

第 6、7 行取得活動工作表，使用 range 屬性取得 B、C、D 列資料儲存到二維列表 arr 中。

第 8 行建立空字典 dicT。

第 9、10 行使用 for 迴圈在 dicT 字典中加入鍵值對──將銷售人員和商品名稱組合成的字串作為鍵值對的鍵，對應的值都為 0。銷售人員和商品名稱之間用「&」進行連接。

第 11～13 行使用 for 迴圈對具有相同鍵的銷售數量值進行累加。

第 14～19 行使用 for 迴圈輸出彙總結果。因為字典中各鍵是銷售人員和商品名稱透過「&」連接而成的字串，所以使用字串物件的 split 方法以「&」為分隔符，進行分割得到銷售人員和商品名稱，放在 F 列和 G 列。將銷售數量彙總資料放在 H 列。

在 Python IDLE 程式編輯器中，在「Run」選單中點選「Run Module」，多條件彙總結果如圖 7-10 中處理後的工作表所示。

處理前

	A	B	C	D	E	F	G	H
1	日期	銷售人員	商品	數量				
2	2020/1/12	曹澤鑫	彩電	20				
3	2020/1/12	周德宇	彩電	34				
4	2020/1/12	房天琦	冰箱	27				
5	2020/1/12	王學敏	冰箱	40				
6	2020/1/13	周德宇	電腦	33				
7	2020/1/13	曹澤鑫	相機	45				
8	2020/1/13	王學敏	彩電	34				
9	2020/1/14	周德宇	空調	15				
10	2020/1/14	周德宇	空調	20				
11	2020/1/14	曹澤鑫	電腦	43				
12	2020/1/15	房天琦	相機	19				
13	2020/1/15	周德宇	空調	27				
14	2020/1/15	王學敏	冰箱	18				
15	2020/1/16	周德宇	彩電	49				
16	2020/1/16	王學敏	彩電	22				
17	2020/1/16	周德宇	空調	23				
18	2020/1/16	房天琦	冰箱	59				

處理後

	A	B	C	D	E	F	G	H
1	日期	銷售人員	商品	數量		曹澤鑫	彩電	20
2	2020/1/12	曹澤鑫	彩電	20		周德宇	彩電	83
3	2020/1/12	周德宇	彩電	34		房天琦	冰箱	27
4	2020/1/12	房天琦	冰箱	27		王學敏	冰箱	58
5	2020/1/12	王學敏	冰箱	40		周德宇	電腦	33
6	2020/1/13	周德宇	電腦	33		曹澤鑫	相機	45
7	2020/1/13	曹澤鑫	相機	45		王學敏	彩電	56
8	2020/1/13	王學敏	彩電	34		周德宇	空調	85
9	2020/1/14	周德宇	空調	15		曹澤鑫	電腦	43
10	2020/1/14	周德宇	空調	20		房天琦	相機	19
11	2020/1/14	曹澤鑫	電腦	43				
12	2020/1/15	房天琦	相機	19				
13	2020/1/15	周德宇	空調	27				
14	2020/1/15	王學敏	冰箱	18				
15	2020/1/16	周德宇	彩電	49				
16	2020/1/16	王學敏	彩電	22				
17	2020/1/16	周德宇	空調	23				
18	2020/1/16	房天琦	冰箱	59				

▲ 圖 7-10 多條件彙總結果

7.5 資料排序

使用列表物件的 sorted 方法可以對列表資料進行排序，並返回排序後的資料構成的列表。例如：

```
>>> a=[1,6,3,9,2,7]
>>> b=sorted(a)
>>> b
[1, 2, 3, 6, 7, 9]
```

對於圖 7-11 中處理前的工作表中的資料，根據第 1 列的工號進行排序。作法是利用工作表資料建立一個字典，將工號作為鍵，將其對應的列資料作為值，構造鍵值對。然後使用 sorted 方法對工號構成的列表進行排序，排序後的工號對應的列資料就是操作的結果。

這個檔案的儲存路徑為 \Samples\ch07\ 身分證號 - 排序 .xlsx。本範例的程式位於 Samples 目錄下的 ch07 子目錄中，檔名為 sam07-14.py。

```
1   import xlwings as xw
2    import os
3    root = os.getcwd()
4    app = xw.App(visible=True, add_book=False)
5    wb=app.books.open(root+r"/身分證號-排序.xlsx",read_only=False)
6    sht=wb.sheets(1)
7    ids=sht.range("A2",sht.cells(sht.cells(1,"A").end("down").row,"A")).value
8    id_sorted=sorted(ids)              #對工號排序
9    rng=sht.range("A2",sht.cells(sht.cells(1,"B").end("down").row,"E"))
10   dicT={}                           #建立空字典
11   for i in range(len(ids)):         #遍歷每列資料
12       dicT[rng[i,0].value]=rng.rows(i+1).value      #工號為鍵，列資料為值
13   num=1
14   sht2=wb.sheets(2)
15   for i in range(len(id_sorted)):   #在第2個工作表中寫入排序後的資料
16       num+=1
17       sht2.cells(num,"A").value=dicT[id_sorted[i]]   #鍵為排序後的工號
```

第 1～5 行的說明同 7.1.1 節的程式碼說明。

第 6、7 行取得活動工作表，使用 range 屬性取得第 1 列的工號資料儲存到 ids 列表中。

第 8 行對 ids 列表中的資料進行排序，返回排序後的列表 id_sorted。

第 9 行使用 range 屬性取得第 1 列以外的資料所在的區域物件 rng。

第 10 行建立空字典 dicT。

第 11、12 行使用 for 迴圈在 dicT 字典中加入鍵值對（將工號作為鍵值對的鍵，將工號所在的列資料作為鍵值對的值）。

第 13 ～ 17 行使用 for 迴圈，將排序後的工號作為鍵來取得對應的列資料，逐個輸出到第 2 個工作表中。

在 Python IDLE 程式編輯器中，在「Run」選單中點選「Run Module」，資料排序結果如圖 7-11 中處理後的工作表所示。

處理前

	A	B	C	D	E
1	工號	部門	姓名	身份證號	性別
2	1001	財務部	陳東	L114798495	男
3	1002	財務部	田菊	B255303616	女
4	1008	財務部	夏東	R113147658	男
5	1003	生產部	王偉	D142843751	男
6	1004	生產部	韋龍	E138637196	男
7	1005	銷售部	劉洋	D133277345	男
8	1006	生產部	呂川	S112903293	男
9	1007	銷售部	楊莉	C214644222	女
10	1009	銷售部	吳曉	D116740533	男
11	1010	銷售部	宋思龍	A114820947	男
12					

Sheet1　Sheet2

處理後

	A	B	C	D	E
1	工號	部門	姓名	身份證號	性別
2	1001	財務部	陳東	L114798495	男
3	1002	財務部	田菊	B255303616	女
4	1003	生產部	王偉	D142843751	男
5	1004	生產部	韋龍	E138637196	男
6	1005	銷售部	劉洋	D133277345	男
7	1006	生產部	呂川	S112903293	男
8	1007	銷售部	楊莉	C214644222	女
9	1008	財務部	夏東	R113147658	男
10	1009	銷售部	吳曉	D116740533	男
11	1010	銷售部	宋思龍	A114820947	男
12					

Sheet1　Sheet2

▲ 圖 7-11　資料排序結果

8

使用 Python 正規表示式 處理 Excel 資料

正規表示式指定一個匹配規則，通常用來尋找或取代給定字串中匹配的文字。本章主要介紹在 Python 中如何使用正規表示式，以及正規表示式的編寫規則，並結合 Excel 資料介紹 Python 正規表示式在 Excel 中的應用。

8.1 正規表示式概述

正規表示式在文字驗證、尋找和取代方面有著廣泛的應用。本節介紹正規表示式的基本概念，並結合簡單的範例，讓你對正規表示式的編寫和應用有一個感性的認識。

8.1.1 什麼是正規表示式

關於文字的尋找和取代，有兩種常見的典型應用，其中一種是指在 Windows 檔案總管中尋找指定目錄下的檔案，通常是指定檔名或檔名的一部分進行尋找，還可以指定萬用字元「?」和「*」，它們分別表示一個字元和任意多個字元，比如「*.exe」表示所有可執行檔；另一種是指在記事本、Word 等辦公軟體中一般都有的尋找功能和取代功能。在這兩種情況下給出的搜尋文字都是簡單的正規表示式。

很多時候，我們需要匹配形式更複雜的文字。像是從一個網頁的文字中提取電話號碼、手機號碼、電子郵件等，從一段文字中提取以某字串開頭、以某字串結尾的特定文字等，這就需要用到正規表示式。

正規表示式，是由一般字元和一些特殊字元組成的邏輯表達式。一般字元包括數字和大小寫字母，特殊字元則用字元或字元的組合表達特殊的含義。所以，正規表示式，其實就是按照事先定義好的規則，來組合一般字元和特殊字元，表達字串的匹配邏輯，在執行尋找時對表達式進行解析，了解它所表達的意圖並進行匹配，最後找到需要尋找的內容。

由於文字尋找和取代的需求很常見，在各種語言中都有正規表示式的內容。在不同的語言中，正規表示式的編寫規則幾乎是相同的，區別在於編譯和處理正規表示式的語法有所不同。

8.1.2 正規表示式範例

假如下面取自某網頁之略顯雜亂的一段文字：

```
>>> a='''各地中小學人數統計公告網站連結、聯絡電話及信箱
市      縣市區      網站連結      聯絡電話      聯絡信箱
教育部      http://www.moe.gov.tw/      0591-8191      jjc@moe.tw
某某市      http://ntpc.edu.tw/art/2019/3/5/art_18904.html      0591-6660
jnsjyjjjc@ntpc.edu.tw
某某市      某某鄉      http://kcg.gov.tw/art/2019/3/6/art_1317.html
0591-8655      jnlxjyjbgs@kcg.gov.tw
某某市      某某鄉      http://114.25.250.11/wznrYongRi/ArticleID/45001
0591-6798      jnsz820296@gmail.com'''
```

現在要執行三個任務，包括：把文字中的 " 某某鄉 " 取代為 " 某某區 "、尋找所有電話號碼和尋找所有電子郵件。首先匯入 re 模組。

```
>>> import re
```

使用 re 模組的 sub 函數實現取代。該函數的第 1 個參數指定要匹配的字串，第 2 個參數指定要進行取代的字串，第 3 個參數指定給定的文字。

```
>>> m=re.sub("某某鄉","某某區",a)
>>> m
'各地中小學人數統計公告網站連結、聯絡電話及信箱\n市 \t縣市區 \t網站連結 \t聯絡電話
\t聯絡信箱\n教育部 \thttp://www.moe.gov.tw/ \t0591-8191 \tjjc@moe.tw\
n某某市\thttp://ntpc.edu.tw/art/2019/3/5/art_18904.html\t0591-6660\
tjnsjyjjjc@ntpc.edu.tw \n某某市\t某某鄉\thttp://kcg.gov.tw/art/2019/3/6/
```

```
art_1317.html\t0591-8655 \tjnlxjyjbgs@kcg.gov.tw \n某某市\t某某區\thttp://
114.25.250.11/wznrYongRi/ArticleID/45001 \t0591-6798 \tjnsz820296@gmail.com'
```

可見，在文字中已經進行了正確的取代。其中，"\t" 表示定位符號間隔，"\n" 表示換行。

下面尋找文字中所有的電話號碼。注意電話號碼的格式，前面 4 個數字為區號，後面跟短橫線，接著是 4 個數字。所以正規表示式被編寫為：

```
"[0-9]{4}-[0-9]{4}"
```

[0-9] 表示取自 0 ～ 9 的一個數字，{4} 表示重複 4 次，即區號取 4 個數字。後面跟短橫線，接著是 4 個數字，其與區號的編寫規則類似。

使用 re 模組的 findall 函數尋找所有符合規則的電話號碼。

```
>>> cl=re.findall("[0-9]{4}-[0-9]{4}",a)
>>> cl
['0591-8191', '0591-6660', '0591-8655', '0591-6798']
```

這樣，所有的電話號碼就被找出來了。

接著尋找文字中所有的電子郵件。注意電子郵件的格式，字元 @ 前面為使用者名稱，由數字、大小寫字母和底線組成，後面為域名，域名後綴前面由數字、大小寫字母、底線和點組成。域名後綴為 gov、com、edu 和 tw 中的一種，長度為 1 ～ 3 個字元。所以正規表示式被編寫為：

```
"[0-9a-zA-Z_]*)@([0-9a-zA-Z._]*\.[gov,com,edu,tw]{1,3}"
```

[0-9 a-zA-Z_] 表示取自數字、大小寫字母和底線中的一個字元，"*" 表示重複任意次。

使用 re 模組的 findall 函數，尋找所有符合規則的電子郵件。

```
>>> em=re.findall("[0-9a-zA-Z_]*)@([0-9a-zA-Z._]*\.[gov,com,edu,tw]{1,3}",a)
>>> em
```

```
['jjc@moe.tw', 'jnsjyjjjc@ntpc.edu.tw', 'jnlxjyjbgs@kcg.gov.tw',
'jnsz820296@gmail.com']
```

這樣，所有的電子郵件就被正確找出來了。

如果希望分別得到每個電子郵件的使用者名稱和網域名稱，則可以在正規表示式中用小括號進行分組，將定義使用者名稱和域名的部分，分別用小括號括起來，然後使用 re 模組的 finditer 函數進行尋找。

```
>>> em=re.finditer("([0-9a-zA-Z_]*)@([0-9a-zA-Z._]*\.[gov,com,edu,tw]{1,3})",a)
```

finditer 函數返回的是一個可迭代物件，使用 for 迴圈可以獲取匹配的每個電子郵件物件，使用該物件的 group 方法可以取得每個電子郵件的分組資料。

```
>>> for email in em:
    un=email.group(1)
    dn=email.group(2)
    print(un+"\t"+dn)

jjcmoe.tw
jnsjyjjjc      ntpc.edu.tw
jnlxjyjbgs     kcg.gov.tw
jnsz820296     gmail.com
```

這樣，就分別得到了每個電子郵件的使用者名稱和網域名稱。

8.2 在 Python 中使用正規表示式

在 Python 中，使用 re 模組提供的函數，可以直接透過正規表示式對文字進行字串的尋找、取代和分割等，也可以透過建立正規表示式物件，然後使用該物件的屬性和方法來實現。尋找結果以匹配物件的形式返回，可以利用該物件提供的屬性和方法進行進一步的顯示和處理。

8.2.1 re 模組

在 Python 中，使用 re 模組實現正規表示式的應用。該模組提供了一系列函數，使用它們可以實現不同形式的文字尋找、取代和分割等功能。

 **1 尋找**

re 模組提供了四個函數，即 match、search、findall 和 finditer 函數來實現不同形式的尋找功能，其中前兩個函數返回一個滿足要求的匹配物件，後兩個函數返回所有滿足要求的匹配物件。使用 re 模組，首先要匯入該模組。

```
>>> import re
```

（1）re.match 函數

re.match 函數從給定文字開頭的位置開始匹配，如果匹配不成功，則返回 None。該函數的語法格式為：

```
re.match(pattern, string, flags=0)
```

其中，各參數的含義如表 8-1 所示。

表 8-1 re.match 函數的參數及其含義

參數	含義
pattern	進行匹配的正規表示式
string	給定的文字
flags	標記，指定正規表示式的匹配方式，比如是否區分大小寫等

flags 參數用來指定正規表示式的匹配方式，其設定如表 8-2 所示。如果同時設定多個標記，則標記之間可以用直線連接，如 re.M|re.I。

表 8-2　標記設定

標記	完整寫法	說明
re.I	re.IGNORECASE	不區分大小寫
re.M	re.MULTILINE	支援多行
re.S	re.DOTALL	使用點做任意匹配，包括換行符號在內的任意字元
re.L	re.LOCALE	進行本地化識別匹配
re.U	re.UNICODE	根據 Unicode 字元集解析字元
re.X	re.VERBOSE	支援更靈活、更詳細的模式，如多行、忽略空白、加入注釋等

如果匹配成功，re.match 函數將返回一個 Match 物件，否則返回 None。

下面給定一個字串和匹配規則，使用 re.match 函數進行匹配。

```
>>> import re
>>> a="abc123def456"
>>> m=re.match("abc",a)
>>> m
<re.Match object; span=(0, 3), match='abc'>
```

從字串 a 的開頭位置開始匹配 "abc"，匹配成功，返回一個 Match 物件，它的值為 "abc"，位置是第 1 個字元到第 3 個字元。

如果給定的字串和匹配字串有大小寫之分，例如：

```
>>> b="aBC123dEf456"
>>> m=re.match("abc",b)
>>> m
```

返回的 m 為空，表示匹配不成功。如果不區分大小寫，則使用 re.I 標記。

```
>>> m2=re.match("abc",b,re.I)
>>> m2
<re.Match object; span=(0, 3), match='abc'>
```

現在匹配成功，返回匹配結果 "aBc"。

（2）re.search 函數

與 re.match 函數不同，re.search 函數在整個給定的字串中進行尋找，並返回第一個匹配成功的物件。該函數的語法格式為：

```
re.search(pattern, string, flags=0)
```

該函數各參數的含義與 re.match 函數的相同。

下面給定一個字串，在整個字串中尋找 "def"，不區分大小寫，返回尋找到的第 1 個結果。

```
>>> import re
>>> a="aBC123dEf456"
>>> m=re.search("def",a,re.I)
>>> m
<re.Match object; span=(6, 9), match='dEf'>
```

匹配成功，返回匹配結果 "dEf"。

（3）re.findall 函數

re.findall 函數在給定的字串中，尋找正規表示式所匹配的所有子字串，並將結果以列表的形式返回。如果匹配不成功，則返回空列表。

注意 re.match 和 re.search 函數只匹配一次，而 re.findall 函數則找出所有匹配結果。

re.findall 函數的語法格式為：

```
findall(pattern, string,flags=0)
```

該函數各參數的含義與 re.match 函數的相同。

下面給定一個字串，在整個字串中尋找 "abc"，不區分大小寫，返回尋找到的所有結果。

```
>>> import re
>>> a="aBC123dEf456abc789abC"
>>> m=re.findall("abc",a,re.I)
>>> m
['aBC', 'abc', 'abC']
```

可見，匹配成功的結果用列表的形式給出。

（4）re.finditer 函數

與 re.findall 函數一樣，re.finditer 函數也是在給定的字串中尋找正規表示式所匹配的所有子字串。不同的是，前者將匹配結果以列表的形式給出，後者把匹配結果以迭代器的形式返回。該函數的語法格式為：

```
re.finditer(pattern, string, flags=0)
```

該函數各參數的含義與 re.match 函數的相同。

下面給定一個字串，在整個字串中尋找 "abc"，不區分大小寫，返回尋找到的所有結果。

```
>>> import re
>>> a="aBC123dEf456abc789abC"
>>> m=re.finditer("abc",a,re.I)
>>> m
<callable_iterator object at 0x0000000005BF0F48>
```

可見，re.finditer 函數是將匹配結果以迭代器的形式返回的。使用 for 迴圈可以輸出迭代器中的物件。

```
>>> for i in m:
        print(i)

<re.Match object; span=(0, 3), match='aBC'>
<re.Match object; span=(12, 15), match='abc'>
<re.Match object; span=(18, 21), match='abC'>
```

可見，迭代器 m 中有 3 個匹配物件，for 迴圈輸出了它們的值及其在給定字串中的位置。

 2 取代

所謂取代，是指在尋找的基礎上，用給定的物件取代匹配到的物件。使用 re.sub 和 re.subn 函數進行取代。

（1）re.sub 函數

re.sub 函數的語法格式為：

```
re.sub(pattern, repl, string, count=0, flags=0)
```

其中，各參數的含義如下：

- ✅ **pattern**：進行匹配的正規表示式。
- ✅ **repl**：用作取代的字串，可以是一個函數。
- ✅ **string**：給定的原始字串。
- ✅ **count**：進行取代的最大次數，預設值為 0，表示全部取代。
- ✅ **flags**：指定正規表示式匹配方式的標記。

下面給定一個字串，在整個字串中尋找 "abc"，不區分大小寫，將匹配結果全部取代為 "xyz"。

```
>>> import re
>>> a="aBC123dEf456abc789abC"
>>> m=re.sub("abc","xyz",a,0,re.I)
>>> m
'xyz123dEf456xyz789xyz'
```

可見，所有匹配結果都被取代為 "xyz"。

（2）re.subn 函數

re.subn 函數的作用與 re.sub 函數相同，只是該函數的返回值是一個元組。元組有兩個值，其中第一個值為實現取代後的字串，第二個值為進行取代的次數。

該函數的語法格式為：

```
subn(pattern, repl, string, count=0, flags=0)
```

該函數各參數的含義與 re.sub 函數的相同。

下面給定一個字串，在整個字串中尋找 "abc"，不區分大小寫，將匹配結果全部取代為 "xyz"。

```
>>> import re
>>> a="aBC123dEf456abc789abC"
>>> m=re.subn("abc","xyz",a,0,re.I)
>>> m
('xyz123dEf456xyz789xyz', 3)
```

試著比較 re.subn 函數的返回值與 re.sub 函數的返回值。

3 分割

re.split 函數，將能夠匹配到的子字串作為分隔符分割原始字串，將分割後的結果以列表的形式返回。該函數的語法格式為：

```
re.split(pattern, string[, maxsplit=0, flags=0])
```

其中，各參數的含義如下：

- **pattern**：進行匹配的正規表示式。
- **string**：給定的原始字串。
- **maxsplit**：最大分割次數，預設值為 0，表示不限次數。
- **flags**：指定正規表示式匹配方式的標記。

下面給定一個字串，在整個字串中尋找 "&"，找到後用作分隔符對原始字串進行分割，返回分割後的結果。

```
>>> import re
>>> a="aBC&123dEf&456abc&789abC"
>>> m=re.split("&",a)
>>> m
['aBC', '123dEf', '456abc', '789abC']
```

可見，"&" 找到後被用作分隔符，分割後的結果以列表的形式返回。

如果只分割兩次，則設定 maxsplit 參數的值為 2。

```
>>> m=re.split("&",a,2)
>>> m
['aBC', '123dEf', '456abc&789abC']
```

如果沒有匹配結果，則返回原始字串。

```
>>> m=re.split("%",a)
>>> m
['aBC&123dEf&456abc&789abC']
```

8.2.2　Match 物件

如 8.2.1 節所述，Match 物件是透過 re.match、re.search 和 re.finditer 函數返回的。Match 物件是進行匹配的結果，包含了與匹配有關的很多訊息。使用該物件的屬性和方法可以取得這些訊息。

 ❶ Match 物件的屬性

Match 物件的屬性提供了很多與匹配有關的訊息，包括原始字串、匹配正規表示式、在匹配時指定的起始位置和終止位置等。

Match 物件的屬性包括：

- ✅ **string 屬性**：原始字串。

- ✅ **re 屬性**：正規表示式。

- ✅ **pos 屬性**：開始搜尋位置的索引。

- ✅ **endpos 屬性**：結束搜尋位置的索引。

- ✅ **lastindex 屬性**：最後一個捕獲分組的索引。如果沒有捕獲分組，則返回 None。

- ✅ **lastgroup 屬性**：最後一個捕獲分組的別名。如果這個分組沒有別名或者沒有捕獲分組，則返回 None。

下面給定原始字串和匹配正規表示式，使用 re.search 函數取得 Match 物件和它的屬性值。正規表示式中有兩個分組，其中第 1 個分組由數字組成，第 2 個分組由字母、數字等組成。

```
>>> import re
>>> a="aBC123dEf456abc789abC"          #原始字串
>>> m=re.search(r"(\d+)(\w+)",a)        #取得Match物件m
>>> m
<re.Match object; span=(4, 10), match='123dEf'>
>>> m.string          #返回m的原始字串
'aBC&123dEf&456abc&789abC'
>>> m.re              #返回m的匹配正規表示式
re.compile('(\\d+)(\\w+)')
>>> m.pos             #進行匹配的起始位置的索引號
0
>>> m.endpos          #進行匹配的終止位置的索引號
24
>>> m.lastindex       #最後一個捕獲分組的索引號
2
>>> m.lastgroup       #最後一個捕獲分組的別名，這裡沒有
```

 2 Match 物件的方法

使用 Match 物件的方法可以取得匹配物件中各分組的詳細訊息，包括各分組的內容、起始位置、終止位置和範圍等。

Match 物件的方法包括：

- **group([group1, …])**：獲得一個或多個分組捕獲的字串，當指定多個分組時結果以元組的形式返回。group1 可以使用索引號，也可以使用別名。索引號 0 代表匹配的整個子字串；如果不填寫參數，則返回 group(0)。沒有捕獲到字串的分組返回 None，捕獲了多次的分組返回最後一次捕獲的子字串。

- **groups([default])**：以元組的形式返回全部分組捕獲的字串。default 表示沒有捕獲到字串的分組以這個值替代，預設值為 None。

- **groupdict([default])**：返回一個字典，該字典以有別名的分組的別名為鍵，以該分組捕獲的字串為值。沒有別名的分組不包含在內。default 的含義同上。

- **start([group])**：返回指定的分組捕獲的子字串在 string 中的起始位置索引號。group 的預設值為 0。

- **end([group])**：返回指定的分組捕獲的子字串在 string 中的終止位置索引號（子字串最後一個字元的索引號 +1）。group 的預設值為 0。

- **span([group])**：返回捕獲的子字串的起始位置索引號和終止位置索引號組成的元組，即 (start(group), end(group))。

- **expand(template)**：將匹配到的分組代入 template 中，然後返回。在 template 中可以使用 \id 或 \g<id>、\g<name> 引用分組，但不能使用編號 0。\id 與 \g<id> 是等價的，用 \g<1>0 表示 \1 之後是字元 "0"。

下面給定原始字串和匹配正規表示式，使用 re.search 函數取得 Match 物件和它的屬性值。正規表示式中有兩個分組，其中第 1 個分組由數字組成，第 2 個分組由字母、數字等組成。

```
>>> import re
>>> a="aBC123dEf456abc789abC"        #原始字串
>>> m=re.search(r"(\d+)(\w+)",a)      #取得Match物件
>>> m
<re.Match object; span=(4, 10), match='123dEf'>
```

```
>>> m.group(1)              #取得第1個捕獲分組
'123'
>>> m.group(2)              #取得第2個捕獲分組
'dEf'
>>> m.group(1,2)            #取得第1個和第2個捕獲分組
('123', 'dEf')
>>> m.groups()              #取得全部捕獲分組
('123', 'dEf')
>>> m.groupdict()           #字典：分組別名為鍵，捕獲的字串為值
{}
>>> m.start(1)              #第1個分組捕獲字串的起始位置索引號
4
>>> m.end(1)               #第1個分組捕獲字串的終止位置索引號
7
>>> m.start(2)              #第2個分組捕獲字串的起始位置索引號
7
>>> m.end(2)               #第2個分組捕獲字串的終止位置索引號
10
>>> m.span(1)              #第1個分組捕獲字串的位置索引號範圍
(4, 7)
>>> m.span(2)              #第2個分組捕獲字串的位置索引號範圍
(7, 10)
>>> m.expand(r"\2\1")       #用分組的編號重構字串
'dEf123'
```

8.2.3 Pattern 物件

前面在講 re 模組時，介紹了該模組的各個函數，其中有一個重要的函數還沒有介紹，它就是 re.compile 函數。該函數的主要作用是建立 Pattern 物件，即正規表示式物件。利用該物件，也可以實現字串的尋找、取代和分割。

1 建立 Pattern 物件

Pattern 物件即編譯好的正規表示式物件，使用 re 模組的 re.compile 函數進行建立。該函數的語法格式為：

```
re.compile(pattern[, flags])
```

其中，pattern 為進行匹配的正規表示式字串，flags 為指定的正規表示式匹配方式的標記。

下面給定原始字串和匹配正規表示式，使用 re.compile 函數將正規表示式字串編譯為正規表示式物件，然後使用正規表示式物件的 match 方法從原始字串的開頭位置開始進行匹配。不區分大小寫。

```
>>> import re
>>> a="aBc123def456"
>>> p=re.compile("abc",re.I)
>>> m=p.match(a)
>>> m
<re.Match object; span=(0, 3), match='aBc'>
```

匹配成功，匹配的子字串為 "aBc"，匹配位置為第 1 個字元到第 3 個字元。

 2 Pattern 物件的屬性和方法

使用 Pattern 物件提供的屬性可以取得正規表示式的相關訊息。Pattern 物件的屬性包括：

- **pattern 屬性**：正規表示式字串。
- **flags 屬性**：匹配方式，用數字表示。
- **groups 屬性**：正規表示式中分組的個數。
- **groupindex 屬性**：以正規表示式中有別名的分組的別名為鍵，以該分組的編號為值的字典，沒有別名的分組不包含在內。

繼續使用建立 Pattern 物件的範例。

```
>>> import re
>>> a="aBc123def456"
>>> p=re.compile("abc",re.I)
```

```
>>> p.pattern
'abc'
>>> p.flags
34
>>> p.groups
0
>>> p.groupindex
{}
```

Pattern 物件的方法與 re 模組實現字串尋找、取代和分割的函數相對應，它們提供了 re 模組的另一種使用方式。

Pattern 物件的方法如表 8-3 所示。

表 8-3　Pattern 物件的方法

Pattern 物件的方法	說明	對應的 re 模組函數
match(string[, pos[, endpos]])	從開頭位置尋找	re.match(pattern, string[, flags])
search(string[, pos[, endpos]])	從整個字串中尋找第 1 個匹配結果	re.search(pattern, string[, flags])
findall(string[, pos[, endpos]])	尋找全部匹配結果，以列表的形式返回	re.findall(pattern, string[, flags])
finditer(string[, pos[, endpos]])	尋找全部匹配結果，以迭代器的形式返回	re.finditer(pattern, string[, flags])
sub(repl, string[, count])	取代匹配結果	re.sub(pattern, repl, string[, count])
subn(repl, string[, count])	取代匹配結果，以元組的形式返回	re.sub(pattern, repl, string[, count])
split(string[, maxsplit])	將匹配結果作為分隔符分割字串	re.split(pattern, string[, maxsplit])

注意　在表 8-3 中，比較 Pattern 物件的方法與對應的 re 模組函數，除 split 方法外，其他方法比對應的 re 模組函數都多兩個參數，即 pos 參數和 endpos 參數，在尋找或取代時，用於指定原始串中的起始位置和終止位置。

8.3 正規表示式的編寫規則

8.2 節結合一些簡單的範例，介紹了在 Python 中如何使用正規表示式實現字串的尋找、取代和分割等。實際上，我們可以編寫更加複雜的正規表示式，完成更複雜、更靈活的文字搜尋和取代。本節介紹正規表示式的各種編寫規則，這部分內容是正規表示式的核心內容。在不同的程式語言中，這部分內容基本上是相同的。

8.3.1 特殊字元

特殊字元是正規表示式中具有特殊含義的字元，其含義超出了其本身的含義。比如在 Python 正規表示式中，用「\d」表示數字，用「\s」表示空白符。常見的特殊字元如表 8-4 所示。

表 8-4 常見的特殊字元

特殊字元	說明	特殊字元	說明
.	匹配除換行符號以外的任意字元	^	匹配字串的開始位置的字元
\w	匹配是字母、數字、底線或中文字的字元	$	匹配字串的結束位置的字元
\s	匹配任意空白字元	\n	匹配一個換行符號
\d	匹配數字	\r	匹配一個 Enter 符號
\b	匹配單字的開始或結束位置的字元	\t	匹配一個定位符號

一般情況下，指定要尋找的字元或者在指定的範圍內進行尋找，但有時情況會反過來，即排除指定的字元或者在指定的範圍之外進行尋找。在這種情況下，使用表示反義的特殊字元，比如用「\D」表示非數字的字元，用「\S」表示非空白符的字元。常見的反義特殊字元如表 8-5 所示。

表 8-5 常見的反義特殊字元

反義特殊字元	說明
\W	匹配任意不是字母、數字、底線、中文字的字元
\S	匹配任意不是空白符的字元
\D	匹配任意非數字的字元
\B	匹配不是單字開始或結束位置的字元
[^x]	匹配除 x 以外的任意字元
[^aeiou]	匹配除 aeiou 這幾個字母以外的任意字元

現在，我們結合一些範例，來深入理解特殊字元。

下面給定原始字串，使用 re.findall 函數尋找其中的全部數字，使用 re.sub 函數將所有數字取代為空。單個數字用特殊字元「\d」表示。

```
>>> import re
>>> a="BC_101PW%"            #原始字串
>>> m0=re.findall(r"\d",a)    #尋找所有數字
>>> m0
['1', '0', '1']
>>> for i in m0:             #逐個輸出數字
        print(i)


1
0
1
>>> ms=re.sub(r"\d","",a)     #將所有數字取代為空（刪除）
>>> ms
'BC_PW%'
```

下面的範例測試特殊字元「\b」，它表示單字的開頭或結尾。正規表示式為 r"\bC\d"，表示匹配的字串必須是原始字串以「C」開頭或「C」的前面為空格，「C」的後面跟數字。將匹配的字串取代為空。

```
>>> import re
>>> a="C5dC56 C5"
>>> m=re.sub(r"\bC\d","",a)
>>> m
'dC56 '
```

因為第 1 個「C5」位於原始字串的開頭,滿足「C」加數字的條件,匹配;第 2 個「C5」前面為空格,滿足「\b」的條件,匹配。將它們取代為空後,剩下的字串即為 'dC56 '。

特殊字元「^」限制字元在原始字串的最前面,如「^\d」表示原始字串以數字開頭。下面給定原始字串,如果它以一個以上的數字開頭,則返回該數字。

```
>>> import re
>>> a="12345my09"
>>> m=re.findall(r"^\d+",a)
>>> for i in m:
        print(i)

12345
```

因為「12345」位於原始字串的開頭位置,匹配;而「09」雖然也是數字,但其不在開頭位置,不匹配。正規表示式中的加號是表示重複的特殊字元,前面為「d」,表示一個以上的數字。

在下列的程式碼中,「\D」表示不是數字的字元,特殊字元「$」限制字元在原始字串的結尾處,如「C$」表示最後一個字元是「C」。

```
>>> import re
>>> a="12345my09W"
>>> m=re.findall(r"\d+\D",a)
>>> m
['12345m', '09W']
>>> m=re.findall(r"\d+\D$",a)
>>> m
['09W']
```

第 1 個正規表示式 r"\d+\D" 表示前面是一個以上的數字,後面跟的字元不是數字;第 2 個正規表示式 r'\d+\D$' 在最後面加上了「$」,表示匹配的字串必須位於原始字串的結尾處,所以只匹配到 "09W"。

下面結合 Excel 工作表資料介紹 Python 正規表示式的應用。對於圖 8-1 中處理前的工作表中第 1 列的資料,從中將前面為字母、後面為數字的資料提取出來寫入第 2 列。這個檔案的儲存路徑為 \Samples\ch08\Sam05.xlsx。本範例的程式位於 Samples 目錄下的 ch08 子目錄中,檔名為 Sam05.py。

```python
1    import xlwings as xw
2    import os
3    import re
4    root = os.getcwd()
5    app = xw.App(visible=True, add_book=False)
6    wb=app.books.open(fullname=root+r"\Sam05.xlsx",read_only=False)
7    sht=wb.sheets(1)
8    arr=sht.range("A1", sht.cells(sht.cells(1,"A").end("down").row, "A")).value
9    n=0
10   for i in range(len(arr)):          #遍歷每列資料
11       mt=re.findall(r"^[a-z]+\d+$",arr[i],re.I)      #前面為字母,後面為數字
12       for j in range(len(mt)):       #將匹配資料寫入第2欄
13           n+=1
14           sht.cells(n,2).value=mt[j]
```

第 1 ~ 3 行匯入 xlwings、os 和 re 套件,分別用於 Excel 工作表資料讀 / 寫、檔案操作和正規表示式操作。

第 4 行取得目前工作目錄,即這支程式所在的目錄。

第 5 行使用 App 函數建立一個 Excel 應用,該應用視窗可見,不新增活頁簿。

第 6 行使用 books 物件的 open 方法開啟目前工作目錄下的 Sam05.xlsx。因為將資料提取出來以後需要寫入工作表中,所以設定 read_only 參數的值為 False,即開啟的活頁簿可寫。

第 7、8 行取得第 1 個工作表,使用 range 物件的 end 方法取得資料的列數,把第 1 欄資料儲存在 arr 列表中。

第 9 ～ 14 行使用 for 迴圈提取資料並寫入第 2 欄。

第 9 行設定 n 的值為 0，它記錄目前提取出來之資料的個數。

第 10 行使用 for 迴圈遍歷 arr 列表中的每個資料。

第 11 行使用 re.findall 函數尋找目前資料中滿足要求的字串，寫入 mt 列表中。在正規表示式 r"^[a-z]+\d+$" 中，「^」和「$」表示匹配字串的開頭和結尾位置的字元，中括號表示前面取字母，後面跟加號，表示取一個以上的字母，「\d+」表示字母後面跟一個以上的數字。re.I 表示字母沒有大小寫之分。

第 12 ～ 14 行使用 for 迴圈將匹配結果輸出到第 2 欄的第 1 個空白儲存格中。

在 Python IDLE 程式編輯器中，在「Run」選單中點選「Run Module」，滿足要求的資料被提取出來並逐個寫入第 2 列，如圖 8-1 中處理後的工作表所示。

處理前　　　　　　　　處理後

	A	B
1	123AWP	
2	WH001	
3	TU002	
4	YR129W	
5	PT003	
6	HG018J	
7	NE004	

	A	B
1	123AWP	WH001
2	WH001	TU002
3	TU002	PT003
4	YR129W	NE004
5	PT003	
6	HG018J	
7	NE004	

▲ 圖 8-1 提取指定格式的字串

如圖 8-2 中處理前的工作表所示，第 2 列中列出了各班成績優秀、良好、中等、及格和不及格的人數，現要求根據這些人數計算出各班的總人數並寫入第 3 列。這個檔案的儲存路徑為 \Samples\ch08\Sam07.xlsx。本範例的程式位於 Samples 目錄下的 ch08 子目錄中，檔名為 Sam07.py。

```
1   import xlwings as xw
2   import os
3   import re
4   root = os.getcwd()
5   app = xw.App(visible=True, add_book=False)
6   wb=app.books.open(fullname=root+r"\Sam07.xlsx",read_only=False)
7   sht=wb.sheets(1)
8   arr=sht.range("B2", sht.cells(sht.cells(1,"B").end("down").row, "B")).value
```

```
9      for i in range(len(arr)):          #遍歷每列資料
10         m=re.sub(r"[\u4e00-\u9fa5]+\*","",arr[i])      #將中文和星號取代為空
11         v=eval(str(m))                 #剩下算式，計算結果
12         sht.cells(i+2,3).value=v       #將結果寫入工作表中
```

第 1～6 行程式碼的說明與上例的相同。

第 7、8 行取得第 1 個工作表，使用 range 物件的 end 方法取得資料的列數，把第 2 欄資料儲存在 arr 列表中。

第 9～12 行使用 for 迴圈計算各班的總人數並寫入第 3。

第 9 行使用 for 迴圈遍歷 arr 列表中的每個資料。

第 10 行使用 re.sub 函數尋找匹配正規表示式的子字串，用 "" 取代（即刪除）。在正規表示式 r"[\u4e00-\u9fa5]+*" 中，"[\u4e00-\u9fa5]+*" 表示匹配一個或多個中文字元，中文字元後面跟「*」，也就是說，將資料中的中文和星號都去掉。將中文和星號都去掉以後，剩下的就是數字和加號，比如 B2 儲存格中就剩下「5+15+8+5+3」，這是一個可以計算的算式。

第 11 行使用 eval 函數計算各算式的值，得到各班的總人數。

第 12 行將各班的總人數寫入同一列中第 3 欄的儲存格中。

在 Python IDLE 程式編輯器中，在「Run」選單中點選「Run Module」，計算出各班的總人數並寫入第 3 列，如圖 8-2 中處理後的工作表所示。

處理前

	A	B	C	D
1	班級	成績分佈(優/良/中/及格/不及格)	總人數	
2	1	優*5+良*15+中*8+及格*5+不及格*3		
3	2	優*3+良*14+中*9+及格*5+不及格*2		
4	3	優*6+良*15+中*6+及格*4+不及格*3		
5				

處理後

	A	B	C	D
1	班級	成績分佈(優/良/中/及格/不及格)	總人數	
2	1	優*5+良*15+中*8+及格*5+不及格*3	36	
3	2	優*3+良*14+中*9+及格*5+不及格*2	33	
4	3	優*6+良*15+中*6+及格*4+不及格*3	34	
5				

▲ 圖 8-2　計算各班的總人數

8.3.2 重複

在進行尋找或取代時，有時需要連續尋找或取代多個某種類型的字元，這就是重複。重複次數可以是確定的，也可以是不確定的。舉例來說，在 Python 正規表示式中，用「\d+」表示一個以上的數字，重複次數不確定；用「\d{5}」表示 5 個數字，重複次數是確定的。

在 Python 正規表示式中，表示重複的特殊字元如表 8-6 所示。

表 8-6 表示重複的特殊字元

特殊字元	說明	特殊字元	說明
*	重複零次或更多次	{n}	重複 n 次
+	重複一次或更多次	{n,}	重複 n 次或更多次
?	重複零次或一次	{n,m}	重複 n ～ m 次

特殊字元「*」表示前面定義的字元可以重複零次或更多次，相當於 {0,}。下面給定一個字串，尋找所有以「W」開頭，後面跟或不跟數字的子字串。

```
>>> import re
>>> a="W123YZW85CW0DFWU"
>>> m=re.findall(r"W\d*",a)
>>> m
['W123', 'W85', 'W0', 'W']
```

注意 列表中最後一個元素在「W」後面沒有跟數字。

特殊字元「+」表示前面定義的字元可以重複一次或更多次，相當於 {1,}。下面給定一個字串，尋找所有以「W」開頭，後面跟一個或一個以上數字的子字串。

```
>>> import re
>>> a="W123YZW85CW0DFWU"
>>> m=re.findall(r"W\d+",a)
>>> m
['W123', 'W85', 'W0']
```

特殊字元「?」表示前面定義的字元可以重複零次或一次，相當於 {0,1}。下面給定一個字串，尋找所有前後都是數字，中間有或沒有小數點的子字串。

```
>>> import re
>>> a="W10.23RWA908C5...1"
>>> m=re.findall(r"\d+\.?\d+",a)
>>> m
['10.23', '908']
```

可見，所有合法的數字都被尋找出來。

使用「{}」可以設定重複次數。{n} 表示前面定義的字元重複 n 次。下面給定一個字串，尋找其中連續三個都是數字的子字串。

```
>>> import re
>>> a="WT123Pq89C"
>>> m=re.findall(r"\d{3}",a)
>>> m
['123']
```

{m,n} 表示前面定義的字元的重複次數在一個指定的範圍內取值，最少重複 m 次，最多重複 n 次。下面給定一個字串，尋找其中連續 2 個或 3 個都是數字的子字串。

```
>>> import re
>>> a="WT123Pq89C"
>>> m=re.findall(r"\d{2,3}",a)
>>> m
['123', '89']
```

{m,} 表示前面定義的字元最少重複 m 次，相當於特殊字元「+」。下面給定一個字串，尋找其中連續兩個以上都是數字的子字串。

```
>>> import re
>>> a="WT123Pq89C"
>>> m=re.findall(r"\d{2,}",a)
>>> m
['123', '89']
```

447

如圖 8-3 中處理前的工作表所示，第 1 列的資料為某店 9 月分的採購資料，現要求提取日期並寫入第 2 列。這個檔案的儲存路徑為 \Samples\ch08\Sam13.xlsx。這個範例檔位於 Samples 目錄下的 ch08 子目錄中，檔名為 Sam13.py。

```
1    import xlwings as xw
2    import os
3    import re
4    root = os.getcwd()
5    app = xw.App(visible=True, add_book=False)
6    wb=app.books.open(fullname=root+r"\Sam13.xlsx",read_only=False)
7    sht=wb.sheets(1)
8    p=r"\d{4}-\d{2}-\d{2}|\d{4}\.\d{2}\.\d{2}|\d{4}/\d{2}/\d{2}"      #日期
9    arr=sht.range("A1", sht.cells(sht.cells(1,"A").end("down").row, "A")).value
10   for i in range(len(arr)):
11       m=re.search(p,arr[i])
12       sht.cells(i+1,2).value=m.group(0)
```

第 1 ～ 6 行程式碼的說明與 8.3.1 節中 Excel 檔資料處理範例的相同，請參閱。

第 7 ～ 9 行取得第 1 個工作表，定義正規表示式 p，使用 range 物件的 end 方法取得資料的列數，把第 1 欄資料儲存在 arr 列表中。在正規表示式中用多個大括號定義 4 位和 2 位的數字來表示年分、月分和日期，用「|」分隔不同的日期格式。

第 10 ～ 12 行使用 for 迴圈提取日期並寫入第 2 列。

第 10 行使用 for 迴圈遍歷 arr 列表中的每個資料。

第 11 行使用 re.search 函數尋找第 1 個匹配正規表示式的子字串，以 Match 物件返回給 m。

第 12 行使用 m.group(0) 取得匹配結果，並寫入同一列中第 2 欄的儲存格中。

在 Python IDLE 程式編輯器中，在「Run」選單中點選「Run Module」，提取日期並寫入第 2 欄，如圖 8-3 中處理後的工作表所示。

處理前

	A	B
1	2020-09-12採購豬肉50公斤	
2	2020/09/18採購牛肉80公斤	
3	2020.09.20採購蘿蔔80公斤，白菜100公斤	

處理後

	A	B
1	2020-09-12採購豬肉50公斤	2020/9/12
2	2020/09/18採購牛肉80公斤	2020/9/18
3	2020.09.20採購蘿蔔80公斤，白菜100公斤	2020.09.20

▲ 圖 8-3　提取日期

如圖 8-4 中處理前的工作表所示，第 1 欄的文字排版紊亂，希望整理成處理後的工作表中第 2 欄的形式。透過觀察發現，調整的關鍵在於定位各條目編號，在條目前面進行換行即可。條目編號前面不是數字，後面跟小數點，小數點後面跟的不是數字。

處理前

	A	B
1	1.變數名稱可以由字母、數字、底線（ _ ）組成，但不能以數字作為開頭。2.變數名稱不能是Python關鍵字和內部函數的名稱。3.變數名稱不能有空格。4.變數名稱區分大小寫。5.合法的變數名稱如tree、TallTree、tree_10_years、_tree_0等	
2	1.根據你使用的作業系統，下載對應版本的Python軟體。2.雙擊下載的Python可執行檔，開啟安裝介面。3.點選「Install Now」，按照提示一步一步進行安裝即可。	

處理後

	A	B
1	1.變數名稱可以由字母、數字、底線（ _ ）組成，但不能以數字作為開頭。2.變數名稱不能是Python關鍵字和內部函數的名稱。3.變數名稱不能有空格。4.變數名稱區分大小寫。5.合法的變數名稱如tree、TallTree、tree_10_years、_tree_0等	1.變數名稱可以由字母、數字、底線（ _ ）組成，但不能以數字作為開頭。 2.變數名稱不能是Python關鍵字和內部函數的名稱。 3.變數名稱不能有空格。 4.變數名稱區分大小寫。 5.合法的變數名稱如tree、TallTree、tree_10_years、_tree_0等
2	1.根據你使用的作業系統，下載對應版本的Python軟體。2.雙擊下載的Python可執行檔，開啟安裝介面。3.點選「Install Now」，按照提示一步一步進行安裝即可。	1.根據你使用的作業系統，下載對應版本的Python軟體。 2.雙擊下載的Python可執行檔，開啟安裝介面。 3.點選「Install Now」，按照提示一步一步進行安裝即可。

▲ 圖 8-4　整理資料

這個檔案的儲存路徑為 \Samples\ch08\Sam23.xlsx。本範例的程式位於 Samples 目錄下的 ch08 子目錄中,檔名為 Sam23.py。

```
1   import xlwings as xw
2   import os
3   import re
4   root = os.getcwd()
5   app = xw.App(visible=True, add_book=False)
6   wb=app.books.open(fullname=root+r"\Sam23.xlsx",read_only=False)
7   sht=wb.sheets(1)
8   p=r"\D\d+\."        #正規表示式
9   arr=sht.range("A1", sht.cells(sht.cells(1,"A").end("down").row, "A")).value
10  for i in range(len(arr)):          #遍歷每列資料
11      m=re.findall(p,arr[i])         #所有匹配項,返回給m列表
12      sp=re.split(p,arr[i])          #匹配項為分隔符號進行分割,結果返回給sp列表
13      s=sp[0]
14      for j in range(len(m)):        #遍歷所有匹配項
15          s+=m[j][0]+"\n"+m[j][1]+m[j][2]+sp[j+1]       #拼接sp和m
16      sht.cells(i+1,2).value=s
```

第 1 ～ 6 行程式碼的說明與 8.3.1 節中 Excel 檔資料處理範例的相同,這裡不再贅述。

第 7 ～ 9 行取得第 1 個工作表,定義正規表示式 p,使用 range 物件的 end 方法取得資料的列數,把第 1 欄資料儲存在 arr 列表中。正規表示式定義搜尋規則為數字前面不是數字,後面跟半形句點。

第 10 ～ 16 行使用 for 迴圈實現資料整理。

第 10 行使用 for 迴圈遍歷 arr 列表中的每個資料。

第 11 行使用 re.findall 函數尋找匹配規則的所有子字串,以列表的形式返回給 m。輸出 m。以第 1 列資料為例,此時輸出的 m 為:

```
['。2.', '。3.', '。4.', '。5.']
```

第 12 行使用 re.split 函數進行分割,分隔符號為匹配的子字串,結果以列表的形式返回給 sp。輸出 sp。以第 1 列資料為例,此時輸出的 sp 為:

['1.根據你使用的作業系統，下載對應版本的Python軟體', '雙擊下載的Python可執行檔，開啟安裝介面', '點選「Install Now」，按照提示一步一步進行安裝即可。']

第 13～15 行拼接 sp 列表元素和 m 列表元素。注意第 15 行，在條目編號前面加上了「\n」進行換行。

第 16 行將拼接的結果寫入同一列中第 2 欄的儲存格中。

在 Python IDLE 程式編輯器中，在「Run」選單中點選「Run Module」，整理資料並將結果寫入第 2 列，如圖 8-4 中處理後的工作表所示。

8.3.3 字元類

使用前面介紹的方法可以尋找指定的字母、數字或空白，但是如果給定的是一個字元集，要求尋找的字元只在這個集合中取或者在這個集合外取，就要用到中括號「[]」。中括號的用法如表 8-7 所示。

表 8-7 中括號的用法

應用格式範例	說明
[adwkf]	尋找的字元是中括號內字元中的一個
[^adwkf]	尋找的字元不是中括號內的字元
[b-f]	尋找的字元是 b～f 中的一個
[^b-f]	尋找的字元不是 b～f 中的一個
[2-5]	尋找的字元是 2～5 中的一個
[2-46-9]	尋找的字元是 2～4 或 6～9 中的一個
[a-w2-5A-W]	尋找的字元是 a～w、2～5 或 A～W 範圍內的一個
[一 - 頫] 或 [\u4e00-\u9fa5]	尋找的字元是中文字元

使用中括號「[]」包含字元集，能夠匹配其中任意一個字元。使用「[^]」，則不匹配中括號內的字元，只能匹配該字元集之外的任意一個字元。

下面給定一個字串，使用 re.findall 函數尋找該字串中與中括號中任意字元匹配的字元。

```
>>> import re
>>> a="ABCDEFGHIJKLMNOPQRSTUVWXYZ"
>>> m=re.findall("[AEIOU]",a)
>>> m
['A', 'E', 'I', 'O', 'U']
```

使用 re.findall 函數，尋找該字串中與中括號中任意字元不匹配的字元。

```
>>> import re
>>> a="ABCDEFGHIJKLMNOPQRSTUVWXYZ"
>>> m=re.findall("[^AEIOU]",a)
>>> m
['B', 'C', 'D', 'F', 'G', 'H', 'J', 'K', 'L', 'M', 'N', 'P', 'Q', 'R', 'S',
'T', 'V', 'W', 'X', 'Y', 'Z']
```

給定一個字串，使用 re.findall 函數尋找該字串中處於中括號中指定字元範圍內的字元。

```
>>> import re
>>> a="ABCDEFGHIJKLMNOPQRSTUVWXYZ"
>>> m=re.findall("[G-T]",a)
>>> m
['G', 'H', 'I', 'J', 'K', 'L', 'M', 'N', 'O', 'P', 'Q', 'R', 'S', 'T']
```

給定一個字串，使用 re.findall 函數尋找該字串中 1～5 的數字和 G～T 的字母。

```
>>> import re
>>> a="ABCDEFGHIJKLMNOPQRSTUVWXYZ1234567890"
>>> m=re.findall("[1-5G-T]",a)
>>> m
['G', 'H', 'I', 'J', 'K', 'L', 'M', 'N', 'O', 'P', 'Q', 'R', 'S', 'T', '1',
'2', '3', '4', '5']
```

尋找字串中的中文字元，在正規表示式中用中括號指定中文字元範圍。有兩種指定中文字元範圍的方式，即 [一 - 飆] 和 [\u4e00-\u9fa5]。後者是以 4 位十六進位制數表示的 Unicode 字元。中文字元「一」的編碼是 4e00，最後一個編碼是 9fa5。

下面給定一個包含中文字元的字串，使用 re.findall 函數尋找其中的中文字元，使用 re.sub 函數將尋找出來的中文字元取代為 ""。

```
>>> import re
>>> a="123 中 hwo 文 tr89 字元"
>>> m=re.findall("[\u4e00-\u9fa5]",a)
>>> m
['中', '文', '字', '符']
>>> m=re.sub("[\u4e00-\u9fa5]","",a)
>>> m
'123  hwo  tr89 '
```

8.3.4 分支條件

假設有多種規則，只要滿足其中一種即可完成匹配，這時就要用到分支條件。使用「|」分隔不同的規則。如數字後面跟重量單位，有的紀錄為公斤，有的紀錄為公斤，可以用「\d+(公斤 | 公斤)」進行提取，其相當於「\d+ 公斤 | d+ 公斤」。

以下的字串，使用 re.findall 函數尋找子字串 "ABC" 或以「W」開頭後面跟數字的子字串。

```
>>> import re
>>> a="ABC1234W89T"
>>> m=re.findall(r"ABC|W\d+",a)
>>> m
['ABC', 'W89']
```

下面的字串中數字後面跟公斤、kg 或公斤，使用分支條件編寫正規表示式進行尋找。

```
>>> import re
>>> a="10公斤 20kg 30公斤"
>>> m=re.finditer(r"\d+(公斤|公斤|kg)",a)
>>> for i in m:
        print(i.group(0))

10公斤
20kg
30公斤
```

8.3.5　捕獲分組和非捕獲分組

在正規表示式中存在有子表達式的情況，子表達式用小括號指定並作為一個整體進行操作。例如，下面程式碼中的正規表示式 "((ABC){2})" 將 "ABC" 作為一個整體重複兩次。

```
>>> import re
>>> a="ABCABCWTU238"
>>> m=re.search("((ABC){2})",a)
>>> m.group()
'ABCABC'
```

當使用小括號對正規表示式進行分組時，會自動分配組號。分配組號的原則是從左到右，從外到內。使用組號可以對對應的分組進行反向引用。

在下列的程式碼中，正規表示式 r"(WT)\d+\1" 表示匹配原始字串中前後都是 "WT"，中間是一個或多個數字的子字串。注意其中的「\1」表示小括號內的 "WT"，這個分組自動分配組號 1，使用「\1」進行反向引用。

```
>>> import re
>>> a="abcWT12389WT"
>>> m=re.finditer(r"(WT)\d+\1",a)
>>> for i in m:
        print(i.group())

WT12389WT
```

匹配結果 "WT12389WT" 的兩端都是 "WT"，中間全是數字，滿足匹配要求。

下面的範例示範了有更多分組的情況。在正規表示式 r"((WT){2})((PR){2})\d+\2\4" 中一共有 4 對小括號——前面兩層，後面兩層。下面探查各小括號對應的分組的編號。

```
>>> import re
>>> a="abWTWTPRPR123WTPR56"
>>> m=re.search(r"((WT){2})((PR){2})\d+\2\4",a)
>>> m.group(1)
'WTWT'
>>> m.group(2)
'WT'
>>> m.group(3)
'PRPR'
>>> m.group(4)
'PR'
```

結果顯示，按照從左到右的原則，首先給左邊的兩層小括號對應的分組編號，此時按照從外到內的順序編號。外層小括號中為 "(WT){2}"，即匹配 "WTWT"；內層小括號中為 "WT"，它們對應於分組編號 1 和 2。右邊的兩層小括號的情況類似，匹配第 3 個分組 "PRPR" 和第 4 個分組 "PR"。

上面用小括號定義的分組，每個分組都自動進行編號，並可以使用 Match 物件的 group 方法進行捕獲，將匹配結果儲存到記憶體中。這種分組被稱為捕獲分組。但有時候，我們並不關注匹配到的內容，即分組參與匹配，但沒有必要進行捕獲，不用在記憶體中儲存匹配結果。此時仍然用小括號進行分組，但是在小括號內的最前端加上「?:」，如 (?:\d{3})。這種分組被稱為非捕獲分組。非捕獲分組不參與編號，不在記憶體中儲存匹配結果，所以能節省記憶體空間，提高工作效率。

下面給定一個字串，正規表示式為 r"(?:ab)(CD)\d+\1"，其中有兩個分組，第 1 個分組在小括號內的最前端有「?:」，為非捕獲分組。

```
>>> import re
>>> a="abCD123CDbc"
```

```
>>> m=re.finditer(r"(?:ab)(CD)\d+\1",a)
>>> for i in m:
        print(i.group())


abCD123CD
```

使用 re.finditer 函數取得匹配迭代器，使用 for 迴圈取得匹配結果。結果顯示，在匹配的字串中是包含 "ab" 的。

下面使用 re.search 函數進行尋找，返回 Match 物件 m，呼叫該物件的 groups 屬性查看各分組的子字串。

```
>>> m=re.search(r"(?:ab)(CD)\d+\1",a)
>>> m.groups()
('CD',)
```

結果顯示，僅返回一個分組結果 "CD"。此結果說明，因為第 1 個分組被宣告為非捕獲分組，所以它不參與編號，也不儲存匹配結果。

如圖 8-5 所示，將處理前的工作表中第 1 列資料整理成處理後的工作表中的形式，即將連續重複的字元組成的子字串提取出來，放到右側各儲存格中。作法是提取字母，對它應用捕獲分組，然後透過反向引用重複它，即 r"([a-z])\1*"。不區分大小寫。

處理前

	A	B	C	D	E
1	wwppppuuvvv				⌖
2	bBByYyykkkkk				
3					

處理後

	A	B	C	D	E
1	wwppppuuvvv	ww	pppp	uu	vvv
2	bBByYyykkkkk	bBB	yYyy	kkkkk	
3					

▲ 圖 8-5　用捕獲分組和反向引用提取資料

這個檔案的儲存路徑為 \Samples\ch08\Sam24.xlsx。本範例的程式位於 Samples 目錄下的 ch08 子目錄中，檔名為 Sam24.py。

```
1   import xlwings as xw
2   import os
3   import re
4   root = os.getcwd()
5   app = xw.App(visible=True, add_book=False)
6   wb=app.books.open(fullname=root+r"\Sam24.xlsx",read_only=False)
7   sht=wb.sheets(1)
8   p=r"([a-z])\1*"      #正規表示式，連續重複的字元
9   arr=sht.range("A1", sht.cells(sht.cells(1,"A").end("down").row, "A")).value
10  for i in range(len(arr)):              #遍歷每個字串
11      m=re.finditer(p,arr[i],re.I)       #找到全部匹配資料，不區分大小寫
12      num=1
13      for j in m:
14          num+=1
15          sht.cells(i+1,num).value=j.group(0)      #將匹配資料寫入工作表中
```

第 1 ～ 6 行程式碼的說明與 8.3.1 節中 Excel 檔資料處理範例的相同，請參閱。

第 7 ～ 9 行取得第 1 個工作表，定義正規表示式 p，使用 range 物件的 end 方法取得資料的列數，把第 1 列資料儲存在 arr 列表中。在正規表示式中提取字母，對它應用捕獲分組，然後透過反向引用重複它。

第 10 ～ 15 行使用 for 迴圈提取重複字元組成的子字串，並寫入後面各儲存格中。

第 10 行使用 for 迴圈遍歷 arr 列表中的每個資料。

第 11 行使用 re.finditer 函數，尋找匹配正規表示式的物件組成的迭代器 m。

第 12 ～ 15 行使用 group() 取得迭代器中各匹配結果，並寫入右側各儲存格中。num 記錄目前迭代器中匹配結果的個數。

在 Python IDLE 程式編輯器中，在「Run」選單中點選「Run Module」，提取重複字元組成的子字串並寫入後面各儲存格中，如圖 8-5 中處理後的工作表所示。

如圖 8-6 中處理前的工作表所示，A1 儲存格中的資料為某次食材採購的紀錄，現要求整理成處理後的工作表中第 2 列和第 3 列所示的比較整齊的形式。作法是將各食材和它們的採購金額提取出來，在正規表示式中對食材名稱和採購金額進行捕獲分組，這樣輸出時就可以將食材名稱和採購金額，用分組區分開並分兩列寫入。

處理前

處理後

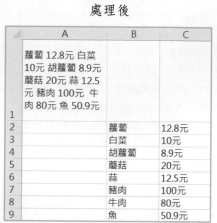

▲ 圖 8-6　用捕獲分組整理資料

這個檔案的儲存路徑為 \Samples\ch08\Sam25.xlsx。本範例的程式位於 Samples 目錄下的 ch08 子目錄中，檔名為 Sam25.py。

```
1    import xlwings as xw
2    import os
3    import re
4    root = os.getcwd()
5    app = xw.App(visible=True, add_book=False)
6    wb=app.books.open(fullname=root+r"\Sam25.xlsx",read_only=False)
7    sht=wb.sheets(1)
8    p=r"([—-龢]{1,}) (\d+\.?\d*元)"      #一個以上的中文字後跟數字，再跟「元」，有分組
9    arr=sht.range("A1").value               #原始字串
10   m=re.finditer(p,arr)                    #尋找匹配資料，以可迭代物件的形式返回
11   num=1
12   for i in m:                             #遍歷全部匹配資料
13       num+=1
```

14	`sht.cells(num,2).value=i.group(1)`	#寫入分組1：食材名稱
15	`sht.cells(num,3).value=i.group(2)`	#寫入分組2：採購金額

第 1～6 行程式碼的說明，與 8.3.1 節中 Excel 檔資料處理範例的相同，請參閱。

第 7～9 行取得第 1 個工作表，定義正規表示式 p，使用 range 屬性取得 A1 儲存格中的資料並儲存在 arr 列表中。在正規表示式中，將食材名稱和採購金額進行分組，食材名稱為一個以上的中文字，採購金額為數字，帶或不帶小數點，後面跟單位「元」。

第 10 行使用 re.finditer 函數取得匹配物件組成的迭代器 m。

第 11～15 行使用 for 迴圈，透過提取各匹配物件中的分組，取得食材名稱和採購金額，並寫入第 2 列和第 3 列。num 是計數變數，記錄匹配物件的個數，即採購食材的種數。

在 Python IDLE 程式編輯器中，在「Run」選單中點選「Run Module」，提取食材名稱和採購金額，並寫入第 2 列和第 3 列，如圖 8-6 中處理後的工作表所示。

8.3.6　零寬斷言

零寬斷言用於尋找指定內容之前或之後的內容，不包括指定內容。零寬斷言有兩種類型，即：

- **零寬度正預測先行斷言**：表達式為 (?=exp)，尋找 exp 表示的內容之前的內容。

- **零寬度正回顧後發斷言**：表達式為 (?<=exp)，尋找 exp 表示的內容之後的內容。

組合上面兩種情況，可以尋找指定內容之間的內容。

下面給定原始字串，要求只提取單位「公斤」前面的數字。使用零寬度正預測先行斷言進行提取。

```
>>> import re
>>> a="10公斤 20公斤 30公斤"
>>> m=re.finditer(r"\d+(?=公斤)",a)      #只提取單位前面的數字
>>> for i in m:
        print(i.group())


10
20
30
```

正規表示式 r"\d+(?= 公斤)" 表示匹配「公斤」前面的數字，不包括「公斤」。
結果顯示匹配正確。

下面給定原始字串，要求提取「同學」、「戰友」、「師兄」稱謂後面的姓名。
使用零寬度正回顧後發斷言進行提取。

```
>>> import re
>>> a="同學李海 戰友王剛  師兄張三"
>>> m=re.finditer(r"(?<=同學|戰友|師兄)\w+",a)      #只提取稱謂後面的姓名
>>> for i in m:
        print(i.group())

李海
王剛
張三
```

正規表示式 r"(?<= 同學 | 戰友 | 師兄)\w+" 表示匹配「同學」、「戰友」、「師
兄」等稱謂後面的子字串。各稱謂使用分支條件進行匹配，匹配的結果不包括
稱謂。

如圖 8-7 中處理前的工作表所示，第 2 列資料為多次採購食材的紀錄，現要求
計算每次採購的食材的總重量。作法是使用零寬度正預測先行斷言提取重量單
位前面的數字進行累加。

處理前

	A	B	C
1	編號	採購明細	總重量
2	1	大米：100公斤，麵粉：50公斤，豬肉：30千克	
3	2	大米：100kg，魚：20公斤，牛肉：50千克	
4	3	麵粉：100公斤，油：30kg，蘿蔔：40公斤	

處理前

	A	B	C
1	編號	採購明細	總重量
2	1	大米：100公斤，麵粉：50公斤，豬肉：30千克	180
3	2	大米：100kg，魚：20公斤，牛肉：50千克	170
4	3	麵粉：100公斤，油：30kg，蘿蔔：40公斤	170

▲ 圖 8-7 用零寬斷言進行資料彙總

這個檔案的儲存路徑為 \Samples\ch08\Sam29.xlsx。本範例的程式位於 Samples 目錄下的 ch08 子目錄中，檔名為 Sam29.py。

```python
1   import xlwings as xw
2   import os
3   import re
4   root = os.getcwd()
5   app = xw.App(visible=True, add_book=False)
6   wb=app.books.open(fullname=root+r"\Sam29.xlsx",read_only=False)
7   sht=wb.sheets(1)
8   p=r"\d+\.?\d*(?=(公斤|公斤|kg))"        #匹配單位前面的數字
9   arr=sht.range("B2", sht.cells(sht.cells(1,"B").end("down").row, "B")).value
10  for i in range(len(arr)):                #遍歷每列資料
11      sm=0
12      m=re.finditer(p,arr[i])              #找到所有匹配資料
13      for j in m:                          #遍歷匹配資料
14          sm+=int(j.group(0))              #求它們的和，就是總重量
15  sht.cells(i+2,3).value=sm
```

第 1～6 行程式碼的說明與 8.3.1 節中 Excel 檔資料處理範例的相同，請參閱。

第 7～9 行取得第 1 個工作表，定義正規表示式 p，使用 range 物件的 end 方法取得資料的列數，把第 2 欄中表頭以外的資料儲存在 arr 列表中。在正規 表示式中，在小括號內使用了零寬度正預測先行斷言，不同的重量單位使用分

支條件進行匹配，小括號前面為數字，包含或不包含小數點。該正規表示式提取各食材的重量資料。

第 10 ～ 15 行使用 for 迴圈提取食材重量資料，將累加結果寫入右側的儲存格中。

第 10 行使用 for 迴圈遍歷 arr 列表中的每個資料。

第 12 行使用 re.finditer 函數尋找匹配正規表示式的子字串，即各重量單位前面的數字，以迭代器物件返回給 m。

第 13、14 行使用 for 迴圈對各食材的重量進行累加。

第 15 行將累加結果寫入右側的儲存格中。

在 Python IDLE 程式編輯器中，在「Run」選單中點選「Run Module」，計算各次採購食材的總重量並寫入第 3 列，如圖 8-7 中處理後的工作表所示。

8.3.7 負向零寬斷言

負向零寬斷言，用於斷言指定位置的前面或後面不能匹配指定的表達式。負向零寬斷言有兩種類型，即：

✔ **零寬度負預測先行斷言**：表達式為 (?:exp)，斷言此位置的後面不能匹配表達式 exp。

✔ **零寬度負回顧後發斷言**：表達式為 (?<!exp)，斷言此位置的前面不能匹配表達式 exp。

下面給定原始字串，要求匹配數字「123」前面是字母、數字或底線，後面不能跟大寫字母的內容。使用零寬度負預測先行斷言進行匹配。

```
>>> import re
>>> a="5123Wgh123hp123456"
>>> m=re.finditer("\w123(?![A-Z])",a)
>>> for i in m:
        print(i.group())
```

```
h123
p123
```

可見，在給定的字串中，因為第 1 個「123」後面跟了大寫字母「W」，所以不能匹配。

底下的字串，要求匹配不包含「who」的單字。使用零寬度負預測先行斷言進行匹配。

```
>>> import re
>>> a="dwho efgh whow"
>>> m=re.finditer(r"\b((?!who)\w)+\b",a)
>>> for i in m:
        print(i.group())

efgh
```

下面給定原始字串，要求匹配前面不是小寫字母的 5 位數字。使用零寬度負回顧後發斷言進行匹配。

```
>>> import re
>>> a="abcD1234567"
>>> m=re.search(r"(?<![a-z])\d{5}",a)
>>> m.group()
'12345'
```

注意 負向零寬斷言，在進行不定長表達式的匹配時常常出錯。所謂不定長表達式，是指諸如 \w+、\d* 等長度不確定的表達式，此時如果需要，則可以改為定長表達式，如 \w{4}、\d{3} 等。

下面給定原始字串，要求匹配不以 "ing" 結尾的單字。使用零寬度負預測先行斷言進行匹配。

```
>>> import re
>>> a="eating get climb"
>>> m=re.finditer(r"\b\w+(?!ing\b) ",a)
```

```
>>> for i in m:
        print(i.group())

eating
get
climb
```

在正規表示式中將「\w+」改為「\w{3}」，查看匹配結果。

```
>>> m=re.finditer(r"\b\w{3}(?!ing\b)",a)
>>> for i in m:
        print(i.group())

get
cli
```

此時匹配結果雖不精確，但能指示正確的方向。**注意** 這種方法也只能匹配「ing」前面正好有 3 個字元的情況，如果前面有 4 個字元，則匹配失敗。所以，在使用負向零寬斷言時要注意這種情況。

8.3.8 貪婪匹配與懶惰匹配

前面介紹的「*」和「+」可以匹配儘可能多的字元，這稱為「貪婪匹配」。但有時候需要匹配儘可能少的字元，這稱為「懶惰匹配」，方法是在貪婪匹配的後面加上一個問號。

常見的懶惰匹配格式，如表 8-8 所示。

表 8-8 常見的懶惰匹配格式

懶惰匹配格式	說明
*?	重複任意次，但儘可能少重複
+?	重複一次或更多次，但儘可能少重複
??	重複零次或一次，但儘可能少重複
{n,m}?	重複 n～m 次，但儘可能少重複

懶惰匹配格式	說明
{n,}?	重複 n 次以上，但儘可能少重複

下面給定原始字串，分別使用貪婪匹配和懶惰匹配並比較匹配結果。

```
>>> import re
>>> a=" 123  abc53  59wt "
>>> m=re.finditer("\s.+\s",a)
>>> for i in m:
        print(i.group())

123  abc53  59wt
```

在正規表示式 "\s.+\s" 中沒有「?」，此為貪婪匹配。在兩個空白符之間匹配儘可能多的字元，所以匹配結果是整個字串。

```
>>> m=re.finditer("\s.+?\s",a)
>>> for i in m:
        print(i.group())

123
abc53
59wt
```

在正規表示式 "\s.+?\s" 中的「+」後面有「?」，此為懶惰匹配。在兩個空白符之間匹配儘可能少的字元，所以匹配結果是以空格分隔的三個子字串。

更快、更簡潔：
使用 pandas 處理資料

本書第 3、4 章介紹了使用 OpenPyXl、win32com 和 xlwings 處理資料的方法。使用它們，可以用類似於 VBA 的程式方法實現資料處理，並且 VBA 能做的，這幾個套件基本上也都能做。但是，因為各種原因，在 Python 中使用它們進行資料處理時，在工作效率上通常不如 VBA。此時，使用 pandas 進行資料處理是更佳的選擇，當資料規模較大時更是如此。pandas 是在 NumPy 的基礎上開發的，本章也會對 NumPy 進行簡單介紹。為便於示範資料處理效果，本章會用到 xlwings（關於 xlwings 的知識，請參閱第 4 章）。

9.1 NumPy 和 pandas 概述

本節簡單介紹 NumPy 和 pandas 的特點與優點，與這兩個套件的安裝方法。

9.1.1 NumPy 和 pandas 簡介

NumPy、pandas 和第 10 章介紹的 Matplotlib 號稱 Python 資料分析的「三劍客」。其中，NumPy 是 Python 資料分析的底層函式庫，適合數值計算；pandas 在 NumPy 的基礎上進行了擴展，適合資料分析；Matplotlib 則用於進行資料視覺化。

NumPy 陣列在資料輸入 / 輸出性能和儲存效率方面，比 Python 的巢狀列表好得多。一方面，NumPy 底層是使用 C 語言編寫的，其執行效率遠勝於純 Python 程式碼；另一方面，NumPy 使用向量運算的技術，避免了多重 for 迴圈的使用，極大地提高了計算速度。所以，NumPy 非常適合多維陣列的計算，陣列越大，優勢越明顯。NumPy 是 Python 實現資料分析、機器學習、深度學習的基礎，SciPy、pandas、scikit-learn 和 tensorflow 等套件都是在它的基礎上開發出來的。

pandas 是在 NumPy 的基礎上開發出來的，所以它繼承了 NumPy 計算速度快的優點。而且 pandas 中提供了很多用於資料處理的函數，呼叫它們可以快速、可靠地實現表資料的處理，且程式碼很簡潔。這就是本章的標題「更快、更簡潔」的由來。

9.1.2 NumPy 和 pandas 的安裝

本書是使用從 Python 官網下載的 Python 3.7.7 軟體進行介紹的，該軟體中並不包含 NumPy 和 pandas 模組，所以在使用它們之前需要先進行安裝。在命令提示字元視窗中使用 pip 工具安裝它們。

在命令提示字元視窗中的提示符號後輸入下面的指令，安裝 NumPy。

```
python -m pip install numpy
```

在命令提示字元視窗中的提示符號後輸入下面的指令，安裝 pandas。

```
python -m pip install pandas
```

安裝位置一般在 C:\Users\ 使用者名稱 \AppData\Local\Programs\Python\Python3x 下。最後的 Python3x 對應於 Python 軟體的版本，如果版本為 3.7，則為 Python37。

9.2 NumPy 和 pandas 提供的資料類型

本節介紹 NumPy 和 pandas 提供的資料類型，包括 NumPy 陣列、pandas Series 和 pandas DataFrame。

9.2.1 NumPy 陣列

Python 中沒有陣列的概念，但是可以用列表、元組等定義陣列。例如，下面用列表定義一個一維陣列。

```
>>> a=[1,2,3,4,5]
>>> a
[1, 2, 3, 4, 5]
```

下面用列表定義一個二維陣列。

```
>>> b=[[1,2,3],[4,5,6],[7,8,9]]
>>> b
[[1, 2, 3], [4, 5, 6], [7, 8, 9]]
```

而且，列表也提供了一系列用於增刪改查的方法，來實現相應的操作，使用很方便。

那為什麼 NumPy 還要提供 NumPy 陣列這種資料類型呢？這是因為使用 NumPy 陣列能大幅提高陣列計算速度，而且資料規模越大優勢越明顯。

1 建立 NumPy 陣列

在 NumPy 中建立陣列的方法很簡單，只需要用逗號分隔陣列元素，然後用中括號括起來作為 array 函數的參數就行了。例如：

```
>>> import numpy as np
>>> a=np.array([1,2,3])
>>> print a
array([1, 2, 3])
```

使用 numpy.arange 函數，用增量法可以建立陣列。該函數返回一個 ndarray 物件，其包含給定範圍內的等間隔值。該函數的語法格式為：

```
numpy.arange(start, stop, step, dtype)
```

其中，start 表示範圍的起始值，預設值為 0；stop 表示範圍的終止值（不包含）；step 表示兩個值的間隔，即步長，預設值為 1；dtype 表示返回之 ndarray 物件的資料類型，如果沒有提供該參數，則會使用輸入資料的類型。

下例示範如何使用該函數。

```
>>> x=np.arange(5)
>>> print(x)
[0  1  2  3  4]
```

下面使用 dtype 參數設定資料的類型。

```
>>> x = np.arange(5, dtype = float)
>>> print(x)
[0.  1.  2.  3.  4.]
```

當起始值大於終止值，並且步長值為負數時，生成逆序排列的資料序列。

```
>>> x = np.arange(10,0,-2)
>>> print(x)
[10  8  6  4  2]
```

使用 linspace 函數，可以建立等差數列。

linspace 函數類似於 arange 函數，但是它指定的是序列範圍內的均勻分割數，或者說等間隔數，而不是步長。該函數的語法格式為：

```
numpy.linspace(start, stop, num, endpoint, retstep, dtype)
```

其中，start 表示序列的起始值；stop 表示序列的終止值，如果將 endpoint 參數的值設定為 True，則終止值包含於序列中；num 為要生成的等間隔數，預設值為 50；endpoint 表示序列中是否包含 stop 值，預設值為 True，此時間隔步長取 (stop-start)/(num-1)，否則間隔步長取 (stop-start)/num；當 retstep 參數的值被設定為 True 時，輸出資料序列和連續數字之間的步長值；dtype 表示輸出 ndarray 的資料類型。

下面的例子展示了 linspace 函數的用法。

```
>>> x=np.linspace(10,20,5)
>>> print(x)
[10.    12.5   15.    17.5  20.]
```

如果將 endpoint 參數的值設定為 False，則步長值為 2（(20-10)/5）。序列中不包含終止值。

```
>>> x=np.linspace(10,20, 5, endpoint = False)
>>> print(x)
[10.    12.    14.    16.    18.]
```

使用 logspace 函數，可以建立等比數列。它返回一個 ndarray 物件，其中包含在對數刻度上均勻分布的數字。刻度的起始值和終止值是某個底數的冪，通常為 10。該函數的語法格式為：

```
numpy.logscale(start, stop, num, endpoint, base, dtype)
```

其中，start 表示起始值是 base 的 start 次方；stop 表示終止值是 base 的 stop 次方；num 為範圍內的取值個數，預設值為 50；當 endpoint 參數的值被設定為 True 時，終止值包含在輸出陣列當中；base 表示對數空間的底數，預設值為 10；dtype 表示輸出資料的類型，如果沒有提供該參數，則取決於其他參數。

下面的例子展示了 logspace 函數的用法。

```
#預設以10為底
>>> x = np.logspace(1.0, 2.0, num = 10)
>>> print(x)
[ 10.          12.91549665    16.68100537    21.5443469  27.82559402
   35.93813664  46.41588834    59.94842503    77.42636827  100.         ]

#將對數空間的底數設定為2
>>> x = np.logspace(1, 10, num = 10, base = 2)
>>> print(x)
[ 2.    4.    8.    16.    32.    64.    128.    256.    512.    1024.]
```

使用 fromiter 函數，可以透過迭代的方法，從任何可迭代物件構建一個
ndarray 物件，返回一個新的一維陣列。該函數的語法格式為：

```
numpy.fromiter(iterable, dtype, count = -1)
```

其中，iterable 表示任何可迭代物件；dtype 表示返回資料的類型；count
為需要讀取的資料個數，預設值為 -1，表示讀取所有資料。

下面的例子從給定的列表中獲得迭代器，然後使用該迭代器建立一維陣列。

```
>>> lst = range(5)
>>> it = iter(lst)
>>> x = np.fromiter(it, dtype = float)
>>> print(x)
[0.  1.  2.  3.  4.]
```

透過巢狀列表的方法，可以直接建立二維陣列和多維陣列。例如，下面建立一
個 222 的二維陣列。

```
>>> c=np.array([[1.,2.],[3.,4.]])
>>> print(c)
[[1. 2.]
 [3. 4.]]
```

② 索引和切片

透過索引或切片，可以從 NumPy 陣列中取得單個值或者連續取得多個值。
下面使用 arange 函數建立一個 NumPy 陣列。

```
>>> a=np.arange(8)
>>> a
array([0, 1, 2, 3, 4, 5, 6, 7])
```

取得陣列中的第 3 個值。 注意 索引號的基數為 0。

```
>>> a[2]
2
```

取得陣列中第 3 ～ 5 個值。注意包頭不包尾原則，即不包括索引號 5 對應的
第 6 個值。

```
>>> a[2:5]
array([2, 3, 4])
```

取得陣列中第 3 個及其後面所有的值。注意冒號的用法，冒號表示連續取值，
即進行切片操作。冒號在前面，表示前面的值全取；冒號在後面，表示後面的
值全取；冒號在兩個數之間，表示取這兩個數確定的範圍內的所有值。

```
>>> a[2:]
array([2, 3, 4, 5, 6, 7])
```

取得陣列中前五個值。

```
>>> a[:5]
array([0, 1, 2, 3, 4])
```

取得陣列中倒數第 3 個值。

```
>>> a[-3]
5
```

取得陣列中倒數第 3 個及其後面所有的值。

```
>>> a[-3:]
array([5, 6, 7])
```

9.2.2 pandas Series

pandas 提供了兩種資料類型，即 Series 和 DataFrame，它們分別對應於一
維陣列和二維陣列。與 NumPy 陣列不同的是，Series 和 DataFrame 是包
含索引的一維陣列和二維陣列。

下面使用 pandas 的 Series 方法建立一個 Series 類型的物件並用變數 ser 引用它。

```
>>> import pandas as pd
>>> ser=pd.Series([10,20,30,40])
```

查看 ser：

```
>>> ser
0    10
1    20
2    30
3    40
dtype: int64
```

可見，Series 類型的資料顯示為兩列，其中第 1 列為索引標籤，第 2 列為資料，是一維陣列。如果把索引看作 key，那麼它是一個類似於字典的資料結構，每一筆資料都由索引標籤和對應的值組成。

 1 建立 Series 類型的物件

上面使用 pandas 的 Series 方法建立了一個 Series 類型的物件。該物件實際上是利用列表資料建立的。使用 Series 方法，還可以將元組資料、字典資料、NumPy 陣列等轉換為 Series 類型的物件。

下面透過元組資料建立 Series 類型的物件。

```
>>> ser=pd.Series((10,20,30,40))
>>> ser
0    10
1    20
2    30
3    40
dtype: int64
```

下面透過字典資料建立 Series 類型的物件。此時字典資料的鍵被轉換為 Series 資料的索引。

```
>>> ser=pd.Series({"a":10,"b":20,"c":30,"d":40})
>>> ser
a    10
b    20
c    30
d    40
dtype: int64
```

下面透過 NumPy 陣列建立 Series 類型的物件。

```
>>> ser=pd.Series(np.arange(10,50,10))
>>> ser
0    10
1    20
2    30
3    40
dtype: int32
```

上面在建立 Series 類型的物件時，除利用字典資料建立外，Series 資料的索引都是自動建立的，其中第 1 個索引的取值為 0，後面索引的取值在前一個的基礎上遞增 1。實際上，在建立 Series 物件時，可以使用 index 參數指定索引。下面使用 index 參數指定所建立的 Series 資料的索引。

```
>>> ser=pd.Series(np.arange(10,50,10),index=["a","b","c","d"])
>>> ser
a    10
b    20
c    30
d    40
dtype: int32
```

還可以使用 name 參數指定 Series 物件的名稱。

```
>>> ser=pd.Series(np.arange(10,50,10),index=["a","b","c","d"],name="得分")
>>> ser
a    10
b    20
c    30
d    40
Name: 得分, dtype: int32
```

 2 Series 物件的描述

使用 Series 物件的 shape、size、index、values 等屬性，可以取得物件的形狀、大小、索引標籤和值等資料。下面建立一個 Series 類型的物件 ser。

```
>>> ser=pd.Series(np.arange(10,50,10),index=["a","b","c","d"])
>>> ser
a    10
b    20
c    30
d    40
dtype: int32
```

使用 shape 屬性取得 ser 的形狀。

```
>>> ser.shape
(4,)
```

使用 size 屬性取得 ser 的大小。

```
>>> ser.size
4
```

使用 index 屬性取得 ser 的索引標籤。

```
>>> ser.index
Index(['a', 'b', 'c', 'd'], dtype='object')
```

使用 values 屬性取得 ser 的值。

```
>>> ser.values
array([10, 20, 30, 40])
```

使用 Series 物件的 head 和 tail 方法，可以取得物件中前面和後面指定個數的資料。預設時個數為 5。下面取得 ser 中前兩個和後兩個資料。

```
>>> ser.head(2)
a    10
b    20
dtype: int32
>>> ser.tail(2)
c    30
d    40
dtype: int32
```

 ❸ 資料索引和切片

在建立了 Series 類型的物件後，如果希望提取其中的某個值或某些值，則需要透過索引或切片來實現。使用中括號可以取得單個索引，此時返回的是基本資料類型的資料；或者在中括號中用一個列表來取得多個索引，此時返回的是 Series 類型的資料。

下面建立一個 Series 類型的物件 ser。

```
>>> ser=pd.Series(np.arange(10,50,10),index=["a","b","c","d"])
>>> ser
a    10
b    20
c    30
d    40
dtype: int32
```

取得第 2 個值，它的索引標籤為 "b"。

```
>>> r1=ser["b"]
>>> r1
20
```

使用 type 函數取得 r1 的資料類型。

```
>>> type(r1)
<class 'numpy.int32'>
```

此時返回的是元素的資料類型。

下面取得第 1 個值和第 4 個值，使用它們的索引標籤組成的列表進行取得。

```
>>> r2=ser[["a","d"]]
>>> r2
a    10
d    40
Name: 得分, dtype: int32
```

使用 type 函數取得 r2 的資料類型。

```
>>> type(r2)
<class 'pandas.core.series.Series'>
```

此時返回的是 Series 類型。

除了使用中括號，還可以使用 Series 物件的 loc 和 iloc 方法進行索引。loc 方法使用資料的索引標籤進行索引，iloc 方法則使用順序編號進行索引。

下面取得 ser 中索引標籤 "a" 和 "d" 對應的值。

```
>>> r3=ser.loc[["a","d"]]
>>> r3
a    10
d    40
Name: 得分, dtype: int32
```

使用 iloc 方法取得 ser 中的第 1 個和第 4 個資料。

```
>>> r4=ser.iloc[[0,3]]
>>> r4
a    10
d    40
Name: 得分, dtype: int32
```

使用冒號，可以對 Series 資料進行切片。下面對 ser 資料從索引標籤 "a" 到 "c" 連續取得值。

```
>>> r5=ser["a":"c"]
>>> r5
a    10
b    20
c    30
Name: 得分, dtype: int32
```

下面使用 iloc 方法取得 ser 中第 2 個及其以後的所有資料。

```
>>> r6=ser.iloc[1:]
>>> r6
b    20
c    30
d    40
Name: 得分, dtype: int32
```

 **4 布林索引**

在中括號中使用布林表達式可以實現布林索引。

下面取得 ser 中值不超過 20 的資料。

```
>>> ser[ser.values ≤ 20]
a    10
b    20
dtype: int32
```

下面取得 ser 中索引標籤不為 "a" 的資料。

```
>>> ser[ser.index≠"a"]
b    20
c    30
d    40
dtype: int32
```

9.2.3 pandas DataFrame

pandas DataFrame 類型的資料，是包含欄索引和列索引的二維列表資料。下面使用 pandas 的 DataFrame 方法，將一個二維列表轉換為 DataFrame 物件。

```
>>> import pandas as pd              #匯入pandas
>>> data=[[1,2,3],[4,5,6],[7,8,9]]   #建立二維列表
>>> df=pd.DataFrame(data)            #利用二維列表建立DataFrame物件
>>> df
   0  1  2
0  1  2  3
1  4  5  6
2  7  8  9
```

上面的 df 即為利用二維列表建立的 DataFrame 物件，其中第 1 列的 0～2 為自動生成的欄索引標籤，第 1 欄的 0～2 為自動生成的列索引標籤，內部 3 列 3 欄的 1～9 為 df 的值。

1 建立 DataFrame 物件

上面利用二維列表建立了 DataFrame 物件。使用 index 參數可以設定列索引標籤，使用 columns 參數可以設定欄索引標籤。

```
>>> data=[[1,2,3],[4,5,6],[7,8,9]]
>>> df=pd.DataFrame(data,index=["a","b","c"],columns=["A","B","C"])
>>> df
```

```
   A  B  C
a  1  2  3
b  4  5  6
c  7  8  9
```

下面利用二維元組建立 DataFrame 物件。

```
>>> data=((1,2,3),(4,5,6),(7,8,9))
>>> df=pd.DataFrame(data)
>>> df
   0  1  2
0  1  2  3
1  4  5  6
2  7  8  9
```

下面利用字典建立 DataFrame 物件。字典中鍵值對的鍵表示欄索引標籤，值用資料區域內的列資料組成列表表示。

```
>>> data={"a":[1,2,3],"b":[4,5,6],"c":[7,8,9]}
>>> df=pd.DataFrame(data)
>>> df
   a  b  c
0  1  4  7
1  2  5  8
2  3  6  9
```

下面利用 NumPy 陣列建立 DataFrame 物件。

```
>>> import numpy as np
>>> data=np.array(([1, 2, 3], [4, 5, 6],[7,8,9]))
>>> df=pd.DataFrame(data)
>>> df
   0  1  2
0  1  2  3
1  4  5  6
2  7  8  9
```

此外，還可以透過從檔案匯入資料來建立 DataFrame 物件，像是從 Excel
檔、CSV 檔和文字檔等匯入資料。這也是常用的一種方法。這部分內容將在
9.3 節中進行詳細介紹。

使用 xlwings 的轉換器和選項功能，還可以直接從 Excel 工作表的指定區域
取得資料並轉換為 DataFrame 物件（請參見 9.3.4 節的介紹）。

 2 DataFrame 物件的描述

在建立了 DataFrame 物件以後，可以使用 info、describe、dtypes、
shape 等一系列屬性和方法對它進行描述。下面首先建立一個 DataFrame 物
件 df。

```
>>> data=[[1,2,3],[4,5,6],[7,8,9]]
>>> df=pd.DataFrame(data,index=["a","b","c"],columns=["A","B","C"])
>>> df
   A  B  C
a  1  2  3
b  4  5  6
c  7  8  9
```

使用 info 方法取得 df 的資訊。

```
>>> df.info()
<class 'pandas.core.frame.DataFrame'>
Index: 3 entries, a to c
Data columns (total 3 columns):
 #   Column  Non-Null Count  Dtype
---  ------  --------------  -----
 0   A       3 non-null      int64
 1   B       3 non-null      int64
 2   C       3 non-null      int64
dtypes: int64(3)
memory usage: 96.0+ bytes
```

使用 info 方法取得的 DataFrame 物件的資訊，包括物件的類型、列索引和欄索引資訊、每欄資料的欄標籤、非缺失值個數和資料類型、占用記憶體大小等。

使用 dtypes 屬性取得 df 每欄資料的類型。

```
>>> df.dtypes
A    int64
B    int64
C    int64
dtype: object
```

使用 shape 屬性取得 df 的列數和欄數，用元組給出。

```
>>> df.shape
(3, 3)
```

使用 len 函數取得 df 的列數和欄數。

```
>>> len(df)            #列數
3
>>> len(df.columns)    #欄數
3
```

使用 index 屬性取得 df 的列索引標籤。

```
>>> df.index
Index(['a', 'b', 'c'], dtype='object')
```

使用 columns 屬性取得 df 的欄索引標籤。

```
>>> df.columns
Index(['A', 'B', 'C'], dtype='object')
```

使用 values 屬性取得 df 的值。

```
>>> df.values
array([[1, 2, 3],
       [4, 5, 6],
       [7, 8, 9]], dtype=int64)
```

使用 head 方法取得前 n 列資料，預設時 n=5。

```
>>> df.head(2)
   A  B  C
a  1  2  3
b  4  5  6
```

使用 tail 方法取得後 n 列資料，預設時 n=5。

```
>>> df.tail(2)
   A  B  C
b  4  5  6
c  7  8  9
```

使用 describe 方法取得 df 每欄資料的描述統計量，包括資料個數、均值、
標準差、最小值、25% 分位數、中值、75% 分位數、最大值等。

```
>>> df.describe()
         A    B    C
count  3.0  3.0  3.0
mean   4.0  5.0  6.0
std    3.0  3.0  3.0
min    1.0  2.0  3.0
25%    2.5  3.5  4.5
50%    4.0  5.0  6.0
75%    5.5  6.5  7.5
max    7.0  8.0  9.0
```

483

❸ 資料索引和切片

在建立了 DataFrame 物件後，如果希望提取其中的某列某欄或某些列某些欄，則需要透過索引或切片來實現。使用中括號可以取得單個索引，此時返回的是 Series 類型的資料；或者在中括號中用一個列表取得多個索引，此時返回的是 DataFrame 類型的資料。

下面建立一個 DataFrame 物件 df。

```
>>> data=[[1,2,3],[4,5,6],[7,8,9]]
>>> df=pd.DataFrame(data,index=["a","b","c"],columns=["A","B","C"])
>>> df
   A  B  C
a  1  2  3
b  4  5  6
c  7  8  9
```

使用中括號取得欄索引標籤為 "A" 的列。

```
>>> c1=df["A"]
>>> c1
a    1
b    4
c    7
Name: A, dtype: int64
```

查看 c1 的資料類型。

```
>>> type(c1)
<class 'pandas.core.series.Series'>
```

可見，透過索引取得 DataFrame 資料的單列時得到的是一個 Series 類型的資料。

下面使用 loc 方法取得行索引標籤為 "a" 的列。

```
>>> r1=df.loc["a"]
>>> r1
A    1
B    2
C    3
Name: a, dtype: int64
```

查看 r1 的資料類型。

```
>>> type(r1)
<class 'pandas.core.series.Series'>
```

可見，透過索引取得 DataFrame 資料的單行時得到的是一個 Series 類型的資料。也可以使用 iloc 方法取得列，與 loc 方法不同的是，iloc 方法的參數為表示列編號的整數，不是索引標籤。

透過指定多個索引標籤可以取得多列或多欄。將多列或多欄的索引標籤組成列表放在中括號中。

```
>>> c23=df[["A","C"]]
>>> c23
   A  C
a  1  3
b  4  6
c  7  9
>>> r23=df.loc[["a","c"]]
>>> r23
   A  B  C
a  1  2  3
c  7  8  9
```

查看 c23 和 r23 的資料類型。

```
>>> type(c23)
<class 'pandas.core.frame.DataFrame'>
>>> type(r23)
<class 'pandas.core.frame.DataFrame'>
```

可見，取得多列和多欄返回的是 DataFrame 類型的資料。

上面使用了中括號取得欄，使用 loc 方法也可以取得欄。例如：

```
>>> c4=df.loc[:,"B"]
>>> c4
a    2
b    5
c    8
Name: B, dtype: int64
```

中括號中的冒號表示取得索引標籤 "B" 對應的各列資料。

當使用中括號取得欄時，在中括號中輸入的是單欄的索引標籤，此時返回的是 Series 類型的資料。如果在中括號中輸入的是單欄的索引標籤組成的列表，則返回的是 DataFrame 類型的資料。

```
>>> c5=df[["B"]]
>>> c5
   B
a  2
b  5
c  8
>>> type(c5)
<class 'pandas.core.frame.DataFrame'>
```

在使用中括號索引欄以後，引用 values 屬性得到的是 NumPy 陣列資料。

```
>>> ar=df["B"].values
>>> ar
array([2, 5, 8], dtype=int64)
>>> type(ar)
<class 'numpy.ndarray'>
```

使用冒號可以對 DataFrame 資料進行切片。下面的切片取得所有行，取得欄索引標籤為 "A" 到 "B" 的所有欄。

```
>>> df.loc[:,"A":"B"]
   A  B
a  1  2
b  4  5
c  7  8
```

下面的切片取得列索引標籤為 "a" 到 "b" 的所有列，取得欄索引標籤為 "B" 到 "C" 的所有欄。

```
>>> df.loc["a":"b","B":"C"]
   B  C
a  2  3
b  5  6
```

下面的切片取得列索引標籤為 "b" 及其後面的所有列，取得欄索引標籤為 "B" 及其以前的所有欄。

```
>>> df.loc["b":,:"B"]
   A  B
b  4  5
c  7  8
```

 4 布林索引

在中括號中使用布林表達式可以實現布林索引。

下面取得 df 中 B 欄資料大於或等於 3 的列資料。

```
>>> df[df["B"]≥3]
   A  B  C
b  4  5  6
c  7  8  9
```

下面取得 df 中 A 欄資料大於或等於 2 且 C 欄資料等於 9 的列資料。

```
>>> df[(df["A"]≥2)&(df["C"]==9)]
   A  B  C
c  7  8  9
```

下面取得 df 中 B 欄資料介於 4 和 9 之間的列資料。

```
>>> df[df["B"].between(4,9)]
   A  B  C
b  4  5  6
c  7  8  9
```

下面取得 df 中 A 欄資料取 0 ～ 5 範圍內整數的列資料。

```
>>> df[df["A"].isin(range(6))]
   A  B  C
a  1  2  3
b  4  5  6
```

下面取得 df 中 B 欄資料介於 4 和 9 之間的列資料，然後取得 A 欄和 C 欄的資料。

```
>>> df[df["B"].between(4,9)][["A","C"]]
   A  C
b  4  6
c  7  9
```

下面取得列索引標籤為 "b" 的列中大於或等於 5 的資料。

```
>>> df.loc[["b"]]≥5
       A     B     C
b  False  True  True
```

在列索引標籤為 "b" 的列中，大於或等於 5 的資料對應的布林值為 True。

9.3 資料輸入和輸出

在進行資料處理之前需要先匯入資料，在資料處理完畢之後儲存資料。本節介紹 Excel 資料、CSV 資料的輸入和輸出，以及利用 xlwings 的轉換器和選項功能將 Excel 工作表資料轉換為 DataFrame 資料，並將 DataFrame 資料直接寫入 Excel 工作表中。

9.3.1 Excel 資料的讀 / 寫

利用 pandas 的 read_excel 方法可以將 Excel 資料讀取到 pandas 中，使用 DataFrame 物件的 to_excel 方法可以將 pandas 資料寫入 Excel 檔案中。

 1 讀取 Excel 資料

利用 pandas 的 read_excel 方法將 Excel 資料讀取到 pandas 中。該方法的參數比較多，常用的參數如表 9-1 所示。利用這些參數，可以匯入格式一致的資料，也可以處理很多格式不一的 Excel 資料。匯入後的資料為 DataFrame 類型的資料。

表 9-1 read_excel 方法的常用參數

參數	說明
io	Excel 檔的路徑和名稱
sheet_name	指定工作表的名稱。可以指定名稱，也可以指定索引號，不指定時讀取第 1 個工作表
header	指定用哪列資料作為索引列。如果是多層索引，則用多列的列號組成列表進行指定
index_col	指定用哪欄資料作為索引欄。如果是多層索引，則用多欄的欄號或名稱組成列表進行指定
usecols	如果只需要匯入原始資料中的部分欄資料，則使用該參數用列表進行指定
dtype	用字典指定特定列的資料類型，如 {"A":np.float64} 指定 A 列的資料類型為 64 位浮點型

參數	說明
nrows	指定需要讀取的列數
skiprows	指定讀入時忽略前面多少列
skip_footer	指定讀入時忽略後面多少列
names	用列表指定欄索引標籤
engine	執行資料匯入的引擎，如 xlrd、openpyxl 等

注意 當使用 read_excel 方法匯入資料時有時會出現類似於沒有安裝 xlrd 的錯誤，以及其他錯誤。建議安裝 OpenPyXl，當使用 read_excel 方法時指定 engine 參數的值為 "openpyxl"。

假設 D 槽下有一個 Excel 檔「D:\ 身分證號 .xlsx」，該活頁簿檔案中有兩個工作表，其中儲存的是部分工作人員的個人資料。現在使用 pandas 的 read_excel 方法匯入該檔案中的資料。

```
>>> df=pd.read_excel(io="D:\身分證號.xlsx",engine="openpyxl")
>>> df
     工號    部門   姓名          身分證號 性別
0  1001  財務部   陳東  L114798495  男
1  1002  財務部   田菊  B255303616  女
2  1003  生產部   王偉  D142843751  男
3  1004  生產部   韋龍  E138637196  男
4  1005  銷售部   劉洋  D133277345  男
```

預設時匯入第 1 個工作表中的資料，將第 1 列資料作為表頭，即欄索引標籤。列索引從 0 開始自動對列進行編號。

使用 sheet_name 參數可以指定開啟一個或多個工作表，使用 index_col 參數指定某欄作為列索引。下面同時開啟前兩個工作表，指定「工號」欄作為列索引。

```
>>> df=pd.read_excel(io="D:\身分證號.xlsx",sheet_name=[0,1],index_col="工號",
engine="openpyxl")
>>> df
```

```
{0:           部門   姓名        身分證號 性別
工號
1001   財務部   陳東   L114798495   男
1002   財務部   田菊   B255303616   女
1003   生產部   王偉   D142843751   男
1004   生產部   韋龍   E138637196   男
1005   銷售部   劉洋   D133277345   男, 1:          部門   姓名          身分證號 性別
工號
1006   生產部   呂川   S112903293   男
1007   銷售部   楊莉   C214644222   女
1008   財務部   夏東   R113147658   男
1009   銷售部   吳曉   D116740533   男
1010   銷售部   宋恩龍  A114820947   男}
```

現在同時匯入了兩個工作表中的資料,並且將「工號」欄作為列索引。可見,此時返回的結果為字典類型,字典中鍵值對的鍵為工作表中的索引號,值為工作表中的資料,為 DataFrame 類型。使用 type 函數可以查看資料類型。

```
>>> type(df[0])
<class 'pandas.core.frame.DataFrame'>
```

其他參數請讀者自行測試,像是選擇欄資料、忽略前面的部分列或後面的部分列、給沒有欄索引標籤的資料加上標籤等。

2 寫入 Excel 檔

使用 DataFrame 物件的 to_excel 方法將 pandas 資料寫入 Excel 檔案中。如上面匯入了前兩個工作表中的資料,現在希望將這兩個工作表中的資料合併後儲存到另外一個 Excel 檔案中。首先使用 pandas 的 concat 方法垂直方向拼接兩個工作表中的資料,然後儲存到 D 槽下的 new_file.xlsx 檔案中。

```
>>> df1=df[0]
>>> df2=df[1]
>>> df0=pd.concat([df1,df2])
>>> df0
```

```
        部門      姓名       身分證號  性別
工號
1001    財務部     陳東    L114798495    男
1002    財務部     田菊    B255303616    女
1003    生產部     王偉    D142843751    男
1004    生產部     韋龍    E138637196    男
1005    銷售部     劉洋    D133277345    男
1006    生產部     呂川    S112903293    男
1007    銷售部     楊莉    C214644222    女
1008    財務部     夏東    R113147658    男
1009    銷售部     吳曉    D116740533    男
1010    銷售部     宋恩龍   A114820947    男
>>> df0.to_excel("D:\\new_file.xlsx")
```

合併後的資料被正確儲存到指定檔案中。

9.3.2 CSV 資料的讀 / 寫

CSV 格式是目前最常用的資料儲存格式之一，使用 pandas 的 read_csv 方法可以讀取 CSV 檔資料。該方法的常用參數如表 9-2 所示。

💻 **表 9-2** read_csv 方法的常用參數

參數	說明
filepath	CSV 檔的路徑和名稱
sep	指定分隔符，預設時使用逗號作為分隔符號
header	指定用哪列資料作為索引列。如果是多層索引，則用多列的列號組成列表進行指定
index_col	指定用哪欄資料作為索引列。如果是多層索引，則用多欄的欄號或名稱組成列表進行指定
usecols	如果只需要匯入原始資料中的部分欄資料，則使用該參數用列表進行指定
dtype	用字典指定特定欄的資料類型，如 { "A":np.float64 } 指定 A 欄的資料類型為 64 位浮點型
prefix	當沒有欄標籤時，給欄加上前綴。例如，加上 "Col"，稱為 Col0、Col1、Col2 等

參數	說明
skiprows	指定讀入時忽略前面多少列
skipfooter	指定讀入時忽略後面多少列
nrows	指定需要讀取的列數
names	用列表指定欄索引標籤
encoding	指定編碼方式，預設為 UTF-8，可以指定為其他編碼格式

假設 D 槽下有一個 CSV 檔「D:\ 身分證號 .csv」，該檔案中儲存的是部分工作人員的個人資料。現在使用 pandas 的 read_csv 方法匯入該檔案中的資料。

```
>>> df=pd.read_csv("D:\身分證號.csv",encoding="big5")
>>> df
     工號     部門    姓名       身分證號  性別
0    1001   財務部   陳東   L114798495   男
1    1002   財務部   田菊   B255303616   女
2    1003   生產部   王偉   D142843751   男
3    1004   生產部   韋龍   E138637196   男
4    1005   銷售部   劉洋   D133277345   男
5    1006   生產部   呂川   S112903293   男
6    1007   銷售部   楊莉   C214644222   女
7    1008   財務部   夏東   R113147658   男
8    1009   銷售部   吳曉   D116740533   男
9    1010   銷售部  宋恩龍   A114820947   男
```

使用 DataFrame 物件的 to_csv 方法將 pandas 資料儲存到 CSV 檔案中。下面從 df 資料中提取女性工作人員的資料，儲存到 D 槽下的 new_file.csv 檔案中。

```
>>> df2=df[df["性別"]=="女"]
>>> df2
     工號     部門   姓名       身分證號  性別
1    1002   財務部   田菊   B255303616    女
6    1007   銷售部   楊莉   C214644222    女
>>> df2.to_csv("D:\\new_file.csv",encoding="big5")
```

9.3.3 將 DataFrame 資料儲存到新的工作表中

9.3.1 節使用 DataFrame 物件的 to_excel 方法，將合併後的資料儲存到新的 Excel 檔案中，現在如果希望在將兩個工作表中的資料，分別儲存到兩個工作表中，將合併後的資料儲存到第 3 個工作表中，仍然可以使用 to_excel 方法來實現。該方法的 excel_writer 參數指定一個 ExcelWriter 物件，它是用 pandas 的 ExcelWriter 方法生成的，然後用 sheet_name 參數指定要儲存的工作表的名稱。

```
>>> df=pd.read_excel(io="D:\身分證號.xlsx",engine="openpyxl")
>>> df=pd.read_excel(io="D:\身分證號.xlsx",sheet_name=[0,1],index_col="工號",
engine="openpyxl")
>>> df1=df[0]
>>> df2=df[1]
>>> df0=pd.concat([df1,df2])
```

以上是 9.3.1 節介紹的操作，匯入資料，用 df1 和 df2 分別取得兩個工作表中的資料，垂直方向拼接 df1 和 df2，得到 df0。現在要做的事情是將 df1、df2 和 df0 分別儲存到不同的工作表中。

```
>>> xlwriter=pd.ExcelWriter("D:\\new_file2.xlsx")
>>> df1.to_excel(xlwriter,"Sheet1")
>>> df2.to_excel(xlwriter,"Sheet2")
>>> df0.to_excel(xlwriter,"Sheet3")
>>> xlwriter.save()
```

現在，資料被儲存到 D 槽下的 new_file2.xlsx 檔案中，而且三個 DataFrame 中的資料被分別儲存到三個工作表中，如圖 9-1 所示。

▶ 圖 9-1 DataFrame 將資料儲存到不同的工作表中

注意 上面在儲存資料時是建立一個新的 Excel 檔來儲存的,如果希望不建立新檔,而是在原資料檔的基礎上加入一個新表,把合併後的資料儲存到新表中,該怎麼做呢?此時就要用到 OpenPyXl(第 2 章比較詳細地介紹了 OpenPyXl),使用下列的程式碼來實現。

```
>>> from openpyxl import load_workbook
>>> bk=load_workbook("D:\\身分證號.xlsx")      #載入資料,返回活頁簿物件
>>> xlwriter=pd.ExcelWriter("D:\\身分證號.xlsx",engine="openpyxl")
>>> xlwriter.book=bk      #設定xlwriter物件的book屬性值為bk
>>> df0.to_excel(xlwriter,"合併資料")
>>> xlwriter.save()
```

在原活頁簿中新增一個「合併資料」工作表,將合併後的資料儲存到該表中。活頁簿中原來的工作表仍然保留。

9.3.4 在同一個工作表中讀 / 寫多個 DataFrame 資料

前面介紹的將 DataFrame 資料寫入 Excel 工作表中,是一對一的關係,即在一個工作表中只能寫入一個 DataFrame 資料。本節試圖實現在同一個工作表中讀 / 寫多個 DataFrame 資料。這裡要用到 xlwings(請參見第 4 章的介紹此套件的安裝等內容)。

下面首先匯入 xlwings,然後開啟 D 槽下的 Excel 檔「身分證號 .xlsx」,該活頁簿檔案中有兩個工作表,其中儲存的是部分工作人員的個人資料。

```
>>> import xlwings as xw      #匯入xlwings
>>> #建立Excel應用,該應用視窗可見,不新增活頁簿
>>> app=xw.App(visible=True, add_book=False)
>>> #開啟資料檔,可寫
>>> bk=app.books.open(fullname="D:\\身分證號.xlsx",read_only=False)
>>> #取得活頁簿中的兩個工作表
>>> sht1=bk.sheets[0]
>>> sht2=bk.sheets[1]
>>> #加入一個新工作表,放在最後,命名
>>> sht3=bk.sheets.add(after=bk.sheets(bk.sheets.count))
>>> sht3.name="多DataFrame"
```

下面使用 xlwings 的轉換器和選項功能，將已有的兩個工作表中的資料以 DataFrame 類型讀取到 df1 和 df2 中。然後使用 pandas 的 concat 方法垂直方向拼接它們，得到第 3 個 DataFrame 資料 df3。

```
>>> df1=sht1.range("A1:E6").options(pd.DataFrame).value
>>> df2=sht2.range("A1:E6").options(pd.DataFrame).value
>>> df3=pd.concat([df1,df2])
```

將這三個 DataFrame 資料寫入第 3 個工作表中的指定位置，只需要指定區域的左上角儲存格即可。

```
>>> sht3.range("A1").value=df1
>>> sht3.range("A8").value=df2
>>> sht3.range("G1").value=df3
```

第 3 個工作表中的顯示效果如圖 9-2 所示。可見，使用 xlwings 能夠做到在同一個工作表中讀 / 寫多個 DataFrame 資料。

	A	B	C	D	E	F	G	H	I	J	K
1	工號	部門	姓名	身分證號	性別		工號	部門	姓名	身分證號	性別
2	1001	財務部	陳東	L11479849	男		1001	財務部	陳東	L11479849	男
3	1002	財務部	田菊	B2553036	女		1002	財務部	田菊	B2553036	女
4	1003	生產部	王偉	D1428437	男		1003	生產部	王偉	D1428437	男
5	1004	生產部	韋龍	E13863719	男		1004	生產部	韋龍	E13863719	男
6	1005	銷售部	劉洋	D1332773	男		1005	銷售部	劉洋	D1332773	男
7							1006	生產部	呂川	S11290329	男
8	工號	部門	姓名	身分證號	性別		1007	銷售部	楊莉	C2146442	女
9	1006	生產部	呂川	S11290329	男		1008	財務部	夏東	R1131476	男
10	1007	銷售部	楊莉	C2146442	女		1009	銷售部	吳曉	D1167405	男
11	1008	財務部	夏東	R1131476	男		1010	銷售部	宋恩龍	A1148209	男
12	1009	銷售部	吳曉	D1167405	男						
13	1010	銷售部	宋恩龍	A1148209	男						
14											

身分證號　身分證號2　多DataFrame

▲ 圖 9-2　在同一個工作表中讀 / 寫多個 DataFrame 資料

9.4 資料整理

pandas 提供了很多資料整理的方法，使用它們，用較少的敘述就可以完成資料的拼接、聚合、移除重複、篩選、聯合、分割、排序、分組等任務。

9.4.1 加入列或欄

加入列或欄，是指在 DataFrame 資料的最大列後面追加列或者在最大欄後面追加欄。假設 D 槽下有一個「薪資表 .xlsx」，其中記錄了各部門工作人員的薪資資訊。現在選取「姓名」、「部門」、「基本薪資」、「實發薪資」四欄，前六列資料使用 pandas 的 read_excel 方法讀入，返回 DataFrame 類型的物件給變數 df。

```
>>> df=pd.read_excel(io="D:\薪資表.xlsx",usecols=["姓名","部門","基本薪資",
"實發薪資"],nrows=6,engine="openpyxl")
>>> df
   姓名    部門   基本薪資   實發薪資
0  NM1   行政部   3000   3330
1  NM2   行政部   3000   3450
2  NM3   生產部   3500   3950
3  NM4   生產部   3500   3950
4  NM5   行政部   3000   3450
5  NM6   行政部   3000   3450
```

使用 DataFrame 物件的 loc 方法在 df 加入一列資料。

```
>>> df2=df
>>> df2.loc[6]=["NM7","生產部",3500,3950]
>>> df2
   姓名    部門   基本薪資   實發薪資
0  NM1   行政部   3000   3330
1  NM2   行政部   3000   3450
2  NM3   生產部   3500   3950
3  NM4   生產部   3500   3950
```

```
4   NM5   行政部   3000   3450
5   NM6   行政部   3000   3450
6   NM7   生產部   3500   3950
```

也可以使用 pandas 的 append 方法加上列資料。新加上的列資料必須先被轉換為 DataFrame 類型的資料，並且必須用 columns 參數指定與 df 相同的欄索引標籤。

```
>>> s=pd.DataFrame([["NM8","生產部",3500,3950]],columns=["姓名","部門","基本薪資","實發薪資"])
>>> s
   姓名    部門   基本薪資   實發薪資
0  NM8   生產部   3500    3950
```

然後使用 DataFrame 物件的 append 方法加上行資料 s，設定 ignore_index 參數的值為 True，重新對列索引編號。 注意 append 方法返回的是另外一個 DataFrame 物件，對 df 本身並沒有影響。

```
>>> df.append(s,ignore_index=True)
   姓名    部門   基本薪資   實發薪資
0  NM1   行政部   3000    3330
1  NM2   行政部   3000    3450
2  NM3   生產部   3500    3950
3  NM4   生產部   3500    3950
4  NM5   行政部   3000    3450
5  NM6   行政部   3000    3450
6  NM8   生產部   3500    3950
```

給 DataFrame 資料加入欄，直接賦值即可。例如，下例在 df 中新增一欄資料，值全部為 500。如果值不一樣，則可以用列表指定。

```
>>> df["全勤獎"]=500
>>> df
   姓名    部門   基本薪資   實發薪資   全勤獎
0  NM1   行政部   3000    3330    500
1  NM2   行政部   3000    3450    500
2  NM3   生產部   3500    3950    500
```

```
3   NM4   生產部   3500   3950   500
4   NM5   行政部   3000   3450   500
5   NM6   行政部   3000   3450   500
```

9.4.2 插入列或欄

9.4.1 節介紹了如何在 DataFrame 資料的最後追加列或追加欄，如果需要在資料中間插入列或欄，怎麼做呢？

給 DataFrame 資料插入欄，可以直接使用 DataFrame 物件的 insert 方法。該方法的語法格式為：

```
DataFrame.insert(loc, column, value, allow_duplicates=False)
```

其中，各參數的含義如下：

- ✅ loc：指定新欄插入的位置。如果在第 1 欄的位置插入，則值為 0。其取值範圍為 0 到目前最大欄數。

- ✅ column：新欄的欄名，可以為數字、字串等。

- ✅ value：新欄的值，可以是整數、Series 或陣列等。

- ✅ allow_duplicates：在插入新欄時，如果原資料中已經存在相同名稱的欄，則必須設定該參數的值為 True 才能完成插入。預設值為 False。

下面仍然使用 9.4.1 節用過的「薪資表 .xlsx」，在「基本薪資」欄的後面插入新欄「全勤獎」，新列的值都是 500。

```
>>> df=pd.read_excel(io="D:\薪資表.xlsx",usecols=["姓名","部門","基本薪資",
"實發薪資"],nrows=6,engine="openpyxl")
>>> df.insert(3,"全勤獎",500)
>>> df
    姓名    部門   基本薪資   全勤獎   實發薪資
0   NM1   行政部   3000    500    3330
1   NM2   行政部   3000    500    3450
2   NM3   生產部   3500    500    3950
3   NM4   生產部   3500    500    3950
```

```
4   NM5   行政部   3000   500   3450
5   NM6   行政部   3000   500   3450
```

如果要插入新列，則首先根據要插入的位置按列將原資料分為兩個部分，給上面部分追加新列，再把兩個部分拼接起來。下面仍然使用「薪資表.xlsx」，在第3列的上面插入新行。

```
>>> df=pd.read_excel(io="D:\薪資表.xlsx",usecols=["姓名","部門","基本薪資",
"實發薪資"],nrows=6,engine="openpyxl")
```

根據插入位置，透過切片將 df 分為上下兩個部分，即 df1 和 df2。

```
>>> df1=df.loc[:1]
>>> df1
    姓名    部門   基本薪資   實發薪資
0   NM1   行政部   3000    3330
1   NM2   行政部   3000    3450
>>> df2=df.loc[2:]
>>> df2
    姓名    部門   基本薪資   實發薪資
2   NM3   生產部   3500    3950
3   NM4   生產部   3500    3950
4   NM5   行政部   3000    3450
5   NM6   行政部   3000    3450
```

將要插入的列整理成 DataFrame 資料，使用 DataFrame 物件的 append 方法將其追加到 df1 的最末列，得到新的 DataFrame 資料 df3。

```
>>> s=pd.DataFrame([["NM7","生產部",3500,3950]],columns=["姓名","部門","基本
薪資","實發薪資"])
>>> df3=df1.append(s,ignore_index=True)
>>> df3
    姓名    部門   基本薪資   實發薪資
0   NM1   行政部   3000    3330
1   NM2   行政部   3000    3450
2   NM7   生產部   3500    3950
```

使用 append 方法將 df2 追加到 df3 後面，得到插入新列後的 DataFrame 資料，重新編寫列索引。

```
>>> df4=df3.append(df2,ignore_index=True)
>>> df4
     姓名      部門    基本薪資   實發薪資
0   NM1   行政部    3000    3330
1   NM2   行政部    3000    3450
2   NM7   生產部    3500    3950
3   NM3   生產部    3500    3950
4   NM4   生產部    3500    3950
5   NM5   行政部    3000    3450
6   NM6   行政部    3000    3450
```

9.4.3 更改資料

更改 DataFrame 物件的資料，可以採用直接賦值的方式。使用 D 槽下的「薪資表 .xlsx」，匯入前四列資料。

```
>>> df=pd.read_excel(io="D:\薪資表.xlsx",usecols=["姓名","部門","基本薪資",
"實發薪資"],nrows=4,engine="openpyxl")
>>> df
     姓名      部門    基本薪資   實發薪資
0   NM1   行政部    3000    3330
1   NM2   行政部    3000    3450
2   NM3   生產部    3500    3950
3   NM4   生產部    3500    3950
```

更改 NM2 的實發薪資為 3650 元。

```
>>> df.loc[1,"實發薪資"]=3650
```

更改 NM2 的基本薪資為 3200 元，實發薪資為 3550 元；更改 NM3 的基本薪資為 3600 元，實發薪資為 4050 元。

```
>>> df.loc[[1,2],["基本薪資","實發薪資"]]=[[3200,3550],[3600,4050]]
>>> df
```

```
    姓名    部門    基本薪資   實發薪資
0  NM1   行政部   3000    3330
1  NM2   行政部   3200    3550
2  NM3   生產部   3600    4050
3  NM4   生產部   3500    3950
```

有時候可以用一個函數更改某些資料，此時使用 Series 物件的 apply 函數，該函數可以是自訂函數或匿名函數。下面將實發薪資提高 20%，即原資料乘以 1.2。

```
>>> df["實發薪資"]=df["實發薪資"].apply(lambda x:x*1.2)
>>> df
    姓名    部門    基本薪資      實發薪資
0  NM1   行政部   3000    3996.0
1  NM2   行政部   3200    4260.0
2  NM3   生產部   3600    4860.0
3  NM4   生產部   3500    4740.0
```

使用 Series 物件的 astype 函數可以更改欄資料的類型。上面計算出的實發薪資資料為浮點型，把它們更改為整數。

```
>>> df["實發薪資"]=df["實發薪資"].astype(int)
>>> df
    姓名    部門    基本薪資   實發薪資
0  NM1   行政部   3000    3996
1  NM2   行政部   3200    4260
2  NM3   生產部   3600    4860
3  NM4   生產部   3500    4740
```

還可以根據給定的條件更改資料。下面將生產部工作人員的基本薪資全部更改為 3800 元。

```
>>> df.基本薪資[df.部門=="生產部"]=3800
>>> df
    姓名    部門    基本薪資   實發薪資
0  NM1   行政部   3000    3996
1  NM2   行政部   3200    4260
```

```
2   NM3   生產部   3800   4860
3   NM4   生產部   3800   4740
```

9.4.4 刪除列或欄

使用 DataFrame 物件的 drop 方法可以刪除列或欄。使用 D 槽下的「薪資表 .xlsx」，匯入前四列資料。

```
>>> df=pd.read_excel(io="D:\薪資表.xlsx",usecols=["姓名","部門","基本薪資",
"實發薪資"],nrows=4,engine="openpyxl")
>>> df
    姓名    部門   基本薪資   實發薪資
0   NM1   行政部   3000   3330
1   NM2   行政部   3000   3450
2   NM3   生產部   3500   3950
3   NM4   生產部   3500   3950
```

刪除第 3 列資料。

```
>>> df.drop(index=2,inplace=True)
>>> df
    姓名    部門   基本薪資   實發薪資
0   NM1   行政部   3000   3330
1   NM2   行政部   3000   3450
3   NM4   生產部   3500   3950
```

將 inplace 參數的值設定為 True，表示修改原物件；若設定為 False，則表示原物件不變，返回一個新物件。

下面刪除「基本薪資」列的資料。

```
>>> df.drop(columns="基本薪資",inplace=True)
>>> df
    姓名    部門   實發薪資
0   NM1   行政部   3330
1   NM2   行政部   3450
3   NM4   生產部   3950
```

9.4.5　加上前綴或後綴

在處理資料時，常常會遇到需要給列資料加上前綴或後綴的情況，此時將需要處理的資料轉換為字串，然後拼接前綴或後綴字串即可。

使用 D 槽下的「各科室人員 .xlsx」，如果人員來自「科室 1」，則給編號加上後綴「_1」；來自「科室 2」，加上後綴「_2」，來自「科室 3」，加上後綴「_3」。首先使用 pandas 的 read_excel 方法匯入資料。

```
>>> df=pd.read_excel(io="D:\各科室人員.xlsx",usecols=["編號","性別","年齡",
"科室","薪資"],engine="openpyxl")
```

然後處理每列資料，根據科室情況加上後綴。

```
>>> df.loc[df.科室=="科室1","編號"]= df["編號"].astype(str)+"_1"
>>> df.loc[df.科室=="科室2","編號"]= df["編號"].astype(str)+"_2"
>>> df.loc[df.科室=="科室3","編號"]= df["編號"].astype(str)+"_3"
```

顯示處理後的資料。

```
>>> df
      編號  性別  年齡    科室    薪資
0  10001_2  女   45  科室2  4300
1  10002_1  女   42  科室1  3800
2  10003_1  男   29  科室1  3600
3  10004_1  女   40  科室1  4400
4  10005_2  男   55  科室2  4500
5  10006_3  男   35  科室3  4100
6  10007_2  男   23  科室2  3500
7  10008_1  男   36  科室1  3700
8  10009_1  男   50  科室1  4800
```

9.4.6　資料移除重複

如果在所取得的原始資料中有重複的資料，則可以使用 DataFrame 物件的 drop_duplicates 方法移除重複。

本例使用 D 槽下的「身分證號 - 移除重複 .xlsx」，按照「工號」進行移除重複。對於重複資料，保留第 1 筆資料。首先匯入資料。

```
>>> df=pd.read_excel(io="D:\身分證號-移除重複.xlsx",engine="openpyxl")
>>> df
    工號    部門    姓名       身分證號   性別
0  1001   財務部   陳東   L114798495   男
1  1002   財務部   田菊   B255303616   女
2  1008   財務部   夏東   R113147658   男
3  1003   生產部   王偉   D142843751   男
4  1004   生產部   韋龍   E138637196   男
5  1005   銷售部   劉洋   D133277345   男
6  1002   財務部   田菊   B255303616   女
7  1006   生產部   呂川   S112903293   男
8  1007   銷售部   楊莉   C214644222   女
9  1008   財務部   夏東   R113147658   男
```

可以看到，「工號」為 1002 和 1008 的資料有重複。下面使用 DataFrame 物件的 drop_duplicates 方法刪除重複資料，用 keep 參數指定保留重複資料中的第 1 筆資料，設定 ignore_index 參數的值為 True，重排列索引編號。

```
>>> df.drop_duplicates(subset=["工號"], keep="first", ignore_index=True)
    工號    部門    姓名       身分證號   性別
0  1001   財務部   陳東   L114798495   男
1  1002   財務部   田菊   B255303616   女
2  1008   財務部   夏東   R113147658   男
3  1003   生產部   王偉   D142843751   男
4  1004   生產部   韋龍   E138637196   男
5  1005   銷售部   劉洋   D133277345   男
6  1006   生產部   呂川   S112903293   男
7  1007   銷售部   楊莉   C214644222   女
```

這樣就得到了移除重複後的結果。預設時生成新的 DataFrame 物件；如果設定 inplace 參數的值為 True，則不生成新物件，直接修改原物件 df。

9.4.7 資料篩選

在進行資料處理時，有時候只需要處理原始資料中的一部分資料。當使用 pandas 的 read_excel 方法時，使用 usecols、skiprows、nrows、skip_footer、sheet_name 等參數可以選擇地匯入部分資料。對於匯入後的資料，可以使用布林索引進行篩選。9.4.5 節根據不同科室給工作人員的編號加上了不同的後綴。

使用 D 槽下的「各科室人員 .xlsx」，進行各種資料篩選測試。

```
>>> df=pd.read_excel(io="D:\各科室人員.xlsx",usecols=["編號","性別","年齡",
"科室","薪資"],engine="openpyxl")
>>> df
     編號 性別  年齡   科室     薪資
0  10001  女   45  科室2   4300
1  10002  女   42  科室1   3800
2  10003  男   29  科室1   3600
3  10004  女   40  科室1   4400
4  10005  男   55  科室2   4500
5  10006  男   35  科室3   4100
6  10007  男   23  科室2   3500
7  10008  男   36  科室1   3700
8  10009  男   50  科室1   4800
```

選擇女性工作人員的資料。

```
>>> df[df["性別"]=="女"]
     編號 性別  年齡   科室     薪資
0  10001  女   45  科室2   4300
1  10002  女   42  科室1   3800
3  10004  女   40  科室1   4400
```

選擇薪資大於 4000 元，且年齡小於或等於 40 歲之工作人員的資料。

```
>>> df[(df["薪資"]>4000) & (df["年齡"]≤40)]
     編號 性別  年齡   科室     薪資
3  10004  女   40  科室1   4400
5  10006  男   35  科室3   4100
```

也可以使用 DataFrame 物件的 where 方法篩選資料，該方法也是基於布林索引來實現的。下面篩選年齡大於或等於 35 歲的工作人員的資料。

```
>>> df.where(df["年齡"]≥35)
      編號    性別    年齡    科室      薪資
0  10001.0    女   45.0  科室2  4300.0
1  10002.0    女   42.0  科室1  3800.0
2     NaN   NaN    NaN  NaN     NaN
3  10004.0    女   40.0  科室1  4400.0
4  10005.0    男   55.0  科室2  4500.0
5  10006.0    男   35.0  科室3  4100.0
6     NaN   NaN    NaN  NaN     NaN
7  10008.0    男   36.0  科室1  3700.0
8  10009.0    男   50.0  科室1  4800.0
```

可見，預設時，where 方法將不匹配的資料用 NaN 代替，即置空。用 other 參數可以指定一個取代值。

9.4.8 資料轉置

資料轉置是指將原資料的列變成欄，欄變成列。使用 DataFrame 物件的 T 屬性或 transpose 方法轉置資料。

使用 D 槽下的「各科室人員 .xlsx」，取前五列資料。

```
>>> df=pd.read_excel(io="D:\各科室人員.xlsx",usecols=["編號","性別","年齡",
"科室","薪資"],nrows=5, engine="openpyxl")
>>> df
    編號 性別 年齡   科室    薪資
0  10001  女  45  科室2  4300
1  10002  女  42  科室1  3800
2  10003  男  29  科室1  3600
3  10004  女  40  科室1  4400
4  10005  男  55  科室2  4500
```

使用 DataFrame 物件的 T 屬性或 transpose 方法進行轉置。

```
>>> df2=df.T    #或者 df2=df.transpose()
>>> df2
          0       1       2       3       4
編號   10001   10002   10003   10004   10005
性別      女      女      男      女      男
年齡      45      42      29      40      55
科室    科室2    科室1    科室1    科室1    科室2
薪資    4300    3800    3600    4400    4500
```

9.4.9 合併資料

pandas 的 merge 方法，提供了類似於關聯式資料庫連接的操作，可以根據一個或多個鍵將兩個 DataFrame 資料連接起來。該方法的主要參數如表 9-3 所示。

📺 **表 9-3** merge 方法的主要參數

參數	說明
left	DataFrame 資料 1
right	DataFrame 資料 2
how	資料合併方式，有 inner（內連接）、outer（外連接）、left（左連接）和 right（右連接）四種，預設時為 inner
on	指定用於連接的列索引標籤。如果沒有指定且其他參數也沒有指定，則用兩個 DataFrame 的列索引標籤交集作為連接鍵
left_on	指定左側 DataFrame 用作連接鍵的列索引標籤
right_on	指定右側 DataFrame 用作連接鍵的列索引標籤
left_index	當值為 True 時，指定左側 DataFrame 的行索引標籤作為連接鍵。預設值為 False
right_index	當值為 True 時，指定右側 DataFrame 的行索引標籤作為連接鍵。預設值為 False
sort	預設值為 True，對合併後的資料進行排序；若設定為 False，則取消排序
suffixes	如果兩個 DataFrame 中存在除連接鍵以外的同名索引標籤，則在合併後指定不同的後綴進行區分，預設時為（"_x","_y"）

理解 merge 方法的使用，有兩個主要內容：一是連接鍵的設定，即兩個 DataFrame 基於哪個或哪幾個索引列進行連接；二是連接方式是什麼，即具體怎樣連接。連接鍵和連接方式分別由方法的 on、left_on、right_on、left_index、right_index 參數和 how 參數設定。

 1 連接鍵的設定

當進行連接的兩個 DataFrame 有相同的欄索引標籤時，使用 merge 方法的 on 參數設定連接鍵。

下面首先匯入 xlwings 和 pandas，然後開啟 D 槽下的「學生成績表 -merge.xlsx」，該活頁簿檔案中有 8 個工作表，其中前七個工作表中儲存的是一些學生的考試成績，用於 merge 方法功能的示範說明；第 8 個工作表為空工作表，用於寫入合併結果並進行展示。

```
>>> import xlwings as xw      #匯入xlwings
>>> import pandas as pd       #匯入pandas
>>> #建立Excel應用，該應用視窗可見，不新增活頁簿
>>> app=xw.App(visible=True, add_book=False)
>>> #開啟資料檔，可寫
>>> bk=app.books.open(fullname="D:\\學生成績表-merge.xlsx",read_only= False)
>>> #取得活頁簿中的前兩個工作表
>>> sht1=bk.sheets[0]
>>> sht2=bk.sheets[1]
```

下面使用 merge 方法合併前兩個工作表中的資料。使用 xlwings 的轉換器和選項功能，將已有的兩個工作表中的資料，以 DataFrame 類型讀取到 df1 和 df2 中。使用 pandas 的 merge 方法合併它們，連接鍵為「准考證號」，得到第 3 個 DataFrame 資料 df3。連接鍵為「准考證號」，就是指將準考證號相同的學生的成績進行合併。

```
>>> df1=sht1.range("A1:D6").options(pd.DataFrame).value
>>> df2=sht2.range("A1:D6").options(pd.DataFrame).value
>>> df3=pd.merge(df1,df2,on= "准考證號")
```

將這三個 DataFrame 資料寫入第 8 個工作表中的指定位置，只需要指定區域的左上角儲存格即可。

```
>>> sht8=bk.sheets[7]
>>> sht8.range("A1").value=df1
>>> sht8.range("G1").value=df2
>>> sht8.range("A8").value=df3
```

第 8 個工作表中的資料如圖 9-3 所示。該工作表中第 1 ～ 6 行顯示的是前兩個工作表中的資料，第 8 ～ 13 行顯示的是合併後的資料。可見，兩個工作表中具有相同准考證號的學生的成績被合併了。

	A	B	C	D	E	F	G	H	I	J
1	准考證號	姓名	社會	歷史			准考證號	國文	數學	英文
2	164	王東	83	91			164	86	97	84
3	113	徐慧	80	79			113	85	74	92
4	17	王慧琴	89	77			17	99	73	88
5	61	阮錦繡	84	74			61	98	95	84
6	34	周洪宇	66	66			34	92	79	86
7										
8	准考證號	姓名	社會	歷史	國文	數學	英文			
9	164	王東	83	91	86	97	84			
10	113	徐慧	80	79	85	74	92			
11	17	王慧琴	89	77	99	73	88			
12	61	阮錦繡	84	74	98	95	84			
13	34	周洪宇	66	66	92	79	86			
14										

Sheet1　Sheet2　Sheet3　Sheet4　Sheet5　Sheet6　Sheet7　Sheet8　⊕

▲ 圖 9-3　基於「准考證號」合併前兩個工作表中的資料

上面介紹的是兩個 DataFrame 中有相同的欄索引標籤的情況，有時候希望用作連接鍵的索引列具有不同的標籤，比如一個是「准考證號」，另一個是「准考證」，它們表達的是一個意思。此時就不能用 on 參數進行設定，而是用 left_on 參數和 right_on 參數分別設定兩個 DataFrame 的連接鍵，即 left_on="准考證號", right_on="准考證"。

當設定 left_index 參數或 right_index 參數的值為 True 時，表示指定左側或右側 DataFrame 的列索引作為連接鍵。這適合一個 DataFrame 的列索引與另一個 DataFrame 的索引欄可用於連接的情況。

2 連接鍵的數量關係

根據連接鍵索引列中值的重複情況，可以有一對一、一對多、多對一和多對多等幾種數量關係。

（1）一對一

在上面的範例中，兩個 DataFrame 中連接鍵「准考證號」欄中的值都是唯一的，沒有重複，這種情況稱為一對一的數量關係。

（2）一對多或多對一

如果兩個 DataFrame 中有一個的連接鍵索引欄中的值是唯一的，另一個有重複，這種情況稱為一對多或多對一的數量關係。

接著上例進行示範。首先清空第 8 個工作表中的內容。

```
>>> sht8.clear()
```

取得活頁簿中的第 5 個和第 7 個工作表。

```
>>> sht5=bk.sheets[4]
>>> sht7=bk.sheets[6]
```

使用 merge 方法合併這兩個工作表中的資料。首先將它們的資料以 DataFrame 類型讀取到 df1 和 df2 中，然後使用 merge 方法合併它們，連接鍵為「准考證號」，得到第 3 個 DataFrame 資料 df3。

```
>>> df1=sht5.range("A1:B4").options(pd.DataFrame).value
>>> df2=sht7.range("A1:B10").options(pd.DataFrame).value
>>> df3=pd.merge(df1,df2,on= "准考證號")
```

將這三個 DataFrame 資料寫入第 8 個工作表中的指定位置。

```
>>> sht8=bk.sheets[7]
>>> sht8.range("A1").value=df1
```

```
>>> sht8.range("D1").value=df2
>>> sht8.range("G1").value=df3
```

第 8 個工作表中的資料如圖 9-4 所示。該工作表中 A、B 欄和 D、E 欄是給定的資料，G ～ I 欄為它們合併後的結果。可見，對於連接鍵索引列中的每個值，如果第 2 個 DataFrame 中的重複次數為 N，則合併後該值對應的列數為 11N。

	A	B	C	D	E	F	G	H	I
1	准考證號	姓名		准考證號	成績		准考證號	姓名	成績
2	164	王東		164	國文89		164	王東	國文89
3	113	徐慧		164	數學75		164	王東	數學75
4	17	王慧琴		164	英文82		164	王東	英文82
5				113	國文85		113	徐慧	國文85
6				113	數學90		113	徐慧	數學90
7				113	英文91		113	徐慧	英文91
8				17	國文98		17	王慧琴	國文98
9				17	數學87		17	王慧琴	數學87
10				17	英文95		17	王慧琴	英文95

▲ 圖 9-4　一對多合併

（3）多對多

如果兩個 DataFrame 中連接鍵索引欄中的值都有重複，這種情況稱為多對多的數量關係。

接著上例進行示範。首先清空第 8 個工作表中的內容。

```
>>> sht8.clear()
```

取得活頁簿中的第 6 個和第 7 個工作表。

```
>>> sht6=bk.sheets[5]
>>> sht7=bk.sheets[6]
```

使用 merge 方法合併這兩個工作表中的資料。首先將它們的資料以 DataFrame 類型讀取到 df1 和 df2 中，然後使用 merge 方法合併它們，連接鍵為「准考證號」，得到第 3 個 DataFrame 資料 df3。

```
>>> df1=sht6.range("A1:C7").options(pd.DataFrame).value
>>> df2=sht7.range("A1:B10").options(pd.DataFrame).value
>>> df3=pd.merge(df1,df2,on= "准考證號")
```

將這三個 DataFrame 資料寫入第 8 個工作表中的指定位置。

```
>>> sht8=bk.sheets[7]
>>> sht8.range("A1").value=df1
>>> sht8.range("E1").value=df2
>>> sht8.range("H1").value=df3
```

第 8 個工作表中的資料如圖 9-5 所示。該工作表中 A ～ C 欄和 E、F 欄是給定的資料，H ～ J 欄為它們合併後的結果。可見，對於連接鍵索引欄中的每個值，如果第 1 個 DataFrame 中的重複次數為 M，第 2 個 DataFrame 中的重複次數為 N，則合併後該值對應的列數為 MMN。

	A	B	C	D	E	F	G	H	I	J	K
1	准考證號	姓名	學期		准考證號	成績		准考證號	姓名	學期	成績
2	164	王東	上學期		164	國文89		164	王東	上學期	國文89
3	164	王東	下學期		164	數學75		164	王東	上學期	數學75
4	113	徐慧	上學期		164	英文82		164	王東	上學期	英文82
5	113	徐慧	下學期		113	國文85		164	王東	下學期	國文89
6	17	王慧琴	上學期		113	數學90		164	王東	下學期	數學75
7	17	王慧琴	下學期		113	英文91		164	王東	下學期	英文82
8					17	國文98		113	徐慧	上學期	國文85
9					17	數學87		113	徐慧	上學期	數學90
10					17	英文95		113	徐慧	上學期	英文91
11								113	徐慧	下學期	國文85
12								113	徐慧	下學期	數學90
13								113	徐慧	下學期	英文91
14								17	王慧琴	上學期	國文98
15								17	王慧琴	上學期	數學87
16								17	王慧琴	上學期	英文95
17								17	王慧琴	下學期	國文98
18								17	王慧琴	下學期	數學87
19								17	王慧琴	下學期	英文95

▲ 圖 9-5　多對多合併

3 連接方式

使用 how 參數設定連接鍵連接的方式。連接方式有內連接（inner）、外連接（outer）、左連接（left）和右連接（right）四種，它們對應的集合關係如圖 9-6 所示。

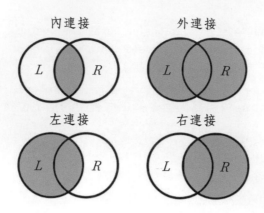

內連接　　　　　　外連接

左連接　　　　　　右連接

▲ 圖 9-6　各連接方式對應的集合關係

（1）內連接

當將 how 參數的值設定為 inner 時，表示連接鍵的連接方式為內連接。內連接是預設的連接方式。如圖 9-6 所示，內連接返回的是兩個 DataFrame 資料由連接鍵確定的交集，即連接鍵索引列共有的值確定的資料。

接著上例進行示範。首先清空第 8 個工作表中的內容。

```
>>> sht8.clear()
```

取得活頁簿中的第 1 個和第 3 個工作表。

```
>>> sht1=bk.sheets[0]
>>> sht3=bk.sheets[2]
```

使用 merge 方法合併這兩個工作表中的資料。首先將它們的資料以 DataFrame 類型讀取到 df1 和 df2 中，然後使用 merge 方法合併它們，連接鍵為「准考證號」，how 參數取預設值 "inner"，得到第 3 個 DataFrame 資料 df3。

```
>>> df1=sht1.range("A1:D6").options(pd.DataFrame).value
>>> df2=sht3.range("A1:E6").options(pd.DataFrame).value
>>> df3=pd.merge(df1,df2,on= "准考證號")
```

將這三個 DataFrame 資料，寫入第 8 個工作表中的指定位置。

```
>>> sht8=bk.sheets[7]
>>> sht8.range("A1").value=df1
>>> sht8.range("F1").value=df2
>>> sht8.range("A8").value=df3
```

第 8 個工作表中的資料如圖 9-7 所示。該工作表中前六行是給定的資料，第 8 行及以下是它們合併後的結果。可見，合併結果是：兩個 DataFrame 中連接鍵索引列共有的三個准考證號對應的合併資料。

	A	B	C	D	E	F	G	H	I	J
1	准考證號	姓名	社會	歷史		准考證號	姓名	國文	數學	英文
2	164	王東	83	91		164	王東	86	97	84
3	113	徐慧	80	79		113	徐慧	85	74	92
4	17	王慧琴	89	77		17	王慧琴	99	73	88
5	61	阮錦繡	84	74		47	程成	98	95	84
6	34	周洪宇	66	66		9	王潔	92	79	86
7										
8	准考證號	姓名_x	社會	歷史	姓名_y	國文	數學	英文		
9	164	王東	83	91	王東	86	97	84		
10	113	徐慧	80	79	徐慧	85	74	92		
11	17	王慧琴	89	77	王慧琴	99	73	88		

▲ 圖 9-7　內連接效果

（2）外連接

如圖 9-6 所示，外連接返回的是兩個 DataFrame 資料由連接鍵確定的聯集，即連接鍵索引列中所有值確定的資料。

接著上例進行示範。首先清空第 8 個工作表中的內容。

```
>>> sht8.clear()
```

使用 merge 方法合併第 1 個和第 3 個工作表中的資料，連接鍵為「准考證號」，將 how 參數的值設定為 "outer"，得到第 3 個 DataFrame 資料 df3。

```
>>> df3=pd.merge(df1,df2,on= "准考證號",how="outer")
```

將這三個 DataFrame 資料寫入第 8 個工作表中的指定位置。

```
>>> sht8=bk.sheets[7]
>>> sht8.range("A1").value=df1
>>> sht8.range("F1").value=df2
>>> sht8.range("A8").value=df3
```

第 8 個工作表中的資料如圖 9-8 所示。該工作表中前六列是給定的資料，第 8 列及以下是它們合併後的結果。可見，合併結果是：兩個 DataFrame 中連接鍵索引列中的全部准考證號對應的合併資料。

	A	B	C	D	E	F	G	H	I	J
1	准考證號	姓名	社會	歷史		准考證號	姓名	國文	數學	英文
2	164	王東	83	91		164	王東	86	97	84
3	113	徐慧	80	79		113	徐慧	85	74	92
4	17	王慧琴	89	77		17	王慧琴	99	73	88
5	61	阮錦繡	84	74		47	程成	98	95	84
6	34	周洪宇	66	66		9	王潔	92	79	86
7										
8	准考證號	姓名_x	社會	歷史	姓名_y	國文	數學	英文		
9	164	王東	83	91	王東	86	97	84		
10	113	徐慧	80	79	徐慧	85	74	92		
11	17	王慧琴	89	77	王慧琴	99	73	88		
12	61	阮錦繡	84	74						
13	34	周洪宇	66	66						
14	47				程成	98	95	84		
15	9				王潔	92	79	86		

▲ 圖 9-8　外連接效果

（3）左連接和右連接

如圖 9-6 所示，左連接的計算結果是保留左側連接鍵確定的合併資料，並加入右側連接鍵共有值確定的合併資料，集合運算是二者的併集減去右側與左側的差集。右連接的計算結果是保留右側連接鍵確定的合併資料，並加入左側連接鍵共有值確定的合併資料，集合運算是二者的併集減去左側與右側的差集。

接著上例進行示範。首先清空第 8 個工作表中的內容。

```
>>> sht8.clear()
```

使用 merge 方法合併第 1 個和第 3 個工作表中的資料，連接鍵為「准考證號」，將 how 參數的值設定為 "left"，得到第 3 個 DataFrame 資料 df3；將 how 參數的值設定為 "right"，得到第 4 個 DataFrame 資料 df4。

```
>>> df3=pd.merge(df1,df2,on= "准考證號",how="left")
>>> df4=pd.merge(df1,df2,on= "准考證號",how="right")
```

將這四個 DataFrame 資料寫入第 8 個工作表中的指定位置。

```
>>> sht8=bk.sheets[7]
>>> sht8.range("A1").value=df1
>>> sht8.range("F1").value=df2
>>> sht8.range("A8").value=df3
>>> sht8.range("A15").value=df4
```

第 8 個工作表中的資料如圖 9-9 所示。該工作表中前六列是給定的資料，第 8 ～ 13 行為左連接的合併結果，第 15 ～ 20 行為右連接的合併結果。可見，左連接保留了左側 DataFrame 的所有准考證號，並加入了右側 DataFrame 中相交准考證號對應的資料；右連接保留了右側 DataFrame 的所有准考證號，並加入了左側 DataFrame 中相交准考證號對應的資料。

	A	B	C	D	E	F	G	H	I	J
1	准考證號	姓名	社會	歷史		准考證號	姓名	國文	數學	英文
2	164	王東	83	91		164	王東	86	97	84
3	113	徐慧	80	79		113	徐慧	85	74	92
4	17	王慧琴	89	77		17	王慧琴	99	73	88
5	61	阮錦繡	84	74		47	程成	98	95	84
6	34	周洪宇	66	66		9	王潔	92	79	86
7										
8	准考證號	姓名_x	社會	歷史	姓名_y	國文	數學	英文		
9	164	王東	83	91	王東	86	97	84		
10	113	徐慧	80	79	徐慧	85	74	92		
11	17	王慧琴	89	77	王慧琴	99	73	88		
12	61	阮錦繡	84	74						
13	34	周洪宇	66	66						
14										
15	准考證號	姓名_x	社會	歷史	姓名_y	國文	數學	英文		
16	164	王東	83	91	王東	86	97	84		
17	113	徐慧	80	79	徐慧	85	74	92		
18	17	王慧琴	89	77	王慧琴	99	73	88		
19	47				程成	98	95	84		
20	9				王潔	92	79	86		

▲ 圖 9-9 左連接和右連接效果

4 有非鍵列標籤重複的情況

> **注意** 在上例中，兩個 DataFrame 中都有一個非鍵欄標籤「姓名」，合併以後，為了進行區分，給左側 DataFrame 中的「姓名」加上了後綴「_x」，給右側 DataFrame 中的「姓名」加上了後綴「_y」。這是預設設定。如果需要自訂後綴，則可以用 suffixes 參數進行設定。

在上例的基礎上，使用下列的程式碼合併給定的資料。指定重複的非鍵列標籤的後綴為「_l」和「_r」。

```
>>> df3=pd.merge(df1,df2,on= "准考證號",suffixes=("_l","_r"))
>>> df3
     姓名_l     政治     歷史 姓名_r     語文     數學     英語
准考證號
164   王東   83.0  91.0   王東  86.0  97.0  84.0
113   徐慧   80.0  79.0   徐慧  85.0  74.0  92.0
017   王慧琴  89.0  77.0   王慧琴 99.0  73.0  88.0
```

9.4.10　連接資料

使用 pandas 的 join 方法可以實現兩個或多個 DataFrame 資料的連接。該方法的語法格式為：

```
df.join(other, on=None, how='left', lsuffix='', rsuffix='', sort=False)
```

該方法各參數的含義與 merge 方法的基本相同。其中，df 為 DataFrame 物件，other 為另外一個或多個 DataFrame 物件。join 方法可以被看作是 merge 方法的簡化版本。

當連接兩個 DataFrame 資料時，可以使用 on 參數指定連接鍵索引欄；當連接多個 DataFrame 資料時，只能將列索引作為連接鍵。

下面使用 join 方法連接 3 個 DataFrame 資料。首先匯入 xlwings，然後開啟 D 槽下的「學生成績表 -join.xlsx」，該活頁簿檔案中有 4 個工作表，其中前三個工作表中儲存的是一些學生的不同科目的考試成績；第 4 個工作表為空工作表，用於寫入連接結果並進行展示。

```
>>> import xlwings as xw      #匯入xlwings
>>> import pandas as pd       #匯入pandas
>>> #建立Excel應用，該應用視窗可見，不新增活頁簿
>>> app=xw.App(visible=True, add_book=False)
>>> #開啟資料檔，可寫
>>> bk=app.books.open(fullname="D:\\學生成績表-join.xlsx",read_only=False)
>>> #取得活頁簿中的前三個工作表
>>> sht1=bk.sheets[0]
>>> sht2=bk.sheets[1]
>>> sht3=bk.sheets[2]
```

下面使用 xlwings 的轉換器和選項功能，將已有的 3 個工作表中的資料以 DataFrame 類型讀取到 df1、df2 和 df3 中，然後使用 pandas 的 join 方法合併它們，得到第 4 個 DataFrame 資料 df4。 注意 xlwings 在將表格區域資料轉換為 DataFrame 資料時，將第 1 欄資料指定為列索引。

```
>>> df1=sht1.range("A1:C6").options(pd.DataFrame).value
>>> df2=sht2.range("A1:C6").options(pd.DataFrame).value
>>> df3=sht3.range("A1:B6").options(pd.DataFrame).value
>>> df4=df1.join([df2,df3])       #用df2和df3組成的列表指定other參數
```

將這四個 DataFrame 資料寫入第 4 個工作表中的指定位置。

```
>>> sht4=bk.sheets[3]
>>> sht4.range("A1").value=df1
>>> sht4.range("E1").value=df2
>>> sht4.range("I1").value=df3
>>> sht4.range("A8").value=df4
```

第 4 個工作表中的資料如圖 9-10 所示。該工作表中第 1 ～ 6 行顯示的是前三個工作表中給定的資料，第 8 ～ 13 行顯示的是連接後的資料。可見，3 個工作表中的資料成功連接了。

▲	A	B	C	D	E	F	G	H	I	J
1	准考證號	國文	數學		准考證號	英文	社會		准考證號	歷史
2	164	16	27		164	34	13		164	13
3	113	85	54		113	92	50		113	50
4	17	99	73		17	118	89		17	77
5	46	95	83		46	62	49		46	49
6	61	92	91		61	92	84		61	74
7										
8	准考證號	國文	數學	英文	社會	歷史				
9	164	16	27	34	13	13				
10	113	85	54	92	50	50				
11	17	99	73	118	89	77				
12	46	95	83	62	49	49				
13	61	92	91	92	84	74				

▲ 圖 9-10　使用 join 方法連接資料

9.4.11　拼接資料

使用 pandas 的 concat 方法可以對兩個或多個 DataFrame 資料進行拼接。該方法的主要參數如表 9-4 所示。透過參數設定，可以指定拼接的方向和方法等。

📑 **表 9-4**　concat 方法的主要參數

參數	說明
objs	指定拼接的物件集合，可以是 Series、DataFrame 等組成的列表等
axis	指定拼接的方向，預設值為 0，垂直方向拼接；當值為 1 時表示水平方向拼接
join	指定拼接的方法，值為 outer 或 inner，相當於 merge 方法中 how 參數設置的外連接和內連接
join_axes	指定保留的軸，其作用相當於 merge 方法中 how 參數設置的左連接和右連接
ignore_index	拼接後忽略原來的索引編號，重新編號
keys	加入一個鍵，指定資料來源

1 垂直方向拼接

下面使用 concat 方法垂直方向拼接 3 個 DataFrame 資料。首先匯入 xlwings，然後開啟 D 槽下的「學生成績表 -concat-1.xlsx」，該活頁簿檔案中有 4 個工作表，其中前三個工作表中儲存的，是一些學生的不同科目的考試成績；第 4 個工作表為空工作表，用於寫入拼接結果並進行展示。

```
>>> import xlwings as xw      #匯入xlwings
>>> import pandas as pd       #匯入pandas
>>> #建立Excel應用，該應用視窗可見，不新增活頁簿
>>> app=xw.App(visible=True, add_book=False)
>>> #開啟資料檔，可寫
>>> bk=app.books.open(fullname="D:\\學生成績表-concat-1.xlsx",read_only=False)
>>> #取得活頁簿中的前三個工作表
>>> sht1=bk.sheets[0]
>>> sht2=bk.sheets[1]
>>> sht3=bk.sheets[2]
```

下面使用 xlwings 的轉換器和選項功能，將已有的三個工作表中的資料以 DataFrame 類型讀取到 df1、df2 和 df3 中，然後使用 pandas 的 concat 方法垂直方向拼接它們，得到第 4 個 DataFrame 資料 df4。

```
>>> df1=sht1.range("A1:G6").options(pd.DataFrame).value
>>> df2=sht2.range("A1:G6").options(pd.DataFrame).value
>>> df3=sht3.range("A1:G4").options(pd.DataFrame).value
>>> df4=pd.concat([df1,df2,df3])
```

將這四個 DataFrame 資料，寫入第 4 個工作表中的指定位置。

```
>>> sht4=bk.sheets[3]
>>> sht4.range("A1").value=df1
>>> sht4.range("A8").value=df2
>>> sht4.range("A15").value=df3
>>> sht4.range("A20").value=df4
```

第 4 個工作表中的資料如圖 9-11 所示。可見，對給定的 3 個工作表中的資料成功進行了垂直方向拼接。

	A	B	C	D	E	F	G
1	准考號	姓名	國文	數學	英文	社會	歷史
2	164	王東	16	27	34	13	13
3	113	徐慧	85	54	92	50	50
4	17	王慧琴	99	73	118	89	77
5	46	章思思	95	83	62	49	49
6	61	阮錦繡	92	91	92	84	74
7							
8	准考號	姓名	國文	數學	英文	社會	歷史
9	34	周洪宇	93	92	113	66	66
10	16	謝思明	98	95	117	73	73
11	47	程成	98	95	114	70	70
12	9	王潔	102	102	136	73	72
13	45	張麗君	107	104	105	59	59
14							
15	准考號	姓名	國文	數學	英文	社會	歷史
16	11	馬欣	104	112	124	77	66
17	28	焦明	96	116	99	74	74
18	42	王豔	88	118	103	87	67
19							
20	准考號	姓名	國文	數學	英文	社會	歷史
21	164	王東	16	27	34	13	13
22	113	徐慧	85	54	92	50	50
23	17	王慧琴	99	73	118	89	77
24	46	章思思	95	83	62	49	49
25	61	阮錦繡	92	91	92	84	74
26	34	周洪宇	93	92	113	66	66
27	16	謝思明	98	95	117	73	73
28	47	程成	98	95	114	70	70
29	9	王潔	102	102	136	73	72
30	45	張麗君	107	104	105	59	59
31	11	馬欣	104	112	124	77	66
32	28	焦明	96	116	99	74	74
33	42	王豔	88	118	103	87	67

▲ 圖 9-11　使用 concat 方法垂直方向拼接資料

 ## ❷ 水平方向拼接

將 axis 參數的值設定為 1，表示進行水平方向拼接。開啟 D 槽下的「學生成績表 -concat-2.xlsx」，該活頁簿檔案中有 4 個工作表，其中前三個工作表中儲存的是一些學生的不同科目的考試成績；第 4 個工作表為空工作表，用於寫入拼接結果並進行展示。

```
>>> import xlwings as xw        #匯入xlwings
>>> import pandas as pd         #匯入pandas
>>> app=xw.App(visible=True, add_book=False)
>>> bk=app.books.open(fullname="D:\\學生成績表-concat-2.xlsx",read_only=False)
```

```
>>> sht1=bk.sheets[0]
>>> sht2=bk.sheets[1]
```

下面使用 xlwings 的轉換器和選項功能，將前兩個工作表中的資料以 DataFrame 類型讀取到 df1 和 df2 中，然後使用 pandas 的 concat 方法拼接它們，指定 axis 參數的值為 1，水平方向拼接，得到第 3 個 DataFrame 資料 df4。

```
>>> df1=sht1.range("A1:E6").options(pd.DataFrame).value
>>> df2=sht2.range("A1:C6").options(pd.DataFrame).value
>>> df4=pd.concat([df1,df2],axis=1)
```

將這三個 DataFrame 資料寫入第 4 個工作表中的指定位置。

```
>>> sht4=bk.sheets[3]
>>> sht4.clear()
>>> sht4.range("A1").value=df1
>>> sht4.range("G1").value=df2
>>> sht4.range("A8").value=df4
```

第 4 個工作表中的資料如圖 9-12 所示。可見，給定的兩個工作表中的資料在水平方向上拼接成功。

	A	B	C	D	E	F	G	H	I
1	准考證號	姓名	國文	數學	英文		准考證號	社會	歷史
2	164	王東	16	27	34		164	13	13
3	113	徐慧	85	54	92		113	50	50
4	17	王慧琴	99	73	118		17	89	77
5	46	章思思	95	83	62		46	49	49
6	61	阮錦繡	92	91	92		61	84	74
7									
8	准考證號	姓名	國文	數學	英文	社會	歷史		
9	164	王東	16	27	34	13	13		
10	113	徐慧	85	54	92	50	50		
11	17	王慧琴	99	73	118	89	77		
12	46	章思思	95	83	62	49	49		
13	61	阮錦繡	92	91	92	84	74		

▲ 圖 9-12　使用 concat 方法水平方向拼接資料

❸ 資料格式不一的情況

上面討論的是資料格式比較一致的情況，即垂直方向拼接時兩個 DataFrame 中的欄索引標籤是相同的，水平方向拼接時兩個 DataFrame 中的列索引標籤也是相同的。在資料格式一致的情況下，它們的交集和聯集的大小與自己的大小相同。下面討論拼接時，兩個 DataFrame 中的欄索引標籤或列索引標籤不同的情況。此時，採用不同的方式進行拼接將得到不同的結果。

使用 join 參數和 join_axes 參數控制拼接方法，得到類似於 9.4.9 節中介紹 merge 方法時得到的內連接、外連接、左連接和右連接的效果。請參閱該節的內容，這裡不再介紹。

9.4.12　追加資料

使用 DataFrame 物件的 append 方法，可以在已有 DataFrame 資料的末列追加資料列（Series）或資料區域（DataFrame）。該方法的語法格式為：

```
df3=df1.append(df2)
```

其中，df1 是已有的 DataFrame 資料；df2 是追加的 Series 或 DataFrame 資料；追加後得到新的 DataFrame 資料 df3。

該方法使用簡單，這裡不再展開介紹。

10

擴展 Excel 的資料視覺化功能：Matplotlib

第 6 章介紹了 Excel 軟體提供的圖表功能，透過 Python 程式可以運用 Excel 內建的資料視覺化功能。本章將介紹 Python 的 Matplotlib，以及 Python 提供的資料視覺化功能。

10.1 Matplotlib 概述

Matplotlib 是 Python 最著名的資料視覺化套件，其提供了強大的圖表繪製功能。本節將對 Matplotlib 進行簡單介紹。

10.1.1 Matplotlib 簡介

Matplotlib 的繪圖風格與 Matlab 的很相似，實際上，從名稱上也可以看出，它模仿了 Matlab 的很多繪圖功能。它是 Python 比較底層的資料視覺化套件，具備簡單、易用、圖表類型豐富、圖形品質高等特點。

Matplotlib 提供的主要功能包括：

✓ 二維圖表的繪製，圖表類型包括二維點圖、線形圖、條形圖、區域圖、餅圖、散點圖、誤差條圖、箱形圖等。

✓ 立體圖表的繪製，圖表類型包括立體點圖、線形圖、條形圖、散點圖、曲面圖、多邊形物件模型等。

✓ 二維標量場資料的視覺化，圖表類型包括二維等值線圖等。

✓ 二維向量場資料的視覺化，圖表類型包括二維向量圖等。

- ✅ 提供底層圖形物件，其提供了基本圖形元素如點、直線段、矩形、橢圓形、多段線、文字、面片和路徑等的繪製，在此基礎上可以建立自訂的圖表類型，甚至建立屬於自己的圖形套件。Seaborn 和 ggplot 都是在 Matplotlib 的基礎上進一步開發的。

- ✅ 可以作為繪圖控制項嵌入 GUI 應用程式中，用 Matplotlib 繪製的圖形可以很方便地嵌入 Excel 工作表中。

本書因為篇幅有限，無法完整介紹 Matplotlib 的功能，本章主要介紹與 Excel 相關的內容。

10.1.2 安裝 Matplotlib

Matplotlib 的安裝比較簡單，在命令提示字元視窗中輸入以下指令進行安裝。

```
pip install matplotlib
```

在安裝成功後，開啟 Python IDLE，在 Shell 視窗中的提示符號後輸入如下指令匯入 Matplotlib。

```
>>> import matplotlib.pyplot as plt
```

如果 Matplotlib 安裝不成功，則匯入時會提示錯誤。

10.2 使用 Matplotlib 繪圖

Matplotlib 的繪圖功能很強大，本節主要介紹散佈圖、線形圖、條形圖、區域圖和餅圖的繪製。

10.2.1 散佈圖

散佈圖是用孤立的點來表示指定位置上資料的大小，在全部的點繪製以後可以很清晰地表現資料的分布特徵。使用 plot 函數繪製散佈圖。

1 簡單散佈圖

如果只有一組資料，則可以繪製簡單散佈圖。如果對水平座標沒有特殊要求，則可以直接輸入垂直座標資料列表作為 plot 函數的參數。首先匯入 Matplotlib，然後呼叫 plot 函數繪圖，呼叫 show 函數顯示圖形。在 plot 函數的第 2 個參數「ro」中，r 表示紅色，o 表示實心圓標記。

```
>>> import matplotlib.pyplot as plt
>>> plt.plot([1, 3, 8, 6, 10, 15], "ro")
>>> plt.show()
```

生成如圖 10-1 所示的簡單散佈圖。

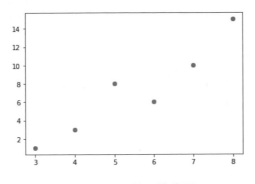

▲ 圖 10-1　簡單散佈圖

標記類型如表 10-1 所示，共計 20 餘種。

表 10-1 標記類型

標記	說明	標記	說明	標記	說明
"."	點	"h"	六邊形點 1	"1"	下三叉點
"o"	實心圓	"+"	加號點	"3"	左三叉點
"^"	上三角點	"D"	實心菱形點	"s"	正方點
">"	右三角點	"_"	橫線點	"*"	星形點
"2"	上三叉點	","	像素點	"H"	六邊形點 2

標記	說明	標記	說明	標記	說明
"4"	右三叉點	"v"	下三角點	"x"	乘號點
"p"	五角點	"<"	左三角點	"d"	瘦菱形點

前面在繪圖時沒有指定水平座標。其實也可以指定水平座標，如下例所示。要求水平座標陣列和垂直座標陣列的大小相同。

```
>>> plt.plot([3, 4, 5, 6, 7, 8], [1, 3, 8, 6, 10, 15], "ro")
>>> plt.show()
```

效果如圖 10-2 所示。請注意水平座標的變化。

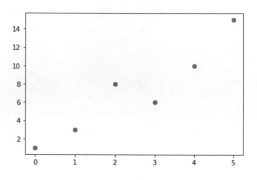

▲ 圖 10-2　設定水平座標的效果

2 複合散佈圖

複合散佈圖是利用多組資料繪製散佈圖，用不同的顏色和標記區分不同的分組。下面使用 NumPy 的 arange 函數，在 1～4 範圍內以 0.2 為步長等間隔取值，作為水平座標資料，用水平座標資料以及它們的正弦值和餘弦值，分別作為垂直座標資料繪製複合散佈圖。

```
>>> import numpy as np        #匯入NumPy
>>> import matplotlib.pyplot as plt
>>> t = np.arange(1., 4., 0.2)      #水平座標資料
```

```
>>> #3個簡單散佈圖複合：t-t，紅色，星形點標記
>>> #t-sin(t)，綠色，正方點標記 t-cos(t)；藍色，上三角點標記
>>> plt.plot(t, t, "r*", t, np.sin(t), "gs", t, np.cos(t), "b^")
>>> plt.show()
```

生成如圖 10-3 所示的複合散佈圖。

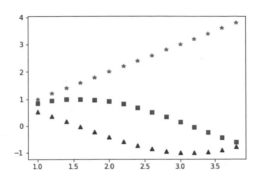

▲ 圖 10-3 複合散佈圖

10.2.2 線形圖

線形圖在散佈圖的基礎上，用直線段將相鄰的點連接起來，用線條來表現資料的分布特徵。對應於單組資料和多組資料，有簡單線形圖和複合線形圖。

 1 簡單線形圖

簡單線形圖是用一組資料繪製線形圖，線形圖的控制點由水平座標資料和垂直座標資料確定。下面指定水平座標資料在 -4 ～ 4 範圍內以 1 為步長等間隔取值，垂直座標資料取水平座標資料的正弦值，然後使用 plot 函數繪圖。

```
>>> import numpy as np
>>> import matplotlib.pyplot as plt
>>> t = np.arange(-4., 4., 1)       #水平座標資料
>>> plt.plot(t, np.sin(t))          #計算垂直座標資料，繪圖
>>> plt.show()
```

生成如圖 10-4 所示的簡單線形圖。預設時線條的顏色為藍色。

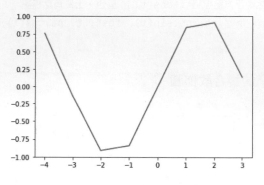

▲ 圖 10-4　簡單線形圖

當使用 Matplotlib 繪圖時，可用三種方式著色，即標準顏色著色、十六進位制顏色著色和 RGB 著色。如表 10-2 所示為常見的 8 種顏色的字元表示和十六進位制表示。

📺 **表 10-2**　標準顏色（常見的 8 種顏色的字元表示和十六進位制表示）

顏色	字元表示	十六進位制表示	顏色	字元表示	十六進位制表示
藍色	"b"	"#0000FF"	品紅色	"m"	"#FF00FF"
綠色	"g"	"#008000"	黃色	"y"	"#FFFF00"
紅色	"r"	"#FF0000"	黑色	"k"	"#000000"
青色	"c"	"#00FFFF"	白色	"w"	"#FFFFFF"

下面的第 2 ～ 4 條敘述都用於繪製相同資料確定的簡單線形圖，線條顏色為青色，資料點用紅色實心圓標記表示。與顏色相關的參數名稱往往都包含 "color" 字樣。

```
>>> import matplotlib.pyplot as plt
>>> plt.plot([1, 3, 8, 6, 10, 15], color="c", marker="o", markerfacecolor="r")
>>> plt.plot([1, 3, 8, 6, 10, 15], color="c", marker="o", markerfacecolor=
"#FF0000")
>>> plt.plot([1, 3, 8, 6, 10, 15], color="c", marker="o", markerfacecolor=
```

```
(1.0,0.0,0.0))
>>> plt.show()
```

效果如圖 10-5 所示。

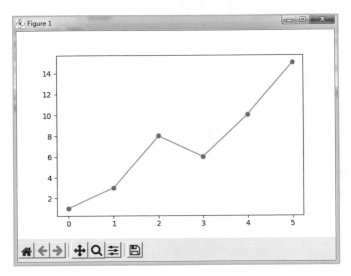

▲ 圖 10-5 設定線條顏色的效果

線條的線型可以用 plot 函數的 linestyle 參數設定,可以設定為實線、點虛線、虛線和點線等,對應的符號如下:

- " - ",實線。
- " -. ",點虛線。
- " -- ",虛線。
- " : ",點線。

線條的線寬可以用 plot 函數的 linewidth 參數設定,請設定為大於 0 的整數。

下面根據給定的水平座標資料,與計算得到的正弦值和餘弦值垂直座標資料,繪製兩個線形圖。其中垂直座標資料為正弦值的圖形線型為點線,線寬為 3;垂直座標資料為餘弦值的圖形線型為點虛線,線寬為 5。

```
>>> import numpy as np
>>> import matplotlib.pyplot as plt
>>> t = np.arange(-4., 4., 1)        #水平座標資料
>>> plt.plot(t, np.sin(t), linestyle=":", linewidth=3)    #正弦值資料的圖形
>>> plt.plot(t, np.cos(t), linestyle="-.", linewidth=5)   #餘弦值資料的圖形
>>> plt.show()
```

效果如圖 10-6 所示。

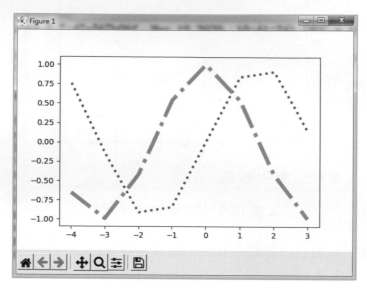

▲ 圖 10-6　設定線型和線寬的效果

2 複合線形圖

複合線形圖是利用多組資料繪製線形圖。繪製複合線形圖可以使用類似於生成圖 10-6 所示效果的程式碼，用每條折線的資料分別繪圖，也可以在 plot 函數中對每條折線設定資料和屬性一次性繪製完畢。

下面使用 NumPy 的 arange 函數在 1 ～ 4 範圍內以 0.1 為步長等間隔取值作為水平座標資料，使用水平座標資料的正弦值和餘弦值分別作為垂直座標資料，繪製複合線形圖。三條折線分別為紅色實線、綠色虛線和藍色點線。

```
>>> import numpy as np
>>> import matplotlib.pyplot as plt
>>> t = np.arange(1., 4., 0.1)
>>> plt.plot(t, t, "r-", t, np.sin(t), "g--", t, np.cos(t), "b:")
>>> plt.show()
```

生成如圖 10-7 所示的複合線形圖。

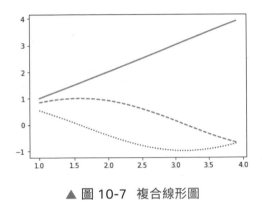

▲ 圖 10-7 複合線形圖

10.2.3 條形圖

條形圖是用填滿矩形表示資料的大小和分布特徵。根據繪圖資料的組數，可以繪製簡單條形圖和複合條形圖。

 1 簡單條形圖

當只有一組資料時，可以繪製簡單條形圖。下面取 1 ～ 6 範圍內的整數作為水平座標資料，垂直座標資料用列表指定 6 個整數，使用 bar 函數繪製條形圖，用 color 參數指定條形的顏色為紅色。

```
>>> import numpy as np
>>> import matplotlib.pyplot as plt
>>> x = np.arange(1, 7, 1)          #水平座標資料
>>> y=[1, 3, 8, 6, 10, 15]          #垂直座標資料
>>> plt.bar(x,y, color="r")         #繪製紅色條形圖
>>> plt.show()
```

生成如圖 10-8 所示的簡單條形圖。

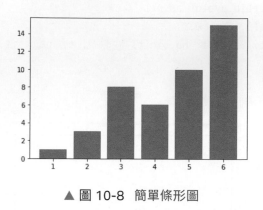

▲ 圖 10-8　簡單條形圖

使用 barh 函數繪製橫向條形圖。下面用 x 和 y 資料繪圖。

```
>>> plt.barh(x,y, color="r")
>>> plt.show()
```

生成如圖 10-9 所示的橫向條形圖。

將 color 參數指定為列表，可以用不同的顏色給條形著色。下面給每個條形單獨指定顏色。

```
>>> plt.barh(x,y, color=["r", "y", "b", "g", "c", "m"])
>>> plt.show()
```

效果如圖 10-10 所示。

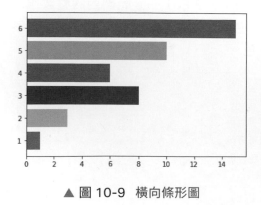

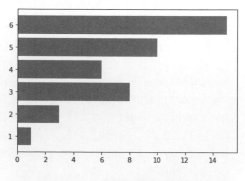

▲ 圖 10-9　橫向條形圖　　　　▲ 圖 10-10　給每個條形著色的效果

2 複合條形圖

複合條形圖可以表現多組資料的大小和分布特徵，各組資料用不同顏色的條形表示，將它們並排放置組成一個複合條形。Matplotlib 沒有提供專門繪製複合條形圖的函數，但是使用 bar 函數，透過控制單個條形的寬度和每個條形的位置，可以比較方便地實現複合條形圖的繪製。

下面給定水平座標資料，用其正弦值 +1 和餘弦值 +1 分別作為垂直座標資料繪製條形圖。條形的寬度為 0.3，後一組條形的位置為前一組條形的位置 +0.3。顯示圖例和網格。

```
>>> import numpy as np
>>> import matplotlib.pyplot as plt
>>> plt.figure()      #建立繪圖視窗
>>> t=np.arange(-4., 4., 1)      #水平座標資料
>>> #正弦值資料的條形圖
>>> plt.bar(t, 1+np.sin(t), label="sin", width=0.3, color="r")
>>> #餘弦值資料的條形圖
>>> plt.bar(t+0.3, 1+np.cos(t), label="cos", width=0.3, color="g")
>>> plt.legend()       #繪製圖例
>>> plt.grid(linestyle="-.", alpha=0.5)      #繪製網格：點虛線、半透明
>>> plt.show()         #顯示繪圖視窗
```

生成如圖 10-11 所示的複合條形圖。

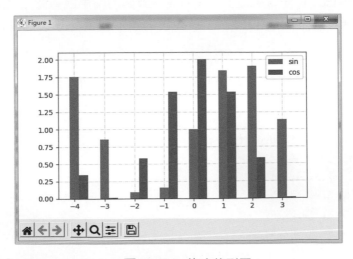

▲ 圖 10-11 複合條形圖

10.2.4 區域圖

區域圖實際上是將線形圖與 0 基線首尾各自相連形成一個區域，用顏色填滿該區域來表現資料的大小和分布特徵。根據繪圖資料的組數，可以繪製簡單區域圖和堆疊區域圖。

 1 簡單區域圖

使用 stackplot 函數繪製區域圖。當只有一組資料時，可以繪製簡單區域圖。下面給定一組資料，繪製簡單區域圖。

```
>>> import numpy as np
>>> import matplotlib.pyplot as plt
>>> x = [1, 2, 3, 4, 5]
>>> y = [1, 1, 2, 3, 5]
>>> plt.stackplot(x, y)
>>> plt.show()
```

生成如圖 10-12 所示的簡單區域圖。

 2 堆疊區域圖

當指定多組資料時，使用 stackplot 函數繪製的是堆疊區域圖。我們可以這樣理解堆疊區域圖：首先繪製最上面一組資料對應的簡單區域圖，然後依次繪製下面各組資料對應的簡單區域圖，後繪製的圖形覆蓋先繪製的圖形的部分面積，最後形成堆疊的效果。

下面用列表指定 1 組水平座標資料、3 組垂直座標資料，使用 stackplot 函數繪製堆疊區域圖。

```
>>> import matplotlib.pyplot as plt
>>> #指定資料
>>> x = [1, 2, 3, 4, 5]
>>> y1 = [2, 1, 4, 3, 5]
>>> y2 = [0, 2, 1, 6, 4]
>>> y3 = [1, 4, 5, 8, 6]
```

```
>>> #繪圖
>>> plt.stackplot(x, y1, y2, y3)
>>> plt.show()
```

生成如圖 10-13 所示的堆疊區域圖。

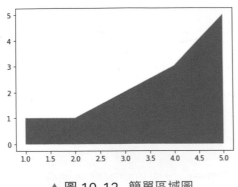

▲ 圖 10-12　簡單區域圖

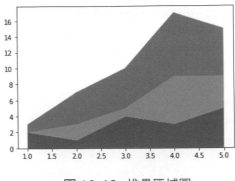

▲ 圖 10-13　堆疊區域圖

10.2.5　餅圖

餅圖是用圓形區域中不同大小和顏色的扇區，來表現給定資料在整體中所占的比例。在繪製時，需要指定每組資料的標籤和各自對應的百分比。

使用 pie 函數繪製餅圖。該函數的主要參數包括：

- **data**：指定各部分所占百分比的資料。

- **labels**：指定各部分的標籤。

- **radius**：指定餅圖的半徑。

- **explode**：指定餅圖要分離的部分。

- **autopct**：指定顯示百分比資料的字串格式。預設值為 None，不顯示百分比資料。

- **colors**：指定各部分的顏色。預設值為 None，自動設定顏色。

- **startangle**：指定餅圖第 1 個部分的起始角度。

- ✅ **counterclock**：指定餅圖的繪製方向。預設值為 True，按逆時針方向繪製。

- ✅ **shadow**：指定是否繪製餅圖的陰影。預設值為 False，不繪製陰影。

下面指定資料標籤和占總體的百分比資料，使用 pie 函數繪製餅圖。繪製陰影，起始角度為 90 度，百分比資料輸出保留 1 位小數。

```
>>> import matplotlib.pyplot as plt
>>> labels=["Class 1", "Class 2", "Class 3", "Class 4", "Class 5"]
>>> sizes = [15, 30, 25, 10, 20]
>>> plt.pie(sizes, labels=labels, shadow=True, autopct="%1.1f%%", startangle=90)
>>> plt.axis("equal")      #橫縱軸比例相同
>>> plt.show()
```

生成如圖 10-14 所示的餅圖。

設定 explode 參數，可以將部分扇區分離顯示，以突出和強調該部分。該參數的值用一個元組指定，不分離的部分用 0 表示，要分離的部分用 0 和 1 之間的小數表示，指定分離的程度。

```
>>> import matplotlib.pyplot as plt
>>> labels=["Class 1", "Class 2", "Class 3", "Class 4", "Class 5"]
>>> sizes=[15, 30, 25, 10, 20]
>>> explode=(0, 0.1, 0, 0, 0)      #指定分離的部分
>>> plt.pie(sizes, explode=explode, labels=labels, shadow=True, \
            autopct="%1.1f%%", startangle=90)
>>> plt.axis("equal")
>>> plt.show()
```

效果如圖 10-15 所示。

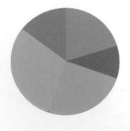

▲ 圖 10-14　餅圖

▲ 圖 10-15　分離的效果

10.3 匯出用 Matplotlib 繪製的圖形

使用 Matplotlib 繪製的圖形可以被儲存為圖檔，也可以被直接匯出到 Excel 等應用程式的視覺化圖形介面中。

10.3.1 儲存用 Matplotlib 繪製的圖形

使用 savefig 函數儲存用 Matplotlib 繪製的圖形。下面將 10.2.5 節繪製的餅圖儲存到 jpg 圖檔中。

```
>>> import matplotlib.pyplot as plt
>>> labels=["Class 1", "Class 2", "Class 3", "Class 4", "Class 5"]
>>> sizes = [15, 30, 25, 10, 20]
>>> plt.pie(sizes, labels=labels, shadow=True, autopct="%1.1f%%",
startangle=90)
>>> plt.axis("equal")      #橫縱軸比例相同
>>> plt.savefig("D:\\test.jpg")     #儲存為圖檔
>>> plt.show()
```

這樣，餅圖就以圖片的形式被成功儲存到 D 槽下了。

10.3.2 將用 Matplotlib 繪製的圖形加入到 Excel 工作表中

下面結合一個範例來介紹 Matplotlib 繪圖與 Excel 之間的互動操作。這個範例會用到一些 xlwings 的知識（關於 xlwings 的知識，請參閱第 4 章的介紹）。

首先開啟 D 槽下的 plttest.xlsx，取得工作表中的資料準備繪圖。這個檔案在下載範例檔中 Samples 目錄下的 ch10 子目錄中可以找到。

```
>>> import xlwings as xw
>>> import matplotlib.pyplot as plt
>>> #建立Excel應用，該應用視窗可見，不新增活頁簿
>>> app=xw.App(visible=True, add_book=False)
>>> #開啟資料檔，可寫
```

```
>>> bk=app.books.open(fullname="D:\\plttest.xlsx",read_only=False)
>>> sht=bk.sheets[0]       #取得第1個工作表
```

從 Excel 工作表中取得資料，繪製堆疊區域圖。使用工作表物件的 pictures.
add 方法，將圖形加入到 Excel 工作表中的指定位置。left 和 top 參數指定
圖形位置，width 和 height 參數指定圖形大小。

```
>>> fig=plt.figure()       #建立繪圖視窗
>>> x=sht.range("A2:A6").value        #從Excel工作表中取得繪圖資料
>>> y1=sht.range("B2:B6").value
>>> y2=sht.range("C2:C6").value
>>> y3=sht.range("D2:D6").vlaue
>>> plt.stackplot(x, y1, y2, y3)        #利用所取得的資料繪製堆疊區域圖
>>> sht.pictures.add(fig,name="plt_test",left=20,top=140,width=250,height=160)
```

這樣，所繪製的堆疊區域圖就被加入到 Excel 工作表中了，如圖 10-16 所示。

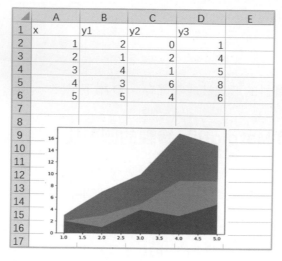

▲ 圖 10-16　堆疊區域圖被加入到 Excel 工作表中

進階開發篇

Excel 的腳本開發，傳統上使用 VBA 語言，而本書介紹了使用 Python 進行 Excel 腳本開發的方法。在實際應用中，這兩種方法並不是互不相容的，而是可以相互呼叫，透過整合開發來增加更多的功能。這樣的需求是常見的，舉例來說，若你熟悉 Python，但在工作中要使用和維護大量前人編寫的 VBA 程式碼，那麼就可以在 Python 中呼叫這些 VBA 程式碼；反之，若你習慣使用 VBA，但希望使用 Python 提供的大量資料處理函數和模組，那麼就可以在 VBA 中直接呼叫 Python 程式碼。本篇的主要內容包括：

- ✔ 在 Python 中呼叫 VBA 程式碼
- ✔ 在 VBA 中呼叫 Python 程式碼
- ✔ 使用 Python 自訂 Excel 工作表函數

11

Python 與 Excel VBA 整合應用

如果你懂 VBA，並希望使用 Python 的強大功能，那麼就可以在 VBA 中呼叫 Python 程式碼；如果你有很多用 VBA 編寫的現成程式碼，希望在 Python 中能使用，那麼就可以在 Python 中呼叫 VBA 程式碼。另外，在 Excel 中還可以使用 Python 實現自訂函數。本章用到 xlwings（關於 xlwings 的知識，請參閱第 4 章）。

11.1　在 Python 中呼叫 VBA 程式碼

在 Python 中呼叫 VBA 程式碼，可以在 Excel VBA 編輯器中先把 VBA 程式碼寫好，並儲存為 xlsm 檔，然後在 Python 中使用 book 物件或 application 物件的 macro 方法呼叫 VBA 中的過程或函數來實現，從而進行整合開發。

11.1.1　Excel VBA 編輯器

本書使用 Excel 2016 開發 VBA。在進行 Excel VBA 時，需要使用「開發人員」頁籤。如果你在 Excel 2016 中沒有找到該頁籤，需要先載入它。步驟如下：

① 點選「檔案」選單，在介面左側展開的列表中點選「選項」，開啟如圖 11-1 所示的「Excel 選項」對話框。

② 在該對話框中點選左側列表中的「自訂功能區」，顯示「自訂功能區」介面。

③ 勾選右邊列表框中的到「開發人員」。

▲ 圖 11-1 「Excel 選項」對話框

④ 點選「確定」按鈕。現在 Excel 主介面中就有了「開發人員」頁籤，如圖 11-2 所示。

▲ 圖 11-2 「開發人員」頁籤

在「開發人員」功能區中,主要有程式碼、控制項、控制項和 XML 四個功能分區,這裡主要使用程式碼功能分區。點選第 1 個按鈕,即「Visual Basic」按鈕,開啟 Excel VBA 編輯器,如圖 11-3 所示。

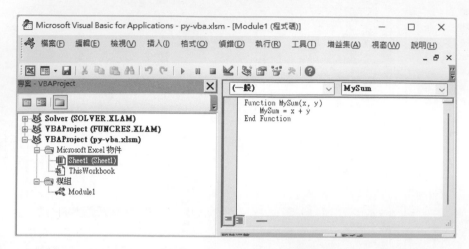

▲ 圖 11-3 Excel VBA 編輯器

在 Excel VBA 編輯器視窗中,使用「插入」選單中的選項,可以新增使用者表單、模組和類別模組,也可以加入已經存在的模組。使用者表單用於設計程式介面,可以用左下角的屬性視窗設定表單和控制項的屬性。在模組中加上變數、程序和函數,在類別模組中加入類別程式碼。插入一個模組,右邊大的空白區域是程式碼編輯器,在這裡可以輸入、編輯和除錯程式碼。使用「除錯」選單中的選項可以除錯程式。

11.1.2 編寫 Excel VBA 程式

下面編寫一個簡單的求兩個數之和的函數。加入一個模組,在程式碼編輯器中輸入以下程式碼:

```
Function MySum(x, y)
    MySum=x+y
End Function
```

這個函數可以用來進行簡單的加法運算。

將該函數所在活頁簿儲存為 Excel 啟用巨集的活頁簿,即 xlsm 檔。在下載範例檔中 Samples 目錄下的 ch11\python-vba 子目錄中可以找到這個檔案,檔名為 py-vba.xlsm。

11.1.3　在 Python 中呼叫 VBA 函數

在編寫好 VBA 函數並把它儲存為 xlsm 檔後,就可以用 Python 呼叫它。此時需要用到 book 物件或 application 物件的 macro 方法。該方法的語法格式為:

```
bk.macro(name)
```

其中,bk 表示活頁簿物件;name 參數為字串,表示包含或不包含模組名稱的過程或函數的名稱,例如 "Module1.MyMacro" 或 "MyMacro"。

開啟 Python IDLE,建立一個腳本檔,輸入以下的程式碼(不要前面的行號)。將程式碼儲存為 .py,將這支程式與 11.1.2 節建立的 xlsm 檔放在相同的目錄下。這個 py 檔在下載範例檔中 Samples 目錄下的 ch11\python-vba 子目錄中可以找到,檔名為 test-py-vba.py。

```
1    import xlwings as xw     #匯入xlwings
2    app=xw.App(visible=False, add_book=False)
3    bk=app.books.open("py-vba.xlsm")
4    my_sum=bk.macro("MySum")
5    s=my_sum(1, 2)
6    print(s)
```

第 1 行匯入 xlwings。

第 2 行建立 Excel 應用,該應用視窗不可見,不新增活頁簿。

第 3 行開啟相同目錄下的 py-vba.xlsm。

第 4 行使用活頁簿物件的 macro 方法呼叫 VBA 函數 MySum,返回物件到 my_sum 中。

第 5 行給 my_sum 賦值 1 和 2,將它們的和返回到 s 中。

第 6 行輸出 s。

在 Python IDLE 程式編輯器中,在「Run」選單中點選「Run Module」,在 Shell 視窗中輸入 1 與 2 的和 3。

```
>>> = RESTART: …/Samples/ch11/python-vba/test-py-vba.py
3
```

11.2 在 VBA 中呼叫 Python 程式碼

透過 xlwings 控制項,我們就能在 VBA 中呼叫 Python 程式碼。在使用 xlwings 控制項之前,需要先完成安裝。

11.2.1 xlwings 控制項

在安裝了 xlwings 之後,在命令提示字元視窗中輸入下面的指令,可以直接安裝 xlwings 控制項。

```
xlwings addin install
```

在安裝完成後,Excel 主介面中就有了「xlwings」頁籤。設定「xlwings」頁籤中的選項,可以完成整合開發前的配置工作。

如果使用這種方法安裝失敗,則可以直接載入巨集檔。在安裝了 xlwings 之後,xlwings 會在 Python 安裝路徑的 Lib\site-packages\xlwings\addin 目錄下放置一個名為 xlwings.xlam 的 Excel 巨集檔,可以直接載入它。步驟如下:

① 載入「開發人員」頁籤,請參見 11.1.1 節的內容。

② 在「開發人員」功能區點選「Excel 增益集」按鈕,開啟「增益集」對話框,如圖 11-4 所示。

▲ 圖 11-4 「增益集」對話框

③ 點選「瀏覽…」按鈕，找到 Python 安裝路徑的 Lib\site-packages\ xlwings\addin 目錄下的 xlwings.xlam 並選擇它，點選「確定」按鈕。

④ 點選「確定」按鈕。現在 Excel 主介面中就有了「xlwings」頁籤，如圖 11-5 所示。

▲ 圖 11-5 「xlwings」頁籤

「xlwings」頁籤中各選項的功能說明如下：

✓ **Interpreter**：指定 Python 直譯器的路徑。輸入 python 或 pythonw，也可以輸入可執行檔的完整路徑，如「C:\Python37\pythonw.exe」。如果使用的是 Anaconda，則使用 Conda Base 和 Conda Env。如果留空，則表示將直譯器設定為 pythonw。

✓ **PYTHONPATH**：指定 Python 來源檔案的路徑。如果 .py 檔在 D 槽下，則輸入路徑「D:」。注意，最後不能加上反斜線，如果輸入「D:\」會導致出錯。

- ✅ **Conda Base**：如果使用的是 Windows 並使用 Conda Env，則在此處輸入 Anaconda 或 Miniconda 的安裝路徑和名稱，例如「C:\Users\Username\Miniconda3」或「%USERPROFILE%\Anaconda」。注意，至少需要 Conda 4.6。

- ✅ **Conda Env**：如果使用的是 Windows 並使用 Conda Env，則在此處輸入 Conda Env 的名稱，例如「myenv」。注意，如果這一欄有設定的話，Interpreter 欄須為空白，或者將其設定為 python 或 pythonw。

- ✅ **UDF Modules**：用於 11.3 節介紹的自訂函數（UDF）的設定。指定匯入 UDF 的 Python 模組的名稱（沒有 py 副檔名），使用「;」分隔多個模組，例如 UDF_MODULES ="common_udfs; myproject"。預設匯入與 Excel 檔相同的目錄中的檔案，該檔案具有相同的名稱，但以 .py 結尾。如果留空，則需要 xlsm 檔與 py 檔的名稱相同且在同一個目錄下；如果名稱不同，則需要輸入檔名（不需要加上附檔名 py），並將 py 檔放入 PYTHONPATH 所在的資料夾內。

- ✅ **Debug UDFs**：當選擇此選項時，將手動執行 xlwings COM 伺服器進行除錯。

- ✅ **Import Functions**：第 1 次使用控制項，或者在 py 檔更新後點選此按鈕匯入它。

- ✅ **RunPython: Use UDF Server**：選擇它，對於 RunPython 使用與 UDF 相同的 COM 伺服器。這樣做速度更快，因為直譯器在每次呼叫後都不會關閉。

- ✅ **Restart UDF Server**：點選它會關閉 UDF Server / Python 直譯器。它將在下一個函數呼叫時重新啟動。

11.2.2　編寫 Python 程式

設定好相關選項後，編寫 Python 程式（可以在 Python IDLE 的腳本編輯器中編寫，也可以用記事本編寫），編寫完成後儲存為 .py 檔。這裡我們嘗試使用 Matplotlib 根據給定的資料繪製堆疊區域圖，繪製完以後將圖形加入 Excel 工作表中的指定位置。該程式在下載範例檔中 Samples 目錄下的 ch11\vba-python 子目錄中可以找到，檔名為 plt.py。在測試時，可以將它與同目錄下的 Excel 巨集檔（xw-test.xlsm）一起複製到 D 槽下。

```
1    import xlwings as xw
2    import matplotlib.pyplot as plt
3    def pltplot():
4        bk=xw.Book.caller()
5        sht=bk.sheets[0]
6        fig=plt.figure()        #建立繪圖視窗
7        x=[1,2,3,4,5]           #繪圖資料
8        y1=[2,1,4,3,5]
9        y2=[0,2,1,6,4]
10       y3=[1,4,5,8,6]
11       plt.stackplot(x, y1, y2, y3)      #利用所取得的資料繪製堆疊區域圖
12       sht.pictures.add(fig,name="plt_test",left=20,top=140,width=250,
    height=160)
```

第 1、2 行匯入 xlwings 和 Matplotlib。

第 3 ～ 12 行定義 pltplot 函數繪圖。

第 4 ～ 6 行取得活頁簿、工作表和繪圖視窗。

第 7 ～ 10 行取得繪圖資料，x 為水平座標資料，y1 ～ y3 為垂直座標資料。

第 11 行繪製堆疊區域圖。

第 12 行將所繪製的圖形加入到工作表中的指定位置。

11.2.3　在 VBA 中呼叫 Python 函數

新增一個 Excel 活頁簿，儲存為 xw-test.xlsm，它是啟用巨集的 Excel 活頁簿。這個檔案在下載範例檔中 Samples 目錄下的 ch11\vba-python 子目錄中可以找到。在測試時，可以將它與同目錄下的 plt.py 一起複製到 D 槽下。

在 Excel 主介面中點選「開發人員」頁籤，在「程式碼」功能區點選「Visual Basic」按鈕，開啟 Excel VBA 編輯器。在「工具」選單中點選「設

定引用項目…」，開啟「設定引用項目」對話框，如圖 11-6 所示。在該對話框中點選「瀏覽…」按鈕，在對話框右下角的下拉選單框中選擇「所有檔案」，找到 Python 安裝路徑的 Lib\site-packages\xlwings\addin 目錄下的 xlwings.xlam，引用它。

▲ 圖 11-6 「引用」對話框

在「插入」選單中點選「模組」，加入一個模組。在模組的程式碼編輯器中輸入下列的程式碼，使用 RunPython 函數執行 11.2.2 節中定義的 plt.py 裡頭的 pltplot 函數，但是在使用之前需要用 import 指令匯入 matplotlib. pyplot 模組。

```
Sub plttest()
  RunPython "import plt;plt.pltplot()"
End Sub
```

執行該過程，繪製堆疊區域圖並將其加入到工作表中，如圖 11-7 所示。

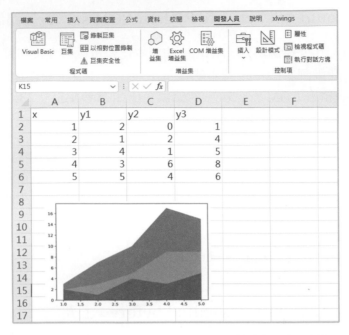

▲ 圖 11-7　在 VBA 中呼叫 Python 函數繪製堆疊區域圖

11.2.4　xlwings 控制項使用避坑指南

在使用 xlwings 控制項時操作並不難，有時候最難的是在安裝階段出現問題。下面就筆者在使用過程中遇到的「坑」做一些說明。

 1 「找不到檔案 xlwings32-0.16.4.dll」錯誤

出現該錯誤，是因為 xlwings 的安裝有問題，需要重新安裝，其中的版本號根據具體情況有所不同。在命令提示字元視窗中使用「python –m pip install xlwings」指令安裝時通常不會出現這個錯誤，該錯誤是在筆者下載舊版本的 xlwings 並用 setup.py 手動安裝時出現的，此時要避免手動安裝，使用接下來介紹的方法安裝舊版本。

2「could not activate Python COM server」錯誤

筆者發現 xlwings 控制項對 xlwings 的版本比較敏感，在使用某個舊版本時沒有問題，升級到新版本後就不能正常工作了，並發生類似於「could not activate Python COM server」的錯誤。比如筆者使用 0.23.1 版本時就會出現上面的錯誤，使用 0.16.4 版本時就不會出現此錯誤。

此時請關閉 Excel 程式，在命令提示字元視窗中使用「python –m pip uninstall xlwings」指令移除 xlwings，然後安裝舊版本。在安裝舊版本的 xlwings 時指定版本號，比如安裝 0.16.4 版本的 xlwings，在命令提示字元視窗中輸入：

```
python –m pip install xlwings＝0.16.4
```

 3「Python process exited before…」錯誤

該錯誤提示的完整內容類似於「Python process exited before it was possible to create the interface object. Command: pythonw.exe -c ""import sys;sys.path.append(r'D:\SkyDrive \APP\VDI\Project Journal');import xlwings.server; xlwings.server.serve('{4c3ae7ba-2be9-4782-a377-f13934ffc4a9}')」。出現這個錯誤，是因為在 xlwings 功能區設定 PYTHONPATH 參數的值時，在最後加了反斜線（比如「D:」是對的，「D:\」是錯的），在編譯時會因為語法錯誤而導致失敗。

11.3 自訂函數（UDF）

如你所知，Excel 工作表函數的功能非常強大，使用也很方便。如果 Excel 提供的函數不夠用，則可以使用 VBA 自訂函數，並在工作表中像使用內部工作表函數一樣使用它們。本節主要介紹使用 VBA 呼叫 Python 自訂函數並在工作表中直接使用。

11.3.1 使用 VBA 自訂函數

在 Excel VBA 編輯器中加入模組，在模組的程式碼編輯器中輸入以下的函數 mysum，計算給定的兩個數字的和，然後將其儲存為啟用巨集的 Excel 活頁簿，檔名為 vba-udf.xlsm。在下載範例檔中 Samples 目錄下的 ch11\udf 子目錄中可以找到它。

```
Function mysum(a As Double, b As Double) As Double
    mysum = a + b
End Function
```

接下來在 Excel 工作表的 A1 儲存格中輸入公式「=mysum(1,2)」，按確認鍵，得到 1 與 2 的和 3，如圖 11-8 所示。

▲ 圖 11-8　使用 VBA 自訂函數

可見，使用這種方式能夠實現自訂工作表函數。

11.3.2 在 VBA 中呼叫 Python 自訂函數的準備工作

11.3.1 節介紹了使用 VBA 自訂函數，本節將介紹在 VBA 中呼叫 Python 自訂函數需要做的準備工作。

第 1 項準備工作是在 Excel 主介面中的「開發人員」功能區點選「巨集安全性」按鈕，開啟「信任中心」對話框，如圖 11-9 所示。在左側列表中點選「巨集設定」，然後在右側勾選「信任存取 VBA 專案物件模型」。

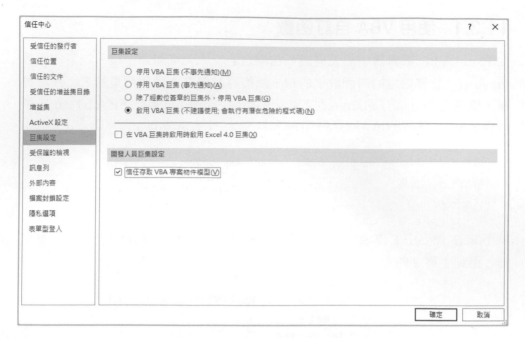

▲ 圖 11-9 「信任中心」對話框

第 2 項準備工作是安裝 xlwings 控制項，請參考 11.2.1 節的內容，這裡不再贅述。

11.3.3 在 VBA 中呼叫 Python 自訂函數

在準備工作做好以後，在 Python IDLE 腳本編輯器或者記事本中編寫 Python 程式。這支程式在下載範例檔中 Samples 目錄下的 ch11\udf 子目錄中可以找到，檔名為 vba-py-mysum.py。程式碼如下所示，其中包含一個 my_sum 函數，用於實現給定的兩個變數的求和運算。程式碼中用到了 @xw.func 修飾符。

```
1    import xlwings as xw
2
3    @xw.func
4    def my_sum(x,y):
5        return x+y
```

接下來在 Excel 主介面中將這個檔案儲存為啟用巨集的活頁簿，檔名為 vba_py_mysum.xlsm，與 py 檔的名稱相同，並將其儲存在與 py 檔相同的目錄下。這個檔案在下載範例檔中 Samples 目錄下的 ch11\udf-python 子目錄中可以找到。

在 Excel 工作表的 A1 儲存格中輸入公式「=my_sum(1,2)」，按確認鍵，得到 1 與 2 的和 3，如圖 11-10 所示。

▲ 圖 11-10　在 VBA 中呼叫 Python 自訂函數

11.3.4　常見錯誤

在 VBA 中呼叫 Python 自訂函數時可能會出現如下兩個錯誤。

第 1 個是「…pywintypes.com_error:…」錯誤，具體錯誤訊息類似於圖 11-11 所示。出現該錯誤，是因為沒有做好 11.3.2 節所介紹的第 1 項準備工作。做好相應的設定即可解決該問題。

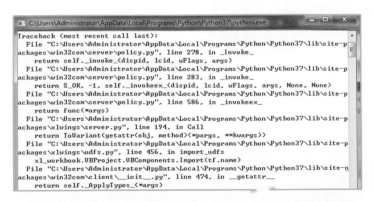

▲ 圖 11-11　「…pywintypes.com_error:…」錯誤訊息

第 2 個是「要求物件」錯誤。在編寫好 py 檔和同名的 xlsm 檔後，在工作表的儲存格中輸入自訂函數公式，並按確認鍵時觸發該錯誤，在儲存格中顯示「要求物件」。之所以出現這項錯誤，是因為沒有在 Excel VBA 編輯器中引用 xlwings 巨集檔。如 11.2.3 節所介紹的，在引用 xlwings 巨集檔後進行自訂函數的操作，即可解決該問題。

使用 Python 取代 Excel VBA 的 10 堂課

作　　者：童大謙
企劃編輯：莊吳行世
文字編輯：詹祐甯
設計裝幀：張寶莉
發 行 人：廖文良

發 行 所：碁峰資訊股份有限公司
地　　址：台北市南港區三重路 66 號 7 樓之 6
電　　話：(02)2788-2408
傳　　真：(02)8192-4433
網　　站：www.gotop.com.tw
書　　號：ACI036100
版　　次：2022 年 08 月初版
建議售價：NT$520

國家圖書館出版品預行編目資料

使用 Python 取代 Excel VBA 的 10 堂課 / 童大謙著. -- 初版. --
　　臺北市：碁峰資訊, 2022.08
　　　面；　　公分
　　ISBN 978-626-324-266-1(平裝)
　　1.CST：Python(電腦程式語言)　2.CST：EXCEL(電腦程式)
312.32P97　　　　　　　　　　　　　　　　111011964

讀者服務

- 感謝您購買碁峰圖書，如果您對本書的內容或表達上有不清楚的地方或其他建議，請至碁峰網站：「聯絡我們」\「圖書問題」留下您所購買之書籍及問題。(請註明購買書籍之書號及書名，以及問題頁數，以便能儘快為您處理)
http://www.gotop.com.tw

- 售後服務僅限書籍本身內容，若是軟、硬體問題，請您直接與軟體廠商聯絡。

- 若於購買書籍後發現有破損、缺頁、裝訂錯誤之問題，請直接將書寄回更換，並註明您的姓名、連絡電話及地址，將有專人與您連絡補寄商品。